U0664251

呼伦贝尔沙地樟子松林带
科学考察报告

连俊文 王 辉 **主 编**

赵 旭 李荣魁 余 涛 **副主编**

中国林业出版社
China Forestry Publishing House

图书在版编目（CIP）数据

呼伦贝尔沙地樟子松林带科学考察报告 / 连俊文，王辉主编；赵旭，李荣魁，余涛副主编. —北京：中国林业出版社，2022.11
ISBN 978-7-5219-1912-7

Ⅰ. ①呼⋯　Ⅱ. ①连⋯ ②王⋯ ③赵⋯ ④李⋯ ⑤余⋯　Ⅲ. ①呼伦贝尔沙地—樟子松—森林带—科学考察—考察报告　Ⅳ. ①S791.253.03

中国版本图书馆CIP数据核字（2022）第190332号

策划编辑：刘家玲
责任编辑：肖　静
封面设计：时代澄宇
宣传营销：张　东

出版发行　中国林业出版社
　　　　　（100009，北京市西城区刘海胡同 7 号，电话 83143577）
电子邮箱：forestryxj@126.com
网址：www.forestry.gov.cn/lycb.html
印刷：北京中科印刷有限公司
版次：2022 年 11 月第 1 版
印次：2022 年 11 月第 1 次
开本：787mm×1092mm　1/16
印张：17.25
彩页：208
字数：510 千字
定价：120.00 元

《呼伦贝尔沙地樟子松林带科学考察报告》

‖ 编委会 ‖

编委会主任：余　涛　王嘉夫

编委会副主任：王　辉　寇云飞　孙翠杰　连俊文

主编：连俊文　王　辉

副主编：赵　旭　李荣魁　余　涛

编撰者（按姓氏笔画顺序）：

马雨暄　王　宇　王　琦　王　萌　王　辉　王志权　王立军　王立志
王嘉夫　毛宏宇　牛作文　尹跃虎　巴　特　白玉荣　宁心哲　吕　琳
曲香芝　朱宾宾　乔建华　刘礴霏　池建国　孙　韫　孙双红　孙晓艳
孙翠杰　杜欣竹　李　昕　李　健　李向阳　李荣魁　连俊文　肖　磊
余　涛　宋　雪　宋文丽　宋来萍　迟兆敏　张红蕾　张晓林　赵　旭
哈丽亚　段凤琴　姜　娜　袁孟强　高明远　崔　楠　寇云飞　续圆圆
葛金楠　董占宇　韩照日格图　景　璐　廉培勇　戴昂勤　魏　巍

编撰分工：

第1章：连俊文　廉培勇　李荣魁　吕　琳　王　辉　寇云飞　张红蕾　宋文丽
　　　　牛作文

第2章：连俊文　吕　琳　刘礴霏　王　辉　余　涛　孙　韫　崔　楠　王　宇
　　　　白玉荣　肖　磊　葛金楠

第3章：连俊文　孙翠杰　赵　旭　余　涛　寇云飞　王立志　王立军　高明远
　　　　张晓林

第4章：朱宾宾　连俊文　赵　旭　余　涛　孙晓艳　孙双红　景　璐　袁孟强
　　　　李　昕　赵　谦　韩照日格图　姜　娜　续圆圆

第5章：宁心哲　连俊文　王　辉　李荣魁　赵　旭　王嘉夫　杜欣竹　尹跃虎
　　　　王志权　王　萌　孙晓艳　戴昂勤

第6章：刘礴霏　吕　琳　毛宏宇　宋来萍　孙　韫　李　健　哈丽亚　宋　雪
　　　　曲香芝　马雨暄　巴　特　魏　巍

第7章：赵　旭　杜欣竹　王　辉　乔建华　李荣魁　孙翠杰　迟兆敏　池建国
　　　　李向阳　段凤琴　王　琦

第8章：连俊文　王　辉　余　涛　王嘉夫　李荣魁　董占宇

摄　影：连俊文　李荣魁　格日乐朝克图　赵希军　宁心哲　赵　旭

统　稿：连俊文　赵　旭　李荣魁

序

　　呼伦贝尔市因浩瀚的原始森林、辽阔的大草原、洁净的空气、原生态的自然环境而闻名于世。独特的沙地樟子松纯林，在白山黑水之间天然而生，历久弥坚，其生态系统复杂、生物多样性丰富、生态功能强大、科学内涵深刻，是一个完整的山水林田湖草沙生命共同体，具有独一无二的生态价值。沙地樟子松林带与大兴安岭原始落叶松林、呼伦贝尔大草原、满洲里国门共同构成呼伦贝尔市四大名胜旅游景区，自然交融，极具美学价值。

　　海拉尔西山樟子松国家森林公园内 500 多年的樟子松高耸云端，庞大的根系牢牢扎根于沙丘，守护着青青草原，涵养着汩汩溪流，滋润着东北大地。樟子松林带是自然形成的沙地生态系统的维护者，是维系大兴安岭原始森林和呼伦贝尔草原的生态纽带，是大自然进化演替的历史杰作，是人类生存和发展的宝贵财富；樟子松林、兴安落叶松林、草原生态系统、野生植物、野生动物、大型真菌共同组成了生态系统复杂多样的结构，是大兴安岭发挥我国北方生态屏障功能的重要基础。揭示自然规律，阐明生态系统稳定存在的机理是保护和利用沙地樟子松林的前提；了解自然，阐明能量流、物质流、信息流的传递机制，科学认识和维护生命共同体的机制，是科学考察的重要目的和使命，具有举足轻重的学术理论价值。

　　沙地樟子松林带生态系统非常脆弱，极端寒冷的气候条件、短暂的无霜期、强烈的季风、瘠薄的土壤、森林火灾、病虫害等自然因素，及开垦林地、过度放牧等人为因素对沙地樟子松林带来极大威胁。通过科学考察能够发现和探索影响沙地樟子松林生态系统稳定性的原因，寻找保护和完善沙地樟子松林生态系统稳定的具体举措，为沙地樟子松林生态系统的保护与利用提供科学依据。因此，科学考察成果对于生态保护也具有重要的生产实践指导意义。

　　内蒙古大兴安岭林业生态研究院和呼伦贝尔市林业科学研究所组织生态学、动植物学、真菌学、土壤学等领域的专家学者，对呼伦贝尔沙地樟子松林带进行全面考察，对沙地樟子松生物学、生态学、生长发育规律等方面进行研究，同时还对沙地樟子松林带生态系统多样性、物种多样性、景观多样性等进行了全面、深入、细致的科学考察，取得了丰硕的成果，编撰了《呼伦贝尔沙地樟子松林带科学考察报告》，这是一部集地理学、分类学、资源学于一体的知识文库，内容丰富、重点突出、照片美观。本考察报告对沙地樟子松林带形成规律、维护机制、生态功能等方面的科学研究具有不可或缺的理论价值；对樟子松林带科学保护、科学培育、科学利用、科学管理具有至关重要的指导作用；既可为现代林业发展厘清思路，也可为区域生态产业发展提供咨询，不仅是一部科学研究参考资料，也是一部青年学者对自然探索和人生追梦的指引。

应内蒙古大兴安岭林业生态研究院之邀为这部科学考察报告作序，能够为沙地樟子松林带科学研究作一点贡献，甚感欣慰！

中国工程院院士

2022 年 9 月 6 日

前 言

　　呼伦贝尔沙地樟子松林带像一条绿色飘带南北镶嵌在大兴安岭原始森林与呼伦贝尔草原之间，地理坐标最北为东经 119° 42′ 30″，北纬 49° 12′ 49″，最南为东经 119° 24′ 19″，北纬 47° 24′ 42″，分布面积 16.31 万 hm²。

　　沙地樟子松林带处于寒温带针叶林区域和温带草原区域交错区，也是大兴安岭低山向呼伦贝尔丘陵草原过渡区，东部以低山为主，土壤以地带性土壤棕色针叶林土、灰色森林土等为主；中西部多丘陵和平坦草原，土壤以黑钙土、栗钙土为主。这里河流纵横交错，是额尔古纳河的发源地，包括海拉尔河、伊敏河、辉河等主要支流，较为大型的湖泊有呼伦湖、贝尔湖、诺干湖等。

　　沙地樟子松林带按植被水平分布、垂直分布、水分梯度、土壤梯度，从大兴安岭原始森林向呼伦贝尔草原过渡。森林植被从山地兴安落叶松林、山地樟子松常绿林到草原，由东向西水平过渡；植被群落类型从杜鹃林、杜香林、丛桦林、草类林、沙地林到草原、草塘、河流湿地垂直分布过渡。湿地除有大型湖泊湿地、河流湿地外，还有草塘沼泽、河岸湿地、草本沼泽、草甸沼泽、灌丛沼泽、森林沼泽。沙地樟子松林带植被类型共划分为 6 个植被型 14 个植被亚型 36 个群系组 67 个群系 81 个群丛，植被基本保持原生状态。沙地樟子松林带植被类型复杂、多样、特殊，加之受地带性明亮针叶林、俄罗斯东西伯利亚、蒙古植物区系的影响，因此其具有丰富的生物种群。野生植物 152 科 535 属 1430 种（含种下等级），包括地衣类植物 3 科 3 属 4 种；苔类植物 9 科 10 属 15 种；藓类植物 31 科 64 属 103 种；蕨类植物 14 科 18 属 34 种；种子植物 95 科 440 属 1274 种，其中裸子植物 3 科 6 属 6 种，被子植物 92 科 434 属 1268 种，被子植物中含单子叶植物 19 科 106 属 344 种，双子叶植物 73 科 328 属 924 种。被列入《国家重点保护野生植物名录》（2021 年第 15 号）的有野大豆、手参、兴安杜鹃、浮叶慈姑等 12 种国家二级保护野生植物。丰富的野生植物资源和良好的自然环境，为野生动物提供了充足的栖息生存空间，有脊椎动物 463 种，包括圆口类 1 种，鱼类 47 种，两栖类 7 种，爬行类 8 种，鸟类 328 种，哺乳类 72 种。其中，国家一级保护野生鸟类 27 种，国家二级保护野生鸟类 66 种；国家一级保护野生哺乳类 6 种，国家二级保护野生哺乳类 11 种。林带有大型真菌 5 类 35 科 93 属 232 种，担子菌类 14 科 50 属 159 种，非褶菌类 10 科 29 属 47 种，胶质菌类 3 科 3 属 4 种，腹菌类 3 科 5 属 12 种，子囊菌类 5 科 6 属 10 种。沙地樟子松林带在森林和草原以及湿地生态保护和科学研究上具有非常独特的地位，保护好沙地樟子松林带具有非常重要的战略意义。

呼伦贝尔沙地生态系统国家定位观测研究站是依托呼伦贝尔市林业科学研究所建设的国家级生态定位监测站，设在呼伦贝尔市鄂温克旗莫和尔图林场场部，野外观测点分别设于莫和尔图林场、锡尼河林场、南屯林场和巴音岱护林站，长期定位监测森林－草原－沙地复合生态系统的结构、功能及生产力动态，特别是对沙地樟子松林结构、功能和自然演替、能量流动进行长期定位监测研究。2013 年至 2022 年，内蒙古大兴安岭林业生态研究院和呼伦贝尔市林业科学研究所组织生态学、动植物学、真菌学、土壤学等专家学者，对呼伦贝尔沙地樟子松林带进行全面考察，主要针对沙地樟子松生物学和生态学特性进行研究，对沙地樟子松林带生态系统多样性、物种多样性、景观多样性进行科学考察研究，重点对海拉尔西山樟子松国家森林公园、五泉山、红花尔基樟子松国家级自然保护区等沙地樟子松主要分布区进行科学考察，同时查阅大量关于沙地樟子松林科技文献，编撰了《呼伦贝尔沙地樟子松林带科学考察报告》。本科学考察报告研究过程中得到了内蒙古大兴安岭林业生态研究院有关领导及相关部门、红花尔基林业局、海拉尔西山樟子松国家森林公园等相关单位的大力支持和帮助，北京林业大学尹伟伦院士对该项目调查研究全过程给予热情关注，参加本书编撰的科技人员呕心沥血，内蒙古自治区"草原英才"项目资助本书出版。这一切促成了本项目的圆满完成，在此一并致以感谢！

由于时间紧、任务重，本书中部分野生动物、大型真菌、樟子松生物学规律等内容有疏漏和不足是在所难免的，敬请各位读者批评指正。

连俊文

2022 年 9 月

目 录

第1章 自然地理概况

1.1 地理位置

呼伦贝尔沙地樟子松林带位于呼伦贝尔市境内，呈南北走向，最北至海拉尔区西山，地理坐标 119°42′30″E，49°12′49″N；最东至五泉山，地理坐标 120°37′5″E，49°3′48″N；东侧林带从五泉山向南至红花尔基，最南至罕达盖嘎查，地理坐标 119°24′19″E，47°24′42″N；最西至辉道嘎查，地理坐标 119°14′49″E，48°17′45.38″N。东西宽度约 97km，南北绵延 196km，覆盖范围约 1812km²。

1.2 行政区划及面积

呼伦贝尔沙地樟子松林面积 16.31 万 hm²，横跨呼伦贝尔境内的红花尔基林业局、鄂温克族自治旗、新巴尔虎左旗、陈巴尔虎旗、海拉尔区。其中，红花尔基林业局是呼伦贝尔市地方直属林业局，被称为樟子松故乡，原生樟子松林面积 11.16 万 hm²；鄂温克自治旗内的沙地樟子松林面积 3.67 万 hm²；新巴尔虎左旗内的沙地樟子松林面积 0.76 万 hm²；陈巴尔虎旗内的沙地樟子松林面积 0.26 万 hm²；海拉尔区内的沙地樟子松林面积 0.46 万 hm²，主要位于海拉尔区西山国家森林公园内。

1.3 自然环境

1.3.1 气候

呼伦贝尔沙地樟子松林带所处地区为温带大陆性气候。冬季漫长寒冷，夏季温凉短促，春季干燥风大，秋季气温下降快，霜冻早。四季温差和昼夜温差大，年平均气温为 −2.5~0℃，年日照时数 2800~3000h，无霜期 90d 左右。

1.3.2 地形地貌

呼伦贝尔沙地樟子松林带主要位于大兴安岭山地西北坡，处于大兴安岭山地原始森林向呼伦贝尔草原平原过渡地段，属低山丘陵地貌区。沙地樟子松林带海拔最高可达

1000m，位于红花尔基地区，最低海拔620m左右，位于海拉尔西山，平均海拔800m左右。

1.3.3　土壤

呼伦贝尔沙地樟子松林带土壤包括隐域性土壤、地带性土壤和非地带性土壤。其中，隐域性土壤主要为风沙土；地带性土壤有棕色针叶林土、灰色森林土和黑钙土；非地带性土壤主要为草甸土、沼泽土（表1-1）。

表1-1　呼伦贝尔沙地樟子松林带土壤分类表

类别	土壤名称	主要特点
隐域性土壤	风沙土	土质疏松，透水透气性好，保水保肥能力差
地带性土壤	棕色针叶林土	土层较浅薄，全层呈棕色或暗棕色，分层不明显，表层腐殖质处于半分解状态
	灰色森林土	为森林土壤向草原土壤的过渡类型，有机质含量较高
	黑钙土	表层颜色深暗，腐殖质以及其他养分含量较高
非地带性土壤	草甸土	土壤具有团粒结构，剖面的一定部位可见锈纹、锈斑
	沼泽土	其母质为冲积物和沉积物，植被多为薹草

（1）风沙土

风沙土是在干旱与半干旱地区沙性母质上形成的只有AC层（表土层、母质层）的初育土，土壤发育程度微弱，基本上由细小砂粒构成，极易随风移动。

风沙土大多分布在半干旱、干旱和极端干旱地区。这些地区大陆性气候明显，年降雨量极少，一般在400mm以下，且蒸发量大，温差大，同时多风。这样的气候条件、充足的可风化形成砂砾质的岩石或江河湖海的冲积物，以及稀疏低矮的植物为风沙土的形成提供了基本条件。

风沙土的形成主要受流动沙性母质上的植被影响，当沙丘上出现稀疏的植被时，就宣告了风沙土成土过程的开始。植物根系对沙性母质有固定作用，同时植物的地上部分又起到了覆盖作用，从而限制了沙性母质的流动性。植物死亡后可化作腐殖质，又使得沙性母质的性质发生层次性的变化。随着一茬又一茬植被周而复始的影响，流动的沙性母质逐渐变为半固定和固定状态，形成了半固定和固定风沙土。

风沙土质地较粗，细砂粒占土壤矿物质总量的80%以上，粗砂粒、粉砂粒及黏粒的含量非常少。土壤表层多为干沙层，厚度不一，通常在5~20cm，干沙层以下含水率仅为2%~3%；下层有盐分、碳酸钙和植被死亡后分解、沉积而来的有机质。土壤贫瘠，氮磷钾等营养元素匮乏，有机质含量低，一般在0.1%~1.0%范围内；阳离子交换量2~5cmol(+)/kg，pH为8~9，呈弱碱至碱性。由于植物的固定、尘土的堆积和成土作用，半固定、固定风沙土的粉砂粒和黏粒含量逐渐增加，可达 15% 左右。随着有机质和黏粒的增加，土壤结构改善，微团聚体增加，容重减小，孔隙度提高。

风沙土中各成分的含量也随其所处地带不同而有所差异。东部草原地区的风沙土有机质含量较高，盐分含量较低，没有石灰积累；半荒漠地区的风沙土有机质含量较低，有盐分及少量石灰积累；荒漠地区的风沙土有机质含量极低，盐分和石灰积累较多。

风沙土是沙地樟子松林带的主要土壤类型，其主要植被为樟子松组成的乔木群落。松林风沙土的地形多为起伏的沙丘和丘间沙质平地，母质均为风积沙。樟子松林风沙土的表土层之上有一凋落物层，多由半分解的松针及部分草本植物残体组成，厚 1~2cm。樟子松林风沙土有时在土体中出现棕色层，可能是林下淀积的结果。

（2）棕色针叶林土

该土类的形成除受气候（寒温带湿润季风气候）、植被（寒温带明亮针叶林）、地形、母岩（花岗岩、石英粗面岩、玄武岩、石英斑岩、流纹岩）、成土母质（残积物、坡积物和淤积物）和成土过程的影响外，永冻层对土壤的形成影响也很大。永冻层阻碍了土壤中物质的移动，也阻碍了表层的融化水向下渗透，造成土壤潜育化。分布在该土壤的植被主要为兴安落叶松林。

棕色针叶林土层较浅薄，一般在 40cm 左右，土层内多砾质岩屑，质地较轻，无论坡上坡下多以壤质为主；全层呈棕色或暗棕色，分层不明显；表层腐殖质处于半分解状态。

棕色针叶林土的质地大多轻、粗，含砂粒及石砾多，砂粒含量在 30%~85%，粒径大于 2mm 的石砾量为 3%~35%，同时石块较多，石质土比例为 30%~80%。而大兴安岭北部在第三纪陆相沉积带（古红土）上形成的棕色针叶林土黏粒含量达 34.5%，具积水潜育成土过程的棕色针叶林土，黏粒含量也较高，为 25.0%~25.5%。

棕色针叶林土呈酸性反应，pH4.5~6.5，上部土层较酸，下部土层呈微酸至中性。棕色针叶林土的养分状况不同地区有较大的差异，但总的趋势是养分贮量均较高。由于常年气温较低，分解与转化有机物的微生物活动受到限制，加之冻融期与伏雨期土壤过湿，养分的转化与氧化过程减弱。棕色针叶林土的有机质含量虽高，但氮含量与磷含量均低，碳氮比值较大。除铁以外，其余微量元素的有效量均较暗棕壤中的有效量少，凡此说明棕色针叶林土的有效养分贫乏，而铁却较活化。

（3）灰色森林土

灰色森林土是温带森林草原土壤植被下形成的土壤，因具有深厚的灰色土层而得名，属于森林土壤向草原土壤的过渡类型，主要植被类型为白桦林和山杨林。

灰色森林土的形成过程，既有一般森林土壤的淋溶淀积过程，又具有草原土壤的腐殖质高度累积过程。土壤有机质含量较高，表层一般为 7%~15%。成土过程一般表现为高度的腐殖质累积过程（即生草过程），较弱的淋溶作用以及某种程度的黏化作用。地表有木本和草本植物凋落物组成的枯枝落叶层；色泽深暗的腐殖质层，厚 30~50cm，腐殖质下渗并以舌状向下过渡，腐殖质含量丰富；灰棕或棕带灰色的淀积层，厚 30~40cm，结构体表面或裂隙中有时见有较多的白色二氧化硅粉状物，有时可见少量褐色胶膜。

灰色森林土通体质地较轻，一般为沙质壤土到黏壤土。黏粒在剖面中的分布有一定变化，心土层略有增加趋势，土壤自然含水率表土层一般在 30% 以上，心土层 12% 以上，常年水分状况良好。全剖面呈微酸性至中性反应，pH5.5~7.5，盐基饱和度在 70% 以上。灰色森林土肥力相当高，但坡大、土薄、湿润，宜以林为主。

（4）黑钙土

黑钙土分布地形大部分为低山丘陵。海拔高度大体在 700~1000m。黑钙土成土母质多种多样，主要是黄土状、砂黄土状冰水沉积物，及各种基岩（主要是中酸性火成岩）的风化残积物、坡积物。

黑钙土中蠕虫类和啮齿类动物丰富，对黑钙土的形成有较大影响。

黑钙土形成的主要背景条件是半湿润的气候和草甸草原植被，具有草原土壤形成的两个基本过程，即腐殖质积累过程和钙积化过程。草甸草原植被群落茂密，生物量大，无论是地上部分还是地下部分都为土壤形成带来了大量有机物质。草本植被具有较高含量的灰分，尤其是钙、钾等碱土元素丰富，使土壤呈中性反应，为微生物的活动及腐殖质大量积累创造了有利的条件，形成了黑钙土特有的深厚、疏松、富含有机质的腐殖质层。

从全剖面看，黑钙土表层颜色深暗，腐殖质以及其他养分含量较高，向下变化和缓，生物积累强度随剖面向下逐渐减弱，具有典型的草原土壤特点。土壤溶液呈中性，pH 由表层向下逐渐升高，其变化特点与碳酸钙积累形式相一致，显示了碱土金属元素在土壤形成过程中对土壤酸性的中和作用。

（5）草甸土

草甸土是非地带性土壤，主要分布于河流两岸、山间低地及阶地上，并与沼泽土成复区分布，特点是地下水汇集，水位较高，母质为淤积物或沉积物。

草甸土的成土过程具有腐殖质累积的草甸化过程和氧化还原交替特征。草甸土区水分供应充足，植被生长繁茂，根系又深又密，每年为土壤提供了大量的有机残体，在土壤冻结后，有机残体分解缓慢且不彻底，因而在土壤中逐渐积累了很高含量的腐殖质。每年植物死亡形成的有机质，被分解后形成良好的胶结剂，将土粒胶结，使土壤形成良好的团粒结构。地下水位高、变动大，在降水集中的季节地下水位甚至接近地表，而往往旱季又下降，全年随降水的变化，地下水位升降频繁，造成土壤剖面中下部土壤氧化和还原过程交替进行，因此在剖面的一定部位可见锈纹、锈斑。

（6）沼泽土

沼泽土成片状或沿沟谷带状分布，局部地区与草甸土镶嵌分布。该土类是在永冻层或季节性冻层的条件下发育起来的土类，分布着乔木沼泽植物类群、灌木沼泽植物类群、草本沼泽植物类群和苔藓沼泽植物类群，多分布在河谷、河漫滩、低阶地等潮湿地段，其母质为冲积物和沉积物，植被类型多为薹草草甸。

1.3.4　河流湖泊

呼伦贝尔沙地樟子松林带所处地带属于额尔古纳水系范围，发源于大兴安岭西坡。较大的河流有海拉尔河及其支流伊敏河、辉河、莫尔格勒河等。主要湖泊有著名的呼伦湖、贝尔湖、诺干湖等。

（1）海拉尔河

海拉尔河发源于大兴安岭中部，向西横贯呼伦贝尔市 6 个市（旗、区），于扎赉诺尔北部阿巴盖堆附近汇入额尔古纳河，长 708km，流域面积 5.42 万 km²。主要支流北岸有库里多尔河、特尼河、莫尔格勒河等，南岸有免渡河、伊敏河等。

（2）伊敏河

伊敏河发源于大兴安岭南部西坡，长 390km，流域面积 2.27 万 km²。河流自南而北纵贯鄂温克族自治旗，穿过海拉尔区，于海拉尔区北山下汇入海拉尔河。

（3）莫尔格勒河

发源于内蒙古自治区呼伦贝尔市陈巴尔虎旗境内，大兴安岭西麓，号称"天下第一曲水"。河长 319km，流域面积 4987km²，由东北向西南，流经著名的呼伦贝尔大草原，注入呼和诺尔湖后流出，汇入海拉尔河。流域内地势平坦开阔，河流比降较小，河道迂回曲折，两岸水草丰美，是良好的天然牧场。

（4）呼伦湖

呼伦湖位于呼伦贝尔高原西部的新巴尔虎右旗、新巴尔虎左旗和满洲里市扎赉诺尔之间，是中国四大淡水湖之一。湖面呈不规则斜长方形，长轴为西南至东北方向，自有准确记录以来，湖泊面积最大时为 2339km²，呼伦湖水域与周边湿地总面积 7680km²。湖面水位最高时海拔 545.59m。最大水深为 8m，平均水深为 5.7m，蓄水量为 138.5 亿 m³。冬季封冻期达 170~180d，最大冰厚为 1.3m。湖水补充来源除湖面直接承受降水外，主要依靠地下水的补给和地表径流。湖底构造特殊，有 30 多处泉眼，提供地下水补给。呼伦湖地表水系由呼伦湖、哈拉哈河、贝尔湖、乌尔逊河、克鲁伦河、新开河及连通于呼伦湖和额尔古纳河的达兰鄂罗木河等河流组成。

（5）贝尔湖

贝尔湖位于呼伦贝尔草原的西南部边缘，是哈拉哈河和乌尔逊河的吞吐湖，是中、蒙两国共有的湖泊，中国部分位于呼伦贝尔市新巴尔虎右旗境内。贝尔湖呈椭圆形，长 40km，宽 20km，面积 608.78km^2。其大部分在蒙古国境内。平均水深约 8m，最深处约 50m，蓄水量约 55 亿 m^3。

（6）诺干湖

诺干湖位于内蒙古呼伦贝尔市新巴尔虎左旗诺干诺尔林场西行 8km 处，两伊公路从湖边通过，北距海拉尔 162km，南距阿尔山 120km。地处中、俄、蒙国际"金三角"，北依红花尔基森林公园，西坐落于新巴尔虎草原，南靠温泉旅游胜地阿尔山，东接柴河景区。

诺干湖，蒙古语为"绿色湖泊"之意，原称查干湖。水域面积 18km^2，湿地面积 5 万亩[①]，水深 3~8m，最大蓄水量可达 1.5 亿 m^3。这里水质良好，无公害、无污染，各种水生动植物十分丰富。

1.3.5 野生动植物资源

（1）野生植物资源

呼伦贝尔沙地樟子松林带共发现野生植物 152 科 535 属 1430 种（各种下等级），植物种数占内蒙古自治区植物种数的 55.64%，其中，被列入《国家重点保护野生植物名录》（2021 年第 15 号）的有野大豆、手参、兴安杜鹃、浮叶慈姑等 12 种国家二级保护野生植物。

（2）大型真菌资源

呼伦贝尔沙地樟子松林大型真菌可划分为 5 类 35 科 93 属 232 种。其中，担子菌类所占比重最高，包含 14 科 50 属 159 种，占大型真菌种数的 68%。

（3）野生动物资源

呼伦贝尔沙地樟子松林带共发现脊椎动物 463 种，包括圆口类 1 种，鱼类 47 种，两栖类 7 种，爬行类 8 种，鸟类 328 种，哺乳类 72 种。

1.3.6 旅游资源

呼伦贝尔旅游以草原的垄断性、森林的原始性、湖泊的天然性、冰雪的纯洁性、民俗的独特性等特点受到世人的瞩目。呼伦贝尔沙地樟子松林带范围内更是囊括了众多具有特色的景观资源和许多著名的景点。

呼伦贝尔沙地樟子松林带特有的气候以及自然条件，形成了独特的自然景观。浩瀚的林海、无际的草原、温婉的湿地无一不体现着自然的魅力，大气磅礴，给人以无限的震撼。

[①] 1 亩 =1/15hm^2。以下同。

这些自然景观带来了丰富的旅游资源。

森林旅游资源方面，有海拉尔西山国家森林公园、红花尔基樟子松国家森林公园、阿尔山国家森林公园等；草原旅游方面，有白音呼硕草原、呼和诺尔草原、金帐汗蒙古部落草原等，近些年，随着一些影视剧、综艺活动在呼伦贝尔草原取景，一些取景地成了热门的旅游景点；湿地旅游方面，有辉河湿地、呼伦湖湿地、诺干诺尔景区等；人文旅游方面，有各类地标性景点（满洲里国门、满洲里套娃广场）、历史文化景点（世界反法西斯战争海拉尔纪念园、诺门罕战役遗址）、宗教景点（两河圣山景区、广慧寺、大觉禅寺）；民俗风情旅游方面，最有特点的是各类具有少数民族特色的节日，如瑟宾节、那达慕等。

1.4 呼伦贝尔市社会经济概况

根据 2020 年第七次全国人口普查数据，呼伦贝尔市常住人口 224.29 万人。其中，城镇人口 165.69 万人，乡村人口 58.60 万人，常住人口城镇化率 73.87%。全市共有 42 个民族，其中，汉族人口占总人口的 80.10%，蒙古族人口占总人口的 10.59%。

受新冠肺炎疫情冲击影响，2020 年全市地区生产总值（GDP）1172.20 亿元，按可比价计算下降 3.3%。其中，第一产业增加值 290.57 亿元，增长 0.3%；第二产业增加值 326.67 亿元，下降 6.1%；第三产业增加值 554.96 亿元，下降 3.7%。2021 年全市地区生产总值为 1354.80 亿元，按可比价计算增长 5.5%，两年平均增长 1.0%。其中，第一产业增加值 327.10 亿元，比上年增长 7.1%，两年平均增长 3.6%；第二产业增加值 450.20 亿元，比上年增长 2.9%，两年平均下降 1.7%；第三产业增加值 577.50 亿元，比上年增长 6.3%，两年平均增长 1.2%。

全市土地面积 25.3 万 km^2。天然草场面积 1.2 亿亩；林地面积 2.445 亿亩，森林面积 1.995 亿亩，森林覆盖率达到 52.6%，森林蓄积量 12.7 亿 m^3。矿产资源已发现矿产 67 种（亚矿种 82 种）。全市多年平均水资源总量 316.19 亿 m^3，其中，地表水资源量 298.19 亿 m^3，地下水资源量 18 亿 m^3；水能资源理论蕴藏量 246 万千瓦。

第2章 樟子松概述

2.1 樟子松分类地位

樟子松（*Pinus sylvestris* var. *mongolica* Litv.）为裸子植物门松科松亚科松属双维管束松亚属油松组欧洲赤松（*Pinus sylvestris* L.）的一个地理变种。

2.2 樟子松天然分布

樟子松天然分布的范围很窄，主要集中在大兴安岭北部和东部，伊勒呼里山以北山地和内蒙古海拉尔及红花尔基一带的沙丘地带。生于大兴安岭山区的树木树冠成尖塔形，树干端直高大；生于呼伦贝尔市南部与西部沙丘草原地区的树木，树冠平顶，树干较短。不同地区的樟子松形态不同是受环境和风的作用影响。

沙地樟子松集中连片分布在呼伦贝尔沙地南部，疏林型的散生林、母树林与天然更新的幼苗型樟子松林零星分布在新巴尔虎左旗的嵯岗、陈巴尔虎旗的赫尔洪得、海拉尔的西山、鄂温克旗的莫和尔图、锡尼河东、巴音岱等地区，沿呼伦贝尔市陈巴尔虎旗的完工至赫尔洪得沿海拉尔河一带的沙地上并由海拉尔附近沙地往南，从锡尼河开始，沿伊敏河经红花尔基、辉河上游、巴日河至中蒙边界的哈拉哈河附近呈不连续带状分布。其中，锡尼河—红花尔基—洪河尔树—巴日图—哈拉哈河一段，构成了一条完整东北至西南的林带，长约 200km，宽 10~20km，樟子松林面积约 15.55 万 hm^2。

山地樟子松主要分布在我国大兴安岭北部，集中分布在北纬 52°以北的大兴安岭山地，即满归、莫尔道嘎、乌玛、永安山、呼中、新林一线以北，呈块状分布镶嵌在兴安落叶松林海中，面积约 26.70 万 hm^2。小兴安岭北坡（至逊克）一带有零星分布。蒙古也有分布。

本次沙地樟子松林带科学考察范围为海拉尔西山樟子松国家森林公园、鄂温克旗的莫和尔图林场到红花尔基樟子松原始森林、罕达盖森林草原过渡区。

2.3 樟子松生长环境

樟子松适生于严寒干旱的气候，能耐 –50℃以下的低温和干燥、瘠薄的土壤，一般用种子繁殖。樟子松为中生阳性树种，喜光，全光条件下天然更新良好，耐干旱，深根性乔木，主根、侧根均发达，能适应土壤水分较少的山脊及向阳山坡，以及较干旱的沙地及石砾沙土地区，在风积沙土、砾质粗沙土、黑钙土、栗钙土、淋溶黑土、白浆土上均能生长，不宜在盐碱地及排水不良的重黏土上栽植。

2.4　樟子松特性

2.4.1　形态学特性

樟子松为常绿乔木，树高 15~25m，最高 30m。最大胸径 1m 左右。树冠卵形至广卵形，老树皮较厚且有纵裂，黑褐色，常鳞片状开裂；树干上部树皮很薄，褐黄色或淡黄色，薄皮脱落。轮枝明显，每轮 5~12 个，多为 7~9 个，1 年生枝条淡黄色，2~3a 后变为灰褐色，大枝基部与树干上部的皮色相同；芽圆柱状椭圆形或长圆卵状不等，尖端钝或尖，黄褐色或棕黄色，表面有树脂；叶 2 针一束，稀有 3 针，粗硬，稍扁扭曲，长 5~8cm，树脂道 7~11 条，维管束间距较大，冬季叶变为黄绿色；花期 5 月中旬至 6 月中旬，属于风媒花，雌花生于新枝尖端，雄花生于新枝下部；1 年生小球果下垂，绿色，翌年 9~10 月成熟，球果长卵形，黄绿色或灰黄色；第三年春球果开裂，鳞脐小，疣状凸起，有短刺，易脱落，每鳞片上生 2 枚种子，种翅为种子的 3~5 倍长，种子大小不等，扁卵形，黑褐色、灰黑色、黑色不等，先端尖；千粒重随产地植株变化大，红花尔基沙地樟子松 7.9g，大兴安岭山地樟子松 5.4g。

樟子松的雌球花、球果种鳞的形状、小枝的色泽以及针叶的质地与欧洲赤松都很相似，唯老树树干下部的树皮较厚，深纵裂，灰褐色或黑褐色，上部树皮黄色至褐黄色，裂成薄片脱落；针叶长短变异较大，冬芽淡褐色等形态特征与欧洲赤松不同。欧洲赤松西起大不列颠和伊比利亚半岛，在东迁的过程中经历了大地理区域适应性的分散性选择，最终形成了新的遗传变异品种。呼伦贝尔沙地樟子松是欧洲赤松新的变异类型，在呼伦贝尔地区的天然分布呈面积较小的岛状分布，由于其花粉具气囊，属自由授粉，这样就造成了樟子松群体内杂合性大，后代的表型变异明显。

通过本次考察，笔者认为形质性状变异明显的因子有 4 个。①皮色型（树干中部细皮部分的颜色和性状）：有黄皮型（树皮呈黄色、纸状剥落）、红皮型（橘红色、纸状剥落不明显）、青皮型（树皮发暗呈褐色、树皮不剥落）。②分枝角：一般小分枝角在 60° 以下，最大可达 90°。③枝粗细：I 级侧枝基径粗度变化十分显著，细的仅 2cm，粗的可达 8cm。④冠宽（冠径／树高）：分为宽冠型与窄冠型。通过研究发现，这 4 个形质性状因子与樟子松林木单株材积生长密切相关，同时还发现，这 4 个形质性状因子的变异比大兴安岭山地樟子松强烈。

2.4.2　生态学特性

（1）樟子松具有很强的抗寒性。这是欧洲赤松及其变种、变型的显著共性，樟子松是我国松属中最耐寒树种之一，在我国分布的北界可达北纬50°以北漠河地区，能耐 -50℃甚至更低的温度。

（2）樟子松具有较强的耐旱性，在含水率2%以上、土层厚8cm以上的风化石质山地都能够生长。由于树冠稀疏，针叶较少，针叶表皮角质化，气孔着生在叶腹多皱的凹陷处，因此水分蒸发极慢，能调节利用水分。同时根系发达，40a的樟子松根幅可达25m，并且根上发育着团状和分枝状的菌根，有助于根系充分吸收利用周围土壤中的水分和养分。

（3）樟子松具有喜光耐阳性。樟子松自然生长在山脊和阳坡、沙地，常形成纯林，侧方光照充足时侧枝、针叶繁茂，在林内缺少侧方光照时则整枝良好。

（4）樟子松抗逆性强。樟子松在土壤pH7.6~7.8时，生长发育良好，对松针锈病、松梢螟、松干蚧等病虫害的抵抗能力优于油松。

（5）樟子松耐贫瘠，对土壤条件要求不高。在沙地、粗骨性土、沼泽土以及无土壤的砾石沙地上，都能扎根生长，在干燥贫瘠、沙地、陡坡等其他树种不能生长的地方均能生长良好。

（6）樟子松寿命长，生长速度快。一般生长年龄可达150~200a，在海拉尔西山樟子松国家森林公园生长着年龄逾500a的樟子松。而且樟子松生长速度快，特别是在生长前期，在原产地的树高可达30m、胸径达1m以上。

4.3　物候学特性

沙地樟子松所分布的地区为低山丘陵、冈陵间宽阔平坦的草原地带。樟子松多生长在沙丘上部、丘间凹地及草原上，呈断断续续零散的团状分布。林木基本上为世代比较整齐、层次较单一的纯林。由于林木团状分布的特点，导致林分平均郁闭度较小，多在0.3~0.5，而团状分布的树群内郁闭度则多在0.6~0.7，有的达到0.9以上。

呼伦贝尔沙地樟子松的当年生长过程一般可分为以下几个阶段：① 3.6~4.4℃时枝条开始萌动，4.4~10.3℃时开始高生长，10.3~15.9℃时为速生期，16.0℃进入生长后期；② 10.3~16.9℃为径生长期，16.1℃左右生长量最大；③ 3.6℃时开始孕育针叶，11.8~16.9℃为叶生长期，10.3~13.6℃为花期；④ 14.7~16.8℃为球果第一个生长发育期，翌年 10.3~16.8℃为球果第二个生长发育期，第三年4.0℃起，球果开裂，种子脱落。

沙地樟子松生长过程简述如下。

萌动：树液开始流动，针叶由暗黄绿色向绿色返转，顶芽开始膨胀；主干顶芽长 1cm，侧枝顶芽长 0.6cm，鼓破保护脂；顶芽呈长矛状的纺锤形，红紫色或褐紫色。

高生长初期：主干日高生长 0.06~0.34cm，日均生长 0.315cm；侧枝日生长 0.044~0.65cm，日均生长 0.305cm，分别达到 5.20cm 和 3.88cm；10a 生以下高生长偏晚 3~6d。

高生长速生期：主干日高生长 0.68~1.39cm，日均生长 1.004cm，日生长 1cm 以上长达 18d，总长 41.2cm；侧枝日生长 0.6~0.9cm，日均生长 0.71cm，日生长 0.6cm 以上长达 20d，总长 24.6cm。

高生长后期：开始形成顶芽，初期为乳白色或淡绿色，后转为肉红色，转前分泌出保护脂，形成轮枝顶芽；主干高生长 0.033~0.475cm，日均生长 0.21cm，达 3.17cm；侧枝高生长 0.167cm 以下，日均生长低微，呈淡黄色。顶芽转为红紫色或褐紫色；主干顶芽长 2.0cm，径粗 0.9cm，轮芽稍小，侧枝顶芽长 0.6cm，径粗 0.35~0.45cm，轮芽亦稍小；轮芽 3~5 个，5 个居多。

径生长：主干基径粗达到 1.125cm，侧枝基径粗达到 0.725cm。主干径生长 0.44cm，径粗达到 1.6cm；径生长 0.014~0.065cm，日均生长 0.016cm，日变幅较大，结束生长早于主干径生长 6~12d。侧枝径生长 0.14cm，径粗达到 0.87cm；径生长 0.001 5cm，日均 0.003 5cm。

叶生长：叶的孕育与生长同步，叶长 1.1~1.3cm 时，开始有针叶突破叶鞘，从径基部向上依次突破，叶稍扁；叶离径向外伸展，叶长达 3cm，宽 0.1cm，叶鞘长 1.1~1.3cm；全部突破叶鞘，针叶开始老熟；主干叶长 7.4~8.3cm，宽 0.19~2.0cm，侧枝叶长 5.1~6.3cm，宽 0.16~0.19cm，此时叶鞘萎缩到 0.4cm 以下；叶向暗黄微绿色转变。

雄花：雄花开始迅速膨大，孕育出球形网格，格内米黄色，格线蓝绿色，簇生；花序长达 3.1~4.1cm，粗 2.0cm 左右；红紫色花序 5 行，左旋上升排序，一般 30 个球形雄花；浅绿色或黄绿色亦 5 行，右旋上升排列，一般 35 个球形雄花；放粉前格内呈黄色，多在上午释放花粉，放粉后，雄花很快干缩。

雌花：雌花开始膨大，发育缓慢，桃红色；花芽及柄高 0.5cm，直径 0.25~0.30cm；随之球鳞张开，紫色；受粉，此时雌花及柄高 0.55~0.6cm，粗 0.45cm。

球果：球鳞完全闭合，形成种子雏形，随后球鳞顶部鳞盾膨大，转向深紫色，鳞脐疣状凸起，很矮，芒尖状，球果径高均不足 0.5cm；球果开始下垂，直至果顶向下，几乎垂直于地面；果顶呈红紫色，中部青绿色，基部褐紫色；球果径高均达 0.7cm，鳞盾紫褐色，鳞片草绿色或浅绿色；球果分泌出松脂，果色向暗绿色转变。翌年，球果随树木的高生长进入迅速发育期，球果径高均达到 1.5cm，向广卵形发育；球果基本停止生长，呈长卵形，深绿色，果长 4.9~5.4cm，基部直径 2.7~2.9cm，鳞盾肥厚隆起向后反曲，以中下部明显，鳞脐形状不规则，从果顶向基部逐步变小，疣状凸起；种子内部仍多含水分；种子从接近成熟到成熟。第三年，果鳞陆续开裂，带翅种子脱落。

2.4.4　根系特性

樟子松根系主要分布在 0~100cm 左右的土层中，主根可达 2m，最深 5m，侧根发达，延伸范围为冠幅的 1~5 倍，毛细根较多，且着生有大量的根菌，这对根的生长及养分吸收具有一定的促进作用。樟子松细中根主要集中分布在 50cm 以上土层，细、中根是植物根系中吸收营养的主要部分，细、中根分布的层次表明樟子松主要吸收 50cm 以上土壤的水分、养分。沙地土壤的地下水位较高，樟子松的主要吸收根系正分布在地下水位以下，这样对土壤水分养分的利用较充分。沙地造林地表层土壤养分相对深层较丰富，表层细中根量大，能更好地吸收土壤养分，有利于林木生长。

樟子松为浅根性树种，主根系层分布在表土层，在沙地造樟子松林后对地下水位下降影响较小。采用根系分布较浅但根幅庞大的樟子松造林，对土壤水分和养分的利用较充分，同时又不会轻易造成地下水位迅速下降而导致植物根系脱离含水层。樟子松造林后对不同层次的土壤尤其是表层土壤具有明显的改良作用。

樟子松根系的水平分布特征和垂直分布特征简要叙述如下。

（1）水平分布特征：樟子松根系水平分布范围可达 550cm，为冠幅的 2.5 倍，树高的 0.78 倍。在 250cm 范围内是根系的集中分布区，且分布比较均匀，其根系干重和长度分别占调查总量的 63.5% 和 57.9%；350cm 以外根系分布迅速减小，根量占调查总量的 30% 左右。根径分布以小于 1mm 的毛细根最多，重量百分率为 41%，且分布较均匀，长度百分率可达 76%，以 150cm 和 250cm 分布最大；大于 5mm 的粗根集中分布在树冠附近，450cm 以外几乎无粗根分布。从樟子松根系水平分布的规律可看到，根系集中分布范围大致与其树冠相近似，由此可确定樟子松的造林密度，株行距以 5m 为宜。

（2）垂直分布特征：在调查的 0~100cm 土层范围内，樟子松根系分布从上到下依次迅速减小。在土壤表层（0~20cm），根系分布最为集中，根重和根长分别占其总量的 58.6% 和 61.2%，其中，小于 1mm 的毛细根干重达一半以上，长度达 80% 以上；60~100cm 土层范围内，根量明显减小，只占调查总量的 5% 左右，且只有小于 5mm 的根系零星分布，较粗的根系已不存在。由此可见，樟子松毛细根发达，分布层次浅，在树种布局配置上，可与深根性的树种合理搭配，实现土壤层次水分的永续利用，减小根系争水争肥的矛盾。

2.5　樟子松林带林分结构

林分结构是林分特征的主要内容，林分结构的研究是经营森林的理论基础。林分结构受树种组成、林分年龄、密度、林木空间分布格局、林木遗传特性等的影响。通过这次沙地樟子松野外考察项目，笔者对不同起源的沙地樟子松林带林分结构、生长过程及生态因子进行了全面的调查研究，人工林和天然林直径分布分别服从 Weibull 和标准正态分布，并应用 Chapman-Richards 的五种生长模型拟合了樟子松生长过程。人工林和天然林材积生长分别在 14a 和 33a 达到最大值，43a 和 102a 达到数量成熟，这表明樟子松天然林生命周期要比人工林长 60a。导致上述区别的部分原因是生态环境的差异，包括纬度、温度、降水量、蒸发量、海拔高度、人为干扰和林分密度等。

在海拉尔、红花尔基沙地樟子松的天然林区内共设置 2 块 100m×100m 的样地，对样地内胸径大于 5cm 的林木定位并进行全面调查，调查内容包括树种、树高、胸径、冠幅、郁闭度及林下更新等内容。

2.5.1 林分基本特征及径阶结构

由表 2-1 可以看出，2 块样地的立地条件基本类似，林木的平均胸径相差不大，分别为 21.3cm 和 21.0cm，但样地 2 的密度明显高于样地 1，且其平均树高也高于样地 1，其林分断面积明显大于样地 1，这充分体现了密度对树高的促进作用及对林分断面积的累积效应。样地 1 的草本盖度达到 80% 以上，而样地 2 的草本盖度小于 50%。样地 1 林分直径呈多峰山状分布，22cm 径阶范围株数最多。样地 2 林分直径几乎呈正态分布，峰值出现在 22cm 径阶，以 22cm 为分界，直径小于 22cm 的樟子松株数明显比直径大于 22cm 的多。2 块沙地樟子松林样地径阶结构既不完全像典型人工林直径分布的正态型，也不像发育完整的天然林直径分布的倒"J"形。结合林下更新情况，可见该林分结构是处于演替早期的天然林，远未达到顶极群落阶段，稳定性不够。

表 2-1 樟子松天然林基本特征

样地编号	平均海拔（m）	郁闭度	林分平均胸径（cm）	林分平均树高（m）	林分密度（株/hm²）	草本盖度（%）
样地 1	815	0.7	21.3	14.8	940	>80
样地 2	815	0.7	21.0	16.3	1149	<50

2.5.2 林分垂直结构

樟子松天然纯林仅由乔木层和草本层组成（表 2-1）。对樟子松天然纯林进行垂直结构的划分，2 块样地中大多数林木处于林分中层（10~16m），样地 1 接近 70%，样地 2 有 60% 的林木处于中层；样地 1 下层林木（<10m）的数量为 12.8%，而样地 2 下层林木（<10m）的数量仅为 3.5%；样地 1 处于林分上层（>16m）的林木为 18%，而样地 2 处于林分上层的林木为 35.9%。这主要是由于林分密度所致，高密度造成林分垂直层不足 3 层，低密度有利于林分成层性的增加。

2.5.3 直径结构

用相对直径表示林分直径，可将不同林分平均直径和不同林木株数的林分置于相同尺度上进行分析比较，所以把各径阶内林木株数换算为相对值，并计算出各径阶株数累积百分数（表2-2）。从表2-2可知，樟子松人工林的直径因年龄、密度和立地条件的不同而变幅较大。林分相对直径 R_d=1 时，各块标准地上樟子松人工林的株数累积百分数在48.6%~57.4%之间。

表2-2　樟子松人工林的相对直径与株数累积

标准地号	林分平均直径 Dg（cm）	相对直径 R_{max}	相对直径 R_{min}	株数累积（%）（R_d=1）
1	16.8	1.372	0.179	52.6
2	14.2	1.616	0.492	54.7
3	16.1	1.432	0.436	51.2
4	14.5	1.589	0.484	49.3
5	12.4	1.850	0.241	55.2
6	13.5	1.710	0.223	53.5
7	14.8	1.418	0.203	50.5
8	14.3	1.607	0.349	54.7
9	13.1	1.603	0.229	55.9
10	15.7	1.338	0.446	48.6
11	16.0	1.438	0.688	55.1
12	12.4	1.526	0.402	57.4

樟子松人工林直径分布曲线近似正态分布，大多数林木直径接近于平均值，较大和较小径阶的株数呈下降分布，且差异较大。这是由于樟子松人工林的林分起源相同、生长环境相似、管理措施基本一致所致。在林分年龄和坡向相同的情况下，由于林分密度的减小，改变了林内的光照、温度等生境条件，减少了植物种内对养分和水分的竞争，改善了土壤肥力，保证了樟子松生长所需的足够养分，促进了樟子松的生长，从而林分直径分布曲线随着林分密度的减小向右移。

2.5.4　树高结构

采用相对树高值表示各林木在林冠层中的位置，相对树高（R_h）为林木高（h）与林分平均高（H_D）的比值。从樟子松人工林相对树高与株数累积分布（表2-3）可知，林分树高结构规律特征类同于林分直径规律，相对树高 R_h=1 时，相应株数累积分布在 44.6%~60.5%，林分中最高林木的相对树高值 R_{max}=1.25~1.44，最矮林木的相对树高值 R_{min}=0.38~0.74，与直径相比，树高变幅较小。

表2-3　樟子松人工林的相对树高与株数累积

标准地号	林分平均树高 H_D（m）	相对树高（R_{max}）	相对树高（R_{min}）	株数累积（%）（R_h=1）
1	8.4	1.25	0.42	60.5
2	9.1	1.26	0.49	49.1
3	8.6	1.33	0.52	52.3
4	7.8	1.35	0.58	44.6
5	5.9	1.44	0.42	57.8
6	6.1	1.39	0.41	54.6
7	6.9	1.38	0.65	55.3
8	8.5	1.36	0.53	53.3
9	6.6	1.29	0.38	56.1
10	8.3	1.27	0.66	48.7
11	8.8	1.42	0.74	50.0
12	8.4	1.25	0.42	60.5

沙地樟子松人工林的树高随着林龄的增加而增大，且各林龄之间皆有显著性差异。树高连年生长量不同主要是由于处于不同的生长发育阶段，在整个生长发育阶段，树高与林龄有极显著相关性，随着林龄的增大而增加。立地条件的差异可能会延长或缩短这种进程，但不会改变这种趋势。

2.6　樟子松价值

2.6.1　生态价值

樟子松具有耐寒、耐旱、耐瘠薄、耐轻度盐碱等特性，是我国半干旱的北方地区防风固沙、水土保持、防护绿化和速生用材的优良树种。因其对环境适应性强、根系发达，能在风沙土、砾质粗沙土等贫瘠土壤生长，存活几率高，而成为"三北"防护林工程和防沙治沙工程的主要树种之一，为减轻我国"三北"地区风沙侵蚀发挥了重要作用。樟子松沙地造林易于成活，在生长过程中它的枯枝落叶也可以防风阻沙，起到改善环境的作用。

2.6.2　观赏价值

樟子松四季常青，树形及树干美观，可作庭院观赏和绿化树种。特别是在冬季，冰雪世界中，苍翠的樟子松与白雪交相辉映，大气磅礴，是呼伦贝尔市四季旅游中重要的旅游观光项目。

2.6.3　优质木材

樟子松树干通直，材质良好，软硬适度，韧性较好，纹理细直，木纹清晰，且生长速度较快，是东北地区主要速生用材。材质具有淡淡的樟脑香味，防腐防蛀，稳定耐用，是家具、工艺品的优质原材料。樟子松是中等速生树种，成材快、回报率高，用途广泛，在建筑、家具、室内装饰、枕木、车船桥梁及木纤维工业原料等诸多领域，都常见其身影。

2.6.4　可提供多种林产品

樟子松不仅可提供优质木材，还可用于生产化工原料、食品、药材等多种林产品。其树干可供割树脂、提取松香及松节油，树皮可提栲胶，种子可榨油，叶、皮可入药，并可作为饲料资源。从松木中提取的松节油，是一种优良的有机溶剂，广泛应用于油漆、催干剂、胶黏剂等工业领域，还可用于制造合成樟脑及合成香料等。近年来，松节油还被用于减轻肌肉痛、关节痛、神经痛以及扭伤等常见伤痛。从樟子松雄花中采集的松花粉，含有丰富的蛋白质、微量元素、黄酮及脂肪酸等营养成分和生物活性物质，是许多传统食品如松花团子、松花酒中必不可少的成分。松花粉味甘平无毒，可用于治疗外伤出血、湿疹、皮肤糜烂等病症，因此被收入《中华人民共和国药典》（2000 版）中。松针可加工成松针粉，除含有丰富的粗蛋白质、粗脂肪、粗纤维等常规营养成分外，还含有维生素、胡萝卜素、甙类、萜类化合物和多种微量元素，具有较高的营养价值，且来源广泛、资源丰富，是一种高效、绿色的饲料添加剂。松针中含有植物杀菌素、枞酸、松叶酸、黄酮类物质和鞣质等，具有抑菌消炎等作用。大量研究表明，松针粉对提高动物生产性能、改善免疫功能具有一定的作用。

第3章　森林植被分类

3.1　植被分类单位

本书采用的主要分类单位有植被型、植被亚型、群系组、群系、群丛五级，其中以植被型（高级单位）、群系（中级单位）和群丛（基本分类单位）三级为采用的主要分类单位。因此本书植被采用的分类系统是：

植被型（Vegetation type）

植被亚型（Vegetation subtype）

群系组（Formation group）

群系（Formation）

群丛（Association）

3.2　各级分类单位划分标准

3.2.1　植被型

植被型是沙地樟子松林植被分类系统中最高级单位。凡是建群种生活型相同或相近而群落的形态外貌相似的植物群落均纳入同一植被型。如森林、灌丛、草原、草甸、沼泽、草塘等。本考察区（以下简称"本区"）植被共划分6个植被型。

3.2.2　植被亚型

植被亚型是植被型的辅助分类单位，在类型复杂的植被型中，将建群种（优势种）的生活型相同或相近的，同时与水热条件等生态关系一致的植物群落纳入同一植被亚型。如森林中可划分针叶林、针叶混交林、针阔叶混交林、阔叶林等植被亚型。

3.2.3　群系组

群系组是植被型或亚型与群系间的辅助单位。在植被型或亚型范围内，可根据不同情况，将亲缘关系或生活型（3或4级）相似的建群种划入同一群系组，即在植物分类系统中为同一属的植物，以群落外貌相似为依据，将相似的植物群落归纳为统一群系组。

3.2.4　群系

群系是本植物分类系统的中级分类单位，是以植物群落中一个或一个以上相同的建群种或共建种为标志，同一群系植物的群落学特征和生产力都是比较相似的。如樟子松、桦树混交林群系组可分为樟子松、白桦林和樟子松、黑桦林 2 个群系。

3.2.5　群丛

群丛是植被分类的基本单位，划分的依据是层片结构相同或共优势种相同的植物群落，如兴安落叶松林群系可划分为泥炭藓、杜香、兴安落叶松林等 6 个群丛。

根据上述分类系统和各级分类单位的划分标准将本区植被划分为 6 个植被型 14 个植被亚型 36 个群系组 67 个群系 81 个群丛。

3.2.6　各级分类单位命名方式

第一级植被型用外貌特征来命名。如森林、灌丛、草原、草甸、沼泽和草塘。第二级植被亚型利用生态习性相同的植物群落名称或 2 级生活型相同的建群层片名来命名。第三级群系组用植物属来命名。第四级群系由同一属的不同种组成，用种名来命名。第五级群丛则用优势种或标志种加主要层片的建群种来命名，见表 3-1。

表 3-1　呼伦贝尔沙地樟子松植被类型

植被型	植被亚型	群系组	群系	群丛组或群丛
森林	针叶林	常绿松林	樟子松林	1. 草类、樟子松林
				2. 兴安杜鹃、樟子松林
				3. 越橘、樟子松林
				4. 线叶菊、樟子松林
				5. 山刺玫、樟子松林
				6. 小叶锦鸡儿、百里香、樟子松林
				7. 沙地、樟子松林
		落叶松林	兴安落叶松林	8. 兴安杜鹃、兴安落叶松林
				9. 越橘、兴安落叶松林
				10. 草类、兴安落叶松林
				11. 柴桦、兴安落叶松林
	针阔叶混交林	樟子松、桦树混交林	樟子松、白桦林	12. 兴安杜鹃、樟子松、白桦林
				13. 草类、樟子松、白桦林
				14. 越橘、樟子松、白桦林
			樟子松、黑桦林	15. 草类、樟子松、黑桦林
		樟子松、山杨混交林	樟子松、山杨林	16. 草类、樟子松、山杨林
		樟子松、榆树混交林	樟子松、榆树林	17. 草类、樟子松、榆树林
		樟子松、蒙古栎混交林	樟子松、蒙古栎林	18. 草类、樟子松、蒙古栎林

（续）

植被型	植被亚型	群系组	群系	群丛组或群丛
森林	阔叶林	桦树林	白桦林	19. 兴安杜鹃、白桦林
				20. 草类、白桦林
			黑桦林	21. 草类、黑桦林
		栎树林	蒙古栎林	22. 胡枝子、蒙古栎林
				23. 草类、蒙古栎林
		杨树林	山杨林	24. 兴安杜鹃、山杨林
				25. 草类、山杨林
			甜杨林	26. 小叶章、红瑞木、甜杨林
		钻天柳林	钻天柳林	27. 稠李、钻天柳林
		榆树林	家榆林	28. 沙地、家榆林
		山丁子林	山丁子林	29. 草类、山丁子林
		稠李子林	稠李子林	30. 草类、稠李子林
		赤杨林	毛赤杨林	31. 五蕊柳、毛赤杨林
灌丛	阔叶灌丛	胡枝子灌丛	胡枝子灌丛	32. 胡枝子灌丛
		绣线菊灌丛	土庄绣线菊灌丛	33. 土庄绣线菊灌丛
		柳灌丛	黄柳灌丛	34. 杂草类、差不嘎蒿、黄柳灌丛
		珍珠梅灌丛	珍珠梅灌丛	35. 杂草类、珍珠梅灌丛
		锦鸡儿灌丛	小叶锦鸡儿灌丛	36. 杂草类、小叶锦鸡儿灌丛
		蒿灌丛	差不嘎蒿灌丛	37. 杂类草、差不嘎蒿灌丛
		山杏灌丛	山杏灌丛	38. 百里香、山杏灌丛
草原	草甸草原	丛生禾草草甸草原	贝加尔针茅草原	39. 贝加尔针茅、线叶菊草原
		根茎禾草草甸草原	羊草草原	40. 羊草草原
		杂类草草甸草原	线叶菊草原	41. 线叶菊草原
	典型草原	丛生禾草草原	大针茅草原	42. 大针茅草原
			克氏针茅草原	43. 克氏针茅草原
			羊茅草原	44. 羊茅草原
			糙隐子草原	45. 糙隐子草原
			冰草草原	46. 冰草草原
			洽草草原	47. 洽草草原
			冠芒草草原	48. 冠芒草草原
			三芒草草原	49. 三芒草草原
			百里香草原	50. 百里香草原
			小白蒿草原	51. 小白蒿草原

（续）

植被型	植被亚型	群系组	群系	群丛组或群丛
草甸	典型草甸	杂类草、禾草草甸	小白花地榆、短瓣金莲花草甸	52. 小白花地榆、短瓣金莲花、小叶章草甸
			蚊子草草甸	53. 地榆、蚊子草草甸
			黄花苜蓿草甸	54. 黄花苜蓿草甸
			蹄叶囊吾草甸	55. 蹄叶囊吾草甸
		根茎禾草典型草甸	拂子茅草甸	56. 拂子茅草甸
		丛生禾草典型草甸	小叶章草甸	57. 小叶章草甸
			披碱草草甸	58. 披碱草草甸
			散穗早熟禾草甸	59. 散穗早熟禾草甸
	沼泽草甸	薹草、禾草草甸	瘤囊薹草、小叶樟草甸	60. 小白花地榆、瘤囊薹草、小叶樟草甸
		丛生禾草沼泽草甸	看麦娘草甸	61. 看麦娘草甸
	盐生草甸	丛生禾草盐生草甸	芨芨草草甸	62. 芨芨草草甸
			野大麦草甸	63. 野大麦草甸
		杂类草盐生草甸	马蔺草甸	64. 马蔺草甸
			西伯利亚蓼草甸	65. 西伯利亚蓼草甸
		一年生盐生草甸	碱蓬草甸	66. 碱蓬草甸
沼泽	草本沼泽	薹草沼泽	瘤囊薹草沼泽	67. 小叶章、瘤囊薹草沼泽
			灰脉薹草沼泽	68. 瘤囊薹草、灰脉薹草沼泽
			水葱沼泽	69. 水葱薹草沼泽
			漂筏薹草沼泽	70. 漂筏薹草沼泽
			乌拉薹草沼泽	71. 塔头薹草、乌拉薹草沼泽
		杂类草沼泽	香蒲沼泽	72. 芦苇、香蒲沼泽
		禾草沼泽	芦苇沼泽	73. 芦苇沼泽
草塘	沉水型草塘		篦齿眼子菜草塘	74. 篦齿眼子菜草塘
			东北金鱼藻草塘	75. 东北金鱼藻草塘
			杉叶藻草塘	76. 杉叶藻草塘
	浮叶型草塘		睡莲草塘	77. 浮叶慈姑、睡莲草塘
			白花驴蹄草草塘	78. 小叶毛茛、白花驴蹄草草塘
	漂浮型草塘		浮萍草塘	79. 槐叶苹、浮萍草塘
	挺水型草塘		黑三棱草塘	80. 异叶眼子菜、黑三棱草塘
			水葱草塘	81. 小香蒲、水葱草塘

第4章 生态系统多样性

4.1 森林生态系统

森林是以乔木为主体的生态系统，从树种组成上可分为 3 个亚型，即针叶林、针阔叶混交林及阔叶林，其中，针叶林为本区地带性植被或原生植被。常绿针叶樟子松林是本区域绝对优势植被型，分布面积大，纵贯全区，呼伦贝尔沙地樟子松林带内樟子松优势树种又与不同的伴生树种、灌木或草本植物形成如下所述 31 种森林植被类型。

4.1.1 针叶林

本区的针叶林均属温带针叶林，包括落叶松林和樟子松林，两类针叶林多为原生植被，在垂直分布上有不同的规律性。其中，樟子松林占绝对优势，几乎纵贯全区，并为地带性植物。

4.1.1.1 常绿松林

（1）樟子松林（Form. *Pinus sylvestris* var. *mongolica*）

按地带性规律，沙地樟子松林分布在大兴安岭山地中部寒温带针叶林亚带向呼伦贝尔草原过渡地带，根据其组成、结构和外貌上的不同，将本区樟子松林分为如下 7 个群丛。

01）草类、樟子松林（Ass. Herbage, *Pinus sylvestris* var. *mongolica*）

该林分分布于半阳坡的山脚斜坡或低山丘陵坡地。乔木层以樟子松（*Pinus sylvestris* var. *mongolica*）为主，混有兴安落叶松（*Larix gmelinii*），间或有白桦（*Betula platyphylla*）混生。II–III 地位级，疏密度 0.5~0.8。樟子松幼树分布中等，均匀，大多为 5 年生以下的幼苗。灌木稀疏，有绣线菊（*Spiraea salicifolia*）、刺蔷薇（*Rosa acicularis*）和兴安杜鹃（*Rhododendron dauricum*）。

草本植物种类较多，但覆盖度不大，为 50%~70%。分布比较普遍的有杜鹃花科越橘（*Vaccinium vitis-idaea*），常见的有山野豌豆（*Vicia amoena*）、地榆（*Sanguisorba officinalis*）、耧斗菜（*Aquilegia viridiflora*）、北悬钩子（*Rubus arcticus*）、铃兰（*Convallaria majalis*）、轮叶沙参（*Adenophora tetraphylla*）、牻牛儿苗（*Erodium stephanianum*）等。

02）兴安杜鹃、樟子松林（Ass. *Rhododendron dauricum*, *Pinus sylvestris* var. *mongolica*）

兴安杜鹃、樟子松林经火烧后，部分落叶松针叶先锋树种兴安落叶松（*Larix gme-*

linii）侵入该林分中，使樟子松衍生成落叶松、樟子松林。一般分布在海拔 550~900m 山地阳陡坡上部，坡度为 10°~20°，气温低。土壤为生草化棕色针叶林土，土壤浅薄，含石砾，较干燥。

据调查，该林分植物组成较简单，常见植物约 65 种，其中，维管束植物 57 种，苔藓、地衣植物 8 种。高位芽植物虽种类系数居第二位，但盖度系数最高，决定了群落外貌。地面芽植物最多，多为喜光、耐干旱的中旱生植物，具有标志意义，如兴安杜鹃（*Rhododendron dauricum*）。地上与地下芽植物略少，处于底层地位。这些均充分反映出生境较干旱、寒冷的特点。

此群落林分郁闭度 0.7~0.8，总盖度为 95%，群落高度 12~22m，为近成熟林。层次明显，可分乔木层、灌木层和草本层，苔藓地衣层断续分布。乔木层主要为樟子松（*Pinus sylvestris* var. *mongolica*），混生部分为兴安落叶松（*Larix gmelinii*），两者之比为 6：4，间有极少量的白桦（*Betula platyphylla*）。灌木层发育中等，层盖度为 40%~50%，占优势的植物层片为落叶阔叶矮高位芽植物层片，优势种为兴安杜鹃（*Rhododendron dauricum*），混生有山刺玫（*Rosa davurica*）、刺蔷薇（*Rosa acicularis*）、毛接骨木（*Sambucus williamsii* var. *miquelii*）、崖柳（*Salix floderusii*）、大黄柳（*Salix raddeana*）。

灌木 – 草本层主要有常绿地上芽植物越橘（*Vaccinium vitis-idaea*），混有多种地面芽植物，常见的有矮山黧豆（*Lathyrus humilis*）、西伯利亚败酱（*Patrinia sibirica*）、鸡腿堇菜（*Viola acuminata*）、北野豌豆（*Vicia ramuliflora*）、万年蒿（*Artemisia sacrorum*）等。地上芽植物还有石生悬钩子（*Rubus saxatilis*）。地下芽植物有地榆（*Sanguisorba officinalis*）、山丹（*Lilium pumilum*）和轮叶沙参（*Adenophora tetraphylla*）等。

03）越橘、樟子松林（Ass. *Vaccinium vitis-idaea*，*Pinus sylvestris* var. *mongolica*）

此类樟子松林分布在海拔 550~900m，生长在阳陡坡上部至山脊，坡度达 10°~20°。生境的特点为坡度陡，湿度低，土壤为沙质壤土，属生草灰化棕色针叶林土，生草作用弱，土层浅薄，2~11cm，一般为 8~11cm，混有大量石砾和角砾，土壤的透气性强。此类樟子松林在本区内处于从幼龄林到成熟林、过熟林的整个发育过程的各个时期。在幼龄林期，樟子松生长迅速，生长力很强，通常为 I 地位级。随着林龄增长，生长速度与生产力均逐渐下降，地位级也随之逐渐下降，到成熟期降到 III 地位级，以后几乎无大变化。

据调查，该林常见的组成植物约 63 种，其中，维管束植物 54 种，苔藓、地衣植物 9 种。种类最多的是地面芽植物层片；高位芽植物种类虽居第二位，但盖度系数高，对群落外貌起决定作用；地下芽植物层片居第三位，为附属层片。在局部低湿处或树干、树枝上常附生有少量苔藓、地衣植物层片。

从群落外貌上看，此类樟子松林可明显分为 3 层，即乔木层、灌木层、草本层。乔木层以常绿大高位芽植物层片占绝对优势，通常为单层林，林木组成单纯，常混有少量兴安落叶松（*Larix gmelinii*），比例多为 8：1，间或混有极少量的白桦（*Betula platyphylla*），低海拔处混生黑桦（*Betula dahurica*），郁闭度为 0.6~0.7，局部地段可达 0.7~0.9。150~200a 的樟子松一般高达 24~25m，胸径约达 40cm，而在立地条件好的地段，树高约可达 30m。

林下灌木层发育中等，盖度可达 50%，组成中占优势的为落叶阔叶矮高位芽植物层片，优势种为兴安杜鹃（*Rhododendron dauricum*），其次为山刺玫（*Rosa davurica*）、欧亚绣线菊（*Spiraea media*）等，其中，兴安杜鹃（*Rhododendron dauricum*）远不如在兴安落叶松林下长势好，此外，喜光耐旱的灌木如土庄绣线菊（*Spiraea pubescens*）、石生悬钩子（*Rubus saxatilis*）等均有分布，同时，草本 – 灌木层中常绿地上芽植物越橘甚普遍，混有落叶地上芽植物北悬钩子（*Rubus arcticus*）等。

草本层发育良好，盖度可达 50%~70%。草本地上芽层片为优势层片，多为喜光和较喜光的植物，常见种为兴安野青茅（*Deyeuxia turczaninowii*）、矮山黧豆（*Lathyrus humilis*）、裂叶蒿（*Artemisia tanacetifolia*）、广布野豌豆（*Vicia cracca*）、万年蒿（*Artemisia sacrorum*）、粗根鸢尾（*Iris tigridia*）、展枝唐松草（*Thalictrum squarrosum*）、矮丛薹草（*Carex callitrichos* var. *nana*）等。草本层植物组成中地下芽植物较少，主要有玉竹（*Polygonatum odoratum*）、山丹（*Lilium pumilum*）等。

林下天然更新良好，据调查，每公顷幼苗、幼树可达 2~2.7 万株，更新树种为樟子松，间或混有极少量的白桦（*Betula platyphylla*）或兴安落叶松（*Larix gmelinii*）等。

04）线叶菊、樟子松林（Ass. *Filifolium sibiricum*，*Pinus sylvestris* var. *mongolica*）

绣线菊、樟子松林的林相结构具有显著的森林草原化特征，并在空间分布上总是与黑沙土上的线叶菊（*Filifolium sibiricum*）、贝加尔针茅（*Stipa baicalensis*）草甸化草原保持着密切的联系，构成了森林和草原相结合的异型景观。

05）山刺玫、樟子松林（Ass. *Rosa davurica*，*Pinus sylvestris* var. *mongolica*）

在适宜的条件下沙地樟子松林为纯林，单层，间或有白桦（*Betula platyphylla*）、山杨（*Populus davidiana*），平均郁闭度在 0.5 左右，多为中龄林；林下无灌木；草本层稀疏，一般在 15%~20%，个别区域仅为 5% 左右，主要植物有地榆（*Sanguisorba officinalis*）、广布野豌豆（*Vicia cracca*）、伞花山柳菊（*Hieracium umbellatum*）、舞鹤草（*Maianthemum bifolium*）、红花鹿蹄草（*Pyrola incarnata*）等。

本区内大面积分布为樟子松疏林，郁闭度在 0.3 以下，一般树龄在 40~60a，最高树龄可达 130a；林下有山刺玫（*Rosa davurica*）以及绣线菊属（*Spiraea*）等灌木，并呈小群聚镶嵌于群落内；草本层发达，以草原成分占优势。

06）小叶锦鸡儿、百里香、樟子松林（Ass. *Caragana microphylla*，*Thymus mongolicus-Pinus sylvestris* var. *mongolica*）

该林分分布区主要地貌类型为垄状、波状起伏的沙地，海拔一般在 700~1100m 之间。林下植物种类多为达乌里 – 蒙古区系成分。基本无灌木，偶见草原型旱生、半旱生的小灌木，如冷蒿（*Artemisia frigida*）、百里香（*Thymus mongolicus*）等，在沙丘顶部的樟子松林下偶尔可见小叶锦鸡儿（*Caragana microphylla*）稀疏生长。在生境条件较好的沙丘阴坡下部则可见生长良好的大灌木，如光叶山楂（*Crataegus davurica*）。

小叶锦鸡儿在本区不同生境条件下种群的平均地径出现差异，种群平均个体地径在不同坡位上分布不同。坡上的小叶锦鸡儿种群径级分布在Ⅰ~Ⅵ径级，其中，Ⅵ径级最多，达到 1100 株 /hm²，高度主要集中在 111~127cm，占总数的 63%，平均高度为 113cm；坡中的小叶锦鸡儿种群径级分布在Ⅰ~Ⅵ径级，其中，Ⅲ级的个体数最多，达到 751 株 /hm²，Ⅱ级的个体数也比较多，达到 700 株 /hm²，坡中的高度主要集中在 81~123cm，占总个体数的 82%，平均高度为 113cm；坡下的小叶锦鸡儿种群径级分布在Ⅱ~Ⅶ径级，其中，Ⅵ级的个体数最多，达到 600 株 / hm²，Ⅴ径级的个体数也很多，达到 580 株 /hm²，并且出现了Ⅶ级个体，高度主要集中在 101~160cm，占总数的 70%，平均高度为 151cm。由于所处的生境条件不同，导致水分、光照等条件产生差异，虽然是同树龄的小叶锦鸡儿，种群密度和高度也表现出很大差异，坡下由于水分充足，平均高度最大。以上情况表明，小叶锦鸡儿（*Caragana microphylla*）在水分条件好的情况下长势好、稳定性好。

07）沙地樟子松林（Ass. *Pinus sylvestris* var. *mongolica*）

沙地樟子松林的林相结构具有显著的草原化特征，并在空间分布上与线叶菊草原、贝加尔针茅草原、草甸草原保持着密切的关系，构成一幅森林和草原相结合的异型景观。

沙地樟子松通常为单层纯林，随生态环境条件的变化，樟子松的长势、高度、郁闭度等发生相应的变化。红花尔基林场、辉河林场一带，生态条件比较优越，沙地樟子松林表现出良好的生长优势；而向西、向南随着生态条件逐渐变差，樟子松长势逐渐衰弱，高度和郁闭度逐渐下降。林相也逐渐由密林变疏，或呈现小斑块分布，最后以孤立木状态散生于空旷的沙质草原上。

沙地樟子松林的植物种类多为达乌里 – 蒙古区系成分。林下基本无灌木，偶见一些草原型旱生、半旱生小灌木或半灌木，如冷蒿（*Artemisia frigida*）、百里香（*Thymus mongolicus*）等。在沙丘顶部樟子松林下可见到小叶锦鸡儿（*Caragna microphylla*）稀疏生长，草本植物多集中分布在林间空地和林缘，并形成草甸化草原群落，主要成分有线叶菊（*Filifolium sibiricum*）、贝加尔针茅（*Stipa baicalensis*）、羊茅（*Festuca ovina*）、小黄花菜（*Hemerocallis minor*）、地榆（*Sanguisorba officinalis*）、防风（*Saposhnikovia divaricata*）、射干鸢尾（*Iris dichotoma*）、细叶白头翁（*Pulsatilla turczaninovii*）、兴安柴胡（*Bupleurum sibiricum*）、小玉竹（*Polygomatum humile*）、莓叶委陵菜（*Potentilla fragarioides*）等。沙丘间风蚀洼地多为山刺玫（*Rosa davurica*）、山荆子（*Malus baccata*）等中生杂木灌丛，有时有白桦林、山杨林的小型团块。

4.1.1.2　落叶松林

呼伦贝尔樟子松林带东部区域的落叶松林仅包括 1 个群系，即兴安落叶松林。

（1）兴安落叶松林（Form. *Larix gmelinii*）

兴安落叶松林是大兴安岭地带性主要植被类型，本区主要分布在东侧与大兴安岭接壤区，其组成以兴安落叶松为主，在大兴安岭分布极广泛，从山麓至山顶部，几乎纵贯全区各类地形，其分布海拔为 350~1600m，一般从北向南，分布上线逐渐升高，在本区的南部达 1600m。落叶松林分布于横贯欧亚大陆北部的欧亚针叶林的南端，属于东西伯利亚明亮针叶林向南延伸的部分，由于分布在不同海拔高度，故在树种组成上或成林上有变化。兴安落叶松在植物区系上属于东西伯利亚种，其适应范围很广，但主要集中分布在亚洲东部针叶林地带。其西界至俄罗斯境内的叶尼赛河附近，与西伯利亚落叶松（*Larix sibirica*）东部边界相接；东界到俄罗斯东部沿海地区，至萨哈林岛（库页岛）则让位于萨哈林落叶松（*Larix sachalensis*）；北界可达北冰洋沿岸的冻原地带（北纬 72° 30′）；南界则在我国，集中在寒温带针叶林区域，并沿大兴安岭主脉向南呈舌状延伸到温带草原区，形成山地森林植被，再向南可断续到达暖温带的克什克腾旗（北纬 43° 30′），与华北落叶松（*Lalix principis-rupprechtii*）相接，自本区向南经小兴安岭，再向南零星分布于老爷岭山区的海林（北纬 42° 30′）一带，分布在我国境内的兴安落叶松除大兴安岭区域为水平地带外，其他地区的兴安落叶松均属垂直地带性或隐蔽性。

根据古植物学、地质学的研究，早在第三纪后期的上新世晚期，由于气候变冷，兴安落叶松已在这一区域出现。进入第四纪后，已形成优势，气候虽经冰期、间冰期冷暖交替的反复，兴安落叶松林时而北退，时而南进，但却一直在这一地域繁衍生息。

兴安落叶松林适应范围很广，在较干旱瘠薄的石砾山地以及水湿的沼泽地，均能生长成林。其根系具有很强的可塑性，既能在较深厚肥沃的土壤上，形成发达的根系，长成通直高大的森林，又能在严重沼泽化，具有永冻层的土壤上形成表面的浅根系，并随着沼泽地藓类的积累和增厚，不断萌发出不定根以适应这种特殊湿冷的生境，形成生产力很低的"小老树"，兴安落叶松能够在寒冷的土壤中进行生理活动，能够在很短的生长期中通过强烈的同化和蒸腾作用完成生长周期，并由于冬季落叶这一特征，更使其具有较强的抗寒能力。兴安落叶松是很强的阳性树种，种子小而具长翅，易传播，是一个先锋树种。由于兴安落叶松的生态适应范围很广，依生境条件的差异，兴安落叶松林在植物组成和结构上有很大变化，可划分为以下 4 个群丛。

01）兴安杜鹃、兴安落叶松林（Ass. *Rhododendron dauricum*，*Larix gmelinii*）

此类兴安落叶松林在大兴安岭为山地中部寒温性针叶林亚带的地带性植被，是构成本区山地植被的主要森林植被类型之一，故此类兴安落叶松林分布最广泛，多占据海拔 900~1050m 阳坡、半阳坡或分水岭上。土壤为典型的棕色森林土。林木高大茂密，但结构简单，林相整齐，属于典型的东西伯利亚明亮针叶林。此类型主要分布在大兴安岭东侧，靠近大兴安岭主脉，成团状分布于山中上部。

其常见的组成植物可达 67 种，其中，维管束植物 52 种，苔藓、地衣植物 15 种。兴安落叶松与兴安杜鹃为建群种，同时混有较多的杜鹃花科的革质叶小灌木，如越橘（*Vaccinium vitis-idaea*）、杜香（*Ledum palustre*）等。它们是灌木层和草本 - 灌木层的主要组成种，这一点也反映出兴安杜鹃、兴安落叶松林所处的生境具冷干的气候特点。构成本类型的优势生活型是高位芽植物和地面芽植物，但各类生活型在群落结构中作用不一。高位芽植物盖度系数虽居第二位，但决定了群落外貌特征。地面芽植物的种类系数最高，为群落组成的重要部分。地上芽植物的种类系数虽不高，但盖度系数可达 10%。地下芽植物种类系数与盖度系数均较低，仅处附属地位。苔藓地衣虽可达 15 种，但总盖度较低，不能连续成层，这也反映出其生境干冷的特点。

此类兴安落叶松林的乔木层和灌木层较发达，而草本 - 灌木层与苔藓、地衣层发育不良。群落高 16~25m，郁闭度 0.7~0.8，群落总盖度在 90% 以上，外貌整齐，层次明显。乔木层郁闭度约 0.7，高 16~25m，个别植株可达 26m。按立木的高度和胸径可分为 2 个亚层。第一亚层高 16~25m，第二亚层高 10~15m，均由兴安落叶松组成的落叶针叶大高位芽植物层片构成，优势层片混生有少量以白桦（*Betula platyphylla*）为主的落叶阔叶大高位芽植物层片。天然更新良好，有时林下更新兴安落叶松的幼树，故形成复层异龄林。灌木层发达，总盖度可达 80% 以上，兴安杜鹃（*Rhododendron dauricum*）组成的常绿阔叶矮高位芽植物层片为优势层片，其盖度最高可达 90%，形成密集的灌木丛。其他灌木的多少依林下照度不同而异，组成种亦有所不同，在郁闭度大的生境中几乎无杜鹃的分布，仅有落叶阔叶矮高位芽植物兴安茶藨子（*Ribes pautiflorum*）等零星分布。在光照好的生境中兴安杜鹃则形成密集的灌丛，期间混有少量的落叶阔叶矮高位芽植物，如山刺玫（*Rosa davurica*）、金露梅（*Potentilla fruticosa*）等。在局部较低湿的环境中还有喜湿的落叶阔叶矮高位芽灌木兴安柳（*Salix hsinganica*）、越橘柳（*Salis myrtilloides*）等生长。灌木稀疏处兴安落叶松林更新良好，灌木茂密处兴安落叶松则更新不良。

草本层发育不良，总盖度仅达 35%，可分为 2 个亚层。第一亚层高 40~100cm，以草本地面芽植物层片为优势层片，主要由矮山黧豆（*Lathyrus humilis*）、齿叶风毛菊（*Sau-*

ssurea neoserrata）、大叶柴胡（Bupleurum longiradiatum）、裂叶蒿（Artemisia tanacetifolia）、兴安麻花头（Serratula hsiganensis）等组成。第二亚层高 10~14cm，组成种多属耐阴草本和草本状小灌木，组成 3 个植物层片，其一为草本地面芽植物层片，常见种为薹草（Cares spp.）等，在阳光较充足处分布东方草莓（Fragaria orientalis）、单花鸢尾（Iris uniflora）、野火球（Trifolium lupinaster）、兴安柴胡（Bupleurum sibiricum）、红花鹿蹄草（Pyrola incarnata）等；其二为常绿地上芽植物层片，主要组成种为越橘（Vaccinum vitis-idaea）、北极花（Linnaea borealis）等，其三为在阴湿的生境中有草本地面芽的植物层片，常见种为北方舞鹤草（Maianthemum dilatatum）、铃兰（Convallaria majalis）、鸡腿堇菜（Viola acuminata）、小黄花菜（Hemerocallis minor）等。地下芽植物有兴安乌头（Aconitum ambiguum）、黄精（Polygonatum sibircum）、毛茛叶乌头（Aconitum ranunculoides）、展枝沙参（Adenophora divaricata）、轮叶沙参（Adenophora tetraphylla）。

苔藓、地衣发育不良，种类和数量少，盖度低，不能连续成层，仅在局部因生境不同形成不同类型的小群落。常见种有毛梳藓（Ptilium crista-castrensis）、曲背藓（Onocporus wahlenbergii）、桧叶金发藓（Polytrichum juniperinum）、槽梅衣（Parmelia sulcata）等。

02）越橘、兴安落叶松林（Ass. Vaccinium vitis-idaea, Larix gmelinii）

此类兴安落叶松林在本区内多分布在山地中部寒温性针叶林亚带，或山地下部寒温性针叶林亚带范畴局部冷温地段，靠近大兴安岭西侧，海拔 900~1000m 地带，分布坡度平缓，坡度多在 5° 以内。该林分生境条件的特点是地面常覆盖着大量岩石，总盖度常超过 50%，故有的学者称之为"石塘兴安落叶松林"。由于生境冷湿，岩石表面满覆苔藓，林下优势小灌木为杜香（Ledum palustre）和越橘（Vaccinum vitis-idaea），二者多度和频度均相近。该群落高 12~14m，郁闭度 0.6，群落盖度 70%~90%，外貌不整齐。该林分植被组成简单，据初步统计，仅有 56 种，其中，维管束植物 46 种，苔藓植物 10 种。组成植物的叶级以小叶型为主，中叶型比例减少，叶状枝种类增多，总的趋势是减少与外界接触的叶面积，减少植物的总蒸腾量，以适应生理干旱的特点。

此类兴安落叶松林的乔木层中，以落叶针叶大高位芽兴安落叶松植物层片为优势层片。兴安落叶松立木密度大，每公顷 2000 株以上，但生长不良，成熟林树高仅 12~14m，胸径 12~14cm，故生产力极低。此外，混生大量的白桦（Betula platyphylla），生长势弱。灌木层发育中等、稀疏，以落叶阔叶矮高位芽植物杜香（Ledum palustre）为优势层片，混生有柴桦（Betula fruticosa）、扇叶桦（Betula middendorfii）、兴安柳（Salix hsinganica）、兴安杜鹃（Rhododendron dauricum）、兴安圆柏（Sabina davurica）、山刺玫（Rosa davurica）、刺蔷薇（Rosa acicularis）等。

草本灌木层总盖度仅达 70%~90%，可分为 2 个亚层。由越橘（Vaccinum vitis-idaea）

组成的常绿地上芽植物层片和草本地面芽植物层片为优势层片，草本地下芽植物层片仅处附属地位。第一亚层有大叶章（*Deyeuxia langsdorffii*）、柳兰（*Epilobium angustifolium*）、轮叶沙参（*Sdenophora tetraphylla*）、锯齿沙参（*Adenophora tricuspidata*）、齿叶风毛菊（*Saussurea neoserrata*）、大叶野豌豆（*Vicia pseudorobus*）、地榆（*Sanguisorba officinalis*）等，第二亚层以越橘（*Vaccinum vitis-idaea*）、薹草（*Carex* spp.）、白花地丁（*Viola patrinii*）、林问荆（*Equisetum sylvalicum*）、铃兰（*Convallaria majalis*）等为主，在石缝间还可见刺虎耳草（*Saxifraga bronchialis*）。

苔藓地衣层中，地衣尤其发达，总盖度可达 90% 以上。苔藓优势种有塔藓（*Hylocomium splendens*）、赤茎藓（*Pleurozium schreberi*）、曲尾藓（*Dicranum scoparium*）。地衣种类特别丰富，如附生在岩石上、树干基部的黑穗石蕊（*Cladonia amaurocraea*）等；在岩石阴湿面和阴湿树干上附生有地钱（*Marchantia polymorpha*）。由于林内阴湿，苔藓、地衣层厚，兴安落叶松天然更新能力较弱。

03）草类、兴安落叶松林（Ass. Herbage, *Larix gmelinii*）

此类兴安落叶松林集中分布在山地下部寒温性针叶林的阳坡、半阳坡，坡度一般为 6°~10°，海拔 850~1000m，大多自兴安落叶松经火烧后更新而成，较常见。土壤为生草棕色针叶林土，较肥沃。

常见的组成植物可达 80 种，其中，维管植物 72 种，苔藓、地衣仅 8 种。林下草本植物繁多，多为中性植物，分不出主次，也无特殊意义种，故命名为草类、兴安落叶松林。此类兴安落叶松林的植物生活型谱，高位芽植物、地面芽植物占优势，苔藓、地衣类相对较少，高位芽植物种类系数虽然居第二位，但盖度大，并决定了群落的外貌特点，地面芽植物种类最多，以草本层植物为主。藤本植物的出现，反映该类型林分生境温度相对较高。

此类兴安落叶松林为同龄林，层片结构较简单。主要为乔木层和草本 - 灌木层。乔木层高 4~22m，最高可达 28m，郁闭度为 0.5~0.7，主要由兴安落叶松构成的落叶针叶大高位芽植物层片构成，并常有单株的落叶大高位芽植物白桦（*Betula platyphlla*）、山杨（*Populus davidiana*）混生。

林下灌木极不发育，团状分布，不能连续成层，常见的仅为零星分布的落叶阔叶矮高位芽植物山刺玫（*Rosa davurica*）、刺蔷薇（*Rosa acicularis*）、兴安茶藨子（*Ribes pautiflorum*）、珍珠梅（*Sorbaria sorbifolia*）、兴安杜鹃（*Rhododendron dauricum*）等。草本 - 灌木层十分发育，总盖度可达 90% 以上，高度为 20~100cm，可分为 2 个亚层，主要由地面芽、常绿地上芽、地下芽植物层片构成。第一亚层包括大量的草本植物，分不同主次，主要有小叶章（*Deyeuxia angustifolia*）、矮山黧豆（*Lathyrus humilis*）、红花鹿蹄草（*Pyrola incarnata*）、薹草（*Carex* spp.）、大叶柴胡（*Bupleurum longiradiatum*）、灰背老鹳草（*Geranium wlassovianum*）、粗根老鹳草（*Geranium dahuricum*）、多茎野豌豆（*Vicia multicaulis*）、宽叶山蒿（*Artemisia stolonifera*）、大叶野豌豆（*Vicia pseudorobus*）、兴安野青茅（*Deyeuxia turczaninowii*）等，由地面芽植物及各种沙参（*Adenophora* spp.）、地榆（*Sanguisorba officinalis*）等地下芽植物构成的草本地面芽和地下芽植物层片为第一亚层的优势层片，由常绿小灌木杜香（*Ledum palustre*）构成的植物层片为本亚层的附属层片。第二亚层包括常绿地上芽和草本地面芽及地下芽植物层片。前者以越橘（*Vaccinium vitis-idaea*）为主，后者地面芽以舞鹤草（*Maianthemum bifolium*）、七瓣莲（*Trienttalis europaea*），地下芽以小玉竹（*Polygonatum humile*）等为主，同时还有零星分布的蕨类地下芽植物林问荆（*Equisetum sylvalicum*）、草问荆（*Equisetum pratense*）等。苔藓、地衣层不发育，仅在局部低湿处、树干基部上有零星分布，常见种为曲背藓（*Oncophorus wahlenbergii*）、沼泽皱蒴藓（*Aulacomnium palustre*）、鹿石蕊（*Cladonia rangiferina*）、绿皮地卷（*Peltigera aphthosa*）、槽梅衣（*Parmelia sulcata*）等，有时还可见万年藓（*Climacium dendroides*）和塔藓（*Hylocomium splendens*），但大多都发育不良。藤本植物可见短尾铁线莲（*Clematis brevicaudata*）、西伯利亚铁线莲（*Clematis sibirica*）等。林内常有大量更新幼树，每公顷可达 1 万 ~3 万株，以兴安落叶松（*Larix gmelinii*）为主，混有少量白桦（*Betula platyphylla*）、山杨（*Populus davidiana*）等阔叶树种，该兴安落叶松林是本区林木生产力最高的林分。

04）柴桦、兴安落叶松林（Ass. *Betula fruticosa*，*Larix gmelinii*）

此类兴安落叶松林不甚普遍，小面积零星分布在海拔 500~600m 沟塘、河岸阶地或沟谷低湿平坦地段，土壤为沼泽土。生境较差，地位级低，生产力低，常形成"小老树"，当地人称"落叶松甸子"。

植物组成较为简单，约有 56 种。按生活型分析，以高位芽和草本地下芽植物为主，地下芽植物次之，地上芽和一年生植物最少，反映出环境寒冷的特点。高位芽与地下芽植物种类相对较多，盖度较大，对群落外貌起决定作用。在局部地湿处有小片苔藓植物，说明土壤湿度较大。

此类沼泽林为原生林，郁闭度为 0.4~0.5，外貌不整齐，层次明显，可分为乔木层、灌木层和草本层 3 层。乔木层高 6~10m，盖度为 25%~30%，可分为 2 个亚层：第一亚层高 8~10m，主要有落叶针叶大高位芽植物兴安落叶松，盖度占乔木层 25%，频度为 60%，其次为落叶阔叶大高位芽植物白桦（*Betula platyphylla*），盖度占乔木层 20%，频度为 50%；第二亚层高 5~7m，除上述树种的幼树外，还混有极少量落叶大高位芽植物毛赤杨（*Alnus sibirica*），长势不良。

灌木层较发育，其组成种类较多，盖度为 70%~80%，层高度为 0.3~1.6m，主要有落叶矮高位芽植物柴桦，高度达 1.5m，频度为 50%，盖度达 45%，其次是小高位芽植物杜香（*Ledum palustre*）、珍珠梅（*Sorbaria sorbifolia*）、绣线菊（*Spiraea salicifolia*）、蓝靛果忍冬（*Lonicera caerulea*）、高山杜鹃（*Rhododendron lapponicum*）等。

草本植物层种类较丰富，盖度达 90%，高度 0.1~1.1m，主要由地面芽植物组成。以瘤囊薹草为主，盖度达 60%，在部分林分内，羊胡子草占优势。其次为小叶章（*Deyeuxia angustifolia*）、小白花地榆（*Sanguisorba tenuifolia*）、舞鹤草（*Maianthemum bifolium*）、山尖子（*Parasenecio hastatus* var. *hastatus*）、山莴苣（*Lagedium sibiricum*）、三花龙胆（*Gentiana triflora*）、兴安独活（*Heracleum dissectuim*）、伞花山柳菊（*Hieracium umbellatum*）、细叶繁缕（*Stellaria filicaulis*）、种阜草（*Moehringia lateriflora*）、毛脉酸模（*Rumex gmelinii*）、西伯利亚蓼（*Polygonum sibiricum*）、沼生繁缕（*Stellaria palustris*）、三叶鹿药（*Smilaria trifolia*）等。一年生植物仅见箭叶蓼（*Polygonum sieboldii*），地下芽植物细叶乌头（*Aconitum macrorhynchum*）、玉竹（*Polygonatum odoratum*）、斑纹木贼（*Equisetum vareigatum*）等，混有草本状小灌木如北悬钩子（*Rubus arcticus*）和地桂（*Chamaedaphne calyculata*）。苔藓植物不成层，局部地段有粗叶泥炭藓（*Sphagnum squarrosum*）、皱蒴藓（*Aulacomnia androgynum*）、金发藓（*Polytrichum commune*）、拟垂枝藓（*Rhytidiadelphus triquetrus*）等。

此类沼泽林的兴安落叶松生长不良，遭破坏后，瘤囊薹草与藓类植物繁茂，形成"塔头甸子"，造成更新困难。属湿地类型，不宜过度开发利用。

4.1.2   针阔叶混交林

针阔叶混交林在本区内仅是一种过渡植被类型，主要是由原生兴安落叶松林或樟子松林经火烧后，以白桦为主的阔叶先锋树种侵入而形成的，所以此类针阔叶混交林的组成、结构极不稳定，且占有一定面积。本区针阔混交林有 4 个群系组 5 个群系，即樟子松、白桦林，樟子松、黑桦林，樟子松、山杨林，樟子松、榆树林，樟子松、蒙古栎林。这类生态系统不仅具有调节气候、防止水土流失等生态功能，而且还可改善土壤性质，增加肥力。

4.1.2.1   樟子松、桦树混交林

（1）樟子松、白桦林（Form. *Pinus sylvestris* var. *mongolica*，*Betula platyphylla*）

白桦林和樟子松林在树高、冠幅、胸径和生长密度方面均存在明显差异。白桦林的生长密度比樟子松林的生长密度大很多，这与白桦林和樟子松林两种树木种类的林分生长状况有关。不同样地的白桦林的平均胸径与林木密度存在负相关关系，平均胸径越小，林木密度越大。白桦林的平均树高均在 20m 之上，均比樟子松林的平均树高要高很多；白桦林的平均冠幅在 2m 左右，而樟子松林的平均冠幅则达到 5m；白桦林的平均胸径在 10cm 左右，远远小于樟子松林的平均胸径。不同样地的林下草本层在高度、盖度、生物量等方面存在

着差异，白桦林林下草本层的总盖度很大，最高达到 79.32%，样方内草本种类多达 16 种，群落结构稳定程度高，樟子松林下草本种类较少，样方内草本种类最少的仅为 6 种，草本生长势低，覆盖度最大为 41.22%，生物量最高为 46.88g/m²，草本群落稳定性差。

01）兴安杜鹃、樟子松、白桦林（Ass. *Rhododendron dauricum*，*Pinus sylvestris.* var. *mongolica*，*Betula platyphylla*）

兴安杜鹃、樟子松林经火烧后，部分白桦（*Betula platyphylla*）阔叶先锋树种侵入该林分中，使樟子松林衍生成白桦、樟子松林。一般分布海拔 550~900m 山地阳面陡坡上部，坡度为 10°~20°，气温低。土壤为生草化棕色针叶林土，土壤浅薄，含石砾，较干燥。

据调查，该林分植物组成较简单，常见植物约 65 种，其中，维管束植物 57 种，苔藓、地衣植物 8 种。高位芽植物虽种类系数居第二位，但盖度系数最高，决定了群落外貌。草本地面芽植物最多，多为喜光、耐干旱的中旱生植物，如兴安杜鹃，具有标志意义。地上与地下芽植物略少，处于底层地位，苔藓、地衣 8 种，这些均充分反映出该群落生境较干旱、寒冷的特点。林分郁闭度 0.7~0.8，总盖度为 95%，群落高度 12~22m，为近成熟林。层次明显，可分乔木层、灌木层和草本层。苔藓地衣层断续分布。

乔木层主要为樟子松，混生部分为白桦，两者之比为 7：3，间有极少量的兴安落叶松。灌木层发育中等，层盖度为 40%~50%，组成种占优势的为落叶阔叶矮高位芽植物层片，优势种为兴安杜鹃（*Rhododendron dauricum*），混生有山刺玫（*Rosa davurica*）、刺蔷薇（*Rosa acicularis*）、毛接骨木（*Sambucus williamsii* var. *miquelii*）、崖柳（*Salix floderusii*）、大黄柳（*Salix raddeana*）和小叶鼠李（*Rhamnus parvifolia*）等。

灌木 – 草本层主要由常绿地上芽植物越橘（*Vaccinium vitis-idaea*），混有多种地面芽植物组成，常见的有矮山黧豆（*Lathyrus humilis*）、西伯利亚败酱（*Patrinia sibirica*）、鸡腿堇菜（*Viola acuminata*）、奇异堇菜（*Viola mirabilis*）、黄堇（*Corydalis pallida*）、多茎野豌豆（*Vicia multicaulis*）、北野豌豆（*Vicia ramuliflora*）、万年蒿（*Artemisia sacrorum*）等。地上芽植物有石生悬钩子（*Rubus saxatilis*）。地下芽植物有地榆（*Sanguisorba officinalis*）、山丹（*Lilium pumilum*）、松下兰（*Monotropa hypopitys*）和轮叶沙参（*Adenophora tetraphylla*）等。

02）草类、樟子松、白桦林（Ass. Herbage，*Pinus sylvestris* var. *mongolica*，*Betula platyphylla*）

此类针阔叶混交林衍生自草类、樟子松林，一般分布在海拔 540~620m 山地阳坡、半阳坡，较广泛。林下土壤为生草化棕色针叶林土，土层较肥厚，表层有生草化现象。

组成植物丰富，可达 90 种，其中，以樟子松（*Pinus sylvestris* var. *mongolica*）、白桦（*Betula platyphylla*）及多种草本植物如大叶章（*Deyeuxia langsdorffii*）、地榆（*Sanguisorba* officinalis）、裂叶蒿（*Artemisia tanacetifolia*）、铃兰（*Convallaria majalis*）、轮叶沙参（*Adenophora tetraphylla*）、少花大披针薹草（*Carex lanceolata*）、北方舞鹤草（*Maianthemum dilatatum*）、舞鹤草（*Maianthemum bifolium*）为优势植物。

组成植物生活型的特点是草本地面芽植物占绝对优势，高位芽植物次之，盖度大，决定了群落的外貌，但种类系数比原生的草类樟子松林低得多，地下芽植物有所增加，并出现藤本植物和一年生植物，反映出该生境光照增强，温度升高。

此类针阔混交林层片结构简单，主要分为乔木层与草本层，灌木层与苔藓层不发达，仅有稀疏分布或间断分布。乔木层可分为 2 个亚层，均由樟子松（*Pinus sylvestris* var. *mongolica*）和白桦（*Betula platyphylla*）构成，第一亚层高为 12~20m，樟子松与白桦之比 8:2，并常混有极少量的落叶阔叶大高位芽山杨；第二亚层高为 6~12m，由上述树种的幼树构成，且以樟子松幼树居多。

林下灌木稀疏，主要由落叶阔叶矮高位芽植物层片构成，常见有欧亚绣线菊（*Spiraea media*）、山刺玫（*Rosa davurica*）、珍珠梅（*Sorbaria sorbifolia*）等。常混生少量的大黄柳（*Salix raddeana*）和谷柳（*Salix taraikensis*）等。

林下草本层发达，总盖度可达 20%~60%，也可分为 2 个亚层。第一亚层高为 40~100cm，包括大量的草本植物，常见种有大叶章（*Deyeuxia langsdorffii*）、裂叶蒿（*Artemisia tanacetifolia*）、地榆（*Sanguisorba officinalis*）、歪头菜（*Vicia unijuga*）、蚊子草（*Filipendula palmata*）等，其次为轮叶沙参（*Adenophora tetraphylla*）、风毛菊（*Saussurea japonica*）等。第二亚层高为 10~40cm，主要有铃兰（*Convallaria majalis*）、舞鹤草（*Maianthemum bifolium*）、小玉竹（*Polygonatum humile*）、红花鹿蹄草（*Pyrola incarnata*）、乌苏里薹草（*Carex ussuriensis*）、四花薹草（*Carex quadriflora*）等，以及蕨类地下芽植物林问荆（*Equisetum sylvaticum*）、草问荆（*Equisetum pratense*）等，此外，还常混生有少量的半灌木北悬钩子（*Rubus arcticus*），一年生植物柳叶刺蓼（*Polygonum bungeanum*）、菱叶藜（*Chenopodium bryoniaefolium*）和水金凤（*Impatiens noli-tangere*）。藤本植物有芹叶铁线莲（*Clematis aethusifolia*）。林下苔藓、地衣层不发育，但在低湿处、干基或树干上有零星分布，多发育不良，主要有曲背藓（*Oncophorus wahlenbergii*）。

此类针阔混交林内分布一些药用植物，如沙参（*Adenophora stricta*）、铃兰（*Convallaria majalis*）、地榆（*Sanguisorba officinalis*）等数量较多，在保护经济资源物种基因上具有重要作用。

03）越橘、樟子松、白桦林（Ass. *Vaccinium vitis-idaea*，*Pinus sylvestris* var. *mongolica*，*Betula platyphylla*）

越橘、樟子松、白桦混交林衍生自草类、樟子松林，是由天然火烧形成的,分布不甚普遍,面积也不大，主要分布在向阳坡的下部至山麓或丘陵坡地。分布海拔为 550~650m，土壤为山地弱生草棕色针叶林土，土层较厚，较肥沃，为樟子松、白桦混交林中生境条件最好的林分类型。

植物组成较复杂，常见植物约有 72 种，其中，维管束植物 65 种，苔藓、地衣植物 7 种。生活型中以草本地面芽植物层片为优势层片，高位芽植物层片组成种类虽居第二位，但盖度系数最大，并决定群落外貌。在组成上较为突出的特点是草本地下芽植物层片组成种类有所增加，这表明此类樟子松林下土壤较肥沃，偶见藤本植物，也反映出生境条件好。苔藓、地衣仅局部低湿处呈零星分布，反映出越橘、樟子松、白桦林排水良好，土壤透水性能良好。此群落可分为乔木层和灌木 – 草本层，灌木稀疏，不连续成层。林分郁闭度 0.7 左右。群落高度 16~23m，最高可达 25m。

乔木层主要由樟子松组成，混生四成的白桦（*Betula platyphylla*）和极少量兴安落叶松（*Larix gmelinii*）。

林下灌木稀疏，不能连续成层，组成种占优势的为落叶阔叶矮高位芽植物层片，常见种为兴安杜鹃（*Rhododendron dauricum*）、欧亚绣线菊（*Spiraea media*）、崖柳（*Salix floderusii*）、山刺玫（*Rosa davurica*）、库页悬钩子（*Rubus sachalinensis*）等。

灌木 – 草本层常以地上芽植物越橘（*Vaccinium vitis-idaea*）为主，其他草本植物种类较多，总盖度为 50%~70%，无显著优势种及特殊标志种。草本植物中以草本地面芽植物层为优势层片，如矮山黧豆（*Lathyrus humilis*）、兴安野青茅（*Deyeuxia turczaninowii*）、毛蕊老鹳草（*Geranium platyanthum*）、裂叶蒿（*Artemisia tanacetifolia*）、少花大披针薹草（*Carex lanceolata*）、铃兰（*Convallaria majalis*）、直酢浆草（*Oxalis stricta*）、柳叶野豌豆（*Vicia venosa*）、红花鹿蹄草（*Pyrola incarnata*）、舞鹤草（*Maianthemum bifolium*）、羽茅（*Achnatherum sibiricum*）、远东羊茅（*Festuca extremiorentalis*）、矮鸢尾（*Iris kobayashii*）、兴安鹿蹄草（*Ppyrola dahurica*）等。地下芽植物有兴安乌头（*Aconitum ambiguum*）、薄叶乌头（*Aconitum fischeri*）、大花银莲花（*Anemone silvestris*）、草芍药（*Paeonia obovata*）、地榆（*Sanguisorba officinalis*）和轮叶沙参（*Adenophora tetraphylla*）等。地上芽植物有石生悬钩子（*Rubus saxatilis*）和北悬钩子（*Rubus arcticus*）等。

（2）樟子松、黑桦林（Form. *Pinus sylvestris* var. *mongolica*，*Betula dahurica*）

01）草类、樟子松、黑桦林（Form. Herbage，*Pinus sylvestris* var. *mongolica*，*Betula dahurica*）

此类针阔叶混交林，不甚普遍，分布面积也不大，主要分布在山地阳坡的下部至山麓，或丘陵坡地。分布海拔在 550m 左右。土壤干旱，为石砾质棕色针叶林土。

植物组成较简单，常见植物约 66 种，高位芽植物虽种类系数居第二位，但盖度系数最高，决定群落外貌。草本地面芽植物种类最多，多为耐旱的旱生或中旱生植物。地上芽、一年生植物和地下芽植物较少，处于附属地位。苔藓植物甚少，反映生境干旱，但较温暖。此群落高 10~18m，林分郁闭度 0.5~0.6，总盖度 90%。可分为乔木层、灌木层和草本层。

乔木层主要由落叶大高位芽植物黑桦（*Betula dahurica*）和常绿大高位芽植物樟子松（*Pinus sylvestris* var. *mongolica*）组成，分布比例为 6∶4。混生极少量的白桦（*Betula platyphylla*）、大黄柳（*Salix raddeana*）和崖柳（*Salix floderusii*）。

灌木层以落叶矮高位芽植物兴安胡枝子（*Lespedeza daurica*）为主，在不同地段伴生较多的兴安杜鹃（*Rhododendron dauricum*），混生全缘栒子（*Cotoneaster integerrimus*）、山刺玫（*Rosa davurica*）、欧亚绣线菊（*Spiraea media*）、毛茶藨子（*Ribes pubescens*）、金露梅（*Potentilla fruticosa*）。

草本层主要有草本地面芽植物，如唐松草（*Thatictruma aquilegifolium* var. *sibiricum*）、万年蒿（*Artemisia sacrorum*）、尖萼耧斗菜（*Aquilegia oxysepala*）、长叶百蕊草（*Thesium longifolium*）、兴安鹿药（*Smilacina dahurica*）、小玉竹（*Polygonatum humile*）、费菜（*Sedum aizoon*）、蒙古风毛菊（*Saussurea mongolica*）、日本毛连菜（*Picris japonica*）、山蚂蚱草（*Silene jenisseensis*）、东北高翠雀（*Delphinium korshinskyanum*）、大萼委陵菜（*Potentilla conferta*）、茜草（*Rubia cordifolia*）等。草本地下芽植物主要有蝙蝠葛（*Menispermum dauricum*）、蕨（*Pterdium aquilinum*）、波叶大黄（*Rheum undulatum*）。地上芽植物有石生悬钩子（*Rubus saxatilis*）、北悬钩子（*Rubus arcticus*）和越橘（*Vaccinium vitis-idaea*）等。藤本植物有芹叶铁线莲（*Clematis aethusifolia*）。苔藓地衣植物甚少见，仅在较湿地段可见青藓（*Brachythecium albicans*）等。

4.1.2.2　樟子松、山杨混交林

（1）樟子松、山杨林（Form. *Pinus sylvestris* var. *mongolica*，*Populus davidiana*）

01）草类、樟子松、山杨林（Ass. Herbage，*Pinus sylvestris* var. *mongolica*，*Populus davidiana*）

此类针阔叶混交林在本区分布不太普遍，面积不大，集中在海拔 550~850m 山地，一般见于沿河向阳陡坡，坡度可达 15°~20°，土壤瘠薄，干燥，为薄层棕色针叶林土。

组成植物较丰富，多达 80 种。樟子松（*Pinus sylvestris* var. *mongolica*）、山杨（*Populus davidiana*）、欧亚绣线菊（*Spiraea media*）等为优势植物。组成植物生活型特点是草本地面芽植物占绝对优势；高位芽虽盖度较大，但种类系数较低，草本地下芽和地上芽植物均较少，苔藓植物稀少。这充分地反映出生境较干燥、冷的特点。

此类针阔叶混交林可分为乔木层、灌木层、草本层 3 层。乔木层郁闭度 0.6~0.8，高度 12~19m，由樟子松构成的落叶针叶大高位芽植物层片和由山杨构成的落叶阔叶大高位芽植物层片组成，樟子松与山杨分布比例为 6∶4，有时还混有少量的落叶阔叶大高位芽植物黑桦（*Betula dahurica*）和白桦（*Betula platyphylla*）。

灌木层稀疏，总盖度为 10%~50%，高 50~160cm。落叶阔叶矮高位芽植物层片为优势层片，优势种为欧亚绣线菊（*Spiraea media*），常见有珍珠梅（*Sorbaria sorbifolia*）或少量的落叶阔叶小高位芽植物阴山胡枝子（*Lespedeza inschanica*）、大黄柳（*Salis raddeana*）、谷柳（*Salix taraikensis*）、全缘栒子（*Cotoneaster integerrimus*）、刺蔷薇（*Rosa acicularis*）、金露梅（*Potentilla fruticosa*）、小花溲疏（*Deutzia parviflora*）、兴安杜鹃（*Rhododendron dauricum*）等。

草本层总盖度为 20%~90%，按高度可划分为 2 个亚层。第一亚层高 40~90cm，常见种为大叶章（*Deyeuxia langsdorffii*）、地榆（*Sanguisorba officinalis*）、柳兰（*Epilobium angustifolium*）、大叶柴胡（*Bupleurum longiradiatum*）、裂叶蒿（*Artemisia tanacetifolia*）、兴安石竹（*Dianthus versicolor*）、突节老鹳草（*Geranium sieboldii*）等；其次为轮叶沙参（*Adenophora tetrathylla*）、黄精（*Polygonatum sibiricum*）、兴安天门冬（*Asparagus dauricus*）、轮叶贝母（*Fritillaria maximowiczii*）、百蕊草（*Thesium chinense*）、小黄花菜（*Hemerocallis minor*）、风毛菊（*Saussrea japonica*）等，在局部低湿、土层肥厚处还偶见大叶型蕨类植物中华蹄盖蕨（*Athyrium sinense*）、黑鳞短肠蕨（*Allantodia crenata*）；第二亚层高 20~40cm，组成以乌苏里薹草（*Carex ussuriensis*）、凸脉薹草（*Carex lanceolata*）等多种薹草为主，其次为矮山黧豆（*Lathyrus humilis*）、鸡腿堇菜（*Viola acuminata*）、异叶轮草（*Galium maximowiczii*）、费菜（*Sedum aizoon*）、铃兰（*Convallaria majalis*）、舞鹤草（*Maianthemum bifolium*）、白花马蔺（*Iris lactea*）、单花鸢尾（*Iris uniflora*）等，在局部低湿处可见蕨类地下芽植物草问荆（*Equisetum pratense*）、林问荆（*Equisetum sylvalicum*）等，及小半灌木地上芽植物石生悬钩子（*Rubus saxatilis*）等。

林下分布经济植物，如药用植物沙参（*Adenophora stricta*）、铃兰（*Convallaria majalis*），野生浆果东方草莓（*Fragaria orientalis*），山野菜黄花菜（*Hemerocallis citrina*），应发挥其水土保持作用，防止因采挖而造成水土流失，特别是该林分遭到严重破坏后，容易造成生境干旱，形成草原化植物，植被很难再恢复。

在靠林缘地带可见一年生植物杂配黎（*Chenopodium hybridum*）。苔藓植物稀少，在低湿处或枯腐树干上可见到绒苔（*Trichocolea tomentella*）、四裂细裂瓣苔（*Barbilophozia quadrilloba*）、曲尾藓（*Dicranum scoparium*）等。

4.1.2.3 樟子松、榆树混交林

（1）樟子松、榆树林（Form. *Pinus sylvestris* var. *mongolica*，*Ulmus pumila*）

01）草类、樟子松、榆树林（Ass. Herbage，*Pinus sylvestris* var. *mongolica*，*Ulmus pumila*）

草类、樟子松、榆树林的分布海拔比较高，分布的最高上限可达 900m，一些海拔较低的地区，不存在此类分布。草类、樟子松、榆树林的分布面积要比前几类群系类型的分

布面积小得多，也是沙地樟子松林带特有的群系类型，表现出草原化特征。林下土壤为松林沙土。

组成植物较丰富，常见植物约 60 种。以樟子松（*Pinus sylvestris* var. *mongolica*）、榆树（*Ulmus pumila*）、唐松草（*Thalictrum aquilegifolium*）、叉分蓼（*Polygonum divaricatum*）等为优势植物。组成植物生活型特点是草本地面芽植物占绝对优势，草本地下芽和地上芽植物均较少。

该林分可明显分为乔木层、灌木层、草本三层。乔木层郁闭度 0.5~0.8，高度 10~16m，由樟子松（*Pinus sylvestris* var. *mongolica*）构成的落叶针叶大高位芽植物层片和由榆树（*Ulmus pumila*）构成的落叶阔叶大高位芽植物层片组成，樟子松与榆树分布比例为 6∶4，有时还混有少量的落叶阔叶大高位芽植物黑桦（*Betula dahurica*）和白桦（*Betula platyphylla*）。灌木层稀疏，总盖度为 10%~40%，高 50~130cm，落叶阔叶矮高位芽植物层片为优势层片，优势种为小叶锦鸡儿（*Caragana microphylla*）、山刺玫（*Rosa davurica*）、沙蒿（*Artemisia desertorum*），此外，还分布少量双刺茶藨子（*Ribes diacanthum*）。草本层总盖度为 20%~80%，草本植物类型主要为草原沙带分布的常见类型，如唐松草（*Thalictrum aquilegifolium*）、叉分蓼（*Polygonum divaricatum*）、菊叶委陵菜（*Potentilla tanacetiflolia*）、蓬子菜（*Galium verum*）等。

4.1.2.4　樟子松、蒙古栎混交林

（1）樟子松、蒙古栎林（Form. *Pinus sylvestris* var. *mongolica*，*Quercus mongolica*）

01）草类、樟子松、蒙古栎林（Ass. Herbage，*Pinus sylvestris* var. *mongolica*，*Quercus mongolica*）

该群系类型分布面积较小，主要分布在海拔 550~650m 的向阳缓坡，土壤为棕色针叶林土，土层较厚。

组成植物较丰富，常见植物约 70 种。乔木层、灌木层、草本层层次明显。乔木层主要由樟子松（*Pinus sylvestris* var. *mongolica*）、蒙古栎（*Quercus mongolica*）组成，间或混生少量的兴安落叶松，有时还混生少量的黑桦（*Betula dahurica*）和白桦（*Betula platyphylla*）。阔叶树一般生长稍差，构成第二层树冠。林分郁闭度 0.6~0.7，群落高度 10~18m。灌木层和草本层均以耐旱的阳性种类为主。灌木层盖度约 20%，多生长在林间低地，以兴安杜鹃（*Rhododendron dauricum*）、胡枝子（*Lespedesa bicolor*）为主，此外还生有小叶锦鸡儿（*Caragana microphylla*）、山刺玫（*Rosa davurica*）、欧亚绣线菊（*Spiraea media*）等。草本植物比较稀疏且分布不均匀，以较耐旱而喜光的种类为主，常见的有地榆（*Sanguisorba officinalis*）、四花薹草（*Carex quadriflora*）、乌苏里薹草（*Carex ussuriensis*）、林问荆（*Equisetum sylvalicum*）、轮叶沙参（*Adenophora tetraphylla*）、大叶章（*Deyeuxia langs-*

dorffii)、星毛委陵菜(*Potentilla acaulis*)、线叶菊(*Filifolium sibiricum*)等。

4.1.3　阔叶林

本区内的阔叶林在树种组成上较为单一，分布最普遍的为白桦林，其次是山杨林、杨桦林和沿河生长的小面积河岸甜杨林、钻天柳林及毛赤杨林。

阔叶林大多衍生自各类兴安落叶松次生林，如白桦林、山杨林和杨桦林等，而沿河流、溪流两岸及水湿地分布的甜杨林、钻天柳林、毛赤杨林是原生隐域性植被。阔叶林不仅提供木材等林产品，还具有重要的生态价值，如水土保持、护岸和改善生态环境等。所以，应重视阔叶林的保护和研究。

根据阔叶林的树种组成、结构和分布规律，可划分 8 个群系组和 10 个群系。上述阔叶林在垂直分布规律与对土壤水分的要求上有所不同，各有适应幅度，因此，其分布范围有所不同。

4.1.3.1　桦树林

本区只有白桦、黑桦林。白桦林分布最广，分布面积仅次于兴安落叶松林，黑桦林仅分布在海拔 600m 以下山地。白桦林是本区分布最广泛的阔叶林，属次生植被，大多衍生自原始兴安落叶松林，二者的分布范围一致，几乎纵贯全区各类地形。

（1）白桦林（Form. *Betula platyphylla*）

本区阔叶白桦林大多是在天然火灾后形成的，或以白桦（*Betula platyphylla*）为主的针阔叶混交林。面积达 107019hm²，占总面积的 17.06%，仅次于兴安落叶松林。组成树种以白桦（*Betula platyphylla*）为主。白桦为东亚至东西伯利亚植物区系的树种，其分布范围很广，但集中在亚洲东部针叶林地带，成为针叶林破坏后的先锋树种。白桦喜光、耐寒，在大兴安岭适应范围与兴安落叶松几乎一致，唯在风力较强的高海拔地带（约 1000m）以及在低湿沼泽化地段比兴安落叶松的适应性差，但在战胜杂草方面比兴安落叶松强。因此，在兴安落叶松林林间空旷地或火烧迹地上，深厚的藓类、草本植物影响兴安落叶松更新，白桦却能在此类环境中生长成林。白桦每年都大量结实，而落叶松需 3~5a 果实才丰收一次，白桦种子轻小，种子传播力强，因此，即使在有利兴安落叶松更新的立地条件下，白桦种子也常先于兴安落叶松萌发，形成白桦林。另外，白桦靠其萌芽能力和种子成熟后的传播力能迅速形成白桦纯林。并且，白桦林下兴安落叶松与白桦更新较差，只有在白桦衰老枯死或火烧后，兴安落叶松或与白桦同时作为先锋树种出现，随着林龄增长兴安落叶松逐渐代替白桦恢复为兴安落叶松林。白桦林具有改良土壤、增加肥力的作用，白桦的枯枝落叶易于分解，形成质量很好的腐殖质，可以有效地提高土壤肥力。同时，白桦用途也很广泛，又是利用价值较高的用材树种。因此，在本区的试验区内应注意白桦林的合理经营的研究。

总之，白桦林是一个不稳定的次生植被，在有种源的条件下，则可恢复成各类原生兴安落叶松林，若无种源又继续遭到不断破坏（火烧）的情况下，白桦林则逐渐形成灌丛、草地，在保护经营中应尽力避免出现这种情况。

由于衍生原生植被的类型不同，以及破坏的程度不同，生境条件的差异，白桦林在植物组成结构和外貌上有一定变化，分为 2 个群丛，即兴安杜鹃、白桦林，草类、白桦林。

01）兴安杜鹃、白桦林（Ass. *Rhododendron dauricum*，*Betula platyphylla*）

此类阔叶林在本区较广泛分布在海拔 550~900m 地带的半阳坡、半阴坡，坡度一般不超过 20°。林下生境较干冷，土壤多为砾质棕色针叶林土。

组成植物约 72 种，以白桦（*Betula platyphylla*）、兴安杜鹃（*Rhododendron dauricum*）为建群种。构成此类林分的优势生活型是地面芽植物，高位芽植物居第二位，而且该种类系数最大，决定了群落外貌；地下芽植物、地上芽植物均处附属地位。苔藓植物较少，仅生于局部低湿地段。反映出本类型所处生境较原生植被（杜鹃、兴安落叶松林）温度升高，林下光照有所增加。

此类林分可明显分为乔木层、灌木层、草本 - 灌木层 3 层。乔木层高 16~20m，落叶阔叶大高位芽植物白桦占优势，除一部分兴安落叶松的幼树外，白桦占比较大，并混生少量的山杨，在低海拔处间混落叶阔叶大高位芽植物黑桦；较高海拔还混有东北桤木（*Alnus mandshurica*）、花楸树（*Sorbus pohuashanensis*）、谷柳（*Salix taraikensis*）、大黄柳（*Salix raddeana*）等。多为复层异龄林，林下兴安落叶松天然更新良好。

灌木层发育，总盖度可达 70%，高 1~1.5m，由落叶阔叶小高位芽植物层片构成，以兴安杜鹃（*Rhododendron dauricum*）占优势，欧亚绣线菊（*Spiraea media*）、刺蔷薇（*Rosa acicularis*）及杜香（*Ledum palustre*）混生其间。

草本 - 灌木层发育不良，总覆盖度为 20%~40%，按高度和层片结构可分成 2 个亚层：第一亚层高 40~100cm，主要组成种有小叶章（*Deyeuxia angustrfolia*）、矮山黧豆（*Lathyrus humilis*）、裂叶蒿（*Artemisia tanacetifolia*）、大叶柴胡（*Bupleurum longiradiatum*）、柳兰（*Epilobium angustifolium*）、蚊子草（*Filipendula palmata*）、宽叶山蒿（*Artemisia stolonifera*）、单花鸢尾（*Iris uniflora*）、山牛蒡（*Synurus deltoides*）、鸡腿堇菜（*Viola acuminata*）、黄花菜（*Hemerocallis citrina*）等，在局部低湿地段，土层肥厚处还可见少量的大叶型蕨类植物中华蹄盖蕨（*Athyrium sinense*）、银粉背蕨（*Aleuritopteris argen-tea*）等；第二亚层高 40cm，常见种为越橘（*Vaccinium vitis-idaea*）、红花鹿蹄草（*Pyrola incarnata*）、四花薹草（*Carex quadriflora*）、少花大披针薹（*Carex lanceolata*）、舞鹤草（*Maianthemum bifolium*）、铃兰（*Convallaria majalis*）等，还分布少量蕨类植物，如林问荆（*Equisetum sylvalicum*）、东北石松（*Lycopodium clavatum*）等。在无自然灾害的情

况下将恢复原生落叶松林。

02）草类、白桦林（Ass. Herbage, *Betula platyphylla*）

草类、白桦林在本区分布较多，一般分布在 10° 以内的各种坡向的山麓地带，是原生森林植被遭破坏后（如火烧），由白桦为先锋树种衍生而成。林下土壤为棕色针叶土，自 10~12cm 处始有弱灰化现象，肥力较高，土壤反应呈中性、微酸或微碱。

组成植物丰富，常见种可达 76 种，由三类主要生活型植物组成。地面芽植物种类系数最大，作为该群落草本层的主体；高位芽植物虽种类系数居第二位，但盖度很大，决定了群落的外貌，在高位芽植物中，以落叶阔叶大高位芽植物群落为建群成分，地上芽和地下芽植物为次要成分。苔藓、一年生植物、藤本植物虽然为附属成分，但能够反映群落光照条件好，土壤较湿润。

此类白桦林可分成乔木层、灌木层和草本层 3 层。乔木层发达，郁闭度可达 0.8 以上，高度为 10~20m，以落叶阔叶大高位芽植物白桦为主，偶尔还混有少量的落叶阔叶大高位芽植物山杨（*Populus davidiana*）、花楸（*Sorbus pohuashanensis*）、毛赤杨（*Alnus sibirica*）和针叶大高位芽植物兴安落叶松（*Larix gmelinii*）。

灌木层组成种类很多，总盖度为 50% 左右，高 1~2m，以落叶阔叶矮高位芽植物层片为优势。常见种为山刺玫（*Rosa davurica*）、珍珠梅（*Sorbaria sorbifolia*）、欧亚绣线菊（*Spiraea media*）、兴安茶藨子（*Ribes pautiflorum*）、大黄柳（*Salix raddeana*）、谷柳（*Salix taraikensis*）、崖柳（*Salix floderusii*），在低湿处有绣线菊（*Spiraea salicifolia*）和杜香（*Ledum palustre*）等。

草本层发达，组成种类繁多，成分复杂，既有兴安落叶松的典型类型，又有草甸植物成分，总盖度可达 90% 以上，高度为 20~100cm，以草本地面芽植物层片为优势成分，常见植物有小叶章（*Deyeuxia angustifolia*）、柳兰（*Epilobium angustifolium*）、矮山黧豆（*Lathyrus humilis*）、歪头菜（*Vicia unijuga*）、大叶柴胡（*Bupleurum longiradiatum*）、裂叶蒿（*Artemisia tanacetifolia*）、大叶草藤（*Vicia pseudorobus*）、小花葱（*Polemonium liniflorum*）、种阜草（*Moehringia lateriflora*）、缬草（*Valeriana offcinalis*）、宽叶山蒿（*Artemisia stolonifera*）、短瓣金莲花（*Trollius ledebouri*）、蓬子菜（*Galium verum*）、北方拉拉藤（*Galium boreale*）、费菜（*Sedum aizoon*）、野火球（*Trifolium lupinaster*）、火红地杨梅（*Luzula rufescens*）、风毛菊（*Saussurea japonica*）、蚊子草（*Filipendula palmata*）、兴安蛇床（*Cnidium dahuricum*）、铃兰（*Convallaria majalis*）、单花鸢尾（*Iris uniflora*）、舞鹤草（*Maianthemum bifolium*）、七瓣莲（*Trientalis europaea*）、少花大披针薹草（*Carex lanceolata*）、乌苏里薹草（*Carex ussuriensis*）、红花鹿蹄草（*Pyrola incarnata*）等。蕨类地下芽植物有蕨（*Pteridium aquilinum*）、林问荆（*Equisetum sylvali-*

cum）、草问荆（*Equisetum pratense*）、多枝阳地蕨（*Botrychium lanceolatum*）等，草本地下芽植物层片主要有地榆（*Sanguisorba officinalis*）、轮叶沙参（*Adenophora tetraphylla*）、北乌头（*Aconitum kusnezoffii*）。同时，林内还有少量的层间藤本植物，常见种为长瓣铁线莲（*Clematis macropetala*）等。在有些地段混生少量地上芽植物越橘（*Vaccinium vitis-idaea*）和北极花（*Linnaea borealis*）等。

林内苔藓植物发育不良，仅见有少量的塔藓（*Hylocomium splendens*），呈小片分散生于局部低湿处。

林下更新幼树常以兴安落叶松（*Larix gmelinii*）为主，白桦（*Betula platyphylla*）则很少，并生长较差，充分反映出此类白桦林极不稳定，属次生过渡类型植被。在保护经营管理上，可根据需要进行干预，形成兴安落叶松、白桦混交林或兴安落叶松林。

（2）黑桦林（Form. *Betula dahurica*）

01）草类、黑桦林（Ass. Herbage，*Betula dahurica*）

此类黑桦林一般分布在低海拔地带的山坡下部、土层较厚地段，在呼伦贝尔地区的分布不普遍，一般面积也不大，但在本区是一个特殊的类型。

组成植物较丰富，常见植物 69 种，以黑桦（*Betula dahurica*）、欧亚绣线菊（*Spiraea media*）为建群种。草本地面芽植物层片为优势成分，地面芽植物种类系数占绝对优势，为群落的重要组成部分。高位芽植物虽种类系数居第二位，但其盖度很高，决定群落的外貌，地上芽植物处次要地位。一年生植物、层间藤本植物和苔藓植物都很少，为附属成分，反映出较温暖而干燥的生境特点。此类黑桦林可明显被划分为乔木层、灌木层及草本 3 层。乔木层一般不高，高约 6~13m，郁闭度为 0.5~0.6，以落叶阔叶大高位芽植物黑桦（*Betula dahurica*）为优势，并混有少量的白桦（*Betula platyphylla*）及落叶针叶大高位芽植物兴安落叶松（*Larix gmelinii*）和常绿针叶大高位芽植物樟子松（*Pinus sylvestris* var. *mongolica*）。

灌木层发育，高 1~1.5m，多呈团状分布，覆盖度可达 30%~50%，落叶阔叶矮高位芽植物层片为优势层片，欧亚绣线菊（*Spiraea media*）为优势种，其次为兴安胡枝子（*Lespedeza daurica*），并混生有少量刺蔷薇（*Rosa acicularis*）、金露梅（*Potentilla fruticosa*）、全缘栒子（*Cotoneaster integerrimus*）、兴安杜鹃（*Rhododendron dauricum*）等。

草本层组成种类较丰富，但较稀疏，呈斑点状分布，层盖度约 60%，有时也可达 70%，组成中以草本地面芽、地下芽植物层片为优势。草本层组成植物中，有大量耐旱植物如费菜（*Sedum aizoon*）、白鲜（*Dictamnus dasycarpus*）、黄芩（*Scutellaria baicalensis*）、乌苏里薹草（*Carex ussuriensis*）、岩败酱（*Patrinia rupestris*）、聚花风铃草（*Campanula glomerata* subsp. *speciosa*）、兴安柴胡（*Bupleurum sibiricum*）、蓬子菜

（*Galium verum*）、野鸢尾（*Iris dichotoma*）、无芒雀麦（*Bromus inermis*）、硬质早熟禾（*Poa sphondyiodes*）、细叶益母草（*Leonurus sibiricus*）、砾玄参（*Scrophularia incisa*）、小红菊（*Chrysanthemum chanetii*）、线叶菊（*Filifolium sibiricum*）、大萼委陵菜（*Potentilla conferta*）、绢毛委陵菜（*Potentilla sericea*）和费菜（*Sedum aizoon*）等。地下芽植物有山丹（*Lilium pumilum*）、轮叶沙参（*Adenophora tetraphylla*）、芍药（*Paeonia lactiflora*）、玉竹（*Polygonatum odoratum*）、蝙蝠葛（*Menispermum dauricum*）等。地上芽植物有石生悬钩子（*Rubus saxatilis*）、北悬钩子（*Rubus arcticus*）等。藤本植物有芹叶铁线莲（*Clematis aethusifolia*）等。

林下苔藓植物罕见，仅在倒木上或母岩露头处偶有小团状的曲尾藓（*Dicranum scoparium*）和赤茎藓（*Pleurozium schreberi*）。此类黑桦林一经破坏，很难再恢复，因此，要加强对草类 – 黑桦林的保护和经营管理。

4.1.3.2 栎树林

（1）蒙古栎林（Form. *Quercus mongolica*）

蒙古栎（*Quercus mongolica*）在我国分布区域十分广阔，主要分布在中温带，暖温带和寒温带也有分布。其连续状分布于燕山山地，大兴安岭、小兴安岭和长白山外围中、低山及丘陵地区，是我国大兴安岭、小兴安岭、长白山等主要山脉的主体森林资源，对这些地区的生态系统和生态平衡有重要的作用。呼伦贝尔岭东地区是蒙古栎原生植被群系分布的中心地带之一，现有的林分是原有林分多次受到破坏后，由自然根蘖萌发而成的，但由于对当地环境的适应性强，林分的稳定性很高。生长最大坡度为16°，植被以蒙古栎为主，土壤为棕色森林土。

本区常见 2 类蒙古栎林群落类型，即为胡枝子、蒙古栎林，草类、蒙古栎林。蒙古栎即使在较差立地条件下仍能维持较高的林分净生产力，林分的起源、年龄、叶面积指数对林分净生产力有明显影响。

01）胡枝子、蒙古栎林（Ass. *Lespedeza bicolor*，*Quercus mongolica*）

胡枝子、蒙古栎林不甚普遍，面积也不大，主要分布在山地阳坡的下部至山麓，或丘陵坡地。海拔在450m左右。土壤干旱，为石砾质棕色针叶林土。植物组成较简单，常见植物约66种。高位芽植物虽种类系数居第二位，但盖度系数最高，决定了群落外貌。草本地面芽植物种类最多，多为耐旱的旱生或中旱生植物。地上芽、一年生植物和地下芽植物较少，处于附属地位。苔藓植物稀少，反映生境干旱，但较温暖。群落高 10~18m，林分郁闭度 0.5~0.6，总盖度 90%。可分为乔木层、灌木层和草本层。

乔木层主要由落叶大高位芽植物蒙古栎（*Quercus mongolica*）和胡枝子（*Lespedeza bicolor*）组成，二者比 7 : 3。混生极少量的白桦（*Betula platyphylla*）、大黄柳（*Salix raddeana*）和崖柳（*Salix floderusii*）。

灌木层以落叶矮高位芽植物兴安胡枝子（*Lespedeza daurica*）为主，在不同地段伴生较多的兴安杜鹃（*Rhododendron dauricum*），混生全缘栒子（*Cotoneaster integerrimus*）、山刺玫（*Rosa davurica*）、欧亚绣线菊（*Spiraea media*）、金露梅（*Potentilla fruticosa*）。

草本层主要有草本地面芽植物，如唐松草（*Thalictrum aquilegiifolium*）、万年蒿（*Artemisia sacrorum*）、尖萼耧斗菜（*Aquilegia oxysepala*）、长叶百蕊草（*Thesium longifolium*）、兴安鹿药（*Smilacina dahurica*）、单花鸢尾（*Iris uniflora*）、小玉竹（*Polygonatum humile*）、费菜（*Sedum aizoon*）、蒙古风毛菊（*Saussurea mongolica*）、日本毛连菜（*Picris japonica*）、山蚂蚱草（*Silene jenisseensis*）、东北高翠雀（*Delphinium korshinskyanum*）、大萼委陵菜（*Potentilla conferta*）、茜草（*Rubia cordifolia*）等。草本地下芽植物主要有蝙蝠葛（*Menispermum dauricum*）、蕨（*Pterdium aquilinum* var. *latiusculum*）、波叶大黄（*Rheum undulatum*）。地上芽植物有石生悬钩子（*Rubus saxatilis*）、北悬钩子（*Rubus arcticus*）和越橘（*Vaccinium vitis-idaea*）等。藤本植物有芹叶铁线莲（*Clematis aethusifolia*）。苔藓地衣植物甚少见，仅在较湿地段可见灰白青藓（*Brachythecium albicans*）等。

02）草类、蒙古栎林（Ass. Herbage, *Quercus mongolica*）

该群系主要分布在海拔 400~650m 的向阳山坡，土壤为棕色森林土，大多为次生类型，树干分叉多。

草类、蒙古栎林在本区可见到残留的兴安落叶松混生林内。植物组成简单，常见植物约 60 种。可分为乔木层和草本层，灌木层不发育。乔木层以蒙古栎为优势种，群落高 10~16m，林分郁闭度 0.4~0.6。灌木层盖度较小，为 10%~30%，多数为胡枝子（*Lespedeza bicolor*）。草本层种类较为丰富，占优势的是喜光的耐旱植物。组成植物有轮叶沙参（*Adenophora tetraphylla*）、关苍术（*Atractylodes japonica*）、白藓（*Dictamnus dasycarpus*）、北柴胡（*Bupleurum chinense*）、单花鸢尾（*Iris uniflora*）、万年藓（*Climacium dendroides*）、山野菊（*Dendranthema chanetii*）、小玉竹（*Polygonatum humile*）、大叶野豌豆（*Vicia pseudorobus*）、铃兰（*Convallaria majalis*）、歪头菜（*Vicia unijuga*）等。

4.1.3.3　杨树林

分布在本区的杨树（*Populus*）有 2 种，即山杨和甜杨，皆能成林，前者在山地形成次生森林植被，后者沿河形成原生森林植被，面积均不大，也不甚普遍。

（1）山杨林（Form. *Populus davidiana*）

山杨（*Populus davidiana*）是我国分布最广的野生杨树之一，北起大兴安岭，向南经小兴安岭、长白山、燕山等山地直至华北、华中、西北至西南高山（海拔 2000~3800m）

地带均有分布，在与我国相毗邻的俄罗斯东西伯利亚和远东地区以及朝鲜、日本也有分布。

山杨（*Populus davidiana*）为阳性树种，与白桦的生态习性相近，唯对土壤、水分要求较苛刻，只限于排水良好、温度中等的土壤，比较干燥或潮湿的土壤皆无法适应，而且抗风力较差，多分布在背风坡形成小面积纯林，因此，在大兴安岭的分布范围远不及白桦林。山杨林在本区仅在低海拔（550~900m 以下）地带有分布，一般镶嵌在该地带的原生各类兴安落叶松林或其他次生阔叶林间。原生林一再遭受严重破坏（火烧）或其他原因（如淘金等）形成裸露立地条件，山杨以及适应能力更强的白桦与兴安落叶松等阳性先锋树种均可以侵入成林，相互竞争激烈，由于山杨适应能力的局限性，仅限分布在山坳地带，所以山杨林在本区分布不普遍。

山杨林在本地区生长较慢，难成大材，一般经 40~50a 后，山杨渐次衰退，多病腐。在木材利用上受限制，但可供生产火柴杆，幼枝及叶为动物饲料等。在以针叶林为主的大兴安岭，保留少量山杨林等各类阔叶林，对调节、改善森林环境很有必要。

由于衍自不同类型的兴安落叶松林，其组成植物、结构、分布规律不同，本区的山杨林有 2 个群丛，即兴安杜鹃、山杨林和草类、山杨林。

01）兴安杜鹃、山杨林（Ass. *Rhododendron dauricum*，*Populus davidiana*）

兴安杜鹃、山杨林在大兴安岭分布不多，一般生长在海拔 900m 以下各坡向的不同坡度上的山坳地带，而且多以小面积块状镶嵌在各类兴安落叶松林及白桦林间。土壤为生草暗棕壤性的棕色针叶林土。坡度愈大，土层愈薄，其立木发育愈差。

组成植物较简单，常见种仅 67 种，以山杨（*Populus davidiana*）、兴安杜鹃（*Rhododendron dauricum*）、越橘（*Vaccinium vitis-idaea*）为建群种，其次有少花大披针薹草（*Carex lanceolata*）、裂叶蒿（*Artemisia tanacetifolia*）等为优势植物。地面芽植物是草本层主要成分，种类系数最大，列第一位；高位芽植物种类系数也有所增加，并且盖度最大，为建群植物；地下芽植物为草本层的次优势成分；其他生活型为附属成分。这些都表明此类山杨林的生境条件较湿润。

该林分明显分为乔木层、灌木层、草本层。乔木层高 10~20m，郁闭度为 0.6~0.8，以落叶阔叶大高位芽植物层片为建群层片，组成中除山杨外，常混生有少量的白桦和兴安落叶松，多为单层同龄林，林下幼树稀疏，呈团状分布。

灌木层发育良好，高 0.5~1.5m，覆盖度可达 50% 以上，以落叶阔叶矮高位芽植物层片为优势层片，组成中以兴安杜鹃（*Rhododendron dauricum*）为优势种，其次为杜香（*Ledum palustre*）、刺蔷薇（*Rosa acicularis*）、兴安柳（*Salix hsinganica*）、蓝靛果忍冬（*Lonicera caerulea*）、山刺玫（*Rosa davurica*）等。

草本层稀疏，盖度为 40%~60%，有时可达到 70%，以草本地面芽植物层片为主要成分，常见种为裂叶蒿（*Artemisia tanacetifolia*）、地榆（*Sanguisorba officinalis*）、矮山黧豆（*Lathyrus humilis*）、兴安野青茅（*Deyeuxia turczaninowii*）、单花鸢尾（*Iris uniflora*）、铃兰（*Convallaria majalis*）、七瓣莲（*Trientalis turczaninowii*）、兴安老鹳草（*Geranium maximowiczii*）、少花大披针薹草（*Carex lanceolata*）、红花鹿蹄草（*Pyrola incarnata*）等。有时在草本层还混有常绿地上芽小灌木越橘（*Vaccinium vitis-idaea*）和北极花（*Linnaea borealis*）等。草本地下芽植物主要有玉竹（*Polygonatum odoratum*）、毛百合（*Lilium dauricum*）、北重楼（*Paris verticillata*）、锯齿沙参（*Adenophora tricuspidata*）、黄花乌头（*Aconitum coreanum*）。一年生植物仅见狭叶蓼（*Polygonum angustifolium*）。苔藓植物不多，呈小块状，仅分布在局部低湿处。

此类山杨林是兴安落叶松林经火烧后形成的次生森林植被，若加以保护，兴安落叶松将会更新，逐渐代替山杨成林，在经营保护上要考虑保存部分山杨林，以调节、改善该地域森林环境。

02）草类、山杨林（Ass. Herbage，*Populus davidiana*）

此类山杨林衍生自草类、兴安落叶松林或黑桦、兴安落叶松林，在本区分布于低海拔约 600m 以下地带的缓坡，坡度为 6°~10°，一般面积不大。林下土壤为生草暗棕壤性的棕色针叶林土，土层较厚。

其组成植物 77 种，以山杨（*Populus davidiana*）、兴安胡枝子（*Lespedeza daurica*）为建群种或标志种，其他优势植物有单花鸢尾（*Iris uniflora*）等耐干旱植物。生活型谱的特点是高位芽植物种类系数居第二位，但盖度最大，为群落的建群成分，决定群落的外貌。地面芽植物种类系数最高，处第一位，为群落的重要组成部分。地上芽与地下芽植物则处附属地位，并有一年生植物出现，表明该群落生境光、温条件较好。

该林分按结构可分为乔木层、灌木层和草本层。乔木层一般高为 9~15m，郁闭度为 0.6~0.7，以落叶阔叶大高位芽植物为建群层片，组成种以山杨为主，常混有少量的白桦（*Betula platyphylla*）以及落叶针叶大高位芽植物兴安落叶松（*Larix gmelinii*）。

灌木层较发育，覆盖度可达 70%，平均高 1~1.5m，以落叶阔叶矮高位芽植物层片为本层的优势层片，主要组成种是兴安胡枝子（*Lespedeza daurica*）、欧亚绣线菊（*Spiraea media*）、山刺玫（*Rosa davurica*）、兴安柳（*Salix hsinganica*）、大黄柳（*Salix raddeana*）、崖柳（*Salix floderusii*）、牛叠肚（*Rubus crataegifolius*）、乳浆大戟（*Euphorbia esula*）、草原石头花（*Gypsophila davurica*）、美丽茶藨子（*Ribes pulchellum*）等。

草本层组成种较丰富，高 20~60cm，盖度为 20%~50%，以草本地面芽植物层片为优势层片，无明显优势种，主要组成种有单花鸢尾（*Iris uniflora*）、铃兰（*Convallaria majalis*)、白藓(*Dictamnus albus*)、小玉竹(*Polygonatum humile*)、裂叶蒿(*Artemisia tanacetifolia*)、矮山黧豆(*Lathyrus humilis*)等。草本地上芽植物层片在本层的种类系数居第四位,但在某些地段盖度较大,可成为草本层的优势成分,主要组成种为石生悬钩子(*Rubus saxatilis*)等。草本地下芽植物主要有毛百合(*Lilium dauricum*)、玉竹(*Polygonatum odoratum*)、黄精(*Polygonatum sibiricum*)、龙牙草(*Agrimonia pilosa*)、腺地榆(*Sanguisorbba officinalis* var. *glandulosa*)、轮叶沙参(*Adenophora tetraphylla*)等。一年生植物可见大苞点地梅(*Androsace maxima*)。苔藓植物仅在局部低湿地可见金发藓(*Polytrichum commune*)、曲尾藓(*Dicranum scoparium*)等。

林中常见百年以上的兴安落叶松母树,明显地反映出此类山杨林是衍生自相应的兴安落叶松林,经火烧严重破坏后形成的次生森林植被。

(2)甜杨林(Form. *Populus suaveolens*)

甜杨属于西伯利亚植物区系成分,在我国除小兴安岭北部有少量散生外,主要分布在大兴安岭,沿着河流两岸成带状分布,在本区有分布。甜杨(*Populus suaveolens*)是强阳性速生树种,耐寒,多生于排水良好的沙砾碎石土上,这一点与钻天柳(*Chosenia arbutifolia*)相似,但对土壤的厚度及肥力的要求稍高,所以分布在距河流两岸稍远的冲击砾石土上,成小片纯林,一般镶嵌在沿河生长的钻天柳林的外缘,面积不大。林下多为冲击性壤土,因常遭河水淹没而积累丰富营养元素的淤泥。甜杨林结构简单,仅有一类群丛,即小叶章、红瑞木、甜杨林。

01)小叶章、红瑞木、甜杨林(Ass. *Deyeuxia angustifolia*, *Swida alba*, *Populus suaveolens*)

此类甜杨林在本区分布面积不大,主要分布在海拔 550m 以下,沿河岸成带状分布,镶嵌在钻天柳林的外缘。林下土壤为具层状结构的冲积性壤土。

组成植物较丰富,常见植物有 70 种,以甜杨(*Populus suaveolens*)、红瑞木(*Swida alba*)、小叶章(*Deyeuxia angustifolia*)为建群种。生活型谱的特点是高位芽植物层片种类系数仅居第二位,但为建群层片,决定群落外貌。地面芽植物居第一位,是草本层的主要成分。地下芽植物层仅居第三位,苔藓植物较发育,地上芽植物种类系数虽较小,但个别种的盖度很大,对群落的外貌有影响,并有层间藤本植物层片,反映生境较其他阔叶林温暖而湿润。

此类甜杨林可分乔木层、灌木层和草本层。乔木层高 18~28m,平均郁闭度为 0.6~0.8,林龄可达 90a 以上,以落叶阔叶大高位芽植物层片为优势层片,以甜杨为单优势种。常混有少量春榆(*Ulnus davidiana*),或在局部低湿处混有钻天柳(*Chosenia arbutifolia*),多为单层林。但有些地段混生粉枝柳(*Salix rorida*)、毛赤杨(*Alnus sibirica*)、光叶山楂

（*Crataegus dahurica*）、稠李（*Padus racemosa*）和山荆子（*Malus baccata*）等，又形成复层林。

灌木层较发育，盖度达 50%~70%，分布均匀，平均高 2m 以上，以落叶阔叶矮高位芽植物层片为优势层片，组成以红瑞木（*Swida alba*）为主，其次为山刺玫（*Rosa davurica*）、接骨木（*Sambucus williamsii*）、双刺茶藨子（*Ribes diacanthum*）、鼠李（*Rhamnus davuica*）、牛叠肚（*Rubus crataegifolius*）等。同时，在灌丛间常混有蝙蝠葛（*Menispermum dauricum*）和芹叶铁线莲（*Clematis aethusifolia*）等藤本植物。

草本层较稀疏，层盖度为 40%~50%，高度为 20~100cm，主要由草本地面芽和草本地下芽植物层片构成。常见的草本地面芽植物有小叶章（*Deyeuxia angustifolia*）、东方草莓（*Fragaria orientalis*）、种阜草（*Moehringia lateriflora*）、路边青（*Geum aleppicum*）、野芝麻（*Lamium barbatum*）、茜草（*Rubia cordifolia*）、兴安薄荷（*Mentha dahurica*）、蚊子草（*Filipendula palmata*）、山尖子（*Parasenecio hastatus* var. *hastatus*）、紫花鸢尾（*Iris ensata*）、林问荆（*Equisetum sylvalicum*）、舞鹤草（*Maianthemum bifolium*）等。在林下排水不良地段还可以见到草本地面芽植物瘤囊薹草（*Carex schmidtii*），在局部阴湿处则有广布鳞毛蕨（*Dryopteris expansa*）、中华蹄盖蕨（*Athyrium sinense*）等蕨类植物，有时成片分布。地下芽植物主要有蕨（*Pteridium aquilinum*）、草问荆（*Equisetum pratense*）、林问荆（*Equisetum sylvalicum*）、耳叶蓼（*Polygonum manshuriense*）、皱叶酸模（*Rumex crispus*）、龙芽草（*Agrimonia pilosa*）等。一年生植物可见小点地梅（*Androsaca gmelinii*）。

苔藓植物较稀疏，常见种有皱蒴藓（*Aulacomnium androgynum*）、卵叶青藓（*Brachythecium rutabulum*），在低洼处还分布粗叶泥炭藓（*Sphagnum squarrosum*）、拟宽叶泥炭藓（*Sphagnum platyphylloides*）等，这些苔藓植物充分反映出生境甚潮湿。

红瑞木、甜杨林为本区的重要护岸林，甜杨虽材质较软，但多数为大、中径材，故利用价值较高。在保护经营此类甜杨林时应重视其生态效益。值得指出的是在靠近河岸侧常混生较多的钻天柳，形成钻天柳、甜杨林，但面积不大。

4.1.3.4　钻天柳林

（1）钻天柳林（Form. *Chosenia arbutifolia*）

钻天柳属（*Chosenia*）仅有一个种，即钻天柳（*Chosenia arbutifolia*），是国家二级保护野生植物，本地人又称"红毛柳"。钻天柳属东西伯利亚植物区系成分，在我国集中分布在大兴安岭，向南至小兴安岭－长白山林区仅有少量分布，此外，也分布在俄罗斯东西伯利亚和远东地区、朝鲜北部及日本。钻天柳为喜光、耐寒树种，多生于排水良好的近河岸沙砾碎石土上，在本区沿河流两岸间断成带状纯林，有时与粉枝柳林或毛赤杨林镶嵌分布，但分布面积并不大，均具有重要护岸作用。钻天柳林的树种组成单一，以钻天柳为优势，但常混有少量的甜杨等落叶阔叶树。钻天柳林仅有一个群丛，即稠李、钻天柳林。

01）稠李、钻天柳林（Ass. *Prunus padus*，*Chosenia arbutifolia*）

此林分分布在海拔 550~870m 的河流两岸，成宽 30~200m 的狭带状断续分布。林下土壤为河流边的沙砾石土，常由于春泛水被水淹没致使土壤中含有腐殖质的沙质淤泥、沙砾、卵石或其他河水沉积物，呈层状相互掺混。

群落高 15~20m，郁闭度 0.6~0.7，总盖度为 95%，外貌较整齐，层次明显。常见植物约有 60 种，以钻天柳（*Chosenia arbutifolia*）、稠李（*Padus racemosa*）和蚊子草（*Filipendula palmata*）为建群种，其生活型谱以草本地面芽植物种类系数最高，为群落草本层的优势成分。高位芽植物虽居第二位，但频度较高，盖度大，决定群落外貌特点。其他植物成分种类少，均为附属成分，仅有个别种在林下可形成局部地段的优势种，反映出生境湿润而贫养的特点。

此类林分可划分为乔木层、灌木层和草本层。乔木层以落叶阔叶大高位芽植物层片为优势层片，优势种为钻天柳，常混有少量的粉枝柳（*Salix rorida*）、甜杨（*Populus suaveolens*）、白桦（*Betula platyphylla*）、春榆（*Ulmus daridiara*）、山荆子（*Malus baccata*）、光叶山楂（*Crataegus dahurica*）等。

灌木层发育较好，但分布不均匀，平均高 1~2.5m，盖度为 30%~50%，以落叶阔叶小高位芽植物层片为优势层片，组成种为稠李（*Padus racemosa*），在局部稍高地段混有红瑞木（*Swida alba*）。在这些小乔木（灌木）下散生着落叶阔叶矮高位芽植物，如绣线菊（*Spiraea salicifolia*）、蓝靛果忍冬（*Lonicera caerulea*）、双刺茶藨子（*Ribes diacanthum*）、山刺玫（*Rosa davurica*）、珍珠梅（*Sorbaria sorbifolia*）等。

草本层盖度为 30%~75%，以草本地面芽植物层片为主要成分，优势种为翻白蚊子草（*Filipendula intermedia*）、光叶蚊子草（*Filipendula palmata* var. *glabra*）、萎蒿（*Artemisia selengensis*）、山尖子（*Parasenecio hastatus* var. *hastatus*）、大叶猪殃殃（*Galium dahuricum*）、小叶章（*Deyeuxia angustifolia*）、山黧豆（*Lathyrus quinquenervius*）、细叶繁缕（*Stellaria filicaulis*）、缬草（*Valeriana officinalis*）、山马兰（*Kalimeris lautureana*）、广布野豌豆（*Vicia cracca*）、莓叶委陵菜（*Potentilla flagarioides*）、多茎野豌豆（*Vicia multicaulis*）、东方草莓（*Fragaria orientalis*）、草木樨（*Melilotus suaveolens*）、长叶繁缕（*Stellaria longifolia*）、兴安景天（*Sedum hsinganicum*）、毛金腰（*Chrysosplenium pilosum*）等。

在林下局部低湿积水地段还分布有小片湿生草本地面芽植物，常见种为翼果薹草（*Care neurocarpa*）。地下芽植物有龙芽草（*Agrimonia pilosa*）、腺地榆（*Sanguisorba officinalis* var. *glandulosa*）、地榆（*Sanguisorba officinalis*）、打碗花（*Calystegia hederacea*）、长柱沙参（*Adenophora stenanthina*）、山苦菜（*Ixeris chinensis*）等。层间植物可见长瓣铁线莲（*Clematis macropetala*）。

苔藓植物稀疏，仅呈小块状分布。常见种有细叶金发藓（*Polytrichum longisetum*）、粗叶泥炭藓（*Sphagnum squarrosum*）、细叶泥炭藓（*Sphagnum teres*）等。

钻天柳林虽然分布面积不大，但具有护岸的特殊生态效益，而且该种是国家二级保护野生植物，在研究柳属种系分化上有重要科学价值。

4.1.3.5　榆树林

（1）家榆林（Form. *Ulmus pumila*）

01）沙地家榆林（Ass. *Ulmus pumila*）

沙地家榆林主要分布于本区西南端的沙带上，同时分布于樟子松疏林的林缘或丘间洼地及外围沙地上，地形条件为高差在 20m 左右的起伏沙丘，林下土壤为松林沙土。榆树疏林生长稀疏，往往不能形成真正的森林环境，林冠下缺乏典型的耐阴中生草本和下木，而草原旱生成分却较发达，表现出明显的草原化特征，能够适应比沙地樟子松林更为干燥的气候条件，常与沙蒿（*Artemisia desertorum*）半灌木、稠李（*Padus racemosa*）灌丛、双刺茶藨子（*Ribes diacanthum*）灌丛、山刺玫（*Rosa davurica*）灌丛、桃叶卫矛（*Euonymus maackii*）疏林、山荆子（*Malus baccata*）疏林及沙生草原形成小复合体。榆树疏林多呈丛状分布，每丛一般 3~5 株，最多可达 20 余株，郁闭度为 0.3，变幅较大，波动于 0.2~0.4 之间，局部可达 0.5~0.6，榆树高 5m，胸径 30cm，冠幅 4m。种子更新状况良好。本区榆树疏林系典型草原地带适应半干旱气候的沙生演替系列的"顶级"群落，目前保存着良好的原生自然面貌，在沙生景观上占有显著地位，是防风固沙、保护沙区及其周围土地资源的一种重要植被。榆树疏林林冠下的草本植被都是草原沙带上普遍分布的成分，灌木和小半灌木有山刺玫（*Rosa davurica*）、双刺茶藨子（*Ribes diacanthum*）、小叶锦鸡儿（*Caragana microphylla*）、沙蒿（*Artemisia desertorum*）等。草本植物有唐松草（*Thalictrum aquilegifolium*）、叉分蓼（*Polygonum divaricatum*）、芍药（*Paeonia lactiflora*）、麻花头（*Serratula centauroides*）、菊叶委陵菜（*Potentilla tanacetiflolia*）、蓬子菜（*Galium verum*）等。

4.1.3.6　山丁子林

（1）山丁子林（Form. *Malus baccata*）

01）草类、山丁子林（Ass. Herbage，*Malus baccata*）

草类、山丁子林主要分布于本区西南端的沙带上，同时分布于樟子松林林下或丘间洼地 20m 左右的起伏沙丘，林下土壤为松林沙土。山丁子疏林生长稀疏，不能形成真正的森林环境，一般呈丛状分布，每丛一般 3~5 株，最多可达 16 株，郁闭度 0.2 左右，变幅较大，常与榆树（*Ulmus pumila*）疏林、桃叶卫矛（*Euonymus maackii*）疏林、山刺玫（*Rosa davurica*）灌丛、山杏（*Armeniaca sibirica*）灌丛、双刺茶藨子（*Ribes diacanthum*）灌丛、稠李（*Prunus padus*）灌丛、沙蒿（*Artemisia desertorum*）半灌木及沙地草原共同构成沙地植被，并呈镶嵌分布。

4.1.3.7 稠李林

（1）稠李林（Form. *Prunus padus*）

01）草类、稠李林（Ass. Herbage，*Prunus padus*）

草类、稠李林主要分布于 16° 以下的平缓坡、岭顶以及坡麓宽谷等地带，不同坡位间已经出现坡下部生长好于坡上部的趋势，从其生长趋势可以看出山桃稠李属于更适合在坡下部生长的树种。土壤母质为坡积物，土层厚度中等。林下分布的野生浆果种类主要有稠李（*Prunus padus*）、山荆子（*Malus baccata*）、北悬钩子（*Rubus arcticus*）、越橘（*Vaccinium vitis-idaea*）、水葡萄茶藨子（*Ribes procumbens*）、蓝靛果忍冬（*Lonicera caerulea*）等。

4.1.3.8 赤杨林

（1）毛赤杨林（Form. *Alnus sibirica*）

大兴安岭的赤杨共有 2 种，即毛赤杨（*Alnus sibirica* var. *hirsuda*）和东北赤杨（*Alnus mandshurica*）。东北赤杨多混生在兴安落叶松林内，不单独成林，分布在海拔 900m 左右兴安落叶松林内或溪流边毛赤杨林内，唯有毛赤杨能成小片纯林，即毛赤杨林。

毛赤杨属俄罗斯东西伯利亚植物区系成分，普遍分布于我国东北各林区，在俄罗斯东西伯利亚和远东地区、朝鲜北部、日本也有分布。毛赤杨（*Alnus sibirica*）为喜光、耐水湿树种，在大兴安岭的山间水湿地或河流、溪流两岸的水湿地形成小片或带状纯林，不甚普遍。毛赤杨萌发力强，在伐根周围常丛生萌发成林，当年生高可达 1m，所以毛赤杨林遭破坏后，常形成萌生林。

毛赤杨材质坚硬，利用价值较高，同时，其根部有根瘤菌，能改善土壤肥力，所以，在保护经营利用这类森林时应兼顾其经济效益与生态效益。根据组成、结构、分布规律不同，可划为 1 个群丛，即五蕊柳、毛赤杨林。

01）五蕊柳、毛赤杨林（Ass. *Salix pentandra*，*Alnus sibirica*）

此类毛赤杨林在本区分布面积较小，在海拔 600~900m 间带状或块状分布。在溪、河流两旁的水湿地上为原生植被。林下土壤为草甸沼泽土。

植物组成较单纯，常见种 71 种，毛赤杨（*Alnus sibirica*）、五蕊柳（*Salix pentandra*）为建群种，其他优势植物有小叶章（*Deyeuxia angustifolia*）等。生活型特点为高位芽植物的种类系数较大，居第二位，决定群落的外貌特点。地面芽和地上芽植物种类系数最高，为群落组成的重要部分，反映出此类毛赤杨林下土壤较肥厚而湿润，地下芽植物为次要成分。苔藓植物与地衣较发育，二者的种类系数虽然少于地下芽植物，但为群落的次优成分，充分反映了林内潮湿。此类赤杨林按组成、结构可分成乔木层、灌木层、草本层与苔藓植物层共 4 层。

乔木层郁闭度为 0.6~0.7，高 5~10m，以落叶阔叶小高位芽植物层片为建群层片，组成种主要是毛赤杨（*Alnus sibirica*），常混有少量的白桦（*Betula platyphylla*）和极少量的兴安落叶松（*Larix gmelinii*），有时也可见生长不良的东北赤杨（*Alnus mandshurica*）。

灌木层较发达，高 1~3m，层盖度可达 60%，以落叶阔叶矮高位芽植物层片为优势层片，常见种有五蕊柳（*Salix pentandra*）、蓝靛果忍冬（*Lonicera caerulea*）、珍珠梅（*Sorbaria sorbifolia*）、山刺玫（*Rosa davurica*）、蒿柳（*Salix viminalis*）、水葡萄茶藨子（*Ribes procumbens*）、兴安柳（*Salix hsinganica*）、绣线菊（*Spiraea salicifolia*）等，有时可见红瑞木（*Swida alba*）等。

草本层稀疏，高在 1m 以下，盖度为 30%~80%，以草本地面芽植物蚊子草（*Filipendula palmata*）层片为优势成分，主要伴生种为小叶章（*Deyeuxia angustifolia*）、舞鹤草（*Maianthemum bifolium*）、兴安鹿药（*Smilacina dahurica*）、箭头唐松草（*Thalictrum simplex*）、水棘针（*Amethystea caerulea*）、宽叶返魂草（*Senecio cannabifolius*）、风花菜（*Rorippa globosa*）、梅花草（*Parnassia palustris*）、毛金腰（*Chrysosplenium alternifolium*）、莓叶委陵菜（*Potentilla fragarioides*）。地下芽植物有黄精（*Polygonatum sibiricum*）、广布鳞毛蕨（*Dryopteris expansa*）、草问荆（*Equisetum pratense*）、龙芽草（*Agrimonia pilosa*）、小白花地榆（*Sanguisorba tenuifolia*）、小玉竹（*Polygonatum humile*）、地榆（*Sanguisorba officinalis*）等。地上芽植物有散生的越橘（*Vaccinium vitis-idaea*）和北悬钩子（*Rubus arcticus*）等。苔藓、地衣植物层盖度可达 20%~40%，一般呈小团状分布，主要组成种为桧叶金发藓（*Polytrichum juniperinum*）、卷叶湿地藓（*Hyophila involuta*）、粗叶泥炭藓（*Sphagnum palustre*）、尖叶泥炭藓（*Sphagnum nemoreum*）和沼泽皱蒴藓（*Aulacomnium palustre*）等。

此类毛赤杨沼泽林虽分布不普遍，面积较小，但也应加以保护，可作为护岸林以及野生动物觅食、游憩场所，同时毛赤杨木材为特殊的工艺材，具有重要的经济价值。

4.2 灌丛生态系统

沙地樟子松林带均分布有灌丛，一般面积不大，也不甚普遍，但其生境与类型差别较大，既有在特殊生境条件下发育的原生类型，又有在林火影响下衍生的次生类型。

灌丛生态系统均属于 1 个植被亚型即阔叶灌丛，根据建群种不同可划分为 7 个群系，即胡枝子灌丛、土庄绣线菊灌丛、黄柳灌丛、珍珠梅灌丛、小叶锦鸡儿灌丛、差不嘎蒿灌丛和山杏灌丛。这 7 类灌丛不仅在生境（主要是土壤、水分）上有较大差异，而且有不同的垂直分布规律。

4.2.1 阔叶灌丛

阔叶灌丛是由各类夏绿阔叶灌木为优势的灌丛，大多属于原生植被破坏后而衍生的次生灌丛，其类型丰富，分布广泛，可自林区延伸至草原，在旱沙地至低湿沼泽地均有分布，为中国东北分布最广泛的植被亚型之一，但其中分布范围广而面积大的群系并不多，仅胡枝子灌丛，多数分布范围狭小，一般仅在中国东北南部有小面积分布，与华北、内蒙古植被有联系。

4.2.1.1 胡枝子灌丛

在中国东北共有 9 种胡枝子，适应性强，尤耐干旱瘠薄土壤，一般生于各类阔叶林下、灌丛中或草丛间，其中仅胡枝子（*Lespedeza bicolor*）、多花胡枝子（*Lespedeza floribunda*）、尖叶胡枝子（*Lespedeza hedysaroides*）和细梗胡枝子（*Lespedeza virgata*）能形成次生灌丛，以胡枝子灌丛最普遍，为中国东北典型灌丛之一，而其他三种并不常见，仅分布于辽宁南部局部地段。

（1）胡枝子灌丛（Form. *Lespedeza bicolor*）

01）胡枝子灌丛（Ass. *Lespedeza bicolor*）

胡枝子（*Lespedeza bicolor*）在我国分布在东北、华北和西北山区。此外，朝鲜、俄罗斯远东地区和东西伯利亚也有分布。在我国东北广泛分布在自北至南各山区，一般生长在各类阔叶林下，尤其在蒙古栎林下，混生在其他灌木间。由于森林植被一再遭到破坏，生境变得较干旱瘠薄，则常由胡枝子形成次生灌丛，甚普遍，但一般面积不大，是森林植被演替的先锋树种。土壤为暗棕壤或棕壤。

此类灌丛可分为灌木层和草本层。灌木层盖度为 40%~60%，高达 1.5m，组成以胡枝子（*Lespedeza bicolor*）为主，常混少量的石蚕叶绣线菊（*Spiraea chamaedryfolia*）、桃叶卫矛（*Euonymus maackii*）、榛子（*Corylus heterophylla*）等。在土壤瘠薄地段，则以兴安杜鹃（*Rhododendron dauricum*）为主。

草本层盖度为 50%~60%，高 80~90cm，组成丰富，以中旱生或旱生植物为主，如占优势的乌苏里薹草（*Carex ussuriensis*），间生少量的少花大披针薹草（*Carex lanceolata*），以及常见的关苍术（*Atractylodes japonica*）、轮叶沙参（*Adenophora tetraphylla*）、岩败酱（*Patrinia rupestris*）、费菜（*Sedum aizoon*）、长药八宝（*Hylotelephium spectabile*）、萱草（*Hemerocallis fulva*）、单花鸢尾（*Iris uniflora*）、兴安石竹（*Dianthus versicolor*）、

小玉竹（*Polygonatum humile*）、委陵菜（*Potentilla chinensis*）、紫菀（*Aster tataricus*）、桔梗（*Platycodon grandiflorus*）、女娄菜（*Silene aprica*）、万年蒿（*Artemisia sacrorum*）等。

此类灌丛有重要的水土保持和改良土壤作用。胡枝子的枝、叶可作绿肥，嫩枝、叶作饲料，茎、叶还可入药，有退热之功效，茎皮可削制纤维，枝条可编制箩筐，又是良好的蜜源植物。所以，此类灌丛具有很大的生态效益和经济效益，应加以保护。此类灌丛将会逐渐演替成具有更高效益的以蒙古栎为主的森林植被，若遭破坏则变成灌草丛。

4.2.1.2　绣线菊灌丛

在中国东北共有16种绣线菊（*Spiraea*），大多散生于林内和林缘，或混生在其他灌丛中，仅土庄绣线菊（*Spiraea pubescens*）能形成小面积灌丛，皆为森林植被经多次破坏而衍生的次生灌丛，分布在暖温带的东北南部。

（1）土庄绣线菊灌丛（Form. *Spiraea pubescens*）

01）土庄绣线菊灌丛（Ass. *Spiraea pubescens*）

土庄绣线菊（*Spiraea pubescens*）在我国主要分布在华北、东北、西北、华东地区。此外，朝鲜（东部）、蒙古、俄罗斯（远东地区）和日本也有分布。在中国东北主要分布在自北至南的山地，常生于林内、林缘、灌丛或灌草丛内。但在大兴安岭中部、南部山地及辽东西部和辽西山地，常由于森林植被遭破坏而衍生成小块次生灌丛，一般生长在低海拔的丘陵阳坡，土壤为浅薄的棕壤或褐土，有时石砾裸露。

此类灌丛可分为灌木层和草本层2层。灌木层盖度为50%~60%，高40~80cm，建群种为土庄绣线菊（*Spiraea pubescens*），间或混有其他灌木或半灌木，随生境略有差异，主要有尖叶胡枝子（*Lespedeza hedysaroides*）、多花胡枝子（*Lespedeza floribunda*）、兴安胡枝子（*Lespedeza davurica*）、细叶小檗（*Berberis poiretii*）、万年蒿（*Artemisia sacrorum*）、一叶萩（*Flueggea suffruticosa*）、锐齿鼠李（*Rhamnus arguta*）等。

草本层盖度20%~30%，高20~30cm，组成随生境变化而略有不同，主要由多种禾本科植物组成，如白羊草（*Bothriochloa ischaemum*）、毛颖芨芨草（*Achnatherum pubicalyx*）、多叶隐子草（*Cleistogenes polyphylla*）、中华隐子草（*Cleistogenes Chinensis*）、糙隐子草（*Cleistogenes squarrosa*）、丛生隐子草（*Cleistogenes caespitosa*）、凸脉薹草（*Carex lanceolata*）、线叶菊（*Filifolium sibiricum*）、委陵菜（*Potentilla chinensis*）、白萼委陵菜（*Potentilla betonicifolia*）、紫花野菊（*Dendranthema zawadskii*）、东北牡蒿（*Artemisia manshurica*）、小花鬼针草（*Bidens parviflora*）、黄芩（*Scutellaria baicalensis*）、阿尔泰狗娃花（*Heteropappus altaicus*）、石沙参（*Adenophora polyantha*）、猪毛菜（*Salsola collina*）等。

此类灌丛若继续遭到破坏则退化成草灌丛，故应加以保护，以发挥其保水固土的生态作用，同时，土庄绣线菊（*Spiraea pubescens*）是蜜源植物，也有一定经济价值，可适当栽植樟子松（*Pinus sylvestris* var. *mongolica*）或白榆（*Ulmus pumila*），逐步改灌丛生态系统为森林生态系统，提高林分抗逆能力。

4.2.1.3　柳灌丛

中国东北共有柳树 60 余种（含变种），其中，灌木占多数，分布广泛，从草原到林区，从高山冻原至低洼湿地（沼泽或草甸）均有生长，但一般分散单生或丛生在林缘、灌丛或草原中，单能形成灌丛者仅有蒿柳（*Salix viminalis*）和黄柳（*Salix gordejevii*）二种，其生境和分布规律完全不同，前者分布在林区的湿地，而后者则分布在草原的干旱沙丘上。

（1）黄柳灌丛（Form. *Salix gordejevii*）

01）杂草类、差不嘎蒿、黄柳灌丛（Ass. Herbage，*Artemisia halodendron*，*Salix gordejevii*）

黄柳（*Salix gordejevii*）在我国仅分布于东北、华北，此外，蒙古也有分布。在中国东北分布在西部草原和辽西山区，多成丛散生在流动或半固定的丘顶与背风坡，在迎风坡及丘间低地也有分布，常形成原生的灌丛，在沙土流动时期生长旺盛，沙丘半固定后则受到抑制。一般面积不大，也不甚普遍。

此类灌丛结构简单，可分灌木层和草本层 2 层。灌木层一般较稀疏，盖度 30%~50%，高 1~2.5m，组成以黄柳为单优势种，丛间混生差不嘎蒿（*Artemisia halodendron*）、山竹岩黄芪（*Hedysarum fruticosum*）、小叶锦鸡儿（*Caragana microphylla*）、沙杞柳（*Salix kochiana*）、沙棘（*Hippophae rhamnoides*）、小红柳（*Salix microstachya* var. *bordensis*）、兴安胡枝子（*Lespedeza daurica*）、欧李（*Cerasus humilis*）等。

草本层稀疏，盖度为 20%~40%，高 20~70cm，组成种类少，一般混生在黄柳等灌木间，并随生境而有变化，主要有寸草（*Carex duriuscula*）、苦马豆（*Sphaerophysa salsula*）、矮葱（*Allium anisopodium*）、赖草（*Leymus secalinus*）、沙蒿（*Artemisia desertorum*）、冰草（*Agropyron cristatum*）、断穗狗尾草（*Setaria arenaria*）、糙隐子草（*Cleistogenes squarrosa*）、委陵菜（*Potentilla chinensis*）等。

此类灌丛具有较强的固沙防风作用。同时，其叶是牲畜适口性强的饲料，枝条是编织用的优良材料。应合理保护、经营与利用，以发挥其生态和经济双重效益。但当沙丘固定后，黄柳则生长衰退，最终干枯死亡，演替成效益更高的植被类型。

4.2.1.4　珍珠梅灌丛

中国东北仅有一种珍珠梅（*Sorbaria sorbifolia*），能形成次生灌丛。

（1）珍珠梅灌丛（Form. *Sorbaria sorbifolia*）

01）杂草类、珍珠梅灌丛（Ass. Herbage，*Sorbaria sorbifolia*）

珍珠梅（*Sorbaria sorbifolia*）在我国主要分布在东北，向南可延伸至华北。此外，俄罗斯远东地区和东西伯利亚及朝鲜、蒙古和日本也有分布。在中国东北分布在各林区，主要集中在东部林区，常成为各类阔叶林下的组成灌木，在低海拔（300~700m）沟谷、溪流旁也有分布。河岸边由香杨（*Populus koreana*）、春榆（*Ulmus davidiana*）等组成的各类阔叶林，遭破坏后衍生成次生灌丛，面积较小。土壤为石质冲积土或草甸化暗棕壤。

此类灌丛的结构可分为灌木层和草本层。灌木层盖度达 70%~90%，高 1~1.5m，组成以珍珠梅为单优势种，常见混有少量金银忍冬（*Lonicera maackii*）、乌苏里鼠李（*Rhamnus ussuriensis*）、茶条槭（*Acer ginnala*）以及少量乔木的幼树，如山楂（*Crataegus pinnatifi-da*）、稠李（*Prunus padus*）、春榆（*Ulmus davidiana*），在东北南部还常混有发育不良的枫杨（*Pterocarya stenoptera*）等。

草本植物较少，盖度仅 20%~30%，高 0.4~0.6m，以喜湿植物为主，如狼牙委陵菜（*Potentilla cryptotaeniae*）、老鹳草（*Geranium wilfordii*）、小窃衣（*Torilis japonica*）、龙牙草（*Agrimonia pilosa*）等。

此类灌丛具有一定经济和生态价值。珍珠梅的枝条和果可入药，治疗骨折跌打损伤和风湿关节炎，在发挥护岸等功能的生态作用上也尤为显著，应加强抚育，人工促进演替发展为由香杨（*Populus koreana*）、春榆（*Ulmus davidiana*）等组成的各类阔叶林，以提高其经济和生态效益。

4.2.1.5　锦鸡儿灌丛

中国东北约有 8 种锦鸡儿，其中，除树锦鸡儿（*Caragana arborescens*）散生在土质较肥沃地段外，大多散生于较干旱的草原、干燥山坡、沙地、沙丘上，但均不能形成灌丛。唯小叶锦鸡儿（*Caragana microphylla*）能在草原中的沙地或半固定沙地上形成灌丛。

（1）小叶锦鸡儿灌丛（Form. *Caragana microphylla*）

01）杂草类、小叶锦鸡儿灌丛（Ass. Herbage，*Caragana microphylla*）

小叶锦鸡儿（*Caragana microphylla*）在我国分布在东北、华北和西北。此外，蒙古也有分布。在中国东北主要分布在西部草原，一般散生或丛生在草原中，仅在内蒙古呼伦贝尔草原和哲里木草原生长在由于破坏而沙化成的沙地或半固定沙地上，能形成小面积次生灌木，不甚普遍。土壤为沙质栗钙土。

此类灌丛结构简单，可分为灌木层和草本层 2 层。灌木层盖度 40%~60%，高 1~1.5m，组成树种单一，以小叶锦鸡儿为优势种，混有差不嘎蒿（*Artemisia halodendron*）、山竹（*Garcinia mangostana*）、兴安胡枝子（*Lespedeza daurica*）等。草本植物层盖度 20%~30%，高 30~60cm。组成种类不多，仅有叉分蓼（*Polygonum divaricatum*）、糙隐子草（*Cleistogenes squarrosa*）、冰草（*Agropyron cristatum*）、鹤虱（*Lappula myosotis*）及草本状半灌木猪毛蒿（*Artemisia scoparia*）等。

此类灌丛有水土保持、防风固沙、提高土壤肥力等生态效益，其嫩枝、叶和种子为优良饲料，枝条可供编制箩筐等农具，又是优质薪材。故应加强封育管理，一般可通过平茬复壮的方式提高其生产力。若任其自然生长，随着沙地固定程度上升，小叶锦鸡儿的株高和地径都相应降低和缩小，生长势下降，将逐渐演替成草原植被。而遭破坏则会进一步沙化，较难恢复原有植被。

4.2.1.6 蒿灌丛

中国东北有蒿属植物（*Artemisia*）50 余种，大多为草本状半灌木，分布极普遍，从森林到草原，一般散生或丛生在除高山冻原和草塘外的各类植被中，其中仅近灌木的差不嘎蒿（*Artemisia halodendron*）在原生植被破坏后形成的流动沙丘或半固定沙丘上能形成灌丛。

（1）差不嘎蒿灌丛（Form. *Artemisia halodendron*）

01）杂草类、差不嘎蒿灌丛（Ass. Herbage，*Artemisia halodendron*）

差不嘎蒿（*Artemisia halodendron*）虽然是半灌木，但其木质化程度很高，近灌木。在我国分布在东北、华北（内蒙古）。此外，蒙古、俄罗斯东西伯利亚也有分布。在中国东北主要分布在西部草原和辽西山区，尤其在西辽河流域科尔沁沙地和海拉尔中、上游沙地较普遍，一般生在流动、半流动沙丘或半固定和固定沙丘上，常在沙地植被破坏后的流动沙丘或半流动沙丘上能形成次生灌丛，通常面积较小，镶嵌在沙地草原植被间，土壤为栗钙土型沙土或黑钙土型沙土。

此类灌丛结构复杂，主要由半灌木、小灌木和灌木组成，并混生一些草本植物，高矮混杂，很难分层，总盖度为 40%~50%，高 50~60cm，组成以差不嘎蒿（*Artemisia halodendron*）为优势种，随生境变化混有不同的半灌木、小灌木和灌木，如黄柳（*Salix gordejevii*）、小叶锦鸡儿（*Caragana microphylla*）、草麻黄（*Ephedra sinica*）、百里香（*Thymus mongolicus*）、山竹岩黄芪（*Hedysarum fruticosum*）、小白蒿（*Artemisia frigida*）等。

此类灌丛有着固定流沙的重要作用，其嫩枝叶又可作饲料，应加以保护。随着流沙的固定，差不嘎蒿逐渐被淘汰，将演替为沙地草原植被。

4.2.1.7 山杏灌丛

山杏（*Armeniaca sibirica*）为俄罗斯东西伯利亚植物区系成分，分布在与我国毗邻的蒙古、俄罗斯东西伯利亚与远东地区，在我国主要分布在北方草原区，属草原植物，喜光、耐寒、耐干燥瘠薄土壤。

山杏灌丛组成植物基本与大兴安岭相邻的松嫩草原和呼伦贝尔草原相近。根据其组成、结构与分布规律，仅有 1 个群丛组，即百里香、山杏灌丛。

（1）山杏灌丛（Form. *Prunus sibirica*）

01）百里香、山杏灌丛（Ass. *Thymus mongolicus*，*Pruns sibirica*）

此类灌丛在林区仅为大兴安岭所特有，主要分布在海拔 600m 以下向阳陡坡和坡顶，坡度一般为 20°~35°。由于原生森林植被一再遭严重火烧，生境较差。土壤瘠薄，非常干燥，甚至岩石裸露，乔木很难生长。由干旱草原植物侵入，进而衍生成百里香、山杏灌丛。

灌丛下土层瘠薄，一般土层厚度不超过 30cm，母质仍保留着原基岩的性质。组成植物以喜光、耐旱的旱生或中旱草原植物占优势，常见植物有 61 种，以山杏（*Armeniaca sibirica*）为建群种、百里香（*Thymus mongolicus*）为标志种。生活型谱的特点是高位芽植物种类系数居第三位，但盖度很大，为群落的优势生活型，决定群落的外貌。地面芽植物种类系数最高，居第一位，是草本层主要成分。地下芽植物居第四位，地上芽植物居第五位，均处附属地位。一年生植物与层间藤本植物各只有一种，与草原植被的生活型谱相近。

此类灌丛可分为灌木层与草本层。灌木层高 1~1.4m，盖度 50% 左右，以落叶阔叶小高位芽植物层片为优势层片，山杏（*Prunus sibirica*）为建群种，还常混有较多的兴安胡枝子（*Leopedeza davurica*）、全缘枸子（*Cotoneaster integerrimus*）、绢毛绣线菊（*Spiraea sericea*）等。在局部土层极薄的地方还混有尖叶胡枝子（*Lespedeza hedysaroides*）。

草本层较发育，盖度可达 70%~80%，高 20~80cm，多为喜光、耐旱的草原植物种，以草本地面芽植物层片为优势层片，草本地下芽植物层片为次优势层片。草本地面芽植物主要有线叶菊（*Filifolium sibiricum*）、万年蒿（*Artemisia sacrorum*）、远志（*Polygala tenuifolia*）、蓬子菜（*Galium verum*）、大叶猪殃殃（*Galium davuricum*）、糙隐子草（*Cleistogenes squarrosa*）、防风（*Saposhnickvia divaricata*）、火绒草（*Leontopodium leontopodioides*）、兴安柴胡（*Bupleurum sibiricum*）、锥叶柴胡（*Bupleurum bicaule*）、小花花旗杆（*Dontostemon micranthus*）、大萼委陵菜（*Potentilla conferta*）、达乌里黄芪（*Astragallus dahuricus*）、黄花补血草（*Limonium aureum*）、山蚂蚱草（*Silene jenisseensis*）、狼针草（*Stipa baicalensis*）、翠雀（*Delphinium grandiflorum*）、岩败酱（*Patrinia rupestris*）、白鲜（*Dictamnus dasycarpus*）；草本地下芽植物有沙参（*Adenophora stricta*）、山丹（*Lilium pumilum*）、芍药（*Paeonia lacitiflora*）、狼毒（*Stellera chamaejasme*）、山葱（*Allium senescens*）、狼毒大戟（*Euphorbia fischeriana*）等，草本地上芽植物层片处附属地位，一年生植物仅见柳叶刺蓼（*Polygonum bungeanum*）。组成中常混有耐旱草原常见的藤本植物棉团铁线莲（*Clematis hexaqpetala*）。

此类灌丛在植被组成中有多种经济植物，如狼毒（*Stellera chamaejasme*）、白鲜

（*Dictamnus dasycarpus*）、远志（*Polygala tenuifolia*）、山丹（*Lilium pumilum*）等药用植物。但在保护经营时，应考虑生态效益，否则，一经破坏则很难再恢复，从而造成水土流失，地表裸露。

4.3　草原生态系统

草原是由旱生或中旱生植物组成的植被类型，为北半球温带半干旱区（干燥度 1.5~3.5）、部分半湿润地区（干燥度 1.0~1.5）及少部分干旱地区（干燥度 3.5）的地带性植被，大兴安岭林区也有零星分布，属于隐域性的次生植被。本区地处大兴安岭北部西坡，与呼伦贝尔草原毗邻，具有大陆性气候。一旦特殊生境（阳向山坡地带）条件下的原有森林植被遭严重破坏（如火烧），小生境日趋干旱，森林植被很难适应，则旱生或中旱生草原植物"飞入"，形成小面积草原，镶嵌在阳坡森林植被间，从而成为大兴安岭植被组成中的特殊类型。

本区的草原在组成上与毗邻的草原几乎一致，除旱生的贝加尔针茅外，中旱生线叶菊（*Filifolium sibiricum*）和羊草（*Leymus chinense*），以及旱中生的野古草（*Arundinella hirta*）和大油芒（*Spodiopogon sibiricus*）较常见。混有少量林区耐旱植物如桔梗（*Platycodon grandiflorus*）、白鲜（*Dictamnus dasycarpus*）、柳兰（*Epilobium angustifolium*）、全缘橐吾（*Ligularia mongolica*）、锥叶柴胡（*Bupleurum bicaule*）、兴安麻花头（*Serratula hsiganensis*）、野罂粟（*Papaver nudicaule*）等。旱生的典型草原禾草较贫乏，如常见针茅属（*Stipa*），只有贝加尔针茅（*Stipa baicalensis*）分布其中，羊茅属（*Festuca*）、隐子草属（*Cleistogenes*）、洽草属（*Koeleria*）等植物很少；旱生小半灌木，除冷蒿（*Aartemisia frigida*）外，其他旱生的典型草原小灌木如小叶锦鸡儿（*Caragana microphylla*）等均未见分布；典型草原植物如风滚草也没有分布，只有少量的叉分蓼（*Polygonum divaricarum*）、防风（*Saposhnikovia divaricata*）分布其中；混生种类繁多的双子叶草本植物。因此，大兴安岭山地的草原多为中生或中旱生性质，属草甸草原（亚型）。

4.3.1　草甸草原

在本区草甸草原分布不普遍，在组成和结构上的变化不大，仅有 3 个群系。

4.3.1.1　丛生禾草草甸草原

（1）贝加尔针茅草原（Form. *Stipa baicalensis*）

贝加尔针茅草原是欧亚大陆草原区东端的森林草原地带所特有的一个草原群系，其分布中心在中国东北西部、蒙古东北部和傲罗斯勒拿河上游地区。

在我国，贝加尔针茅草原是中国东北的代表性草原，主要分布在大兴安岭东西两侧的丘陵坡地、台地、山前倾斜平原及松嫩平原的排水良好地段。地处半湿润地区，土壤主要为黑钙土和暗栗钙土，亦见于黑钙土型沙土。在丘陵地区，贝加尔针茅分布在土层较厚的坡地中段，坡地上部与丘顶土层渐薄，常为线叶菊草原所代替，丘陵下部地势低平，常为羊草草原所占据，因此，贝加尔针茅草原与线叶菊草原及羊草草原构成了森林草原地带无林地区稳定的生态系统。在松嫩平原上，由于小地形或局部基质和土壤条件的差异而出现不同类型的复合体。

01）贝加尔针茅、线叶菊草原（Ass. *Stipa baicalensis*，*Filifolium sibiricum*）

此类草原盖度为 70%~90%，高 15~50cm。组成较丰富，群落中种类最多的科是菊科、豆科和禾本科，均在 15 种以上，其次为蔷薇科、百合科、毛茛科和唇形科。种类最多的属有委陵菜属、蒿属、黄芪属、葱属、针茅属和鸢尾属。以上科、属组成与其他针茅群系有明显的差别，反映了半湿润的生境特点。

贝加尔针茅在群落组成中占绝对优势，相对盖度达 45% 左右，频度近 100%，是稳定的建群成分。在不同生境分别有羊茅（*Festuca ovina*）、大针茅（*Stipa grandis*）、多叶隐子草（*Cleistogenes polyphylla*）、羊草（*Leymus chinensis*）、野古草（*Arundinella hirta*）、柄状薹草（*Carex pediformis*）、黄囊薹草（*Carex korshinskyi*）以及杂类草中的地榆（*Sanguisorba officinalis*）、花苜蓿（*Medicago ruthenica*）、山野豌豆（*Vicia amoena*）、草木樨状黄芪（*Astragalus melilotoides*）、华北岩黄芪（*Hedysarum gmelini*）、裂叶蒿（*Artemisia tanacetifolia*）、南牡蒿（*Artemisia eriopoda*）、线叶菊（*Filifolium sibiricum*）、小黄花菜（*Hemerocallis mimor*）等。这些植物与贝加尔针茅（*Stipa baicalensis*）一起组成各种各样的群落类型。此外，旱中生灌木山杏（*Prunus sibirica*）在大兴安岭东麓的贝加尔针茅草原中也常形成明显层片，使群落具有灌丛化的外貌，中旱生半灌木兴安胡枝子（*Lespedeza davurica*）也具有一定的优势。

除上述植物外，在群落组成中数量较多或常见的植物还有很多，如禾草光颖芨芨草（*Achnatherum sibiricum*）、异燕麦（*Helictotrichon hookeri*）、光稃茅香（*Hierochloe glabra*）、糙隐子草（*Cleistogenes squarrosa*）等；中生或旱中生杂类草有多裂叶荆芥（*Schizonepeta multifida*）、狗舌草（*Tephroseris kirilowii*）、风毛菊（*Saussurea japonica*）、高山紫菀（*Aster alpinus*）、蒙古白头翁（*Pulsatilla ambigua*）、红纹马先蒿（*Pedicularis striata*）、野火球（*Trifolium lupinaster*）、广布野豌豆（*Vicia cracca*）、蓬子菜（*Galium verum*）等，它们在不同地段以不同频度出现，是中生杂类草层片的主要组成部分；旱生或中旱生杂类草中还有柴胡（*Bupleurum scorzonerifolium*）、麻花头（*Serratula centauroides*）、火绒草（*Leontopodium leontopodioides*）、硬毛棘豆（*Oxytropis hirta*）、防风（*Saposhnikovia divaricata*）、狼

毒（*Stellera chamaedasme*）、黄芩（*Scutellaria baicalensis*）、囊花鸢尾（*Iris ventricosa*）、菊叶委陵菜（*Potentilla tanacetifolia*）、委陵菜（*Potentilla chinensis*）、白萼委陵菜（*Potentilla betonicifolia*）、二裂委陵菜（*Potentilla bifurca*）等。

此类草原可明显分3个亚层：第一亚层高40~50cm，生殖枝可达60~80cm，通常由贝加尔针茅（*Stipa baicalensis*）、羊草（*Leymus chinensis*）及少量杂类草组成；第二亚层高20~30cm，主要由多种杂类草及部分禾草组成；第三亚层高15cm以下，由矮杂类草组成。

贝加尔针茅草原是生产力较高，质量较好的天然草场之一。贝加尔针茅的营养价值属中上等，牛和马在春、秋、冬三季喜食，夏季乐食，羊采食较差，总体上可作为良好的牧草。结实期，颖果的长芒对牲畜有一定的危害，容易刺伤羊的口腔或穿入皮肤，影响毛皮质量，但对牛、马等大畜没有什么伤害。

贝加尔针茅草原生长较密茂，每公顷可产鲜草4000~6000kg，草群适口性良好，是牛和马的优良放牧场，有些地段也可以割草。同时，在地形平坦地段，贝加尔针茅草原又是良好的垦殖对象。开垦后，在旱作条件下收成良好，基本稳产，是经营春麦类的良好基地。

4.3.1.2 根茎禾草甸草原

（1）羊草草原（Form. *Leymus Chinensis*）

羊草草原是欧亚大陆草原区东部特有的一个群系，广泛分布于俄罗斯的外贝加尔、蒙古的东部和北部以及中国东北西部平原。其分布最北到北纬62°，南界达北纬36°，东西跨于东经120°~132°的范围内，是我国温带草原区，也是欧亚大陆草原区的一种优势草原类型。

01）羊草草原（Ass. *Leymus Chinensis*）

羊草草原的生态幅度很广，分布的生境条件也很复杂，从开阔的平原到低山丘陵，从地带性生境到高河滩及盐渍低地都有羊草草原的分布。中国东北平原和内蒙古高原的森林草原地带及其相邻的干旱草原外围地区是其分布中心，是这里的地带性植被，即主要分布在温带半湿润到半干旱地区。土壤类型包括通气良好的沙壤质和轻黏质的黑钙土、草甸黑钙土、栗钙土、暗栗钙土和碱土等，特别是在小地形高的盐碱化土壤上，羊草群落生长茂密，往往构成单优种羊草群落，成为苏打盐土的指示性群落。

由于羊草（*Leymus chinensis*）具有强烈的根茎繁殖能力，排挤其他植物的侵入，因此，羊草草原在同一地区和其他草原类型相比种类组成常比较单纯，如在中国东北平原上远不及贝加尔针茅草原和线叶菊草原的种类组成复杂。但由于羊草适应性强，分布广，生境类型复杂，群系内类型繁多，各地区各类型的伴生种区别又很大，所以就羊草群系总体来看，种类组成远超过其他草原类型，成为我国草原上种类组成最复杂的一个群系。

在羊草草原的组成中，羊草（*Leymus chinensis*）占绝对优势，相对盖度与相对重量都在40%以上，频度100%，是稳定的建群成分。此外，能成为优势种的有50余种，它们分别分布于中生、旱生、盐生等不同生境之中，与羊草构成不同的群落类型。

羊草草原草群密茂，总盖度达70%~90%，叶层高度一般40cm左右。种类组成丰富，其中混有大量中生杂草类，如裂叶蒿（*Artemisia tanacetifolia*）、地榆（*Sanguisorba officinalis*）、山野豌豆（*Vicia amoena*）、广布野豌豆（*Vicia cracca*）、五脉山黧豆（*Lathyrus quinquenervius*）、野火球（*Trifolium lupinaster*）、黄花菜（*Hemerocallis citrina*）、黄金菊（*Hypochaeris ciliata*）、箭头唐松草（*Thalictrum simplex*）、蓬子菜（*Galium verum*）等。旱中生薹草柄状薹草（*Carex pediformis*）和中旱生禾草贝加尔针茅（*Stipa baicalensis*）也常在草群中起优势作用。由于种类繁多，群落的结构比较复杂，一般可分为3个亚层：第一亚层高65~70cm，主要由羊草生殖枝构成；第二亚层高30cm左右，主要由杂类草组成；第三亚层高15cm以下，由莲座状杂类草及薹草组成。

草群生产力较高，每公顷产鲜草4000~6000kg，其中，禾草占40%左右，豆科草占10%左右，其他中生杂类草亦达40%，饲用价值高，优良牧草比例60%~80%，为产量高、质量好的天然草场。羊草为上繁草，适于刈割，因此羊草草原是我国草原植被中最好的刈割草场类型。也可作为各种牲畜的放牧场，尤适于牧牛。由于所在土壤肥厚，又可作为垦殖对象，羊草草原也是优质易垦地。

4.3.1.3　杂草类草甸草原

（1）线叶菊草原（Form. *Filifolium sibiricum*）

线叶菊（*Filifolium sibiricum*）在我国分布在东北、华北，此外，蒙古、朝鲜、俄罗斯东西伯利亚和远东地区也有分布，在中国东北主要分布在西部草原以及大兴安岭山地。

线叶菊草原是欧亚大陆草原区东缘山地丘陵所特有的一类以杂类草占优势的群系。其分布范围介于东经100°~132°，北纬37°~54°之间，在中国东北主要分布在大兴安岭东西两麓低山丘陵地带的呼伦贝尔草原东部以及松嫩平原北部。

线叶菊草原多分布在冬季风大、少雪的丘陵顶部、坡地中上部及高台地的边缘。喜粗骨质土壤，多分布在沙壤质、沙质到砾质的黑钙土和暗栗钙土上，中性到微碱性，黏重和盐化土壤无分布。

01）线叶菊草原（Ass. *Filifolium sibiricum*）

此类草原在组成中以线叶菊占绝对优势，相对盖度与相对重量均达40%~50%或更高，频度近100%。能起亚建群作用或优势作用的植物种有：丛生禾草中的贝加尔针茅（*Stipa baicalensis*）、羊茅（*Festuca ovina*）、大针茅（*Stipa grandis*）、克氏针茅（*Stipa krylovii*）以及耐高寒的银穗草（*Leucopoa albida*），喜温暖的多叶隐子草（*Cleistogenes* polyphylla）、柄状薹草（*Carex pediformis*），根茎禾草中的羊草及喜温暖的大油芒（*Spodiopogon sibiricus*）、野古草（*Arundinella hirta*）、根茎性的黄囊薹草（*Carex korshinskyi*），以及旱中生灌木楼斗菜叶绣线菊（*Spiraea aquilegifolia*）。这些植物的优势度明显低于线叶菊（*Filifolium sibiricum*），但各自在特定的环境中起优势作用。

线叶菊草原的成层性不太明显，大致可以分成 3 个亚层：第一亚层由高大的禾草与杂类草组成，生殖枝达 60cm，但生长比较稀疏；第二亚层比较发达，主要由线叶菊及多种杂类草构成；第三亚层高在 5cm 以下，多为莲座叶型的杂类草组成，其中大部分是春季开花植物。

线叶菊草原为中等质量的放牧场，也可兼做割草场。地上部生产力因群落类型不同而有很大差异，每公顷产鲜草一般 4000kg 左右，最高达 10000kg，最低仅 1200kg。线叶菊（*Filifolium sibiricum*）在青鲜状态下，牲畜不喜食，干枯后，适口性则大大提高。在我国，线叶菊草原由于受地形起伏、气候高寒和交通不便等因素的影响，尚未得到充分利用，具有一定的开发潜力。局部平缓地段，线叶菊草原也可作为垦殖对象。

4.3.2　典型草原

典型草原是以旱生植物为主组成的草原，在中国东北主要分布在西部蒙古高原的东部。

4.3.2.1　丛生禾草草原

（1）大针茅草原（Form. *Stipa grandis*）

大针茅在我国主要分布在东北、华北和西北。此外，蒙古、俄罗斯西伯利亚和远东地区也有分布。在中国东北主要分布在西部草原、大兴安岭南部山地和辽西山地。大针茅草原是欧亚大陆草原区东部草原地带最具代表性的一个群系，其分布中心是蒙古高原的草原带，在我国它是典型草原带中部和东部的一种基本草原类型。

01）大针茅草原（Ass. *Stipa grandis*）

大针茅草原在中国东北主要分布在内蒙古高原东部，在松辽平原的中心部位，则主要零散地分布在固定沙丘的顶部。其分布区的气候属温带半干旱区。土壤为栗钙土及暗栗钙土，壤质或沙壤质。当生境条件趋于湿润寒冷时，大针茅草原常常被中旱生的贝加尔针茅草原所取代，如果生境条件趋于干旱，大针茅草原又常常被克氏针茅草原所代替。因此，大针茅草原可视为中温型草原的典型代表。

大针茅草原的种类组成也比较丰富，以大针茅占明显优势，相对盖度与相对重量达 30%~40%，是稳定的建群成分。此外，在群落中能起主要作用的植被包括糙隐子草（*Cleistogenes squarrosa*）、羊茅（*Festuca ovina*）、冰草（*Agropyron cristatum*）等旱生丛生禾草，羊草（*Leymus chinensis*）、寸草（*Carex duriuscula*）、黄囊薹草（*carex korshinskyi*）等旱生根茎禾草，还包括线叶菊（*Filifolium sibiricum*）、麻花头（*Serratula centaureoides*）、锥叶柴胡（*Bupleurum bicaule*）、防风（*Saposhnikovia divaricata*）、菊叶委陵菜（*Potentilla tanacetifolia*）、轮叶委陵菜（*Potentilla verticillaris*）、草木樨状黄芪（*Astragalus melilotoides*）、华北岩黄芪（*Hedysarum gmelini*）、狼毒（*Stellera chamaejasme*）、知母（*Anemarrhena asphodeloides*）等多年生杂草类以及小叶锦鸡儿（*Caragana microphylla*）、小白蒿（*Artemisia frigida*）等旱生灌木和小半灌木。此外，还经常混有不占主要地位的阿尔泰狗娃花（*Heteropappus altaicus*）、花苜蓿（*Medicago ruthenica*）、北芸香（*Haplophyllum dauricum*）、柔毛蒿（*Artemisia pubescens*）、星毛委陵菜（*Potentilla acaulis*）、达乌里芯芭（*Cymbaria dahurica*）、葱（*Allium fistulosum*）、细叶白头翁（*Pulsatilla turczaninovii*）等。

大针茅草原的群落结构一般可分3个亚层：第一亚层高40~50cm，生殖枝可达80cm以上，主要由建群种大针茅及少量高杂类草组成，如麻花头（*Serratula centauroides*）、草木樨状黄芪（*Astragalus melilotoides*）等，为群落中起优势作用的一个亚层，不论盖度还是生物量都是3个亚层中最高的；第二亚层高15~30cm，生殖枝可达50cm及以上，包括羊草（*Leymus chinensis*）及小型丛生禾草如糙隐子草（*Cleistogenes squarrosa*）、洽草（*Koeleria cristata*）、硬质早熟禾（*Poa sphondylodes*）等，此外，还有小半灌木小白蒿（*Artemisia frigida*）及多种旱生至中旱生杂类草，它们是次要层片的优势种或伴生成分；第三亚层高度在10cm以下，主要由根茎薹草及低矮或莲座状的旱生杂类草组成，在近地表层发挥着优势作用。

与贝加尔针茅草原相比，大针茅草原反映出更为旱生的特征。这首先表现在旱生植物的作用明显增强，与大针茅所处的半干旱大陆性气候相适应，绝大多数优势种均属旱生植物；其次是层片结构的变化，在前一群系中作用较大的中生杂类草层片和丛生薹草层片消失了，却出现了前一群系所没有的旱生小半灌木层片。

大针茅草原是我国草原中较重要的一类天然草场。草群质量高。优良牧草一般达60%以上，有时达80%左右，是优质放牧场，适宜放牧各种家畜，尤适于牧马，并宜于作冬场使用。

大针茅草原是相对稳定的地带性植被，但在放牧因素影响下常常发生演替。连续的高强度放牧，能抑制大针茅的生长，使其数量减少，并逐渐为更耐干旱以及耐牧性较高的克氏针茅（*Stipa krylovii*）、小白蒿（*Artemisia frigida*）等植物所代替。因此，内蒙古草原上，常常在轻度利用的缺水草场上大针茅草原保护较好，放牧较重的地段则为克氏针茅草原所替代，故只有在适度利用的条件下，大针茅草原才能保存下去。所以，采用合理的放牧制度，控制放牧强度，是保护大针茅草场资源的一项重要措施。

（2）克氏针茅草原（Form. *Stipa krylovii*）

克氏针茅在我国主要分布在东北、华北、西北和西南（西藏）。此外，中亚、俄罗斯西伯利亚和蒙古也有分布。在中国东北主要分布在西部草原（尤其是内蒙古草原），以及大兴安岭南部山地和辽西山地。

克氏针茅草原同大针茅草原一样，也是欧亚大陆草原区东部典型草原地带所特有的一个草原类型，是典型草原的代表群系。其分布中心虽位于内蒙古高原，但是，它的分布范围比较宽，而且比大针茅的分布中心更加靠西、靠南，直接与荒漠草原相连，反映出更加旱生的特点。

01）克氏针茅草原（Ass. *Stipa krylovii*）

在中国东北，克氏针茅草原主要分布在内蒙古高原，在松辽平原最干旱的西拉木伦河上游北岸的低丘漫岗上也有分布，但已是该群系分布区的边缘，是过度放牧等因素影响下由大针茅草原演化而来的，与大针茅草原交错分布。

克氏针茅草原分布范围属温带半干旱气候。与大针茅草原的分布区相比，克氏针茅草原温度较高，气候较干燥。土壤为栗钙土，与大针茅草原相比较，生草化作用减弱而钙化作用增强，腐殖质层的厚度及腐殖质含量均有所减少，20~30cm 下即可见钙积层。土壤质地较粗，多为沙壤。在干旱多风等因素作用下，地表常具小砾石层，这也是环境旱化增强的一种标志。

此类草原盖度变幅较大，为 20%~60%，一般达 30%。叶层高 20~30cm，生殖枝可达 50~60cm。在组成中，以典型旱生植物克氏针茅（*Stipa krylovii*）为优势，其相对盖度和相对重量均在 30% 以上。此外，在不同地段能起优势作用的植物有糙隐子草（*Cleistogenes squarrosa*）、冰草（*Agropyron cristatum*）、羊草（*Leymus chinensis*）、小白蒿（*Artemisia frigida*）、多根葱（*Allium polyrhizum*）、寸草（*Carex duriuscula*）、小叶锦鸡儿（*Caragana microphylla*）等，特别是糙隐子草（*Cleistogenes squarrosa*）和小白蒿（*Artemisia frigida*）起到稳定群落的作用。组成群落的基本层片常见的伴生植物有细叶锦鸡儿（*Caragana stenopkylla*）、洽草（*Koeleria cristata*）、硬质早熟禾（*Poa sphondylodes*）、达乌里芯芭（*Cymbaria dahurica*）、花苜蓿（*Medicago ruthenica*）、乳白黄芪（*Astragalus galactities*）、菊叶委陵菜（*Potentilla tanacetifolia*）、燥原荠（*Ptilotrichum canescens*）、细叶葱（*Allium tenuissimum*）、柔毛蒿（*Artemisia pubescens*）、百里香（*Thymus mongolicus*）等。一、二年生植物猪毛蒿（*Arternisia scoparia*）、灰绿藜（*Chenopodium glaucum*）、刺藜（*Chenopodium aristatum*）、独行菜（*Lepidium apetalum*）等在群落中也发挥一定作用。

在群落的垂直结构上，亚层分化比较明显，一般可分上下 2 个亚层：上层主要由克氏针茅（*Stipa krylovii*）及少量高杂类草组成；下层由糙隐子草（*Cleistogenes squarrosa*）、细叶葱（*Allium tenuissimum*）、小白蒿（*Artemisia frigida*）等组成。

与大针茅草原比较，克氏针茅草原的旱生特征更加明显，反映在组成群落的植物水分生态类型和群落层片结构两个方面。从生态类型上看，各种旱生植物达80%以上，占绝对优势。从层片结构上看，旱生丛生禾草层片占明显优势，但与大针茅草原不同的是，由小白蒿（*Artemisia frigida*）、木地肤（*Kochia prostrata*）等组成的旱生小半灌木层片在群落中经常起优势作用，成为稳定的亚优势层片；由小叶锦鸡儿（*Caragana microphylla*）等组成的旱生灌木层片更为发育，灌丛化程度明显增强；草群中还出现狭叶锦鸡儿（*Caragana stenophylla*）、驼绒藜（*Ceratoides latens*）、蓍状亚菊（*Ajania achilleoides*）等荒漠草原所特有的小灌木、半灌木。

克氏针茅草原的利用价值与大针茅草原相似，是各类家畜良好的牧场。但因其旱生程度较强，更不宜于开垦。开垦后，产量很低，而且极不稳定，种植饲草、饲料条件比大针茅草原更差，如能解决水源问题，可以从事农业生产。

（3）羊茅草原（Form. *Festuca ovina*）

羊茅是一个分布极广，植物体变化较大的北温带山地草原种，广泛分布于我国东北、西北、华北和西南。此外，欧亚大陆、美洲北温带地区也有分布，在中国东北分布在西部草原或低山丘陵，多混生在草丛中。

羊茅草原在我国很少大面积连续分布，多是在特定条件下零星分布，唯一一块集中分布的羊茅草原在中国东北呼伦贝尔高原西部满洲里以西的低山丘陵区。此外，在内蒙古高原东部，沿古河湖的固定沙地也分布有成片的羊茅草原。地表多砾石和石块，土层浅薄，多属山地栗钙土或山地黑钙土。

由于羊茅草原的分布十分广泛，在不同地区和不同生境条件下，羊茅草原的种类组成和群落结构变化很大。

01）羊茅草原（Ass. *Festuca ovina*）

一部分羊茅草原主要分布在呼伦贝尔高原西北部的丘陵地区，也零散出现在内蒙古高原东部低山丘陵坡地及高平原。这里地形起伏比较平缓，土层较厚，群落生产力比较高，草群高度可达25~30cm以上，盖度40%~70%，每公顷产鲜草2000~3000kg，可用作放牧场与割草场。种类组成较丰富，羊茅在草群中占绝对优势，相对盖度达50%以上，相对重量30%左右。其他优势植物有羊草（*Leymus chinensis*）、大针茅（*Stipa grandis*）、贝加尔针茅（*Stipa baicalensis*）等。此外，常见的伴生植物有多种杂类草，且往往形成明显的层片，如花苜蓿（*Medicago ruthenica*）、草木樨状黄芪（*Astragalus melilotoides*）、裂叶蒿（*Artemisia tanacetifolia*）、多裂叶荆芥（*Schizonepeta multifida*）、北芸香（*Haplo-*

phyllum dauricum）、达乌里芯芭（*Cymbaria dahurica*）、线叶菊（*Filifolium sibiricum*）等。具根茎的黄囊薹草（*Carex korshinskyi*）也常常起明显作用，占据了群落的最下层。

另一部分羊茅草原广泛分布在草原地区东部的固定沙地上。群落生产力介于上述两个类型之间。除建群种羊茅外，起优势作用的有小半灌木小白蒿（*Artemisia frigida*）、变蒿（*Artemisia commutata*）及适沙的禾草和杂类草，如冰草（*Agropyron cristatum*）、麻花头（*Serratula centauroides*）等。常见的伴生植物有北柴胡（*Bupleurum chinense*）、防风（*Saposhnikovia divaricata*）、展枝唐松草（*Thalictrum squarrosum*）、阿尔泰狗娃花（*Heteropappus altaicus*）、叉分蓼（*Polygonum divaricatum*）、山竹岩黄芪（*Hedysarum fruticosum*）、花苜蓿（*Medicago ruthenica*）、窄叶蓝盆花（*Scabiosa comosa*）等。由于利用强度的不同，此类羊茅草原的种类组成与群落结构都有明显的差异，因而表现出不稳定性。

（4）糙隐子草草原（Form. *Cleistogenes squarrosa*）

糙隐子草（*Cleistogenes squarrosa*）是一种旱生丛生指示草，糙隐子草一般作为典型草原群落的伴生成分或次优势成分出现。但在过度放牧等因素影响下，糙隐子草可以代替原生群落中针茅的位置而成为建群植物，形成糙隐子草草原。因此，此类草原为次生性质。糙隐子草草原在中国东北主要分布在内蒙古高原的典型草原地带，在松辽平原西部也有零星分布。糙隐子草多见于河湖附近放牧强度较大的地段，有时在河流两侧呈带状沿阶地分布。土壤为栗钙土，沙壤质到壤质，并能生长在砾石质及沙质土壤上。

01）糙隐子草草原（Ass. *Cleistogenes squarrosa*）

由于糙隐子草草原来源于不同的原生植被类型，故其种类组成较复杂，以糙隐子草（*Cleistogenes squarrosa*）为优势种。相对盖度为 40%~50%，其他的优势植物有大针茅（*Stipa grandis*）、克氏针茅（*Stipa krylovii*）、贝加尔针茅（*Stipa baicalensis*）、冰草（*Agropyron cristatum*）、羊草（*Leymus chinensis*）、小白蒿（*Artemisia frigida*）、兴安胡枝子（*Lespedeza daurica*）、尖叶胡枝子（*Lespedeza hedysaroides*）等，它们在不同条件下，以不同的组合与糙隐子草（*Cleistogenes squarrosa*）形成群落。除上述优势植物外，在糙隐子草草原中常见的伴生植物很多，而且属于不同的生活型类群。在灌木及小灌木中，有小叶锦鸡儿（*Caragana microphylla*）、山杏（*Armeniaca sibirica*）、草麻黄（*Ephedra sinica*）、山竹岩黄芪（*Hedysarum fruticosum*）等；禾草中有硬质早熟禾（*Poa sphondylodes*）、野古草（*Arundinella hirta*）；薹草中的寸草（*Carex duriuscula*）及多种杂类草，如阿尔泰狗娃花（*Heteropappus altaicus*）、委陵菜属（*Potentilla*）的一些种、草木樨状黄芪（*Astragalus melilotoides*）、窄叶蓝盆花（*Scabiosa comosa*）、北柴胡（*Bupleurum chinense*）、防风（*Saposhnikovia divaricata*）、北芸香（*Haplophyllum dauricum*）等。此外，一、

二年生植物猪毛蒿（*Artemisia scoparia*）、狗尾草（*Selaria viridis*）、小画眉草（*Eragrostis minor*）等也常在草群中起一定作用。

糙隐子草为各种牲畜所喜食。草群中伴生的其他成分也多为优良牧草。因此，糙隐子草草原是较好的天然放牧场，尤适于牧羊。但糙隐子草草原处于放牧退化阶段，生产力较低，草群低矮、稀疏，应加强保护管理，使其逐渐恢复。此外，糙隐子草枯死后其营养成分迅速下降，其地上部分枯死后多被风吹走，故其利用价值很低。

（5）冰草草原（Form. *Agropyron cristatum*）

冰草（*Agropyron cristatum*）为旱生疏丛禾草，一般情况下，它作为针茅草原、羊草草原、羊茅草原等群落的伴生成分出现，有时可成为亚优势种。但在覆沙地段或沙质土上，冰草可成为建群种，形成冰草草原。因此，冰草草原应看作沙生演替系列的不稳定类型。

在中国东北，冰草草原多见于草原区的沙地，如松辽平原南部沙地、海拉尔河南岸沙地等，呈片状或团块状沿沙地分布。

01）冰草草原（Ass. *Agropyron cristatum*）

冰草草原群落总盖度25%~40%，生殖枝高25~30cm，叶层高10~15cm。冰草草原面积很小，不稳定，应控制放牧，以免流沙再起。

此类草原在组成中除冰草属优势种外，次优势种和主要伴生种有羊草（*Leymus chinensis*）、大针茅（*Stipa grandis*）、羊茅（*Festuca ovina*）、小叶锦鸡儿（*Caragana microphylla*）、猪毛蒿（*Artemisia scoparia*）、阿尔泰狗娃花（*Heteropappus altaicus*）、多根葱（*Allium polyrrhizum*）等。

（6）洽草草原（Form. *Koeleria cristata*）

洽草在我国分布在东北、华北、西北、华东、西南。此外，朝鲜、日本、蒙古及中亚、俄罗斯西伯利亚和远东地区、高加索、亚洲、欧洲和北美温带地区、非洲（山地）也有分布。在中国东北多分布在内蒙古高原和松辽平原草原地区的沙丘外围，是覆沙地段所特有的一类草原，以洽草为标志种的多种小禾草在草群中共占优势。在呼伦贝尔高原广范分布在海拉尔河南岸覆沙阶地及覆沙高平原以及新巴尔虎左旗境内的覆沙地段，在松辽平原，主要见于嫩江沿岸及西辽河平原的固定沙地，其分布范围一般限于典型草原地带。

01）洽草草原（Ass. *Koeleria cristata*）

群落总盖度60%~70%，叶层一般高20~40cm。最重要且具有标志意义的建群植物为洽草，并常混有冰草（*Agropyron cristatum*）、糙隐子草（*Cleistogenes squarrosa*）与硬质早熟禾（*Poa sphondylodes*），有时还有羊茅（*Festuca ovina*）、大针茅（*Stipa grandis*）、克氏针茅（*Stipa krylovii*）。除丛生禾草外，草群中往往伴生大量蒿属小半灌木，主要是溪蒿（*Artemisia desertorum*）和小白蒿（*Artemisia frigida*），它们常处优势地位，

并以沙蒿的存在为标志。旱生或中旱生杂类草在草群中作用也很明显，其中，作用最大的是麻花头（*Serratula centaureoides*），不但数量上占有优势地位，而且因植株较高，发挥着景观作用，尤其在麻花头（*Serratula centaureoides*）抽葶开花季节，远远眺望，就可断定为该群落。其他的杂类草中数量较多的有阿尔泰狗娃花（*Heteropappus altaicus*）、北柴胡（*Bupleurum chinense*）、花苜蓿（*Medicago ruthenica*）、草木樨状黄芪（*Astragalus melilotoides*）等。上述杂类草十分丰富，群落外貌较好。此外，具根茎的羊草（*Leymus chinensis*）和寸草（*Carex duriuscula*），小半灌木百里香（*Thymus mongolicus*）也在草群中起一定作用。

由于覆沙厚薄及固定程度的不同，建群植物常常发生变化。在固定程度较高的沙地上，沿草的数量常常增多，并过渡到糙隐子草草原，甚至发展为大针茅草原。因此，此类草原不稳定，处于沙地植被演替的一个阶段。

此类草原类型的群落生产力中等，每公顷产鲜草 2000~3000kg。其中，优质牧草占 50%~70%，为良好的放牧场。但因基质覆沙，过度放牧会引起流沙，因此应注意保护和计划轮牧。

（7）冠芒草草原（Form. *Enneapogon borealis*）

冠芒草（*Enneapogon borealis*）分布在我国华北、西北和东北。此外，中亚、俄罗斯东西伯利亚、蒙古也有分布。在中国东北分布在西部草原和南部山地，一般混生于草原或山地灌丛旁草地中，仅在辽西山地的低山丘陵（海拔200~600m）的坡地、山麓或平地处出现，由于灌丛遭严重破坏，如过度放牧及生境极恶化地段能形成次生草原。土壤为瘠薄的褐土。

01）冠芒草草原（Ass. *Enneapogon boreale*）

此类草原盖度变化很大，为 30%~50%。高 10~20cm，组成较单纯，以冠芒草（*Enneapogon borealis*）为优势，并混有多种隐子草，如中华隐子草（*Cleistogenes chinensis*）、丛生隐子草（*Cleistogenes caespitosa*）、糙隐子草（*Cleistogenes squarrosa*），以及贝加尔针茅（*Stipa baicalensis*）、三芒草（*Aristida adscensionis*）、小白蒿（*Artemisia frigida*）、山韭（*Allium senescens*）、矮丛薹草（*Carex callitrichos*）、火绒草（*Leontopodium leontopodioides*）等。因冠芒草为耐干旱的一年生禾本科植物，易繁殖，若过度放牧，生境日趋干旱，则能促进冠芒草的增加，但此类草原极不稳定，当较高大的草本植物增多，矮小的冠芒草（高仅 10~20cm）将减少，并逐渐被替代。在局部地段还常混有绒毛胡枝子（*Lespedeza tomentosa*）等矮小灌木。

此类草原草本植物矮小，一般覆盖率低，冠芒草（*Enneapogon borealis*）又是一年生植物，因此，固土能力低，应加以保护和改造，引种耐旱牧草，以提高其生态功能。

（8）三芒草草原（Form. *Aristida adscensionis*）

三芒草（*Aristida adscensionis*）在我国分布在华北、西北和东北。此外，蒙古、中亚也有分布。在中国东北主要分布在南部辽西山地和平原，繁殖力强，甚至石质裸地上均可生长，一般生于山坡或路旁草地，仅在与蒙古草原相毗邻的辽西山地，有衍生自灌草丛的次生三芒草草原，一般面积不大，也不甚普遍。土壤为褐土。

01）三芒草草原（Ass. *Aristida adscensionis*）

此类草原盖度变化大，达 30%~40%，高 15~20cm。组成种类以三芒草（*Aristida adscensionis*）为优势种，混有多种隐子草，如中华隐子草（*Cleistogenes chinensis*）、丛生隐子草（*Cleistogenes caespitosa*）、糙隐子草（*Cleistogenes squarvosa*）以及贝加尔针茅（*Stipa baicalensis*）、矮丛薹草（*Carex callitrichos* var. *nana*）、冠芒草（*Enneapogon borealis*）、山韭（*Allium senescens*）、小白蒿（*Artemisia frigida*）、火绒草（*Leontopodium leontopodioides*）、鸡眼草（*kummerowia striata*）、虎尾草（*Chloris virgata*），并常混有少量矮小灌木绒毛胡枝子（*Lespedeza tomentosa*）。

此类草原是一种不稳定的先锋群落，其经济和生态效益均不高，任其自然发展将被隐子草所替代。在经营管理上可先引种耐旱牧草，以逐渐变为经济和生态效益较高的群落。

（9）百里香草原（Form. *Thymus mongolicus*）

百里香（*Thymus mongolicus*）在我国主要分布在东北、华北。此外，蒙古、朝鲜及俄罗斯远东地区和东西伯利亚也有分布。在我国，百里香草原广布于蒙古高原的典型草原地带。在中国东北主要分布于蒙古高原，以及在辽宁、吉林两省的西拉木伦河与老哈河流域的低山丘陵地区形成次生草原。

01）百里香草原（Ass. *Thymus mongolicus*）

百里香草原的种类组成比较丰富，除建群种百里香为唇形科植物外，菊科植物的种数最多，其次为豆科、禾本科、蔷薇科、百合科。禾本科植物虽在种数上不及菊科和豆科，但多为群落的亚优势成分。组成中建群种为百里香，相对盖度达 45% 以上。此外，在群落中能起亚优势作用的植物还有长芒草（*Stipa bungeana*）、糙隐子草（*Cleistogenes squarrosa*）、羊草（*Leymus chinensis*）、冰草（*Agropyron cristatum*）、小白蒿（*Artemisia frigida*）、兴安胡枝子（*Lespedeza davurica*）等。常见的伴生植物有阿尔泰狗娃花（*Heteropappus altaicus*）、草木樨状黄芪（*Astragalus melilotoides*）、糙叶黄芪（*Astragalus scaberrimus*）、远志（*Polygala tenuifolia*）、黄芩（*Scutellaria baicalensis*）、山苦菜（*Ixeris chinensis*）、猪毛蒿（*Artemisia scoparia*）等。

百里香草原主要分布在典型草原地带，依据亚建群种和优势种的不同，可以分为两类分布情况。一类情况是主要分布在黄土丘陵地区，是在原生植被长芒草草原受到抑制后，形成的一种草原类型。旱生小半灌木层片是群落的主要层片，建群种百里香是此层片的重要优势成分。多年生丛生禾草层片常成为优势层片，主要植物种有长芒草、糙隐子草等；多年生杂类草层片在群落中发育很好，生长旺盛，植物种丰富，常见的有小白蒿（*Artemisia frigida*）、阿尔泰狗娃花（*Heteropappus altaicus*）、山苦菜（*Ixeris chinensis*）、蒲公英（*Tarazacam mongolicum*）、猪毛蒿（*Artemisia scoparia*）等菊科植物。草木樨状黄芪（*Astragalus melilotoides*）、山泡泡（*Oxytropis leptophylla*）等豆科植物以及蔷薇科的星毛委陵菜（*Potentilla acaulis*）、菊叶委陵菜（*Potentilla tanacetifolia*）等。此类草场产草量不高，一般每公顷产鲜草 1200kg 左右，但仍是半农半牧区的主要放牧场。

另一类情况又可分两种分布情形。一种是分布于呼伦贝尔市的低山丘陵，大部分是不同年限的撂荒地，混有较多长芒草的百里香草原。旱生小半灌木层片很发达，除百里香（*Thymus mongolicus*）和小白蒿（*Artemisia frigida*）外，还有兴安胡枝子（*Lespedeza daurica*）、细裂叶莲蒿（*Artemisia gmelinii*）等；多年生丛生禾草层片中糙隐子草（*Cleistogenes squarrosa*）是主要成分，鳞茎植物中的多根葱（*Allium polyrhizum*）也是群落的常见种，这些成分在群落中的出现，足以说明此类群落是在侵蚀强度更高的条件下形成的。鲜草产量一般为 1800kg/hm² 左右。

另一种是发育在老撂荒地上的次生植被，主要分布在黄土丘陵地区，群落不稳定，植物种类成分较简单，除百里香（*Thymus mongolicus*）和兴安胡枝子（*Lespedeza daurica*）以外，以丛生禾草中的糙隐子草最为显著，其他禾草作用较小，杂类草零星出现。鲜草产量为 1100kg/hm² 左右。

（10）小白蒿草原（Form. *Artemisia frigida*）

小白蒿（*Herba Artimisiae*）在我国主要分布在东北、华北和西北。此外，俄罗斯西伯利亚及蒙古也有分布。在中国东北则分布在西部草原、大兴安岭南部山地及辽西山地。

01）小白蒿草原（Ass. *Artemisia frigida*）

小白蒿草原是以菊科旱生小半灌木小白蒿（*Artemisia frigida*）为建群种的一个草原群系，多数是在过度放牧或强烈风蚀等因素影响下，由针茅草原或其他草原群系演替而来。在中国东北主要分布在内蒙古高原地区和西辽河平原西南部，其中，西辽河平原西南部是我国小白蒿草原分布的东界，也可能是小白蒿草原在欧亚草原区分布的最东界。

中国东北的小白蒿草原大部分由大针茅草原、克氏针茅草原及羊草草原演替而来。在这里，有些地段由于长期过度放牧、啃食和践踏，抑制了许多植物的生长，地被物日趋稀少，从而增加了土壤的干燥程度。针茅（*Stipa capillata*）、羊草（*Leymus chinensis*）以及群落中不耐践踏的一些成分，逐渐减少甚至消失，而抗旱性强又耐啃食和践踏的小白蒿（*Artemisia frigida*）在此条件下却发育良好，并逐渐代替了原来的建群种而形成小白蒿草原。

小白蒿草原的组成较丰富，其中，作用最显著的是禾本科和菊科植物，其他依次是豆科、蔷薇科、藜科、唇形科和百合科植物。在禾本科中，以针茅属、隐子草属和冰草属为主，菊科的蒿属，豆科的黄芪属、棘豆属，蔷薇科的委陵菜属以及百合科的葱属都是小白蒿草原中的重要成分。从这些科属组成可以看出小白蒿草原与其他草原群系的密切联系。

小白蒿草原的组成中，除建群种小白蒿（*Artemisia frigida*）外，优势种还有克氏针茅（*Stipa krylovii*）、糙隐子草（*Cleistogenes squarrosa*）、长芒草（*Stipa bungeana*）、羊草（*Leymus chinensis*）等草原成分，常见伴生植物有阿尔泰狗娃花（*Heteropappus altaicus*）、变蒿（*Atrtemisia commutata*）、糙叶黄芪（*Astragalus scabcrrimus*）、木地肤（*Kochia prostrata*）、兴安胡枝子（*Lespedeza daurica*）、百里香（*Thymus mongolicus*）、狼毒（*Stellera chamaejasme*）等。有时，草原灌木小叶锦鸡儿也起一定作用。

小白蒿草原草群分布均匀而低矮，小白蒿生殖枝平均高度20cm左右，植物绿色部分主要集中于地上10cm左右的空间。生产力较低，一般每公顷可产鲜草1200~1500kg。在保持频繁放牧的条件下，可以保持群落相对稳定，但如减轻放牧强度，则逐渐恢复成相应的原生植被类型。

4.4　草甸生态系统

草甸是由多年生（或一年生）中生草本植物组成为主的植被类型，属非地带性植被，大多为原生植被类型。组成草甸的中生草本植物包括湿中生、中生和适盐耐盐的盐中生草本植物。草甸在中国东北广泛分布在林区和草原区，一般面积不大，成带状或小片状镶嵌在森林、灌丛、草原或沼泽间。在草原区，一般分布在沿河、溪流两岸或平坦低湿地，地表径流和地下水丰富、湿润或偶有季节性积水的生境。在林区常分布在降水量较高、大气较湿润地带。土壤一般为土层较深厚，富含有机质肥力较高的不同类型的草甸土。

中国东北的草甸组成十分丰富，建群种或标志种有根茎禾草类，如拂子茅（*Calamagrostis epigeios*）、光稃茅香（*Hierochloe glabra*）、牛鞭草（*Hemarthria sibirica*）、无芒雀麦（*Bromus inermis*）、野古草（*Arundinella hirta*）、獐毛（*Aeluropus sinensis*）、荻（*Miscanthus sacchariflorus*）、林地早熟禾（*Poa nemoralis*）等；丛生禾草类，如小叶章（*Deyeuxia angustifolia*）、星星草（*Puccinellia tenuiflora*）、菵草（*Beckmannia syzigachne*）、披碱草（*Elymus dahuricus*）、短芝大麦草（*Hordeum breuisubulatum*）、散穗早熟禾（*Poa subfatsigiata*）、芨芨草（*Achnatherum splendens*）等；杂类草有地榆（*Sanguisorba officinalis*）、小白花地榆（*Sanguisorba tenuifolia*）、蚊子草（*Filipendula palmata*）、短瓣金莲花（*Trollius ledebourii*）、野苜蓿（*Medicago falcata*）、蹄叶橐吾（*Ligularia fischeri*）、高山乌头（*Aconitum monanthum*）等，以及一年生杂类草，如各种碱蓬。

草甸是中国东北主要的自然资源之一，既可作为宜林地、农地，又是林区最好的天然牧场和割草场，不仅牧草种类丰富，而且产量较高，适宜发展畜牧业。此外，草甸还有不少经济价值较高的资源植物，可供药用、食用、生产油料等，同时又有保土和调节气候的作用。所以，草甸在中国东北植被中占有不可取代的特殊地位，应加强规划，合理经营与保护，既保护其生物多样性，又增进其经济和生态效益，尤其为林区多种经营提供物质基础。

4.4.1　典型草甸

典型草甸是由多年生（或一年生）典型中生植物为主组成的草甸。在中国东北广泛分布在林区和草原区。典型草甸的组成种类较丰富，尤其是在林区，典型草甸优势植物多以宽叶的中生杂类草为主，草群茂密，并常混有一些林下草本植物，主要分布在林缘、林间空地以及遭反复火烧或砍伐的迹地，其形成与分布常不受地下水的制约，而与大气降水、空气湿度有密切关系，故常分布在排水良好的山坡或顶部。土壤为山地草甸土或亚高山草甸土。在草原区种类组成较简单，优势种以禾草为主，多分布在河沟、河漫滩等低湿地段，其形成与地下水的补给有直接关系。

根据典型草甸建群种和标志种的生活型不同，本区典型草甸可分为杂类草、禾本典型草甸，根茎禾草典型草甸和丛生禾草典型草甸 3 个群系组，共 8 个群系。

4.4.1.1　杂类草、禾本典型草甸

杂类草典型草甸主要组成是宽叶双子叶植物，一般分布在中国东北较低海拔山地的林缘或林间空地，也可分布到较高海拔的亚高山带，尤集中在东部山地的长白山亚高山带（1800~2100m）。

（1）小白花地榆、短瓣金莲花草甸（Form. *Sanguisorba tenuifolia*，*Trollius ledebourii*）

小白花地榆（*Sanguisorba tenuifolia*）和短瓣金莲花（*Trollius ledebourii*）的分布规律一致，在我国分布在东北、华北（内蒙古东部），俄罗斯东西伯利亚及朝鲜、日本也有分布。较集中分布在中国东北部山区（大兴安岭海拔 800m 以下）和东部山区北部（小兴安岭），常在林缘谷地或低湿地，地势平坦，在降雨集中季节于低洼处有少量积水的生境，能形成以二者为标志种的草甸。土壤为草甸土，土层较厚，一般为 30~40cm，最厚可达 90~100cm，生境较地榆、蚊子草草甸更湿润。

01）小白花地榆、短瓣金莲花、小叶章草甸（Ass. *Sanguisorba tenuifolia*，*Trollius ledebourii*，*Deyeuxia angustifolia*）

此类草甸盖度达 90%~100%，高 100~120cm，组成植物繁多，无明显优势种，其中，

小白花地榆和短瓣金莲花的频度较大，可达 60%，并具有标志意义。结构较复杂，一般可分为 3 个亚层：第一亚层高 100~120cm，组成有小白花地榆（*Sanguisorba tenuifdia*）、小叶章（*Deyeuxia angustifolia*）、轮叶婆婆纳（*Veronica spuria*）、单穗升麻（*Cimicifuga simplex*）、蚊子草（*Filipendula Palmata*）等；第二亚层高 50~90cm，种类丰富、生长茂密，组成以短瓣金莲花（*Trollius ledebourii*）为标志种，其他有升麻（*Cimicifuga foetida*）、伞花山柳菊（*Hieracium umbellatum*）、花锚（*Halenia corniculata*）、红轮狗舌草（*Tephroseris flammea*）、龙胆（*Gentiana scabra*）、聚花风铃草（*Campanula glomerata* subsp. *speciosa*）、兴安藜芦（*Veratrum dahuricum*）、全叶山芹（*Ostericum maximouiczii*）、金星蕨（*Parathelypteris glanduligera*）等；第三亚层不甚发育，高 40cm 以下，主要为大叶猪殃殃（*Galium davuricum*），生长不良的燕尾风毛菊（*Saussurea parviflora*）及驴蹄草（*Caltha palustris*）等。在生长季节，花期互相交替，花色五彩缤纷。

此类草甸土壤肥沃，常垦为农田，并蕴藏各类资源植物。同时，有着调节气候（尤其提供水分条件）的重要作用。故应加强规划，合理保护、经营和利用，以发挥其最大效益。

（2）蚊子草草甸（Form. *Filipendula palmata*）

蚊子草（*Filipendula palmata*）在我国仅分布在东北、华北。此外，俄罗斯远东地区和西伯利亚及蒙古、朝鲜、日本也有分布。在中国东北东部山区的山麓、宽河谷及一、二级阶地或高河滩，尤其在采伐迹地、林缘、林间空地等地表不积水但湿润的地段能形成以二者为标志种的草甸，分布普遍，但一般面积不大。土壤为草甸土或草甸暗棕壤（采伐迹地）。

01）地榆、蚊子草草甸（Ass. *Sanguisorba officinalis*，*Filipendula palmata*）

此类草甸盖度为 90%~100%，高 100~120cm，组成植物种类繁多，无明显优势种，一般频度在 40% 以下，仅地榆（*Sanguisorba officinalis*）和蚊子草（*Filipendula palmata*）频度能够达 60%，具有标志意义。结构较复杂，一般可分为 3 个亚层：第一个亚层高 90cm 以上，由地榆（*Sanguisorba officinalis*）、蚊子草（*Filipendula palmata*）、小白花地榆（*Sanguisorba tenuifolia*）、大穗薹草（*Carex rhynchophysa*）及轮叶婆婆纳（*Veronicastrun sibiricum*）等组成；第二亚层高 60~90cm，是此类群系的主体部分，主要有宽叶山蒿（*Artemisia stolonifera*）、毛蕊老鹳草（*Geranium platyanthum*）、灰背老鹳草（*Geranium Wlassovianum*）、兴安藜芦（*Veratrum dahuricum*）、短瓣金莲花（*Trollius ledebourii*）、独活（*Heracleum hemsleyanum*）、齿叶风毛菊（*Saussurea neoserrata*）、缬草（*Valeriana officinalis*）、箭头唐松草（*Thalictrum simplex*）、野火球（*Trifolium lupinaster*）、广布野豌豆（*Vicia cracca*）、沼泽蕨（*Thelypteris palustris*）等；第三亚层在 60cm 以下，由一些

较矮小、具一定耐阴能力的草本植物组成，主要有莫石竹（*Moehringia lateriflora*）、舞鹤草（*Maianthemum bifolium*）等。此类草甸有明显季节变化，从 5 月末到 6 月初，再到 9 月间相继更替开花，彩色缤纷。

此类草甸由于土壤肥沃，生产力高，年生产有机物质鲜重可达 1000kg/ 亩[①]以上，常被垦为农田，并盛产多种资源植物（如药用、饲用、蜜源等）。同时，有着调节气候（尤其提供水分条件）的重要作用。故应加强规划，保护和合理经营、利用，以增进其经济和生态效益。

（3）野苜蓿草甸（Form. *Medicago falcata*）

野苜蓿（*Medicago falcata*）在我国分布于东北、华北、西北。此外，俄罗斯远东地区和西伯利亚、蒙古及中亚、高加索、欧洲也有分布。在中国东北仅在呼伦贝尔草原的一些丘间谷地或河漫滩上能形成小面积草甸。土壤为沙壤质草甸土或草甸黑钙土，湿润、排水良好、肥沃。

01）野苜蓿草甸（Ass. *Medicago falcata*）

此类草甸盖度为 70%~95%，高 60~70cm。组成以野苜蓿（*Medicago falcata*）为单优势种，在不同地段，间或伴生有少量无芒雀麦（*Bromus inermis*）、羊草（*Leymus chinense*）、小糠草（*Agrostis alba*）、偃麦草（*Elytrigia repens*）、大看麦娘（*Alopecurus pratensis*）等禾草类，以及山莴苣（*Lagedium sibiricum*）、车前（*Plantago asiatica*）、蒲公英（*Taraxacum mongolicum*）等。

野苜蓿是优质牧草，所以此类草甸是利用价值很高的天然草场，但因面积小，应加以合理保护、经营和利用，以供采种。

（4）蹄叶橐吾草甸（Form. *Ligularia fischeri*）

蹄叶橐吾（*Ligularia fischeri*）在我国分布在东北、华北、华东、西北、中南、西南。俄罗斯远东地区、东西伯利亚及蒙古、朝鲜、日本也有分布。在中国东北一般生于林区草地、山坡灌丛及林下，此外，仅在东南部千山山脉，海拔 1100~1300m 以上的风口和迎风浑圆的峰顶也有分布，在强风作用下，乔、灌木均难生长，因而形成草甸，一般面积不大。土壤为草甸土。

01）蹄叶橐吾草甸（Ass. *Ligularia fischeri*）

此类草甸盖度达 90%~95%，高 50~80cm。组成以蹄叶橐吾（*Ligularia fischeri*）为建群种，伴生十分丰富的杂类草，如独活（*Heracleum hemsleyanum*）、小叶独活（*Angelica czernaevia*）、短毛独活（*Heracleum moellendorffii*）、蚊子草（*Filipendula palmata*）、大叶柴胡（*Bupleurum longiradiatum*）、棱子芹（*Pleurospermum camtschaticum*）、绒背蓟

[①]　1 亩 =1/15hm²。以下同。

（*Cirsium vlassovianum*）、石竹（*Dianthus chinensis*）、大苞萱草（*Hemerocallis midden-dorffii*）、短瓣蓍（*Achillea ptarmicoides*）、细叶乌头（*Aconitum macromynchum*）、牛蒡（*Arctium lappa*）、北葱（*Allium schoenoprasum*）、突节老鹳草（*Geranium krameri*）、毛蕊老鹳草（*Geranium platyanthum*）、草本威灵仙（*Veronica spuria*）、风毛菊（*Saussurea japonica*）、三褶脉紫菀（*Aster ageratoides*）、大叶野豌豆（*Vicia pseudorobus*）、歪头菜（*Vicia unijuga*）、蓬子菜（*Galium verum*）、细裂藁本（*Ligusticum tenuisectum*）等，以及一些禾草，如小叶章（*Deyeuxia angustifolia*）、荻（*Miscanthus sacchariflorus*）等。

此类草甸既有水土保持作用，又蕴藏各类资源植物（如药用、饲用等）。故应加强保护及合理经营、利用，以提高其生态和经济效益。

4.4.1.2　根茎禾草典型草甸

根茎禾草典型草甸是以禾本科中生的多年生根茎种类为优势的典型草甸，在中国东北林区和草原区均有分布，既有原生植被类型，也有次生植被类型，一般分布在河漫滩、低湿地、河谷或山地、丘陵、坡地，多受地下水影响，地表潮湿。本区根茎禾草典型草甸为拂子茅草甸。

（1）拂子茅草甸（Form. *Calamagrostis epigeios*）

拂子茅（*Calamagrostis epigeios*）在我国分布在南北各省份。此外，欧洲、亚洲和北美洲的温带地区也有分布。在中国东北分布广泛，林区和草原区均有分布，一般在林区生长在林缘和林区草地中，但在西部草原河漫滩或低湿地，地表湿润，有时有临时积水，无盐渍化或轻微盐渍化的地段能形成草甸。土壤为草甸土，或草甸黑土，或有轻微盐渍化的草甸土，土层深厚。

01）拂子茅草甸（Ass. *Calamagrostis epigeios*）

此类草甸盖度为90%~100%，高50~110cm，以拂子茅（*Calamagrostis epigeios*）为优势种，随生境的变化，常混有各种禾草和杂类草。禾草有散穗早熟禾（*Poa subfastigiata*）、草地早熟禾（*Poa pratensis*）、假苇拂子茅（*Calamagrostis pseudophragmites*）、无芒雀麦（*Bromus inermis*）、羽茅（*Achnatherum sibiricum*）、异燕麦（*Helictotrichon hookeri*）、披碱草（*Elymus dahuricus*）、垂穗披碱草（*Elymus nutans*）、野古草（*Arundinella hirta*）等；杂类草有车前（*Plantago asiatica*）、蒲公英（*Taraxacum mongolicum*）、西伯利亚蓼（*Polygonum sibiricum*）、草木樨（*Melilotus suaveolens*）、狭叶青蒿（*Artemisia dracunculus*）、裂叶蒿（*Artemisia tanacetifolia*）、黑蒿（*Artemisia palustris*）、蓬子菜（*Galium verum*）、细叶沙参（*Adenophora capillaris subsp.paniculata*）、败酱（*Patrinia scabiosaefolia*）、小黄花菜（*Hemerocallis minor*）、地榆（*Sanguisorba officinalis*）、山野豌豆（*Vicia amoena*）、大叶野豌豆（*Vicia pseudorobus*）、野火球（*Trifolium lupinaster*）、匍枝委陵菜（*Potentilla flagellaris*）、箭头唐松草（*Thalictrum simplex*）、草甸老鹳草（*Geranium pratense*）、旋覆花（*Inula japonica*）等。

在排水较好的河漫滩高岗和台地上，土壤为盐渍化的草甸土，则常混有一些耐盐植物，如碱蒿（*Artemisia anethifolia*）、茵陈蒿（*Artemisia capillaries*）、碱蓬（*Suaeda glauca*）、猪毛菜（*Salsola collina*）等。

此类草甸主要可用作割草场，或供作大畜（如牛、马等）的放牧场。拂子茅为中等质量的牧草，所伴生的其他植物的饲用价值对于此类草甸有直接影响。此类草甸有着调节气候（尤其提供水分条件）的重要作用。故应加强合理保护、经营和利用，以提高其经济和生态效益。

4.4.1.3　丛生禾草典型草甸

丛生禾草典型草甸是以禾本科的丛生种类为优势的典型草甸，在中国东北的林区和草原区均有分布，属原生或次生植被，一般分布在河漫滩、低湿地、丘陵间谷地、林缘或林内空地，地表潮湿。根据建群种不同，本区丛生禾草草甸可划分为 3 个群系。

（1）小叶章草甸（Form. *Deyeuxia angustifolia*）

小叶章（*Deyeuxia angustifolia*）在我国分布在东北、华北。俄罗斯远东地区与东西伯利亚、朝鲜北部也有分布。在中国东北主要分布在北部和东部地区，在东部山区较普遍，一般混生在各类草甸或沼泽中，地表湿润或有季节性积水地段能形成草甸，主要集中在三江平原，一般面积较大。土壤为草甸土，土层较厚，厚度一般为 25~30cm。

01）小叶章草甸（Ass. *Deyeuxia angustifolia*）

此类草甸盖度 90%~100%，高 80~130cm。一般可分 2 个亚层：第一亚层盖度为 90%~100%，高 80~130cm。组成较单纯，以小叶章（*Deyeuxia angustifolia*）为主体，间生或散生少量小灌木绣线菊（*Spiraea salicifolia*）；第二亚层高 50cm 以下，盖度为 6%~10%，组成有毛水苏（*Stachys baicalensis*）、毒芹（*Cicuta virosa*）、泽芹（*Sium suave*）、细叶繁缕（*Stellaria filicaulis*）、大叶猪殃殃（*Galium davuricum*）等。

此类草甸中，小叶章是优良的牧草，特别是春末夏初青嫩时，蛋白质含量丰富，达 10%~14%，适于放牧或割草，发展马、牛、羊畜牧业。应加强合理规划保护、经营和利用。

（2）披碱草草甸（Form. *Elymus dahuricus*）

披碱草（*Elymus dahuricus*）在我国分布在东北、华北、西北、西南。此外，俄罗斯远东地区和西伯利亚、蒙古、朝鲜、日本、印度、尼泊尔和中亚也有分布。在中国东北分布很广，但仅在西部草原，西辽河平原，大兴安岭西麓的高河漫滩、丘间谷地、沙丘间滩地能形成草甸，一般面积不大。土壤为草甸土或草甸黑钙土，土层较厚而肥沃。

01）披碱草草甸（Ass. *Elymus dahuricus*）

此类草甸盖度为 70%~90%，高 60~80cm。组成较丰富，以披碱草（*Elymus dahuricus*）为优势种，在不同地段可伴生有少量拂子茅（*Calamagrostis epigeios*）、无芒雀麦（*Bromus inermis*）、羊草（*Leymus chinensis*）、狼针草（*Stipa baicalensis*）、异燕麦（*Helictotrichon hookeri*）或硬质早熟禾（*Poa sphondylodes*）等禾草类。杂类草种类十分丰富，在不同地段，可伴生有地榆（*Sanguisorba officinalis*）、野火球（*Trifolium lupinaster*）、山黧豆（*Lathyrus quinquenervius*）、草木樨（*Melilotus suaveolens*）、小黄花菜（*Hemerocallis minor*）、瓣蕊唐松草（*Thalictrum petaloideum*）、箭头唐松草（*Thalictrum simplex*）、裂叶蒿（*Artemisia tanacetifolia*）、旋覆花（*Inula japonica*）、匍枝委陵菜（*Potentilla flagellaris*）、大叶野豌豆（*Vicia pseudorobus*）、山野豌豆（*Vicia amoena*）、草甸老鹳草（*Geranium pratense*）、细叶沙参（*Adenophora paniculata*）、丝叶蓍（*Achillea setacea*）、藜芦（*Veratrum nigrum*）等。

此类草甸是质量较好的割草场，并能调节气候（尤其提供水分条件），又是良好的宜垦地。故应加强合理规划、保护、经营和利用，以提高其生态和经济效益。

（3）散穗早熟禾草甸（Form. *Poa subfastigiata*）

散穗早熟禾（*Poa subfastigiata*）在我国分布在东北、华北。此外，俄罗斯远东地区和东西伯利亚、蒙古也有分布。在中国东北主要分布在西部草原和大兴安岭西麓的河漫滩，常有季节性积水的地段，能形成小面积的草甸。土壤为草甸土，十分潮湿，常有轻微沼泽化。

01）散穗早熟禾草甸（Ass. *Poa subfastigiata*）

此类草甸盖度达 80%~100%，高 80~100cm。组成较简单，以散穗早熟禾（*Poa subfastigiata*）为优势种，在不同生境，主要混生有茵草（*Beckmannia syzigachne*）、看麦娘（*Alopecurus aequalis*）、小叶章（*Deyeuxia angustifolia*）、牛鞭草（*Hemarthria sibirica*）等禾草和翼果薹草（*Carex neurocarpa*）等。藻类草较贫乏，常见的仅有蓍（*Achillea millefolium*）、山黧豆（*Lathyrus quinguenervius*）、柳叶菜（*Epilobium hirstum*）、柳兰（*Epilobium angustifolium*）等。

此类草甸常因夏季潮湿，不利于放牧和割草，适于冬季利用，属于中等质量的草场，同时，有一定调节气候的作用，故应加强规划，合理经营，可进行人工改造，增加优质牧草的比例，或建立人工草场，以提高其经济效益。

4.4.2 沼泽草甸

沼泽草甸是以湿中生多年生（或一年生）草本植物为主形成的草甸，并在组成中常混有少量湿生，甚至沼生或水生草本植物，是典型草甸向沼泽过渡的植被类型。在中国东北分布在林区和草原区，但不及典型草甸普遍。其生境大多低洼，土壤为沼泽草甸土，表层水分过多，甚至局部有积水。

沼泽草甸组成较贫乏，主要以喜湿的莎草科和禾本科植物为优势种，如薹草（*Carex* spp.）、沼泽荸荠（*Eleocharis intersita*）、牛鞭草（*Hemathria sibirica*）、茵草（*Beckmannia syzigachne*）、看麦娘（*Alopecurus aequalis*）、荻（*Miscanthus sacchariflorus*）等。

根据沼泽草甸建群种或标志种的生活型不同，本区沼泽草甸可分为薹草、禾草沼泽草甸和丛生禾草沼泽草甸 2 个群系组，共 2 个群系。

4.4.2.1　薹草、禾草沼泽草甸

薹草、禾草草甸是以耐水湿的薹草（*Carex*）为优势种或标志种的沼泽草甸。

（1）瘤囊薹草、小叶章草甸（Form. *Carex schmidtii*, *Deyeuxia angustifolia*）

瘤囊薹草（*Carex schmidtii*）在我国分布在东北、华北。此外，俄罗斯远东地区和东西伯利亚、蒙古、日本北部也有分布。小叶章为典型草甸植物，而瘤囊薹草（*Carex schmidtii*）为典型沼泽植物，二者在中国东北北部林区，主要在大、小兴安岭海拔 1100m 以下呈带状分布，常分布在沼泽边缘或池沼的外围地势平坦、湿润，常有季节性积水的地段，能形成沼泽草甸。土壤为沼泽草甸土，土层较厚，一般为 40~50cm，肥沃。

01）小白花地榆、瘤囊薹草、小叶章草甸（Ass. *Sanguisorba tenuifolia*, *Carex schmidtii*, *Deyeuxia angustifolia*）

此草甸为典型沼泽草甸，盖度达 95%~100%，高 1~1.5m。以小叶章（*Deyeuxia angustifolia*）为建群种，盖度占 80% 以上，其中散生丛生的瘤囊薹草（*Carex schmidtii*）形成草丘（塔头），具有标志意义，并混有种类繁多的杂类草，但一般盖度不超过 20%~25%，组成植物有瓣蕊唐松草（*Thalictrum petaloideum*）、箭头唐松草（*Thalictrum simplex*）、粗根老鹳草（*Geranium dahuricum*）、绒背老鹳草（*Geranium wlassowianum*）、单穗升麻（*Cimicifuga simplex*）、细叶乌头（*Aconitum macrorhynchum*）、短柱金丝桃（*Hypericum gebleri*）、广布野豌豆（*Vicia cracca*）、裂叶蒿（*Artemisia tanacetifolia*）、地榆（*Sanguisorba officinalis*）、轮叶沙参（*Adenophora tetraphylla*）、独活（*Angelica dahurica*）、花荵（*Polemonium caeruleum*）、兴安藜芦（*Veratrum dahuricum*）、返顾马先蒿（*Pedicularis resupinata*）、宽叶返魂草（*Senecio cannabifolius*）、毛脉酸模（*Rumex gmelinii*）、狭叶荨麻（*Urtica angustifolia*）、羽叶风毛菊（*Saussurea maximowiczii*）、翻白蚊子草（*Filipendula intermedia*）、草本威灵仙（*Veronicastrum sibiricum*）、柳兰（*Epilobium angustifolium*）、燕子花（*Iris laevigata*）等。并常混生一些湿生植物，如水蓼（*Polygonum hydropiper*）、沼生柳叶菜（*Epilobium palustre*）、球尾花（*Lysimachia thyrsiflora*）等，偶尔混生少量沼生和水生植物，如野苏子（*Pedicularis grandiflora*）、驴蹄草（*Caltha palustris*）、大穗薹草（*Carex rhynchophysa*）、毒芹（*Cicuta virosa*）、毛水苏（*Stachys baicalensis*）或水问荆（*Equise-tum fluviatile*）等。有时还散生少量小灌木，如绣线菊（*Spiraea salicifolia*）、蓝靛果忍冬（*Lonicera caerulea*）、油桦（*Betula ovalifolia*）等。

此类草甸的草层高茂，产草量较高，草质较好，可作牛、马天然牧场或割草场；混有多种资源植物，可供药用、芳香、油料用；所处地段一般地势平坦，土层较厚，排水良好，适于农、林业等生产及多种经营；同时，还有调节气候的作用。故应加强合理规划、保护、经营与利用，保护其生物多样性，并提高其经济和生态效益。

4.4.2.2　丛生禾草沼泽草甸

丛生禾草沼泽草甸是以禾本科中的丛生种类为优势的沼泽草甸。在中国东北分布在林区或草原区，一般分布在常有季节性积水的河漫滩低地或河谷泛滥低地上，形成沼泽草甸，一般面积较小。

（1）看麦娘草甸（Form. *Alopecurus aequalis*）

看麦娘（*Alopecurus aequalis*）在我国分布在东北、华北、西北、华东。此外，俄罗斯远东地区和西伯利亚、蒙古、朝鲜、日本及中亚、欧洲、北美洲也有分布。在我国东北主要在内蒙古草原（呼伦贝尔）和大兴安岭山区有临时积水的河漫滩低地能形成沼泽草甸，面积不大，一般镶嵌在其他沼泽草甸或沼泽植被间。土壤为有轻微沼泽化的沼泽草甸土。

01）看麦娘草甸（Ass. *Alopecurus aequalis*）

此类草甸盖度可达80%，高50~60cm。以看麦娘（*Alopecurus aequalis*）为优势种，混有茵草（*Beckmannia syzigachne*）、散穗早熟禾（*Poa subfastigiata*）、草地早熟禾（*Poa pratensis*）、小叶章（*Deyeuxia angustifolia*）、拂子茅（*Calamagrostis epigeios*）、瘤囊薹草（*Carex schmidtii*）、东方藨草（*Scirpus orientalis*）等禾草和莎草类植物，以及扁茎灯芯草（*Juncus gracillimus*）等，外貌色彩比较单调，季节变化不明显。

看麦娘是草质良好的牧草，但因此类草地面积小，常与其他镶嵌的草甸混合用作割草场和放牧场。同时，此类草甸有调节气候（主要是水分）和保水作用，故应加强合理经营和利用，以提高其经济和生态效益。

4.4.3　盐生草甸

盐生草甸是以适盐、耐盐的多年生或一年生中生草本植物为主组成的草甸。土壤为不同程度盐渍化的草甸土或草甸盐土。在中国东北广泛分布在中、西部草原区。草甸一般以多年生根茎禾草、丛生禾草和杂草类为优势植物，也有由一年生植物碱蓬（*Suaeda glauca*）为优势种的一年生盐生草甸。由于草甸生境较差，组成种类常较贫乏。根据建群种的生活型的不同，可划分为丛生禾草、杂类草和一年生盐生草甸3个群组，共5个群系。

4.4.3.1　丛生禾草盐生草甸

丛生禾草盐生草甸是以禾本科中耐盐、适盐的中生丛生禾草为优势的盐生草甸。在中国东北主要分布在草原区，较普遍，但面积一般较小。根据建群种不同，划分 2 个群系。

（1）芨芨草草甸（Form. *Achnatherum splendens*）

芨芨草（*Achnatherum splendens*）在我国分布在东北、华北、西北。此外，俄罗斯西伯利亚、蒙古及中亚、欧洲也有分布。在中国东北主要分布在东经约 120° 以西的内蒙古草原部分，常在河漫滩、湖边、洼地、丘间洼地形成盐生草甸，分布较普遍，但一般面积不大，镶嵌分布在其他类型草甸或草原植被间。土壤为盐化草甸土或草甸盐土。

01）芨芨草草甸（Ass. *Achnatherum splendens*）

此类草甸盖度常为 80%~95%，高 80~120cm。芨芨草（*Achnatherum splendens*）为绝对优势种，盖度为 60%~70%，或随小生境变化伴生少量的其他植物，组成种类常有短芒大麦草（*Hordeum brevisubulatum*）、西伯利亚蓼（*Polygonum sibiricum*）或少量的砂韭（*Allium bidentatum*）、星星草（*Puccinellia tenuiflora*）、碱蓬（*Suaeda glauca*）、碱地风毛菊（*Saussurea runcinata*）、披针叶野决明（*Thermopsis lanceolata*）、蕨麻（*Potentilla anserina*）、芦苇（*Phragmites austraus*）、碱地肤（*Kochia scoparia*）、羊草（*Leymus chinensis*）、寸草（*Carex duriuscula*）、蒲公英（*Taraxacum mongolicum*）、车前（*Plantago asiatica*）等。

此类草甸中的芨芨草适口性好，营养价值较高，故广泛作为放牧场或割草场，尤其在冬季，其枝叶宿存完好，为冬季的良好牧草。此类草甸还有改良土壤的功能，应加强保护、合理经营和利用，以提高其经济和生态效益。

（2）短芒大麦草草甸（Form. *Hordeum brevisubulatum*）

短芒大麦草（*Hordeum brevisubulatum*）在我国分布在东北、华北、西北。此外，俄罗斯远东地区和西伯利亚、蒙古及中亚、欧洲也有分布。在中国东北主要分布在大兴安岭两麓的松嫩平原、内蒙古高原，以及西辽河平原的盐渍化低湿地和河滩阶地，一般面积较小。土壤为盐化草甸土。

01）短芒大麦草草甸（Ass. *Hordeum brevisubulatum*）

此类草甸盖度为 60%~70%，高 70~80cm，物种组成单一，以短芒大麦草（*Hordeum brevisubulatum*）为优势，其次为星星草（*Puccinellia tenuiflora*）或组成周边草原的羊草（*Leymus chinensis*）、寸草（*Carex duriuscula*）等，其间偶伴生有碱蒿（*Artemisia anethifolia*）、西伯利亚蓼（*Polygonum sibiricum*）、砂韭（*Allium bidontatum*）、碱地风毛菊（*Saussurea runcinata*）、披针叶野决明（*Thermopsis lanceolata*）、马蔺（*Iris lactea* var. *chinensis*）、车前（*Plantago asiatica*）、蒲公英（*Taraxacum mongolicum*）等。

此类草甸是优质的草场，但因面积较小，限制了其利用价值。短芒大麦草是耐盐的优质牧草，应合理保护和经营，可考虑引种栽培，以发挥其改良盐碱地等作用。

4.4.3.2　杂类草盐生草甸

杂类草盐生草甸是除禾本科和莎草科植物外，由其他耐盐适盐的中生种子植物为优势种的盐生草甸，在中国东北，主要分布在中、西部草原区，一般面积不大。根据建群种不同，主要有马蔺草甸和西伯利亚蓼草甸。

（1）马蔺草甸（Form. *Iris lactea* var. *chinensis*）

马蔺（*Iris lactea* var. *chinensis*）在我国分布在东北、华北、华东。此外，俄罗斯远东地区、朝鲜、日本也有分布。在中国东北中部、西部草原区的河滩地、丘间盆地、湖泡外围以及草原退化的地段能形成盐生草甸，一般面积较小。土壤为盐化草甸土。

01）马蔺草甸（Ass. *Iris lactea* var. *chinensis*）

此类草甸盖度为60%~70%，高30~40cm。以马蔺（*Iris lactea* var. *chinensis*）为优势种，伴生种随着小生境土壤盐分、湿度的不同而有变化，主要有无脉薹草（*Carex enervis*）、走茎薹草（*Carex reptabunda*）、寸草（*Carex duriuscula*）、羊草（*Leymus chinensis*）、赖草（*Leymus secalinus*）、芨芨草（*Achnatherm splendens*），其间或混有少量的各类杂类草，如欧亚旋覆花（*Inula britannica*）、蕨麻（*Potentilla anserina*）、海乳草（*Glaux maritima*）、西伯利亚蓼（*Polygonum sibiricum*）、砂韭（*Allium mongolicum*）、披针叶野决明（*Thermopsis lanceolata*）、水麦冬（*Triglochin palustre*）、海韭菜（*Triglochin maritima*）、长叶碱毛茛（*Halerpestes ruthenica*）、碱地风毛菊（*Saussurea runcinata*）、花苜蓿（*Medicago ruthenica*）、蒲公英（*Taraxacum mongolicum*）、车前（*Plantago asiatica*）等。

此类草甸是利用价值较低的草场，但马蔺（*Iris lactea* var. *chinensis*）属于纤维植物，具有一定的可利用价值，同时有保持水土及改良土壤的作用，应加强保护，避免生境继续恶化，并促其逐渐演替为质量较高的草场，提高其经济和生态效益。

（2）西伯利亚蓼草甸（Form. *Polygonum sibiricum*）

西伯利亚蓼（*Polygonum sibiricum*）在我国分布在东北、华北。此外，俄罗斯西伯利亚、蒙古及中亚也有分布。在中国东北主要分布在西部草原，一般在各种盐化低湿地段能生成盐生草甸，面积不大。土壤为盐化草甸土。

01）西伯利亚蓼草甸（Ass. *Polygonum sibiricum*）

此类草甸盖度为40%~60%，高10~15cm。组成以西伯利亚蓼（*Polygonum sibiricum*）为优势种，匍匐地面生长，伴生植物较多，随着小生境不同，间或混有寸草（*Carex duriuscula*）、碱地风毛菊（*Saussurea runcinata*）、短芒大麦草（*Hordeum brevisvbulatum*）、星星草（*Puccinellia tenuiflora*）、赖草（*Leymus secalinus*）、车前（*Plantago asiatica*）等。

此类草甸利用价值较高，同时有保持水土和改良土壤的作用。应加以保护，可进行人工改造，以形成利用价值更高的草甸。

4.4.3.3　一年生盐生草甸

一年生盐生草甸是由一年生碱蓬（*Suaeda glauca*）为优势种组成的盐生草甸。在中国东北主要分布在中部草原区，生境的土壤含盐量较高，一般植物很难适应，唯有各种碱蓬能适应，形成一年生盐生草甸。

（1）碱蓬草甸（Form. *Suaeda glauca*）

碱蓬（*Suaeda glauca*）在我国分布在东北、华北、西北、华东、中南。此外，俄罗斯远东地区和西伯利亚、朝鲜、日本也有分布。在中国东北主要分布于西、中部草原，尤其在中部松嫩草原的碱湖周围形成原生盐生草甸，但大多为草地退化成的"盐碱斑"地段，形成的次生盐生草甸。一般小面积镶嵌在其他草甸或草原植被间，但在靠近村庄或过度放牧的地方则面积较大，甚至连成大片。土壤为草甸盐土。

01）碱蓬草甸（Ass. *Suaeda glauca*）

此类草甸盖度可达 70%~80%，高 40~60cm。组成较简单，以碱蓬（*Suaeda glauca*）为绝对优势种，常混有碱蒿（*Artemisia anethifolia*）、虎尾草（*Chloris virgata*）以及零散分布的星星草（*Puccinellia tenuiflora*）、西伯利亚蓼（*Polygonum sibiricum*）、西伯利亚滨藜（*Atriplex sibirica*）等。

此类草甸常是草地退化的标志，故应采取适当的生物措施，如引种耐盐碱的植物，改善群落结构，防止土壤继续盐碱化。

4.5　沼泽生态系统

沼泽是一种沼生湿生的植被类型，是由沼生、湿生型植物组成的，分布于地表过湿或有薄积水的河漫滩、河谷、沟谷、平缓分水岭地带，呈带状、片状或岛状分布格局。沼泽生态系统是介于水生生态系统和草甸生态系统之间的一种湿地生态系统，镶嵌于地带性或次生植被之中。沼泽的形成是受本地区的气候、地貌、水文和人为（淘金等）综合影响形成的，特别是季节冻层和永冻层的存在，使地表水既难排除，又难入渗（永冻层隔水板）；土壤低温、缺氧，限制了好气性细菌活动，使土壤中缺少亚硝酸细菌和对有机质分解作用很大的纤维素细菌，微嗜碱性粒细胞含量减少，因此使大量植物残体在嫌气条件下，难以彻底分解，逐渐保留在土壤中变成泥炭，形成不同类型的泥炭沼泽。

平坦的地貌条件和黏重的第四纪沉积物亚黏土，是沼泽形成发育的基础。严冷气候和永冻层是沼泽形成的直接原因。在各种综合条件影响下，不同地段上生长着各种沼生植物，形成了各类沼泽，包括森林沼泽、灌丛沼泽和草本沼泽。其中，森林沼泽、灌丛沼泽已在森林生态系统和灌丛生态系统章节中叙述，所以本节仅介绍草本沼泽。该生态系统不仅对区域生态平衡有着重要影响，还是野生动物觅食、游憩的场所，应加强保护。

按群落组成、结构、分布特点，可划分1个植被亚型，即草本沼泽。

4.5.1 草本沼泽

草本沼泽在本区一般分布在低海拔400~550m地带，大多由草甸沼泽化演替而成，多发生在河漫滩的洼地，由于地势低洼、地下水位高，特别是受河水泛滥的影响，造成了草甸过分湿润或水分滞聚，土壤的空隙被水分充填，微生物活动减弱，因而植物残体中的营养元素不能矿化。在水分增加、养分减少环境下，喜湿的密丛型沼泽植物逐渐增多。当这些植物死亡以后，在嫌气条件下，得不到彻底分解，逐渐形成泥炭，草甸则演替成草本沼泽。植物组成以薹草为主，此类沼泽的下层泥炭中的植物残体，除薹草外，均混有禾本科的植物残体，而且泥炭层的下部都有黑腐殖质层，黑色腐殖质是草甸土的特点之一。

根据组成、结构与分布规律不同，本区草本沼泽可分为3个不同群系组7个群系7个群丛。

4.5.1.1 薹草沼泽

薹草沼泽是由多年生（或一年生）薹草科植物组成的沼泽，是中国东北草本沼泽的主要类型，尤以各类薹草（*Carex*）为主，分布广泛，面积较大，如以灰脉薹草（*Carex appendiculata*）、瘤囊薹草（*Carex schmidtii*）、乌拉草（*Carex meyeriana*）、漂筏薹草（*Carex pseudocuraica*）为主体形成不同类型的薹草沼泽。根据建群种不同，可分为5个群系。

（1）瘤囊薹草沼泽（Form. *Carex schmidtii*）

瘤囊薹草（*Carex schmidtii*）在我国分布在东北、华北（内蒙古大兴安岭）。此外，俄罗斯远东地区和东西伯利亚、蒙古、朝鲜、日本也有分布。在中国东北广泛分布在东北林区，为典型沼泽植物，植物组成以瘤囊薹草（*Carex schmidtii*）为优势种，决定了群落外貌。

01）小叶章、瘤囊薹草沼泽（Ass. *Deyeuxia angustifolia*，*Carex schmidtii*）

其主要分布在呼伦贝尔丘陵区的沟谷和河漫滩。地表过湿，季节性积水，雨季积水深度达10cm。土壤为泥炭沼泽土或泥炭土。土壤剖面特点：0~20cm为草根层；20~85cm为泥炭层，呈褐色，分解度小，20%左右呈纤维状结构；70~85cm之间的泥炭分解较好，可达30%以上，呈碎纤维状结构；85cm以下有很薄的腐殖质夹黏土的过渡层；90cm以下为灰色亚黏土组成的潜育层。此类沼泽的盖度为70%~80%。草本层可分为2个亚层：第一亚层高度为1.2~1.5m，以杂类草为主，盖度小，有少量的小白花地榆（*Sanguisorba* tenuifolia)、紫花鸢尾（*Iris ensata*）、黄花菜（*Hemerocallis citrina*）、小叶章（*Deyeuxia angustifolia*）等；第二亚层高度为 40~50cm，以瘤囊薹草（*Carex schmidtii*）为优势种，形成草丘。草丘上尚有灰背老鹳草（*Geranium wlassovianum*）、全叶山芹（*Ostericum maximowiczii*）、千屈菜（*Lythrum salicaria*）、狭叶黄芩（*Scutellaria regeliana*）、箭叶蓼（*Polygonum sieboldii*）、大叶猪殃殃（*Galium trifidum*）、细叶繁缕（*Stellaria filicaulis*）、梅花草（*Parnassia palustris*）、齿叶风毛菊（*Saussurea neoserrata*）、金星蕨（*Parathelypteris glanduligera*）等。草丘间洼地的积水中有少量沼泽植物，如泽芹（*Sium suave*）、水问荆（*Equisetum fluviatile*）、球尾花（*Lysimachia thyrsiflora*）等。

（2）灰脉薹草沼泽（Form. *Carex appendiculata*）

灰脉薹草（*Carex appendiculata*）在我国分布在东北、华北（内蒙古大兴安岭）。此外，俄罗斯远东地区和东西伯利亚、朝鲜、蒙古、日本也有分布。灰脉薹草为丛型植物，能形成草丘，俗称"塔头甸子"，伴生植物大多是沼泽植物。

01）瘤囊薹草、灰脉薹草沼泽（Ass. *Carex schmidtii*, *Carex appendiculata*）

在呼伦贝尔普遍分布在大兴安岭林区 900m 以下地带的各河流和河漫滩、阶地及沟谷中，地表常年积水或季节性积水，不流动。土壤为泥炭沼泽土，pH 为 5.0~7.0，微酸性至中性，泥炭层稍厚。此类沼泽盖度达 100%，高 50~90cm。组成植物较简单，以灰脉薹草（*Carex appendiculata*）为优势种，其次为瘤囊薹草（*Carex schmidtii*）和乌拉草（*Carex meyeriana*），有时还混有少量的丛薹草（*Carex caespitosa*），各类薹草共同形成草丘，故称此类沼泽为"塔头甸子"。生长在塔头上部及边缘的伴生植物，常见种有小白花地榆（*Sanguisorba tenuifolia*）、小叶章（*Deyeuxia angustrfolia*）、缀瓣繁缕（*Stellaria radians*）、水甸附地菜（*Trigonotis myosotidea*）、齿叶风毛菊（*Saussurea neoserrata*）、毛水苏（*Stachys baicalensis*）、耳叶蓼（*Polygonum manshuriense*）等。生长在草丘间低洼处的伴生植物有少量沼生植物，如驴蹄草（*Caltha palustris*）、沼委陵菜（*Comarum palustre*）、扁秆藨草（*Scirpus planiculmis*）、路边青（*Geum aleppicum*）、龙舌草（*Ottelia alismoides*）、燕子花（*Iris laevigata*）、长叶繁缕（*Stellaria longifolia*）、水问荆（*Equisetum fluviatile*）等。此类林分除分布在大兴安岭林区外，小兴安岭林区也有分布。

（3）水葱沼泽（Form. *Scirpus tabernaemontani*）

01）水葱、藨草沼泽（Ass. *Scirpus tabernaemontani*, *Scirpus triqueter*）

水葱（*Scirpus tabernaemontani*）、藨草（*Scirpus triqueter*）在我国分布在东北、华北、西北、华东、西南。此外，俄罗斯远东地区和西伯利亚、朝鲜、日本及欧洲、北美洲、大洋洲也有分布。在中国东北主要分布在松辽平原的河间洼地、沙丘间洼地或湖滨洼地，形成小面积沼泽，一般只有几十平方米，分布零星，地表常年积水，水的深度 10~30cm。土壤为腐殖质沼泽土。

组成植物种类少，结构简单，单层，盖度为 60% 左右，高 1.2~1.6m，以水葱、蔗草为优势种，往往形成单一群落。偶或伴生少量芦苇（*Phragmites australis*）或香蒲（*Typha orientalis*），由于处于静水洼地，水面常有槐叶苹（*Salvinia natans*）或苹（*Marsilea quadrifolia*）浮于水面。

此类沼泽面积较小，但水葱、蔗草是编织、包装及填充材料，又可药用，具有利尿功能，还有一定的调节空气功能，故应合理保护、经营和利用，以发挥其经济和生态效益。

（4）漂筏薹草沼泽（Form. *Carex pseudocuraica*）

漂筏薹草（*Carex pseudocuraica*）在我国仅分布在东北。此外，俄罗斯远东地区和西伯利亚、朝鲜、日本也有分布。

01）漂筏薹草沼泽（Ass. *Carex pseudocuraica*）

此类沼泽呈带状分布于流速缓慢的河流两侧或延水线附近，以浮毡状态，从河岸向河心延伸。此类沼泽不仅在河流两岸有分布，在无明显河床的沼泽性河流表面也有分布。有时在芦苇沼泽中成为断续大小不一的"草岛"浮于水面，风大水深时，在水面自由飘动，俗称为"漂筏"。浮毡的厚度可逾 1m。土壤为腐殖质沼泽土和泥炭沼泽土。此类沼泽的总盖度在 90% 以上，结构简单，单层。组成植物以漂筏薹草为单优势种，高度为 30~40cm。根状茎发达，紧密交织成毡状，厚度为 20~80cm，浮于水面，浮毡下有几十厘米的水层，因此，浮毡随波飘摇晃动，俗称为"漂筏甸子"。受微弱流动的水体影响，漂筏上的薹草植物呈倾斜状生长，伴生少量睡菜（*Menyanthes trifoliata*）、沼委陵菜（*Comarum palustre*）、毛果薹草（*Carex miyabei*）、水问荆（*Equisetum fluviatile*），它们的根状茎也与薹草根盘结在一起，形成浮毡，其上尚分布有少量水生植物，如球尾草和异枝狸藻（*Utricularia intermedia*）等。同时，在浮毡上还有少量阔边匐灯藓（*Plagiomnium ellipticum*），偶有扭枝泥炭藓（*Sphagnum contortum*）。

（5）乌拉草沼泽（Form. *Carex meyeriana*）

乌拉草（*Carex meyeriana*）在我国分布在东北、华北。此外，俄罗斯远东地区和西伯利亚、朝鲜、日本及欧洲、北美洲、大洋洲也有分布。在我国东北主要分布在山区（大、小兴安岭、长白山）。能形成成片沼泽，长期地表积水，但积水不深，一般为 5~30cm，地表由泥炭及草根层堆积形成，厚度不一，一般为 50~200cm。土壤为泥炭沼泽土，呈微酸性，pH 为 6~7。

01）灰脉薹草、乌拉草沼泽（Ass. *Carex appendiculata*，*Carex meyeriana*）

此类沼泽盖度为 60%~70%，高 40~50cm，因生境变化不大，组成较单纯，层次分化也不明显，以乌拉草（*Carex meyeriana*）为单优势种，常伴生有灰脉薹草（*Carex appen-*

diculata），二者共同形成草丘，景观单调，浅绿，在群落外缘或地形稍隆起地段，有大马先蒿（*Pedicularis ikomai*）分布。乌拉草于 5 月下旬开始开放紫蓝色花，灰脉薹草于 6 月下旬开始开放紫红色花，十分醒目，其伴生植物大多生长在乌拉草（*Carex meyeriana*）下层，长势弱，常见的有水问荆（*Equisetum fluviatile*）、沼委陵菜（*Comarum palustre*）、睡菜（*Menyanthes trifoliata*）、驴蹄草（*Caltha palustris*）、细叶繁缕（*Stellaria filicaulis*）、水芋（*Calla palustris*）、小白花地榆（*Sanguisorba tenuifolia*）、小叶章（*Deyeuxia angustifolia*）、毛水苏（*Stachys baicalensis*）、狭叶黄芩（*Scutellaria regeliana*）等，有时还有细叶沼柳（*Salix rosmarinifolia*）和越橘柳（*Salix myrtilloides*）散生其间。

此类沼泽经排水可开垦为农田或进行造林，由于乌拉草是优质纤维植物，柔软保暖，可供编织草鞋、草垫及作褥草，同时该沼泽具有调节空气、为野生禽兽提供觅食游憩场所的生态作用，所以应加强保护，统一规划，合理经营和利用，以发挥其经济和生态效益。

4.5.1.2 杂类草沼泽

杂类草沼泽植物组成除莎草科和禾本科植物外，还包括多年生其他单子叶植物，其类型不多，面积也不大。

（1）香蒲沼泽（Form. *Typha orientalis*）

香蒲（*Typha orientalis*）在我国分布在东北、华北、西北、华东、西南和中南。此外，俄罗斯远东地区、朝鲜、日本也有分布。在中国东北主要分布在中、西部草原区，常在湖泊的边缘、河滩泛滥地、丘间积水潭地等地段能形成分布零散的小面积沼泽，一般为常年或生长季持续积水，水深 30~100cm，地表无泥炭积累。土壤为腐殖质沼泽土，一般呈中性或微碱性，pH 为 6.5~7.5。

01）芦苇、香蒲沼泽（Ass. *Phragmites australis*，*Typha orientalis*）

此类沼泽盖度为 60%~80%，高 1~1.5m，组成植物以香蒲（*Typha orientalis*）为单优势种，或混生多种其他香蒲，如小香蒲（*Typha minima*）、水烛（*Typha angustifolia*）、宽叶香蒲（*Typha latifolia*）等，但一般以香蒲为优势种或标志种。同时，还常混有水葱（*Scirpus tabernaemontani*）、藨草（*Scirpus triqueter*）或芦苇（*Phragmites communis*），以及少量荆三棱（*Scirpus yagara*）、泽泻（*Alisma plantago-aquatica*）、扁茎灯芯草（*Juncus gracillimus*），水中常有穿叶眼子菜（*Potamogeton perfoliatus*）和浮萍（*Lemna minor*）等。

香蒲的茎、叶可作造纸原料；叶子可编蒲包、蒲扇和蒲席；花粉称"蒲黄"，可供药用，有消炎、止血、利尿之功能；雌花称"蒲绒"，可作填充材料。此外，此类沼泽还有一定调节气候的作用。故应合理保护、经营与利用，以提高其经济和生态效益。

4.5.1.3 禾草沼泽

禾草沼泽是以多年生禾本科植物组成的沼泽，在中国东北仅有芦苇沼泽，是该地区的典型沼泽之一，通常形成面积较大。广泛分布群系仅有 1 个。

（1）芦苇沼泽（Form. *Phragmites communis*）

芦苇沼泽分布于季节性积水或常年积水且水的深度较浅的湖边洼地的边缘地带。土壤为泥炭沼泽土，土中常有薄层泥炭。0~20cm 为草根层，暗褐色，极湿，为芦苇（*Phragmites communis*）的根状茎；20~35cm 之间，以泥炭为主，夹有少量淤泥，黑褐色，极湿，由芦苇残体组成，分解度小，为 20%~25%；30cm 以下为黑色腐泥。由于地表积水浅，土中有泥炭，土壤呈微酸性。

01）芦苇沼泽（Ass. *Phragmites communis*）

组成以芦苇（*Phragmites communis*）为优势种，盖度 80% 左右。植株较矮，高度为 1.5~2m，基茎约为 1cm。伴生植物中以沼泽植物为主，有泽芹（*Sium suave*）、小白花地榆（*Sanguisorba tenuifolia*）、水蓼（*Polygonum hydropiper*）等，无水生植物。

芦苇（*Phragmites communis*）在青鲜时是良好牧草，营养价值高，适口性好，也是优质纤维植物，是造纸和人造纺织纤维原料，目前应用很广，其地下根茎还是一种重要药材。芦苇沼泽是许多珍稀鸟类的栖息地和繁殖地，栖息许多国家一、二级保护野生鸟类，如白枕鹤（*Grus vipio*）、白鹤（*Grus leucogeranus*）、白头鹤（*Grus monacha*）、灰鹤（*Grus grus*）、黑鹳（*Ciconia nigra*）、大鸨（*Otis tarda*）等，也有许多如鸭科等鸟类以及多种鱼类。同时，芦苇沼泽还有一定调节气候的作用。故应加强保护，合理经营和利用，以提高其经济和生态效益。

4.6 草塘生态系统

水是影响草塘分布的主要生态条件，水体是草塘的栖息生境。本区水网密布，山间沟谷中河流、小溪纵横交错。由于多年冻土存在，河溪流的下蚀作用受到抑制，河溪流迂回曲折，形成较多泡沼，为草塘提供了良好的生存条件。草塘多分布在附属水体中，常见组成植物有浮叶慈姑（*Sagittaria natans*）、小黑三棱（*Sparganium simplex*）、眼子菜（*Potamogeton distinctus*）、紫萍（*Spirodela polyrhiza*）、矮黑三棱（*Sparganium natans*）、茨藻（*Najas marina*）、小掌叶毛茛（*Ranunculus gmelinii*）、狸藻（*Utricularia vutgaris*）、睡莲（*Menyanthes trifoliata*）等。

水体的理化条件对草塘的植物组成与分布有直接影响。本区植物水体一般温度低，所以组成草塘的植物中，有很多能适应严寒的植物种，如挺水植物中黑三棱科（Sparganiaceae）黑三棱（*Sparganium stoloniferum*），香蒲科（Typhaceae）香蒲（*Typha orientalis*）；浮叶植物中的浮毛茛（*Ranunculus natans*）、浮叶慈姑（*Sagittaria natans*）、长叶水毛茛（*Batrachium kauffmanii*）、小水毛茛（*Batrachium eradicatum*）、白花驴蹄草（*Caltha natans*）、东北金鱼藻（*Ceratophyllum manschuricum*）等，其中，以沉水植物为主。水内环境较稳定，气温对其影响相对较小，春季的寒流和秋季的早霜对水内环境均不构成较大影响。此类植物具有很强的繁殖能力，除以种子进行有性繁殖外，还可以分枝、地下茎或冬芽进行营养繁殖。种子体积小，淀粉含量高，沉入水底越冬，地下茎和冬芽也沉到水下，一般在水深 1.5m 便可安全过冬。上述这些适应寒冷生态环境的种类为草塘植物群落的建群种，其种数量较大，常形成单种群落，伴生种较少。

根据组成植物生活型不同，草塘可分为四个植被亚型，即沉水型、浮叶型、漂浮型、挺水型草塘。以沉水型与挺水型草塘为主，其中尤以沉水型草塘对严寒有较好的适应能力。

4.6.1　沉水型草塘

沉水型草塘的组成植物沉浸在水中，并大多扎根于水底泥中。沉水型草塘组成植物的器官形态和构造都是典型水生性的。叶片的构造无栅状组织与海绵组织的分化，细胞间隙大，机械组织不发达。叶片的形状大多呈条带状、丝状或狭条状，以减少和避免水流引起的机械阻力和损伤，有利于植物在水中生活。

根据建群种和伴生种的不同，可分为 3 个群丛，即篦齿眼子菜草塘、东北金鱼藻草塘和杉叶藻草塘。

（1）篦齿眼子菜草塘（Form. *Potamogeton pectinatus*）

01）篦齿眼子菜草塘（Ass. *Potamogeton pectinatus*）

篦齿眼子菜（*Potamogeton pectinatus*）属世界广布种，在我国南北各地均有分布。本区在海拔 550m 以下静水湖沼中能形成草塘。此类草塘是主要的水生植被类型，穗状狐尾藻（*Myriophyllum spicatum*）和篦齿眼子菜（*Potamogeton pectinatus*）生长良好。要求基底为泥底，中营养型水体，水深为 100~150cm。

此类草塘植物种类较丰富，常见种类约 19 种，建群种为穗状狐尾藻（*Myriophyllum spicatum*）和篦齿眼子菜（*Potamogeton pectinatus*）。生活型谱的特点是挺水植物的种类系数虽不大，但盖度可达 30%~40%；浮叶植物的种类少，数量也少，故盖度很小；漂浮植物虽仅 3 种，但盖度近 20%；沉水植物种类系数大，盖度达 50%。在沉水植物中，除建群种外，异叶眼子菜（*Potamogeton gramineus*）、狐尾藻（*Myriophyllum verticillatum*）和长叶水毛茛（*Batrachium kauffmannii*）的数量较多。此类草塘的伴生种中包括东北眼子菜（*Potamogeton mandshuriensis*）和眼子菜（*Potamogeton distinctus*）等。

此类草塘结构较复杂，可分 4 层。挺水植物高 100~150cm，主要种类有水烛（*Typha angustifolia*）、水葱（*Scirpus tabernaemontani*）、扁秆藨草（*Scirpus planiculmis*）、黑三棱（*Sparganium stdoniferum*）等。浮叶植物主要有睡莲（*Nymphaea tetragona*）和小掌

叶毛茛（*Ranunculus gmelinii*），睡莲（*Nymphaea tetragona*）多分布在沿岸带。漂浮植物主要有浮萍（*Lemna minor*）和槐叶苹（*Salvinia natans*）。沉水植物主要有穗状狐尾藻（*Myriophyllum spicatum*）和篦齿眼子菜（*Potamogeton pectinatus*）。篦齿眼子菜（*Potamogeton pectinatus*）在水深 120~150cm 处生长良好，在水上层，花序挺出水面，茎长可达 2m 以上。除种子繁殖外，植物体能产生冬芽，每株植物体越冬前可产生数十个冬芽。在深水体中，8 月末在篦齿眼子菜植株上见不到花果，但却产生很多冬芽，可能是由于水过深抑制了篦齿眼子菜的花部发育，使其以冬芽为主要繁殖方式，次春融冰后，这些冬芽很快出芽，且其生长速度较种子繁殖快。穗状狐尾藻分布在水深 70~120cm 处，茎从底部起即多分枝，一株植物便占领较大的水体空间，并有 3~7 个花序挺出水面，在上部分枝的顶端产生冬芽，冬芽长棒状。

此类水生生态系统不仅具有湿地的生态功能，同时又是某些水禽游憩场所。

（2）东北金鱼藻草塘（Form. *Ceratophyllum manschuricum*）

01）东北金鱼藻草塘（Ass. *Ceratophyllum manschuricum*）

东北金鱼藻草塘是单种群落，分布在静水池塘中，尤其在软泥底、水质肥沃的水体中生长良好，耐酸性，适应低温环境。植物体茎纤细，多分枝，叶密集，无柄，对生或轮生，分布在水体中下层。植物体一般 30~80cm，花小，单生花梗极短，不挺出水面；果实具 3 根刺，当落入基底时，由刺围着泥底，以免被浪冲到岸边，长刺也起到保护作用，避免种子被鱼所食。除种子繁殖外，还能产生冬芽。在夏季当其枝被风浪吹断或折断后，断枝可再殖，长出新的个体，这种营养繁殖方式是东北金鱼藻扩大种群分布区的有效方式。在本区海拔 900m 以下地区均有分布，但在海拔 400~500m 的池塘中为多。

（3）杉叶藻草塘（Form. *Hippuris vulgaris*）

01）杉叶藻草塘（Ass. *Hippuris vulgaris*）

沉水植物主要有杉叶藻（*Hippuris vulgaris*）和五刺金鱼藻（*Ceratophyllum oryzetorum*），杉叶藻植株高 1~2.5cm，较耐低温，在冬初水上结冰时，仍然能在水下生活。五刺金鱼藻茎纤细，果实具五根针状刺，落入水底时，由刺附着在基底上，以免被风吹到岸边，长刺还起到保护作用以免果实被鱼类吞食。在夏季大风时，其枝被风浪折断后，断枝仍可再殖而长出新的个体，在夏季洪水时，许多五刺金鱼藻的断枝随水漂流各处，因而此种的分布区较广。漂浮植物有叉钱苔（*Riccia fluitans*）和槐叶苹（*Salvinia natans*）。叉钱苔（*Riccia fluitans*）适于生长在林间酸性的水泡中，既能进行有性繁殖，又能进行孢子繁殖，通过大量繁殖使其对特殊的森林环境进行适应，在水体四周的树木尚未展叶，水体光照好的条件下，叉钱苔能快速生长和发育，而当树木完全展叶时，水泡中光照条件差，则不利于叉钱苔的繁育，故在长期的生态适应过程中，叉钱苔衍生出早春繁殖这一生物特性。

挺水植物中主要有牛毛毡（*Eleocharis yokoscensis*）和矮黑三棱（*Sparganium minimum*）等，牛毛毡分布在水边缘，种群密度很大，且可沉水生活，在水下可开花结果。矮黑三棱（*Sparganium minimum*）则生长浅水中，在 30cm 深的水中此种茎变柔软，基部叶多浮在水面上，可在流水中生长。

4.6.2 浮叶型草塘

浮叶型草塘的组成植物大多叶片浮生水面，浮叶型水生植物常有异叶现象，即有浮叶和沉水两种叶。如睡莲（*Nymphaea tetragona*）的叶片圆状心形，浮于水面，并具有细长而柔软的长叶柄，不但可减少阻力，还可随水位的升降自动卷曲或伸长，使叶片始终保持浮于水面。

根据建群种和伴生种的不同，可分为 2 个群丛，即浮叶慈姑、睡莲草塘和小掌叶毛茛、白花驴蹄草草塘。

（1）睡莲草塘（Form. *Nymphaea tetragona*）

01）浮叶慈姑、睡莲草塘（Ass. *Sagittaria natans*，*Nymphaea tetragona*）

睡莲（*Nymphaea totragona*）在我国主要分布在东北、华北及内蒙古东部。此外，俄罗斯远东地区和西伯利亚、日本、朝鲜及欧洲、北美洲也有分布。浮叶慈姑与睡莲分布基本一致，在蒙古及我国西北均有分布，在日本无分布。二者组成的群落在本区樟子松林带开阔的静水池泡中或缓流河湾处均有分布。其分布海拔通常在 900m 以下，pH 为弱酸性至中性，基底为软泥，水深 1m 左右，水质清，水温偏低，是寒冷地区浮叶型重要草塘之一。

睡莲（*Nymphaea totragona*）喜强光，耐低温，群落盖度达 70%，此类草塘种类组成较简单，常见植物约有 12 种，建群种为睡莲（*Nymphaea tetragona*），主要伴生种为浮叶慈姑（*Sagittaria natans*）。生活型谱的特点是各种生活型植物的种类系数相近，野慈姑（*Sagittaria trifolia*）植物种类系数虽然较小，但盖度大，决定了群落的外貌特征。

群落中优势种睡莲（*Nymphaea totragona*）和伴生种浮叶慈姑（*Sagittaria natans*），构成第一层。睡莲喜强光，耐低温，能以粗大的根块茎越冬，叶具二型，沉水叶膜质，淡灰色，叶柄细而短；浮水叶革质，翠绿色，叶柄粗而长，长度 1m 以上。在中深度以上水体中，睡莲是主要的浮叶植物，因叶柄长，花梗螺旋形，可随水位波动进行升降调节以使花不被水淹没。在睡莲的边缘地带生有浮叶慈姑。第二层多由沉水植物组成，主要有穗状狐尾藻（*Myriophyllum spicatum*）和大茨藻（*Najas marina*）等。在群落外缘有宽叶香蒲（*Typha latifolia*）和线叶黑三棱（*Sparganium angustifolium*）等挺水植物，中间有漂浮叶植物浮萍（*Lemna minor*）和品藻（*Lemna trisulca*）等。睡莲花大而美丽，为观赏植物，根块茎富含淀粉，可食用或酿酒，茎及花瓣也可食用，全草可入药，治小儿惊风等。其群落具有湿地的生态功能，也是某些水禽的栖息地。

（2）白花驴蹄草草塘（Form. *Caltha natans*）

白花驴蹄草（*Caltha natans*）在我国分布在东北、内蒙古东部。此外，俄罗斯远东地区和西伯利亚、日本、朝鲜及欧洲、北美洲也有分布。在本区海拔 800m 以下的水体中形成草塘。喜在低温贫营养型水体中生活，pH 为 6~7.5，在中山地带泡沼中分布较广。基底松软，多为泥质或泥沙混合型。

01）小掌叶毛茛、白花驴蹄草草塘（Ass. *Ranunculus gmelinii*，*Clatha natans*）

此类草塘种类组成较多，常见植物约 19 种，建群种为小掌叶毛茛（*Ranunculus gmelinii*）、白花驴蹄草（*Caltha natans*）。生活型谱的特点是四种生活型植物的种类系数相差不大，以浮叶植物为优。浮叶植物种类虽仅 31.58%，但盖度却高达 50%~60%，该层中亚优势种为两栖蓼（*Polygonum amphibium*），叶形较大，且出现频率高。沉水植物中组成植物的叶多为线形或丝状全裂，种类系数达 26.32%，盖度为 15%。漂浮植物种类系数虽小，但密度大，盖度可达 20%。挺水植物中以低矮或狭叶的种类为主，其种类系数较高，但盖度仅为 10%~15%，且多分布在水体边缘。

此类草塘结构较复杂，共分 4 层。优势层片为浮叶植物，高 50~100cm，优势种即是此类草塘的建群种。小掌叶毛茛（*Ranunculus gmelinii*）分布于小型水泡中，多在静水中生活，耐低温适于生活在酸性的软水中，在水质清新且基底为软泥的水体中生长最好，在高海拔地区此种是浮叶植物中的优势种。此种在静水中，叶掌状分裂，具匍匐茎，植株茎节间生出不定根以起固着作用，常密集丛生，最大密度可达 0.7 株 /cm^2；在流水中也能生长，茎软而伸长，叶裂片狭而长，耐低温，在温度为 8℃的水体中仍能正常开花结果，花期花序挺出水面，果实成熟时落入水底。其茎在冰下可安全过冬，次春从其上长出新枝来。白花驴蹄草分布静水泡沼中，在溶氧高、温度低的软体中生长良好，在沙地上仍能生长，其茎上不断分枝，茎最长可达 140cm，一株植物体可遮盖 0.3~0.5m^2 的水面。此种断枝可利用其茎节上的不定根扎到水底，然后长成新植株。沉水植物主要为杉叶藻（*Hippuris vulgalis*）和五刺金鱼藻（*Ceratophllum oryzetorum*），漂浮植物为叉钱苔（*Riccia fluitans*）和槐叶苹（*Salvinia natans*）。挺水植物主要为牛毛毡（*Eleocharis yokoscensis*）和矮黑三棱（*Sparganium minimum*）等，沉水植物、漂浮植物、挺水植物生活性状与杉叶藻草塘相似。

白花驴蹄草的茎叶具有异味，鱼类和野生动物不喜食，但家禽、畜可食其嫩叶。小掌叶毛茛的果实是鱼类等水生动物的食料，其茎叶可饲喂家禽、畜。线叶水马齿和五刺金鱼藻是鱼类优质饵料，五刺金鱼藻枝叶上附生很多的软体动物，因此又是家禽的适口饲料。同时，该群落也具有湿地的各种生态功能，应加强保护。

4.6.3　漂浮型草塘

此类草塘与浮叶型草塘相近，故有的学者将二者合并为"浮水型"草塘，但与浮叶型草塘不同，其组成植物浮悬水面，根沉于水中，可随风飘浮。此类草塘可划分为 1 个群丛，即槐叶苹、浮萍草塘。

（1）浮萍草塘（Form. *Lemna minor*）

01）槐叶苹、浮萍草塘（Ass. *Salvinia natans*，*Lemna minor*）

槐叶苹（*Salvinia natans*）和浮萍（*Lemna minor*）皆为世界广布种。在我国南北各省份皆有分布，广泛分布在世界北温带地区，在本区低海拔的静水湖泡中能形成草塘，对水质要求不严，适应 pH 为 5.5~8.5，水深 1~3m。

此类草塘由于以漂浮植物为优势种，故使浮叶植物在竞争中处劣势，种类少，一般仅有 2 种，且多为偶见种，同时由于漂浮植物覆盖水面，沉水植物接受的光照减少，生长差，种类也少，一般约仅有 3 种。此类草塘植物组成较简单，常见 18 种。生活型谱的特点是漂浮植物的种类系数大，盖度可达 60%~70%；挺水植物的种类系数居第二位，其盖度 30%~40%，此类草塘的外貌由二类型植物所决定。草塘的建群种为槐叶苹（*Salvinia natans*）和浮萍（*Lemna minor*）。常见种类有紫萍（*Spirodela polyrhiza*）等，沉水植物则较稀少。漂浮植物层是此类草塘最发达的层片。浮萍的营养体退化为叶状体，具一条长根，起平衡和营养作用，叶背面具有气室，细胞间隙特别发达，以使叶状体浮于水面。除槐叶苹外其他种类和营养体均退化为叶状体。槐叶苹具有横走茎，茎上 3 枚叶片为一轮，其中 2 枚平展漂浮水面，1 枚垂直的细裂成假根状，假根状叶上密生粗毛，用以增大其吸收面积和在水中的稳定性。漂浮植物繁殖快，无性繁殖为芽殖，无性繁殖新芽一般与母体相连，新个体常 3~4 个聚生成一个群体，这样可以抗拒风浪袭击。沉水植物层主要由高大种类组成，这些种类的叶片细裂和平展，有利于水底获得漂浮植物间隙透过的光。

挺水植物带状分布在水体周缘，高大的枝丛挡风，使漂浮植物有稳定的生境。挺水植物由岸边浅水向中心深水区分布的顺序为水问荆（*Equisetum fluviatile*）、雨久花（*Monochoria korsakowii*）、水芹（*Oenanthe javanica*）、水烛（*Typha angustifolia*），挺水植物由岸边向中心区呈低至高的过渡状态，高大的水烛株距较大，水芹次之，这些较大的株距间是漂浮型浮叶植物向周缘分布的通路。槐叶苹（*Salvinia natans*）和叉钱苔（*Riccia fluitans*）等尤喜分布于大挺水植物丛间，而组成挺水植物 – 漂浮植物的垂直复合结构。浮叶植物层仅有 2 种狭叶型植物，两栖蓼（*Polygonum amphibium*）和浮叶慈姑（*Sagittaria natans*），由于两栖蓼茎硬挺，有时茎间极少数叶片可挺出水面，这样便缓和了与漂浮植物在水面上分布的竞争。当种间竞争激烈时，两栖蓼与浮叶慈姑可由水体中心区进入岸边，营挺水或湿生生活，当生境变好时，再从新分布水体中营浮叶生活。

　　槐叶苹、浮萍草塘是家禽畜的天然饲料场，漂浮植物是鱼类的优质饲料，浮萍等个体小，世代更替快，是研究种群生态实验的优质材料，尤其在室内人工模拟实验中效果甚佳。除此之外，漂浮植物的药用价值明显，如浮萍主治皮肤风疹和急性肾炎等，有发热利尿的功效；槐叶苹主治虚劳发热和浮肿等。故对此类草塘应加强保护，合理经营和利用，以增进其经济和生态效益。

4.6.4　挺水型草塘

　　挺水型草塘组成植物的根扎生于水底淤泥，而上部或叶挺出水面。这类植物是水生植物和陆生植物之间的过渡类型，兼具水生植物和陆生植物的某些生物学和生态学特性，多以香蒲科（Typhaceae）、黑三棱科（Sparganiaceae）和禾本科（Poaceae）等的各类水生植物为主。此外，还有泽泻科（Alismataceae）等水生植物种类。

　　此类草塘多分布在浅水处，主要是在沿河、溪转弯处或池塘中形成群落，有时伴生少量沉水植物。

　　根据建群种和伴生种的不同，可分为 2 个群丛。即异叶眼子菜、黑三棱草塘和小香蒲、水葱草塘。

　　（1）黑三棱草塘（Form. *Sparganium stoloniferum*）

　　01）异叶眼子菜、黑三棱草塘（Ass. *Potamogeton gramineus*，*Sparganium stoloniferum*）

　　黑三棱（*Sparganium stoloniferum*）和异叶眼子菜（*Potamoyeton gramineus*）在我国分布在东北、华北、西北、华东、中南、西南。此外，俄罗斯远东地区和西伯利亚、蒙古、朝鲜、日本也有分布。在本区主要分布在海拔 550m 以下形成的草塘，在静水泡中分布较多，水质偏于弱酸性，营养适中，透明度一般为 30~40cm，水深 50~150cm，基底为软泥或与沙混合，水体面积较为开阔，周围无高大乔木或灌木。

　　此类草塘以挺水植物层为优势，除建群种黑三棱（*Sparganium stoloniferum*）外，还有线叶黑三棱（*Sparganium angustifolium*）、矮黑三棱（*Sparganium minimum*）和东方藨草（*Scirpus orientalis*），常见组成植物约 14 种。生活型谱的特点是挺水植物种类系数大，其盖度也达 60%~70%，其他类型种类系数相近，盖度均小。

　　黑三棱（*Sparganium stoloniferum*）分布于此类草塘外缘，起到高大的屏障作用，以防风浪对植物的冲击，向内挺水植物渐矮小，这样在太阳高度较小时，有利于阳光照射到水体中。挺水植物与浮叶植物的过渡带中常有紫萍的分布。沉水植物种群数量较大，基本布满了水体的中心区。

（2）水葱草塘（Form. *Scirpus tabernatmontani*）

01）小香蒲、水葱草塘（Ass. *Typha minima*，*Scirpus tabernatmontani*）

水葱（*Scirpus tabernaemontani*）在我国分布在华北、东北、西北、华东和西南。此外，俄罗斯远东地区和西伯利亚、朝鲜、日本及欧洲、北美洲、大洋洲也有分布。在本区海拔600m 以下地带的泡沼中形成小面积草塘，分布零散，地表常年积水，水深 10~30cm，为腐殖沼泽土。

群落组成植物种类少，结构简单，盖度为 30%~60%，高为 1.2~1.4m。以水葱（*Scirpus tabernaemontani*）为优势种，外围边缘有小香蒲（*Typha minima*）和香蒲（*Typha orientalis*），由于处于静水洼地，水面常有浮萍（*Lemna minor*）和槐叶苹（*Salvinia natans*）浮于水面。水葱既是编织、包装及填充材料，又是一种药物植物，有利尿功效。此外，还有一定的调节空气等作用。故对此类草塘应加强保护，合理经营和利用，以增进其经济和生态效益。

第5章　植物

本次呼伦贝尔沙地樟子松林带科学考察共发现野生植物 152 科 535 属 1430 种（含种下等级），植物种数占内蒙古自治区植物种数的 55.64%（因《内蒙古植物志》共收录种子植物和蕨类植物 2351 种，未收录苔藓地衣类植物，故苔藓地衣类植物未计算在内）。考察发现，苔藓地衣类植物 43 科 77 属 122 种（含种下等级），其中，地衣类植物 3 科 3 属 4 种，苔类植物 9 科 10 属 15 种，藓类植物 31 科 64 属 103 种；蕨类植物 14 科 18 属 34 种（含种下等级），植物种数占内蒙古自治区植物种数的 1.45%，占内蒙古自治区蕨类植物种数的 55.74%；种子植物 95 科 440 属 1274 种（含种下等级），植物种数占内蒙古自治区植物种数的 54.19%，占内蒙古自治区种子植物种数的 55.63%，其中，裸子植物有 3 科 6 属 6 种，植物种数占内蒙古自治区植物种数的 0.26%，占内蒙古自治区裸子植物种数的 23.08%，被子植物 92 科 434 属 1268 种，植物种数占内蒙古自治区植物种数的 53.93%，占内蒙古自治区被子植物种数的 56.01%，被子植物中含单子叶植物 19 科 106 属 344 种，占内蒙古自治区被子植物种数的 15.19%，占内蒙古自治区单子叶植物种数的 69.35%，双子叶植物 73 科 328 属 924 种，占内蒙古自治区被子植物种数的 40.81%，占内蒙古自治区双子叶植物种数的 52.26%（表 5-1）。

表 5-1　呼伦贝尔樟子松林带植物统计表

植物种类		科	属	种	占自治区植物种比例（%）
苔藓地衣类植物		43	77	122	
蕨类植物		14	18	34	1.45%
种子植物	裸子植物	3	6	6	0.26%
	被子植物	92	434	1268	53.93%
合计		152	535	1430	55.64%

注：《内蒙古植物志》共收录种子植物和蕨类植物 2351 种，未收录苔藓地衣类植物，苔藓地衣类植物未计算在内。

5.1　苔藓地衣类植物

呼伦贝尔沙地樟子松林带共有苔藓地衣类植物 43 科 77 属 122 种（含种下等级），其中，地衣类植物 3 科 3 属 4 种，苔类植物 9 科 10 属 15 种，藓类植物 31 科 64 属 103 种。以下从科、属两个层次对苔藓地衣类植物的组成特征进行分析。

5.1.1　苔藓地衣类植物的科级统计分析

根据各科所含种数的多少，将苔藓地衣类植物 43 个科划分为 4 个等级，即较大科（11~30种）、中型科（6~10 种）、寡种科（2~5 种）、单种科（1 种）（表 5-2）。

表 5-2　苔藓地衣类植物的科、属、种组成（按所含种数排序）

级别	科		属		种	
	数量	比例（%）	数量	比例（%）	数量	比例（%）
较大科（11~30 种）	1	2.32	1	1.30	11	9.02
中型科（6~10 种）	5	11.63	24	31.17	44	36.07
寡种科（2~5 种）	18	41.86	33	42.86	48	39.34
单种科（1 种）	19	44.19	19	24.67	19	15.57
合计	43	100.00	77	100.00	122	100.00

含 6 种以上的科有 6 科，拥有 25 属 55 种，占苔藓地衣类植物总属数的 32.47%，占总种数的 45.09%，所占比重较大。根据各科所含植物种类的多少，依次为泥炭藓科、真藓科、丛藓科、青藓科、提灯藓科和灰藓科。其中，泥炭藓科含 11 种，其次为真藓科、丛藓科和青藓科，均为 10 种。这些科是本地苔藓植物的主要组成成分，在保持水土、维护生态系统健康方面均发挥着不可替代的作用。如泥炭藓科无论在经济还是生态方面都起着举足轻重的作用。

含 5 种及以下的科有 37 科，拥有 52 属 67 种，占本区苔藓地衣类植物科数的 86.05%，所含属数及种数分别占 67.53% 和 54.91%，这些科在本地植物中也得到了充分的发展，其中有些种也成为某一森林群落中的常见种或先锋种，如羽藓科和葫芦藓科等（表 5-3）。

表 5-3　苔藓地衣类植物科的属种组成

级别	科名（属数/种数）
较大科（11~30 种）	泥炭藓科 Sphagnaceae(1/11)

（续）

级别	科名（属数/种数）
中型科 （6~10种）	真藓科 Bryaceae(5/10)；丛藓科 Pottiaceae(7/10)；青藓科 Brachytheciaceae(4/10)；提灯藓科 Mniaceae(3/7)；灰藓科 Hypnaceae(5/7)
寡种科 （2~5种）	曲尾藓科 Dicranaceae(3/5)；羽藓科 Thuidiaceae(3/4)；柳叶藓科 Amblystegiaceae(4/4)；裂叶苔科 Lophoziaceae(2/4)；金发藓科 Polytrichaceae(2/4)；合叶苔科 Scapaniaceae(1/3)；塔藓科 Hylocomiaceae(2/2)；耳叶苔科 Frullaniaceae(1/2)；牛毛藓科 Ditrichaceae(2/2)；珠藓科 Bartramiaceae(2/2)；平藓科 Neckeraceae(2/2)；碎米藓科 Fabroniaceae(1/2)；薄罗藓科 Leskeaceae(2/2)；万年藓科 Climaciaceae(1/2)；绢藓科 Entodontaceae(1/2)；垂枝藓科 Rhytidiaceae（1/2）；皱蒴藓科 Aulacomniaceae（1/2）；石蕊科 Cladoniaceae（1/2）
单种科 （1种）	大萼苔科 Cephaloziaceae(1/1)；扁萼苔科 Radulaceae(1/1)；疣冠苔科 Aytoniaceae(1/1)；蛇苔科 Conocephalaceae(1/1)；地钱科 Marchantiaceae(1/1)；钱苔科 Ricciaceae（1/1）；凤尾藓科 Fissidentaceae(1/1)；大帽藓科 Encalyptaceae(1/1)；葫芦藓科 Funariaceae(1/1)；壶藓科 Splachnaceae(1/1)；缩叶藓科 Ptychomitriaceae(1/1)；木灵藓科 Orthotrichaceae(1/1)；虎尾藓科 Hedwigiaceae(1/1)；白齿藓科 Leucodontaceae(1/1)；鳞藓科 Theliaceae(1/1)；牛舌藓科 Anomodontaceae(1/1)；锦藓科 Sematophyllaceae(1/1)；梅衣科 Parmeliaceae（1/1）；地卷科 Peltigeraceae（1/1）

5.1.2　苔藓地衣类植物的属级统计分析

根据各属所含种数的多少，将本地苔藓植物的 77 属划分为 4 个等级：较大属（11~20种）、中等属（6~10种）、寡种属（2~5种）和单种属（1种）。

本地苔藓植物的种系分化程度较高，所属的植物科和属较为多样，物种丰富度较高。其中，含 6 种及以上的属只有 3 个，共 24 种，占本地苔藓地衣类植物总种数的 19.67%。其中，泥炭藓属（*Sphagnum*）所含种类最多，有 11 种，在本地植被中作用显著；其次为青藓属（*Brachythecium*）7 种和真藓属（*Bryum*）6 种。本地苔藓地衣类植物中寡种属（2~5种）16 个，种数 40，单种属（1种）58 个，两者共占本区苔藓地衣类植物总种数的 80.33%，具有绝对优势，是本地植物区系多样化的保证（表 5-4）。

表 5-4　苔藓地衣类植物的属内种组成

级别	属		种	
	数量	比例（%）	数量	比例（%）
较大属（11~20种）	1	1.30	11	9.02
中等属（6~10种）	2	2.60	13	10.65
寡种属（2~5种）	16	20.78	40	32.79
单种属（1种）	58	75.32	58	47.54
合计	77	100.00	122	100.00

5.2 蕨类植物

5.2.1 蕨类植物的多样性分析

呼伦贝尔沙地樟子松林带共有蕨类植物 14 科 18 属 34 种（含种下等级），本地所含蕨类植物种类较少，丰富度较低。根据各科所含种数的多少，将其划分为 3 个等级：中型科（6~10 种）、寡种科（2~5 种）、单种科（1 种）（表 5-5）。

表 5-5　蕨类植物的科、属、种组成（按所含种数排序）

级别	科		属		种	
	数量	比例（%）	数量	比例（%）	数量	比例（%）
中型科（6~10 种）	2	14.29	5	27.78	14	41.18
寡种科（2~5 种）	5	35.71	6	33.33	13	38.23
单种科（1 种）	7	50.00	7	38.89	7	20.59
合计	14	100.00	18	100.00	34	100.00

含 6 种以上的科有 2 个，即木贼科和蹄盖蕨科，各含 7 种。含 5 种及以下的科有 12 科，共 13 属 20 种，占本区蕨类植物科数的 85.71%，所含属数及种数分别占 72.22% 和 58.82%。这些科的植物多为森林植被中草本层的伴生种或次优势种，也有少数优势种，如鳞毛蕨科（表 5-6）。

表 5-6　蕨类植物科的属种组成

级别	科名（属数 / 种数）
中型科（6~10 种）	木贼科 Equisetaceae(1/7)；蹄盖蕨科 Athyriaceae(4/7)
寡种科（2~5 种）	卷柏科 Selaginellaceae(1/4)；石松科 Lycopodiaceae(1/3)；阴地蕨科 Botrychiaceae(1/2)；鳞毛蕨科 Dryopteridaceae(1/2)；金星蕨科 Thelypteridaceae（2/2）
单种科（1 种）	蕨科 Pteridiaceae(1/1)；铁角蕨科 Aspleniaceae(1/1)；中国蕨科 Sinopteridaceae(1/1)；岩蕨科 Woodsiaceae(1/1)；水龙骨科 Polypodiaceae(1/1)；槐叶苹科 Salviniacae（1/1）；苹科 Matsileaceae（1/1）

其中，含 6 种及以上的属只有木贼属（*Equisetum*），共 7 种。其他属均在 6 种以下，共计 17 属，其中，寡种属有 7 属，共 17 种，单种属 10 属，两者共占本区蕨类植物总种数的 79.41%。故本地蕨类植物的种类较少，虽然种系分化程度较高，但物种丰富度较低（表 5-7）。

表 5-7　蕨类植物的属内种组成

级别	属		种	
	数量	比例（%）	数量	比例（%）
中等属（6~10 种）	1	5.56	7	20.59
寡种属（2~5 种）	7	38.88	17	50.00
单种属（1 种）	10	55.56	10	29.41
合计	18	100.00	34	100.00

5.2.2　蕨类植物的区系分析

参照陆树刚关于中国蕨类植物属的区系划分方法对本地蕨类植物的地理区系成分进行分析。

蕨类植物科的区系可分为世界分布、泛热带分布、北温带分布和热带亚洲分布 4 个类型，其中，世界分布的科有 6 个，泛热带分布的科有 4 个，北温带分布的科有 3 个，热带亚洲分布的科有 1 个（表 5-8）。其属的区系也可分为 4 个，分别是世界分布（10 属）、东亚分布（1 属）和北温带分布（5 属）、泛热带分布（2 属）。世界分布的科或属广泛分布于世界各大洲，无特殊的分布中心，在确定植物区系时无实际意义，故不对此做讨论。东亚分布的为蕨属，只有蕨（*Pteridium aquilinum* var. *latiusculum*）1 种，本属植物广泛分布于中国热带亚热带地区，南达中南半岛，东至日本、朝鲜、少数种类可达俄罗斯远东地区，西达印度东北部，属温带地理成分。北温带分布的属按种数由高到低依次为木贼属（7 种）、卷柏属（3 种）、石松属（2 种）、阴地蕨属（2 种）和沼泽蕨属（1 种），这些属的分布中心正是在内蒙古自治区所处的温带地区。由此可见，本地区蕨类植物其属的地理区系成分以温带成分为主，这与本地区所处的地理位置及气候带相吻合。值得一提的是木贼属，在中国有 10 种，而在本地区则高达 7 种，种类十分丰富（表 5-9）。

表 5-8　蕨类植物科的分布区类型

木贼科 Equisetaceae	阴地蕨科 Botrychiaceae	岩蕨科 Woodsiaceae	铁角蕨科 Aspleniaceae	蹄盖蕨科 Athyriaceae
北温带分布	北温带分布	北温带分布	泛热带分布	泛热带分布
水龙骨科 Polypodiaceae	金星蕨科 Thelypteridaceae	中国蕨科 Sinopteridaceae	石松科 Lycopodiaceae	卷柏科 Selaginellaceae
泛热带分布	泛热带分布	热带亚洲分布	世界分布	世界分布
蕨科 Pteridiaceae	鳞毛蕨科 Dryopteridaceae	槐叶苹科 Salviniacae	苹科 Matsileaceae	
世界分布	世界分布	世界分布	世界分布	

表 5-9　蕨类植物属的分布区类型（含亚区）

石松属 *Lycopodium*	木贼属 *Equisetum*	卷柏属 *Selaginella*	阴地蕨属 *Botrychium*	沼泽蕨属 *Thelypteris*	蕨属 *Pteridium*
北温带分布	北温带分布	北温带分布	北温带分布	北温带分布	东亚分布
蹄盖蕨属 *Athyrium*	冷蕨属 *Cystopteris*	羽节蕨属 *Gymnocarpium*	岩蕨属 *Woodsia*	鳞毛蕨属 *Dryopteris*	多足蕨属 *Polypodium*
世界分布	世界分布	世界分布	世界分布	世界分布	世界分布
粉背蕨属 *Aleuritopteris*	过山蕨属 *Camptosorus*	苹属 *Marsilea*	槐叶苹属 *Salvinia*	短肠蕨属 *Allantodia*	金星蕨属 *Parathelypteris*
世界分布	世界分布	世界分布	世界分布	泛热带分布	泛热带分布

5.3 种子植物

5.3.1 种子植物的多样性及区系成分特征

植物区系是世界或某一地区所有植物种类的总称，是组成植被分布的基础，是在自然历史条件下综合作用、发展和演化的结果。植物区系分析是了解某一地区植物区系的种类组成、分布区类型，以及其发生、发展等的重要基础。参照吴征镒关于中国种子植物属的分布区类型的划分，对本地种子植物的地理区系成分进行分析。

呼伦贝尔沙地樟子松林带共有种子植物 95 科 440 属 1274 种（含种下等级），其中，裸子植物 3 科 6 属 6 种，被子植物 92 科 434 属 1268 种。被子植物中含单子叶植物 19 科 106 属 344 种，双子叶植物 73 科 328 属 924 种。以下从科、属两个层次对种子植物的多样性及区系成分特征进行分析。

5.3.1.1 种子植物的科级统计分析

根据各科所含种数的多少，将种子植物 95 个科划分为 5 个等级：大科（30 种以上）、较大科（11~30 种）、中型科（6~10 种）、寡种科（2~5 种）、单种科（1 种）。

含 10 种以上的科只有 24 科，但却拥有 328 属 1062 种，占种子植物总属数的 74.55%、总种数的 83.36%，这些科在本地植物区系中起着举足轻重的作用，是本地植物区系的主体成分。含 5 种及以下的科有 62 科，拥有 87 属 142 种植物，占本区种子植物科数的 65.26%，但所含属数及种数分别只占 19.77% 和 11.14%，这些科在本地植物区系中未得到充分发展，处于从属地位。但当中有些种成为某一群落的建群种或优势种，如香蒲科

（Typhaceae）的水烛（*Typha angustifolia*）等（表 5-10）。

表 5-10　种子植物的科、属、种组成（按所含种数排序）

级别	科		属		种	
	数量	比例（%）	数量	比例（%）	数量	比例（%）
大科（30 种以上）	12	12.63	236	53.64	858	67.35
较大科（11~30 种）	12	12.63	92	20.91	204	16.01
中型科（6~10 种）	9	9.48	25	5.68	70	5.50
寡种科（2~5 种）	38	40.00	63	14.32	118	9.26
单种科（1 种）	24	25.26	24	5.45	24	1.88
合计	95	100.00	440	100.00	1274	100.00

根据各科所含植物种类的多少，种子植物中前 12 个科（大科）依次为菊科（195 种）、禾本科（128 种）、莎草科（87 种）、蔷薇科（79 种）、毛茛科（74 种）、豆科（56 种）、百合科（51 种）、十字花科（48 种）、石竹科（45 种）、蓼科（33 种）、藜科（31 种）和杨柳科（31 种）。这些科在本地植被中所占的生态位及所起的作用是不容忽视的，它们是本地植物区系的优势科。前 12 个科当中，除百合科和杨柳科为北温带分布科之外，其余均为世界分布科（表 5-11）。

表 5-11　种子植物科的属种组成

级别 Grade	科名（属数 / 种数）Family(Genera/Species number)
大科 （30 种以上）	菊科 Asteraceae(52/195)；禾本科 Poaceae(51/128)；莎草科 Cyperaceae(7/87)；蔷薇科 Rosaceae(22/79)；毛茛科 Ranunculaceae(16/74)；豆科 Fabaceae(17/56)；百合科 Liliaceae(15/51)；十字花科 Brassicaceae(22/48)；石竹科 Caryophyllaceae(13/45)；蓼科 Polygonaceae(5/33)；藜科 Chenopodiaceae(13/31)；杨柳科 Salicaceae(3/31)
较大科 （11~30 种）	伞形科 Apiaceae(18/29)；唇形科 Lamiaceae(15/28)；玄参科 Scrophulariaceae(11/19)；鸢尾科 Iridaceae（1/18）；报春花科 Primulaceae(6/17)；兰科 Orchidaceae(12/15)；紫草科 Boraginaceae(8/15)；虎耳草科 Saxifragaceae(7/15)；景天科 Crassulaceae(3/13)；龙胆科 Gentianaceae(6/12)；眼子菜科 Potamogetonaceae（2/12）；桔梗科 Campanulaceae（3/11）
中型科 （6~10 种）	桦木科 Betulaceae(3/10)；堇菜科 Violaceae(1/9)；牻牛儿苗科 Geraniaceae(2/9)；罂粟科 Papaveraceae(4/8)；灯心草科 Juncaceae(2/7)；茜草科 Rubiaceae(2/7)；杜鹃花科 Ericaceae(4/7)；忍冬科 Caprifoliaceae(5/7)；柳叶菜科 Onagraceae(2/6)

（续）

级别 Grade	科名（属数 / 种数）Family(Genera/Species number)
寡种科（2~5 种）	香蒲科 Typhaceae(1/5)；大戟科 Euphorbiaceae(2/5)；旋花科 Convolvulaceae(3/5)；列当科 Orobanchaceae(2/5)；车前科 Plantaginaceae(1/5)；败酱科 Valerianaceae(2/5)；鼠李科 Rhamnaceae（1/5）；白花丹科 Plumbaginaceae(2/4)；泽泻科 Alismataceae(2/4)；茄科 Solanaceae(4/4)；鹿蹄草科 Pyrolaceae(2/4)；黑三棱科 Spargniaceae(1/4)；松科 Pinaceae(3/3)；榆科 Ulmaceae(1/3)；荨麻科 Urticaceae(1/3)；檀香科 Santalaceae(1/3)；小檗科 Berberidaceae(1/3)；金鱼藻科 Ceratophyllaceae(1/3)；藤黄科 Clusiaceae(1/3)；亚麻科 Linaceae(1/3)；萝藦科 Asclepiadaceae(3/3)；狸藻科 Lentibulariaceae(1/3)；浮萍科 Lemnaceae(2/3)；柏科 Cupressaceae(2/2)；桑科 Moraceae(2/2)；睡莲科 Nymphaeaceae(2/2)；蒺藜科 Zygophyllaceae(2/2)；芸香科 Rutaceae(2/2)；远志科 Polygalaceae(1/2)；水马齿科 Callitrichaceae(1/2)；槭树科 Aceraceae(1/2)；锦葵科 Malvaceae(2/2)；小二仙草科 Haloragidaceae(1/2)；花荵科 Polemoniaceae(1/2)；川续断科 Dipsacaceae(1/2)；水鳖科 Hydrocharitaceae(2/2)；天南星科 Araceae(2/2)；胡桃科 Juglandaceae（2/2）
单种科（1 种）	麻黄科 Ephedraceae(1/1)；壳斗科 Fagaceae(1/1)；桑寄生科 Loranthaceae(1/1)；苋科 Amaranthaceae(1/1)；马齿苋科 Portulacaceae(1/1)；防己科 Menispermaceae(1/1)；木兰科 Magnoliaceae(1/1)；卫矛科 Celastraceae(1/1)；凤仙花科 Balsaminaceae(1/1)；柽柳科 Tamaricaceae(1/1)；瑞香科 Thymelaeaceae（1/1）；菱科 Trapaceae(1/1)；杉叶藻科 Hippuridaceae(1/1)；山茱萸科 Cornaceae(1/1)；马鞭草科 Verbenaceae(1/1)；雨久花科 Pontederiaceae(1/1)；花蔺科 Butomaceae(1/1)；茨藻科 Najadaceae(1/1)；鸭跖草科 Commelinaceae(1/1)；谷精草科 Eriocaulaceae(1/1)；薯蓣科 Dioscoreaceae(1/1)；酢浆草 Oxalidaceae（1/1）；千屈菜科 Lythraceae（1/1）；胡颓子科 Elaeagnaceae（1/1）

　　根据吴征镒对世界种子植物科的分布区类型的划分，可将本地植物科分为 7 个分布区类型。在本地植物区系中世界分布科有 46 科，占据绝对优势，其次为北温带分布科（23 科）和泛热带分布科（20 科），旧世界温带分布科有 3 个，而热带亚洲及热带美洲间断分布、热带亚洲至热带非洲分布、东亚和北美间断分布各只有 1 个科，分别为马鞭草科、杜鹃花科、木兰科，缺乏中国特有分布科。由此可知，本地植物区系中科的分布区类型较少，以世界分布科为主，缺乏中国特有分布科。但世界分布科、属、种都不足以说明植物区系的性质，且难以与其他区比较，因此表中百分比的统计不包含世界分布型（表 5–12）。

　　本地种子植物的 95 个科归属于 7 个分布区型，地理成分比较简单，且世界分布成分占据绝对优势，温带地理成分和热带地理成分平分秋色。

　　世界分布科是指普遍分布于各大洲，没有明显分布中心的科。本区拥有该类型科 46 个，包括菊科、禾本科、莎草科等本地植被的主体成分，其中组成植被的植物多为世界分布型，如沉水植物的主体眼子菜科、小二仙草科等均为世界分布型的科。

　　热带地理成分有 22 科，包括泛热带分布、热带亚洲及热带美洲间断分布和热带亚洲

表5-12　种子植物科的分布区类型

	分布型	科数	占总科数 %
1	世界分布	46	
2	泛热带分布	20	40.82
3	热带亚洲及热带美洲间断分布	1	2.04
6	热带亚洲至热带非洲分布	1	2.04
8	北温带分布	23	46.94
9	东亚和北美间断分布	1	2.04
10	旧世界温带分布	3	6.12
	合计	95	100

注：百分比不包括世界分布型的科。

至热带非洲分布，但其所含种数较少，且大多为单种科或寡种科，如马齿苋科、凤仙花科、卫矛科、天南星科等，在本地植被中的作用并不显著；然而，其中也不乏常见的伴生种，有时亦可能成为优势种，如鸭跖草科植物。

温带地理成分有27科，包括北温带分布、东亚和北美间断分布和旧世界温带分布，由于呼伦贝尔特殊的地理及气候因素，北温带成分在本区植被中具有重要的地位，尤其是杨柳科、桦木科、壳斗科等组成的森林植被，另外灯心草科与黑三棱科植物在水生植被中也起着重要的作用，黑三棱群系常见于沼泽湿地及河流两岸。

5.3.1.2　种子植物的属级统计分析

根据各属所含种数的多少，将本地种子植物的440属（约占内蒙古自治区种子植物总属数的71.54%）划分为5个等级：大属（20种以上）、较大属（11~20种）、中等属（6~10种）、寡种属（2~5种）和单种属（1种）（表5-13）。

含10种及以上的属只有13个，有297种，占本地种子植物总种数的23.31%。其中，薹草属（*Carex*）所含种类最多，有60种，其次为蒿属（*Artemisia*），有45种，其他的大属有委陵菜属（*Potentilla*）（27种）、柳属（*Salix*）（24种）、风毛菊属（*Saussurea*）（21种）和蓼属（*Polygonum*）（20种），其余属均在20种以下。这说明本地植物的种系分化程度较低，这些属在本地植被中起着至关重要的作用。本地植物区系内中等属有34个，有259种，寡种属有162个，有487种，单种属有231个，三者共占区内种子植物总种数的76.69%，占绝对优势，是本地植物区系多样化的保证。

表 5-13　种子植物的属内种组成

级别	属		种	
	数量	比例（%）	数量	比例（%）
大属（20 种以上）	5	1.13	177	13.89
较大属（11~20 种）	8	1.82	120	9.42
中等属（6~10 种）	34	7.73	259	20.33
寡种属（2~5 种）	162	36.82	487	38.23
单种属（1 种）	231	52.50	231	18.13
合计 Total	440	100.00	1274	100.00

根据吴征镒关于中国种子植物属分布区类型的划分系统，呼伦贝尔沙地樟子松林野生种子植物 400 属归属于 14 个分布区类型和 11 个变型（表 5-14）。其中，世界分布属有 71 个，占有较大的比例，包括蓼属（*Polygonum*）、眼子菜属（*Potamogeton*）、薹草属（*Carex*）、香蒲属（*Typha*）、毛茛属（*Ranunculus*）和银莲花属（*Anemone*）等草本植被的主体成分。然而，由于世界分布成分生态幅较广，很难看出植物区系的地理特点，对于了解植物区系的特征及与其他植物区系的联系意义不大。

北温带分布的属（包括 8-1、8-4 与 8-5 在内，下同）在各类型中位于第一位，拥有 185 属，占总属数的 36.59%，可以看出本地种子植物区系以北温带成分为主，另外还包括 3 个变型，即环极分布、北温带和南温带间断分布、欧亚和南美洲温带间断。其中，环极分布的只有 2 属，即天南星科的水芋属（*Calla*）和地桂属（*Chamaedaphne*）。

北温带分布区类型是指那些广泛分布于欧洲、亚洲和北美洲温带地区的属，由于地理和历史的原因，有些属沿山脉向南延伸到热带山区，甚至远达南半球温带，但其原始类型或分布中心在北温带。本地植物区系的这类成分具有 3 个主要特征：一是单种属和寡种属的比例较高，较大属和大属贫乏，这是本地植被本身的特殊性加上地理气候条件的限制所致。其中，大属只有柳属（*Salix*）、委陵菜属（*Potentilla*）和葱属（*Allium*）3 个属，然而 185 属中种数少于 6 种的有 147 属，如落叶松属（*Larix*）、松属（*Pinus*）、桤木属（*Alnus*）、桦木属（*Betula*）等，森林植被的建群种均为此类型。二是木本属较丰富，几乎包括了北温带分布的所有典型的乔木和灌木类群。除钻天柳属（*Chosenia*）、小檗属（*Berberis*）、五味子属（*Schisandra*）、莸属（*Caryopteris*）、杠柳属（*Periploca*）等少数几个属之外，其他木本植物无一例外的均为北温带分布属，包括落叶松属（*Larix*）、松属（*Pinus*）、柳属（*Salix*）、桦木属（*Betula*）等乔木属，亦包含了苹果属（*Malus*）、稠李属（*Padus*）、山楂属（*Crataegus*）、蔷薇属（*Rosa*）、绣线菊属（*Spiraea*）、越橘

表5-14   种子植物属的分布区类型（含亚区）

分布类型及变型	属数		占总属数 %
1 世界分布	71	71	--
2 泛热带分布	24	25	6.50
2-2 热带亚洲—热带非洲—热带美洲分布	1		0.27
3 热带亚洲及热带美洲间断分布	1	1	0.27
4 旧世界热带分布	6	7	1.63
4-1 热带亚洲、非洲和大洋洲间断或星散分布	1		0.27
5 热带亚洲至热带大洋洲分布	2	2	0.54
6 热带亚洲至热带非洲分布	2	2	0.54
7d 全分布区东达新几内亚分布	1	1	0.27
8 北温带分布	135	185	36.59
8-1 环极（环北极，环两极）分布	2		0.54
8-4 北温带和南温带间断分布	40		10.84
8-5 欧亚和南美洲温带间断分布	8		2.17
9 东亚及北美间断分布	15	16	4.07
9-1 东亚及墨西哥间断分布	1		0.27
10 旧世界温带分布	72	80	19.51
10-1 地中海区，西亚（或中亚）和东亚间断分布	1		0.27
10-2 地中海区和喜马拉雅间断分布	1		0.27
10-3 欧亚和南非（有时也在澳大利亚）分布	6		1.63
11 温带亚洲分布	27	27	7.32
12 地中海区、西亚至中亚分布	10	10	2.71
13 中亚分布	2	3	0.54
13-1 中亚东部分布	1		0.27
14 东亚分布	3	10	0.81
14SJ 中国—日本分布	7		1.90
合计	440		100.00

注：百分比不包括世界分布型的属。

属（*Vaccinium*）、接骨木属（*Sambucus*）等灌木属。它们组成了本地植被中乔木、灌木的全部，在当地生态系统中有着无可替代的地位。三是草本植物丰富多样。内蒙古自治区恰好处于草原区，多处草原如鄂尔多斯草原和呼伦贝尔草原更是以其水草丰美享誉世界，其森林生态系统中草本层植被也种类丰富，草本植物在本地植被中占有绝对优势，数量及种类都极为丰富。如乌头属（*Aconitum*）、白头翁属（*Pulsatilla*）、翠雀属（*Delphinium*）、金莲花属（*Trollius*）、驴蹄草属（*Caltha*）等毛茛科植物；婆婆纳属（*Veronica*）、马先蒿属（*Pedicularis*）、柳穿鱼属（*Linaria*）等玄参科植物；鹅观草属（*Roegneria*）、茅香属（*Hierochloe*）、拂子茅属（*Calamagrostis*）、看麦娘属（*Alopecurus*）等禾本科植物；还有花锚属（*Halenia*）、花葱属（*Polemonium*）、杓兰属（*Cypripedium*）、舌唇兰属（*Platanthera*）、玉凤花属（*Habenaria*）等较少见的植物。这些丰富多彩的草本植物是温带沼泽、各类草甸、森林植被中草本层等各类型植被的代表植物和重要组成成分。

旧世界温带成分是指广泛分布于欧亚两洲中、高纬度温带和寒温带，也有个别种延伸至亚洲—非洲热带山地或澳大利亚。这类成分草本植物较多，起源于古地中海，具有北温带区系的一般特色，又兼有地中海区和中亚植物区系的特点，如地中海区和喜马拉雅间断分布的鹅绒藤属（*Cynanchum*）。本类型有 80 属，位于第二位，占总属数的 19.51%。其中，芨芨草属（*Achnatherum*）是其典型代表，菊科的属所占的比例最高，如橐吾属（*Ligularia*）、风毛菊属（*Saussurea*）、旋覆花属（*Inula*）、牛蒡属（*Arctium*）等东北地区与华北地区具有代表性的属。

温带亚洲成分是古北大陆起源的一群较年轻的成分，主要分布于亚洲的温带地区。这一类型比较少，只有 27 属，除钻天柳属（*Chosenia*）和锦鸡儿属（*Caragana*）为木本外，其余均为草本。

此外，本区尚有东亚及北美间断分布（16 属），地中海区、西亚至中亚分布（10 属），东亚分布（10 属）和中亚分布（3 属）3 个类型。东亚分布属中包括中国－日本分布（7 属）这一变型，中亚分布中包括中亚东部（1 属：沙蓬属 *Agriophyllum*）这一变型，这些属在本地植被中多属于从属地位，作为伴生种点缀在本地植物群落之中。

从上述可知，温带地理成分共有 331 属，占总属数的 89.70%，构成了本地植物区系的主体，其中，北温带分布的属更是本区植被的主要建群种和优势种，是本地植物区系最基本的成分。

本地区种子植物中热带地理成分有 38 属，占总属数的 10.30%，含 6 个分布类型。其中，比例最高的为泛热带成分，有 25 属，这 25 属中禾本科植物占比最高（12 属），此外还包括苘麻属（*Abutilon*）和曼陀罗属（*Datura*）等外来植物，或有造成生物入侵的风险。另外，还包括热带亚洲及热带美洲间断分布（1 属：地榆属 *Sanguisorba*）、旧世界热带分布（7 属：荩草属 *Arthraxon*、雨久花属 *Monochoria* 等）、热带亚洲至热带大洋洲分布（2 属：大豆属 *Glycine*、通泉草属 *Mazus*）、热带亚洲至热带非洲分布（2 属：杠柳属 *Periploca*、芒属 *Miscanthus*）和热带亚洲分布（1 属：苦荬菜属 *Ixeris*）5 个分布类型。虽然这 6 个类型的属并不多，但在本地独特的自然条件下均得到了相应的发展，尤其是芦苇属（*Phragmites*），常形成芦苇（*Phragmites australis*）单优群落，几乎遍布各种植被类型。由此可看出，呼伦贝尔沙地樟子松林下植物区系与热带植物区系有着或多或少的联系，然而在本地植物区系中并没有真正的典型热带成分，保留下来的大多为热带成分向北延伸至亚热带直至温带的衍生种类，因为始新世时华北地区及东北地区气候炎热，一些热带属可扩散到本区，随着渐新世后半期气候转凉，这些热带成分又逐渐向南转移。

综上所述，本地种子植物区系的 440 属划分为 14 个分布区类型，可知本植物区系分布区类型多样，地理成分复杂，与世界植物区系有着普遍的地理联系，尤其与西伯利亚的联系非常密切。其中，温带地理成分占优势，占总属数的 89.70%，且以北温带成分为主（36.59%），温带特征明显；热带地理成分较少，只占总属数的 10.30%，以泛热带成分为主（6.78%），缺乏中国特有分布属。这表明本地植物区系主要起源于古北大陆，和古南大陆也有一定联系，包含少量热带成分种，热带亲缘性不明显。此外，内蒙古自治区与达乌里草原相邻，受草原气候影响，达乌里成分在本地种子植物区系中亦占一定的比例。

5.3.2　重点保护野生植物资源

呼伦贝尔沙地樟子松林带被列入《国家重点保护野生植物名录》（2021 年第 15 号）的有野大豆、甘草、浮叶慈姑等 12 种，保护等级均为二级（表 5-15）。

表 5-15　国家重点保护野生植物名录

科	属	学名	保护等级
豆科 Fabaceae	大豆属 *Glycine*	野大豆 *Glycine soja*	二
豆科 Fabaceae	甘草属 *Glycyrrhiza*	甘草 *Glycyrrhiza uralensis*	二
泽泻科 Alismataceae	慈姑属 *Sagittaria*	浮叶慈姑 *Sagittaria natans*	二
百合科 Liliaceae	贝母属 *Fritillaria*	轮叶贝母 *Fritillaria maximowiczii*	二
兰科 Orchidaceae	杓兰属 *Cypripedium*	杓兰 *Cypripedium calceolus*	二
兰科 Orchidaceae	杓兰属 *Cypripedium*	紫点杓兰 *Cypripedium guttatum*	二
兰科 Orchidaceae	杓兰属 *Cypripedium*	大花杓兰 *Cypripedium macranthum*	二
兰科 Orchidaceae	手参属 *Gymnadenia*	手参 *Gymnadenia conopsea*	二
杜鹃花科 Ericaceae	杜鹃属 *Rhododendron*	兴安杜鹃 *Rhododendron dauricum*	二
列当科 Orobanchaceae	草苁蓉属 *Boschniakia*	草苁蓉 *Boschniakia rossica*	二
泥炭藓科 Sphagnaceae	泥炭藓属 *Sphagnum*	粗叶泥炭藓 *Sphagnum squarrosum*	二
水鳖科 Hydrocharitaceae	水车前属 *Ottelia*	龙舌草 *Ottelia alismoides*	二

第 6 章　野生动物

　　沙地樟子松天然林带分布于大兴安岭西坡，是大兴安岭森林向呼伦贝尔草原过渡带，其生境类型丰富多样，有山地森林、森林草原、草甸草原、湿地、河流及湖泊等，耐旱抗寒，具有极高的生境质量与良好的生境适宜度，是野生动物集中分布区和栖息地。

6.1　动物区系的地理成分

　　动物区系的地理成分与野生动物对自然气候变化的适应力及其历史发展、分布迁徙活动密切相关。对不同动物种空间活动区域进行科学合理的划分，可以确定动物区系的地理成分，进而为动物种的起源、进化、分布等科学研究提供依据。

　　该地区脊椎动物的地理成分主要有以下 7 种。

　　（1）古北界成分

　　分布区遍布古北界（整个欧洲、北回归线以北的非洲和阿拉伯、喜马拉雅山脉和秦岭以北的亚洲），如松鼠（*Sciurus vulgaris*）、雪兔（*Lepus timidus*）、燕隼（*Falco subbuteo*）等。

　　（2）北方成分

　　分布区位于北半球北部，横贯欧亚大陆的寒温带地区，如松鸦（*Garrulus glandarius*）、狍（*Capreolus capreolus*）、驼鹿（*Alces alces*）等。

　　（3）东北成分

　　分布区包括大小兴安岭和长白山的山地森林及山麓一带的森林草原，西部的松花江和辽河平原，如花鼠（*Tamias sibiricus*）、紫貂（*Martes zibellina*）等。

　　（4）热带 - 亚热带成分

　　分布区主要为欧洲、亚洲、非洲大陆的低纬度和中纬度地带，跨东洋与旧热带两界，如金腰燕（*Cecropis daurica*）等。

　　（5）全球成分

　　分布区遍布于 6 个地理界，如大白鹭（*Ardea alba*）等。

　　（6）东半球成分

　　分布区主要为东半球的 4 个地理界，如田鹨（*Anthus richardi*）等。

（7）东北－西南成分

分布区从我国东北延伸至西南，或在我国东北和西南两地呈间断分布，如黄腰柳莺（*Phylloscopus proregulus*）等。

6.2　脊椎动物区系组成

根据中国动物地理区划，本区属东北区—大兴安岭亚区和蒙新区—东部草原亚区结合部。脊椎动物资源以寒温带栖息类型的动物为主，本区环境复杂，有山地森林、湖泊、沼泽、草甸和草塘等多种生境类型，因此，表现出脊椎动物资源的多样性。经实地调查和文献查阅，统计本区共有脊椎动物463种，包括圆口类1种、鱼类47种、两栖类7种、爬行类8种、鸟类328种、哺乳类72种。脊椎动物组成如表6-1、图6-1所示。

表6-1　脊椎动物组成

	圆口类	鱼类	两栖类	爬行类	鸟类	哺乳类	合计
目	1	7	2	1	20	7	38
科	1	9	4	3	57	18	92
属	1	36	6	6	172	48	269
种	1	47	7	8	328	72	463

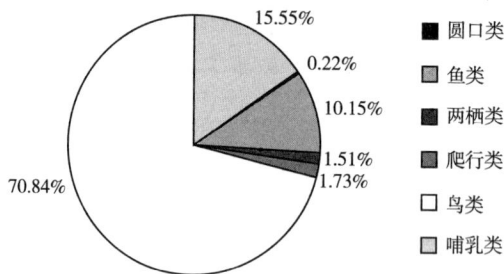

图6-1　脊椎动物组成

本区动物各目占全国比重如表6-2所示。

表6-2　脊椎动物统计

	全　国		沙地樟子松林带		占全国比重（%）	
	科　数	种　数	科　数	种　数	科　数	种　数
圆口类	2	36	1	1	50.00	2.78
鱼类	209	2831	9	47	4.31	1.66
两栖类	11	298	4	7	36.36	2.35

（续）

	全 国		沙地樟子松林带		占全国比重 /%	
	科 数	种 数	科 数	种 数	科 数	种 数
爬行类	24	412	3	8	12.50	1.94
鸟类	84	1296	57	328	67.86	25.31
哺乳类	55	597	18	72	32.73	12.06
合计	385	5470	92	463	23.90	8.46

6.3 圆口类

圆口类又称无颌类，是脊椎动物中最低等的类群。种类及数量均极少。全国共记录有 2 科 36 种，其中，七鳃鳗科有 3 种，本区有 1 种，即雷氏七鳃鳗（*Lampetra reissneri*），且数量极少。

雷氏七鳃鳗体形呈鳗形，尾部稍侧扁，尾部较短，头长，呈圆筒形。眼透明，鼻孔 1 个，口漏斗腹位，呈圆形吸盘状，吸盘内侧具有许多角质齿，无外侧齿，无上下颌。体无鳞，背鳍 2 个，臀鳍退化为皮褶，臀鳍皮褶、尾鳍和第二背鳍相连。尾鳍矛状，无胸鳍和腹鳍，体背部暗褐色，腹部白色。为淡水生活种类，成体营半寄生生活，喜栖于有缓流、沙质底质的淡水溪流中，白天隐藏在水底，晚上出来觅食。雷氏七鳃鳗为古老的无颌脊椎动物，有重要的科研价值。分布区内植被破坏造成的水土流失、河流阻塞、水质污染等因素，造成其资源量下降，种群趋于衰败。其为国家二级保护野生动物，被列入《中国濒危动物红皮书·鱼类》，在《中国物种红色名录》中保护等级为易危。

6.4 鱼类

6.4.1 鱼类组成

本区虽地处寒温带，但河流较多，水资源十分丰富，决定了本区鱼类资源的多样性。据统计，本区鱼类 7 目 9 科 36 属 47 种，包括鲑形目 1 科 2 属 2 种，占鱼类种数的 4.25%；狗鱼目 1 科 1 属 1 种，占鱼类种数的 2.13%；鲤形目 2 科 28 属 38 种，占鱼类种数的 80.86%；鲇形目 1 科 1 属 2 种，占鱼类种数的 4.25%；鳕形目 1 科 1 属 1 种，占鱼类种数的 2.13%；鲈形目 2 科 2 属 2 种，占鱼类种数的 4.25%；鮋形目 1 科 1 属 1 种，占鱼类种数的 2.13%。鱼类统计如表 6-3 所示，组成如图 6-2 所示。

表 6-3　鱼类统计表

目别	科数	属数	种数	种数比例（%）
鲑形目	1	2	2	4.25
狗鱼目	1	1	1	2.13
鲤形目	2	28	38	80.86
鲇形目	1	1	2	4.25
鳕形目	1	1	1	2.13
鲈形目	2	2	2	4.25
鲉形目	1	1	1	2.13
合计	9	36	47	100.00

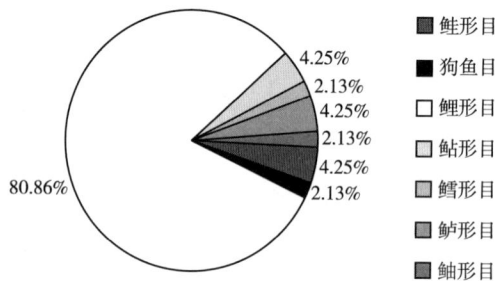

图 6-2　鱼类组成

6.4.2　区系组成与分布特点

本区系属东北区和蒙新区动物区系相结合的部分。从栖息类型看，本区鱼类包括 3 个类型：缓流或静水中的湖泊定居类型，如鲇（*Silurus asotus*）、鲤（*Cyprinus carpio*）、鲫（*Carassius auratus*）、麦穗鱼（*Pseudorasbora parva*）、葛氏鲈塘鳢（*Perccottus glenii*）等；江河洄游、半洄游类型，如鲢（*Hypophthalmichthys molitrix*）、草鱼（*Ctenopharyngodon idella*）等；冷水性溪流类型，如哲罗鲑（*Hucho taimen*）、细鳞鲑（*Brachymystax lenok*）等。

从食性看，本区鱼类可分为 3 个类型：以动物性食物为主的肉食性鱼类，共计 19 种，占本区鱼类种类的 40.42%，如哲罗鲑（*Hucho taimen*）、江鳕（*Lota lota*）、中杜父鱼（*Mesocottus haitej*）等；以水草和浮游植物为主要食物的植食性鱼类，共计 6 种，占本区鱼类种类的 12.77%，如鲫（*Carassius auratus*）、草鱼（*Ctenopharyngodon idella*）、团头鲂（*Megalobrama amblycephala*）等；兼食动植物的杂食性鱼类，共计 22 种，占本区鱼类种类的 46.81%，如鲤（*Cyprinus carpio*）、鲢（*Hypophthalmichthys molitrix*）等。鱼类食性统计如图 6-3 所示。

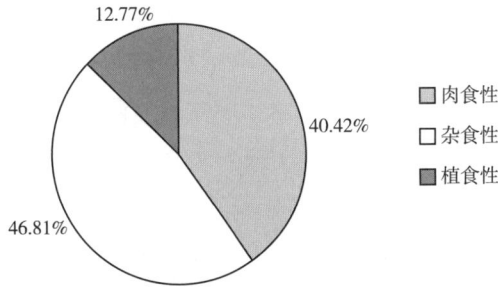

图 6-3　鱼类食性统计

从种类看，本区优势种类为鲤科鱼类，在 47 种鱼类中，鲤科鱼类为 33 种，占本区鱼类种数的 70.21%；其次为鳅科（5 种）、鲑科（2 种）、鲇科（2 种），其他各科均为 1 种。

6.4.3　鱼类重要种类及其生态特征

（1）哲罗鲑（*Hucho taimen*）

哲罗鲑体长，略侧扁，呈圆筒，头部扁平，吻尖。上颌骨明显，向后延伸达眼后缘，上下颌及犁骨和舌上均有锐齿。鳞细小，椭圆形，侧线鳞完全，脂鳍发达。哲罗鲑是一种冷水性的淡水食肉鱼，大部分时间栖息在低温、湍急的溪流里。夏季多生活在山区支流中，秋末冬季进入河流深水区，一年四季均可摄食，仅在生殖期停止摄食。其是我国高寒地区山溪河流中的名贵特产鱼类之一，但目前数量不多，应加强资源保护与恢复。哲罗鲑已被列入《中国濒危动物红皮书·鱼类》中。

（2）细鳞鲑（*Brachymystax lenok*）

细鳞鲑体长，呈纺锤形，头背部宽坦，中央微凸，吻不突出或微突，口端位，下颌较上颌略短，上颌骨后端达眼中央下方，上下颌、犁骨和腭骨各有一行尖齿。舌厚、游离，鳃孔大。体被细鳞，头部无鳞，侧线完全。背鳍短，脂鳍与臀鳍相对，腹鳍始于背鳍基中部下方，尾鳍叉状。为冰期自北方南移的残留种，属于冷水性山麓鱼类，为肉食性鱼类。栖息于水质清澈的江河溪流中，常年水温不超过 20℃。是名贵冷水性经济鱼类，但目前数量已很少，急需加强资源保护与恢复。

（3）黑斑狗鱼（*Esox reicherti*）

黑斑狗鱼体细长，稍侧扁，尾柄短。头前部扁平，鼻孔前下凹似鸭嘴。吻长，口裂极宽大，上、下颌及犁骨具发达的锥形锐齿。背鳍后移，与臀鳍相对。头顶无鳞，体鳞细小，侧线不明显。背部呈青铜色，腹部灰白色，体两侧有许多大型黑斑。生活于淡水中，喜栖息于水温较低江河的缓流和水草丛生的沿岸带。是凶猛的食肉性鱼类，极贪食，以各种鱼类为食。黑斑狗鱼是捕捞生产的对象，其肉味鲜美，价值较高。

（4）东北雅罗鱼（*Leuciscus waleckii*）

东北雅罗鱼体长而侧扁，腹部圆，口端位，口裂倾斜，上下颌等长，唇薄，无角质缘。鳃耙短小，排列稀疏。下咽齿较细长，末端呈钩状。鳞片呈圆形，有辐射状条纹，侧线完全。分布广，适应各种水环境，喜栖于河口、小河汊及山涧溪流。杂食性鱼类，主要食水生昆虫及其幼虫。喜集群，易捕捉，繁殖力强，为我国北方主要经济鱼类之一。

（5）银鲫（*Carassius auratus* subsp. *gibelio*）

银鲫体侧扁而高，头小，吻钝，下唇厚，无须。鳃耙细长，鳞片大，侧线完全。喜栖息于浅水，水草丛生、底质多淤泥的地方，对各种水环境适应性很强，耗氧量低。为杂食性鱼类，以高等植物碎片、腐屑、浮游植物为主食，也食底栖动物、浮游动物。是一种常见的经济鱼类，分布广泛，耐低氧、耐高寒，是水域养殖业中的重要鱼类。

（6）黑龙江泥鳅（*Misgurnus mohoity*）

黑龙江泥鳅体细长，呈圆柱状，尾柄部稍侧扁，头部小，吻尖钝，口下位。须5对，包括2对吻须、2对颐须、1对颌须。无眼下刺，鳞片细小，深埋于皮内，侧线完全。体侧、头部、尾部具有不规则的小斑点。多生活于沙质或淤泥底质的静水缓流水体，适应性较强，在缺氧时可进行肠呼吸。以底栖动物为食，是一种小型鱼类，但肉质鲜美，既可以食用，又可以作为其他动物的饵料，具有一定的经济价值。

（7）黑龙江花鳅（*Cobitis lutheri*）

小型鱼类，眼下刺分叉，须3对，较长。颐叶发达。背鳍分枝鳍条6~7根，体鳞细小，侧线不完全。多数个体尾鳍基下部的黑斑不明显，部分雄性个体体侧中线的大斑为一条宽纵纹所代替。底层鱼类，常栖息于清水、缓流、沙底质的河汊、沟渠及沼泽，行动缓慢、游动距离短，受惊后即潜入石隙、沙内藏身。以水生昆虫及着生性藻类为食。4月下旬至6月中旬产卵繁殖，卵有黏性，附着于沙石上。体色斑斓，可供观赏。

（8）鲇（*Silurus asotus*）

鲇体长，头部平扁，头后侧扁，口阔，上位，下颌突出。成鱼口须2对，包括1对吻须和1对颐须。眼小，侧上位。背鳍短小，臀鳍长，体呈灰褐色，具黑色斑块，光滑无鳞，皮肤黏液丰富。喜栖息于江河缓流水域和湖泊的中下层，亦能适应于流水中生活。肉食性鱼类，以埋伏方式掠吞鱼类等食物。是一种中型经济鱼类，肉质细嫩，刺少，营养价值高。是水域主要捕捞对象，在池塘中混养，可起到清除野杂鱼的作用。

（9）江鳕（*Lota lota*）

江鳕体长，前部呈圆筒状，后部侧扁，头大，稍平扁，吻稍圆钝。口前位，下颌突出，上下颌及犁骨均具有绒毛状齿。眼小。有一根颐须，前鼻孔后缘有一对短须，鳃孔大。体鳞细小，椭圆形，埋于皮肤下，头部无鳞，侧线完全。背鳍2个，第一背鳍短小，第二背鳍长，且与臀鳍相对，胸鳍与腹鳍均小，尾鳍椭圆形。体侧散布不规则的白色斑块。为典型的冷水性鱼类，最适宜温度 15~18℃，最高温度不超过 23℃。喜栖息于水质清澈的沙底或有水草生长的河湾等处，肉食性鱼类。是一种经济价值很高的食用鱼类，味美价高。此鱼肝脏肥大，含脂量高，可供提制鱼肝油。

（10）乌鳢（*Channa argus*）

乌鳢体形呈长棒状，头部扁平，头大，口裂大，吻部圆形。偶鳍皆小，背鳍和臀鳍特长，尾鳍圆形，头部与躯干部皆被有大小相似的鳞片，侧线完整，体背部、体侧暗黑色，体侧有很多不规则的黑斑。喜栖息于水草茂盛或浑浊的水底，性凶猛，肉食性，常潜伏于水草中等待时机捕捉食物。适应性强，耐缺氧，是天然水域的大型经济鱼类，肉味鲜美，含肉量高，具有很高的养殖开发价值。

（11）蒙古鲌（*Chanodichthys mongolicus* subsp. *mongolicus*）

蒙古鲌体长，侧扁，头部背面平直，头后背部稍隆起。吻稍突出，口端位，下颌稍突出，口裂稍斜。腹鳍基至肛门有腹棱，背鳍具光滑的硬刺；尾鳍分叉深，两叶末端尖，下叶稍长于上叶。体背部及头部呈浅棕色，腹部银白，背鳍灰色，胸鳍、腹鳍、臀鳍及尾鳍上叶均为浅黄色，尾鳍下叶为橘红色。喜栖息于水流缓慢的河湾或湖泊的中上层，游动敏捷，活动较分散。幼鱼以浮游动物和水生昆虫为食，成鱼则以小鱼为主食。肉质鲜嫩而不腥，经济价值较大。

（12）鲢（*Hypophthalmichthys molitrix*）

鲢体侧扁，头较大，口阔，端位，下颌稍向上斜。鳃耙特化，彼此联合成多孔的膜质片，口咽腔上部有螺形的鳃上器官。眼小，位置偏低，无须，下咽齿勺形，平扁，齿面有羽纹状，鳞小。自喉部至肛门间有发达的皮质腹棱，胸鳍末端伸达腹鳍基底。体银白，各鳍灰白色，性急躁，善跳跃。终生以浮游生物为食，在鱼苗阶段主要吃浮游动物，长达1.5cm以上时逐渐转为吃浮游植物，并喜吃草鱼的粪便和投放的鸡、牛粪，亦吃豆浆、豆渣粉、麸皮和米糠等，更喜吃人工微颗粒配合饲料。春、夏、秋三季，绝大多数时间在水域的中上层游动觅食，冬季则潜至深水越冬。鲢为饲养鱼类的上等鱼品，历来被列入我国淡水养殖的"四大家鱼"之一。

（13）葛氏鲈塘鳢（*Perccottus glenii*）

葛氏鲈塘鳢体圆，近纺锤形，后部侧扁，前部略平扁。头大，吻短而圆钝，其上方常具一瘤状突起，眼小，上侧位。口裂向上倾斜，下颌略长于上颌，上下颌及犁骨具多行绒毛状细齿，腭骨无齿，舌端游离。体被栉鳞，无侧线，两背鳍分离，尾鳍呈圆形。喜栖息于江河小支流静水处，尤其是水草丛生的池塘里。活动性不强，不远游，耐缺氧，在极度缺氧的条件下也能生存。越冬能力强，能潜伏于水底泥土中，处于冬眠状态，几乎停止活动。主要以昆虫幼虫和小虾为食，较大个体也食幼鱼。

（14）怀头鲇（*Silurus soldatovi*）

怀头鲇体表光滑无鳞片，侧线完全，但色泽浅。背部和体侧为棕灰色或灰黄色，且具有轮廓模糊的暗纹，鳍为暗棕色，较暗，腹部色浅。头稍大。有3对须，其中，上颌须1对，较长，伸达胸鳍；下颌须较短，眼较小。匙骨较长、较细，胸鳍条的刺较弱，外缘无锯齿状缺刻，而其内面具有许多小空隙。喜生活于江河及其支流中，不喜欢在静水湖泊中，可能存在着季节性洄游习性。是一种底层鱼，游动缓慢，不喜欢集群，属凶猛的肉食性鱼类，可吞食占其体长15%~35%的鱼类等，主要以小鱼、虾及其他较大型的底栖动物为食。

（15）中杜父鱼（*Mesocottus haitej*）

中杜父鱼体长60~100mm，体呈锥形，头部扁平而大，尾柄较细。口端位，口裂大，上下颌和犁骨生有绒毛状锐齿。眼顶位，眼间隔较窄。前鳃盖骨后缘有4个刺状突起物。鱼体表皮除腹部外，均密布小刺。背鳍2个，胸鳍较大。腹鳍小，胸位。臀鳍大，尾鳍呈扇圆形。鱼体背面和体侧为灰色，有时为淡棕色，腹面色浅。在第一背鳍之后的尾鳍基本上有3条暗色带，其中前2条达到侧线上。为生活在河道中的耐寒底层鱼类。夏季进入山涧支流，主要生活在砾石底的河道中，淤泥底的河道中较常见，极少数进入湖泊中。为不喜好活动的鱼，通常卧于水底钻入石下，用猛冲的方法进行短距离游动。

（16）北方花鳅（*Cobitis granoei*）

北方花鳅体长49~88mm，体细长而侧扁。背部棕黄色，具15~18个矩形大斑。体侧有11~12个大斑。沿体侧中线有一纵行黑线将体侧斑块串在一起。腹部为黄白色。侧线不完全。腹鳍起点与背鳍起点相对或稍后。尾鳍后缘平截或微凸。背鳍、尾鳍上均具褐色的斑点，并形成条纹状。尾鳍基侧具一明显黑斑，其余各鳍均为白色。口下位，呈深弧形。上唇无皱褶，下唇具皱褶。上下唇无乳突。两颊囊突出。生活在静水、沼泽或水流缓慢处。以水生无脊椎动物和浮游甲壳动物为食。

（17）拟赤梢鱼（*Pseudaspius leptocephalus*）

拟赤梢鱼体长115~195mm，体低而长，稍侧扁，背缘平直，腹部圆。头长，眼后头部略侧扁。吻长而尖，吻长为眼径的1.7~2.7倍。口端位，口裂斜，下颌突出于上颌之前，前端上翘，上颌骨伸达眼的前下方。眼位于头的前半部，眼后缘至吻端的距离小于眼后头长，眼间距大于眼径。鳃孔大，向前伸延至前鳃盖骨后缘前的下方；鳃盖膜与峡部相连。侧线前部略成弧形，后部平直，伸至尾鳍基。背鳍位于腹鳍基末端的上方，起点至尾鳍基的距离较至眼后缘为近。臀鳍起点至腹鳍起点的距离较至尾鳍基为近。胸鳍长约等于眼后头长。腹鳍位于背鳍之前，末端不达肛门。尾鳍分叉较深。鳃耙短，排列稀疏。下咽骨狭长，呈钩状。咽齿呈锥形，末端呈钩状。鳔2室，后室长于前室。腹膜灰白色。体呈深灰色，腹部银白色。背鳍灰色，腹鳍、臀鳍和尾鳍下叶红色。为肉食性鱼类，冬季也摄食。

（18）真鱥（*Phoxinus phoxinus*）

真鱥体长 100~180mm，体略侧扁，背部略成弧形，腹部较圆，尾柄细长。吻既短又钝，吻长等于或稍大于眼径。口小，端位，口裂稍斜，上颌略长于下颌。眼大，位于头的前侧，其后缘至吻端的距离与至鳃盖后缘的距离相等。两眼之间宽平，略大于眼径。鳃盖膜约在前鳃盖骨后缘的下方与峡部相连，峡部窄。鳞小，圆形，胸、腹部至峡部无鳞。侧线不完全，至多伸达臀鳍起点。背鳍很小，胸鳍较长，腹鳍较短，呈圆形，尾鳍深分叉，肛门靠近臀鳍起点。体背侧灰褐色，腹部银白色，背部有一狭长的纵纹，体侧自头后至尾鳍基有10 余条黑色横斑，列成纵行，尾鳍基正中及上方各具一小黑点。

（19）拉氏大吻鱥（*Rhynchocypris lagowskii*）

拉氏大吻鱥体长 12~153mm，体低而长，侧扁，腹部较圆，尾柄长而低。头近锥形，头长明显大于体高。吻尖，向前突出。口亚下位，口裂稍斜，上颌长于下颌，唇后沟中断。眼位于头侧的前上方，眼间宽平，其宽大于眼径。鳃孔向前延伸至前鳃盖骨后缘的下方，有膜与峡部相连。鳞细小，常不呈覆瓦状排列，胸、腹部有鳞。侧线完全，向后伸达尾鳍基。背鳍位于腹鳍的上方，起点至吻端的距离明显大于至尾鳍基的距离。臀鳍与背鳍形状相同，位于背鳍的后下方，胸鳍短，尾鳍分叉浅，上下叶约等长，雄性生殖突尖长。鳃耙短小，下咽骨前角突显著。鳔 2 室，后室长于前室，腹膜黑色。拉氏大吻鱥属高蛋白、低脂肪鱼类，肉味鲜美，营养丰富，数量多且分布较广，为产地常见食用鱼类。

（20）团头鲂（*Megalobrama amblycephala*）

团头鲂体长 120~285mm，体侧扁而高，呈菱形，自头后至背鳍起点呈圆弧形。腹棱不完全，自腹鳍起点至肛门。尾柄宽短。头小，侧扁，头长小于体高。口端位，口裂较宽，眼间距大于眼径，上下颌具狭而薄的角质。鳃耙短小，咽齿稍侧扁，末端尖而弯。侧线位于体侧中央。背鳍起点位于腹鳍基的后上方，背鳍末根不分枝鳍条为光滑的硬刺，刺粗短，其长一般短于头长，胸鳍末端伸达或不达腹鳍起点，腹鳍末端不达肛门，臀鳍基长，尾鳍深叉，上下叶等长。鳔 3 室，腹膜灰黑色。体呈青灰色，腹侧银灰色，体侧鳞片中间浅色，边缘灰黑色，各鳍灰黑色。团头鲂生长速度较快、成熟早、抗病力强、成活率高，以水生植物为主要食物，且肉味腴美，脂肪丰富，是一种很好的养殖对象。

（21）黑龙江鳑鲏（*Rhodeus sericeus*）

黑龙江鳑鲏体长 30~37mm，体侧扁而延长，似纺锤形。口亚下位，上颌稍长于下颌，口顶点在眼下缘水平线之下，无须，眼较大，大于吻长，侧上位，侧线不完全，侧线鳞5~7 片。背鳍和臀鳍均无硬刺，背鳍起点与腹鳍起点相对，臀鳍起点位于背鳍正中偏后，鳔 2 室，后室大于前室，腹膜银灰色。背部青灰色，体侧银白色，眼上缘红色，尾柄正中有一条较粗的黑色纵纹，向前伸至背鳍起点正下方，背鳍和臀鳍暗灰色有黑色纹带，腹鳍略带红色。

（22）平口鮈（*Ladislavia taczanowskii*）

平口鮈体长74mm，体粗壮，稍侧扁，腹部圆。头长与体高约相等。吻钝，稍隆起，口下位，呈"一"字横裂，上唇较发达，肉质；下唇短小，仅止于口角，上下唇在口角处相连，唇后沟在颏部中断，下颌具发达的角质边缘，口角须1对。眼较小，位于头部侧上方。鳃耙短小而尖，下咽齿侧扁，末端呈钩状。体侧鳞片较大，腹部鳞片小，胸鳍基部之前裸露无鳞，侧线完全。背鳍短，无硬刺，外缘平截，其起点距吻端较至尾鳍基为近，胸鳍不达腹鳍，腹鳍起点约与背鳍第四根分枝鳍条相对，末端深至肛门，臀鳍短，尾鳍分叉浅，两叶末端稍圆，鳔大，2室，腹膜棕黑色。背部及体侧色较深，鳞片上有暗黑色斑纹，腹部灰白。

（23）犬首鮈（*Gobio cynocephalus*）

犬首鮈体长63~123mm，体长，稍侧扁，背部在背鳍起点之前微隆起，腹部圆，尾柄较细长。头长，近锥形。吻较尖，鼻孔前方凹陷，口下位呈弧形，有一对较长口角须。眼中等大，侧上位。体被圆鳞，背鳍无硬刺，胸鳍末端圆钝，不达腹鳍起点，腹鳍末端圆，起点位于背鳍稍后，向后超过肛门，肛门位于腹鳍基部与臀鳍起点的中点，臀鳍短，尾鳍分叉，上下叶等长。头背部黑色，体背灰黑，腹部灰白，背、尾鳍上具黑色小斑点，其他各鳍灰白。

（24）兴凯银鮈（*Squalidus chankaensis*）

兴凯银鮈体长47~82mm，体长，侧扁，腹部圆，尾柄较细。头呈锥形，头长与体高几乎相等或大于体高。吻略尖，吻长约等于眼径，口亚下位，呈马蹄形，唇后沟中断，口角须1对。眼大。下咽齿主行侧扁，末端呈钩状。鳃耙短小，胸腹部具鳞，背部无硬刺，腹鳍位于背鳍起点的后下方，末端靠近肛门，尾鳍分叉，上下叶末端尖。腹膜灰白色，鳔2室，体背部灰黑色，腹部灰白，体侧略呈浅黄色，体背有一条较细的黑纹，体侧也有一条黑色纹带，背鳍和尾鳍颜色较深，其余各鳍灰白色。

（25）棒花鱼（*Abbottina rivularis*）

棒花鱼体长35~87mm，体稍长，粗壮，前部近圆筒形，后部略侧扁。背部隆起，腹部较平直。吻较长，圆钝，在鼻孔前方凹陷，口下位，近马蹄形。唇厚，乳突不明显，下唇中叶为一对较大的椭圆形突出，两侧叶较大，在中叶前段相连，与中叶间有浅沟相隔，上下颌无角质边缘，口角须1对。眼小，侧上位，眼间距大于眼径。背鳍无硬刺，鳍褶较大，外缘呈弧形，背鳍起点距吻端较距尾鳍基为近，胸鳍外缘呈弧形，末端不达腹鳍，腹鳍起点位于背鳍起点之后，末端超过肛门，臀鳍短，起点距尾鳍基较距腹鳍基为近，肛门接近腹鳍，侧线平直。鳔2室，后室较前室大，腹膜银白色。体背及体侧灰褐色，体侧鳞片后缘有一黑色斑点，背部有 5 个黑色大斑块，背鳍、胸鳍和尾鳍上有许多黑色斑条。

（26）突吻鮈（*Rostrogobio amurensis*）

突吻鮈体长 49~77mm，体细长，近圆筒形，背鳍起点处较高，胸腹部平坦，尾柄细长。头较短，吻钝，鼻孔前下陷，口下位，呈弧形，唇发达，上唇乳突较大，排成一行，下唇分三叶，两侧叶边缘略呈流苏状，后缘分离，中叶为一对较大稍分离的乳突，上下颌均有发达的角质边缘，口角须 1 对。眼较大，眼间距小于眼径。下咽齿纤细，末端呈钩状。腹面自胸部至腹鳍基之前裸露无鳞，侧线完全。背鳍短，无硬刺，其起点距吻端较其基部后端距尾鳍基稍长或相等，胸鳍不达腹鳍，臀鳍短，尾鳍分叉，两叶末端尖。鳔 2 室，前室包于圆形的韧质膜囊内，后室很小，腹膜灰白色。背部两侧棕色，腹部灰白色，背部正中斑点不明显，尾鳍有黑色小点组成的条纹，其他各鳍灰白。

（27）蛇鮈（*Saurogobio dabryi* subsp. *dabryi*）

蛇鮈体长 87~195mm，体延长，略呈圆筒状，背部稍隆起，腹部平坦，尾柄细长稍侧扁。头较长。吻部突出，在鼻孔前下凹，口下位，马蹄形，唇厚较发达，具细密的小乳突，下唇后缘游离，口角须 1 对。眼较大，位于头侧上方，眼间距小于眼径。下咽齿稍侧扁，末端呈钩状。鳃耙近于退化，胸鳍基部之前无鳞，侧线完全。背鳍无硬刺，胸鳍不达腹鳍，腹鳍末端超肛门，臀鳍短，尾鳍分叉，末端尖，上叶略长于下叶，肛门距腹鳍较近。鳔 2 室，前室包于骨囊内，后室细小露于囊外，腹膜浅灰色。体背部及体侧上半部灰褐色或黄灰色，腹部灰白色，吻部背面及两侧各有一条黑色条纹，背部正中有 4~5 个不明显的黑斑，偶鳍及鳃盖边缘呈黄色，其他各鳍灰白色。

（28）鲤（*Cyprinus carpio*）

鲤体长 243~470mm，身体侧扁，背部隆起，腹部圆，无腹棱。头较小。口下位或亚下位，呈马蹄形，吻略钝，上颌包着下颌，须 2 对。眼中等大，眼后头长大于吻长。尾柄高度大于或至少等于眼后头长，体色随生活的水体不同有较大变异，有时呈青灰色或青绿色，通常体色金黄。腹部为白色或淡黄色，背鳍或尾鳍基部稍显黑色，尾鳍下叶呈橘红色。侧线完全平直，鳞为圆鳞，各鳞片的后部有许多小黑点组成的新月形斑。鳃耙短，呈三角形，下咽骨短，下咽齿发达。鳔 2 室，前室大于后室且较长，后室呈圆锥形，末端稍尖，腹膜为银白色或灰白色。

（29）鲫（*Carassius auratus* subsp. *auratus*）

鲫体长 52~260mm，身体侧扁，腹部圆，无腹棱。头小，眼中等大。吻钝，下颌稍向上斜，唇较厚，无须。尾柄高大于眼后头长。背鳍外缘平直或微凹，胸鳍末端可达腹鳍的起点，尾鳍分叉浅，上下叶末端尖，背部为青灰色，背鳍和尾鳍与背部同色，体侧银白色，胸、腹和臀鳍灰色，鳞中等大，圆鳞，侧线完全平直。鳃耙长，呈披针形，鳃丝细长，下咽齿侧扁。鳔2室，前室大，后室粗大，腹膜为黑色。

6.5　两栖类、爬行类

本区域属于寒温带大陆性气候，气候条件较为寒冷，限制了两栖类、爬行类动物向北分布，因此本区两栖类、爬行类无论种类和数量均较少。

6.5.1　两栖类

本区湿地面积小，仅有一些河流湿地。因此，两栖类数量较少。本区共有两栖类2目4科6属7种。两栖类统计如表6-4所示。

表6-4　两栖类统计表

目别	科数	属数	种数	种数比例（%）
有尾目	1	1	1	14.29
无尾目	3	5	6	85.71
合计	4	6	7	100.00

6.5.2　两栖类重要种类及其生态特征

（1）极北鲵（*Salamandrella keyserlingii*）

极北鲵体形较小，尾长短于头体长，头部扁平，吻端圆厚，吻棱不显，头顶较平，眼大，舌大，无唇褶，犁骨齿列较长。躯干呈圆柱形，尾侧扁而短，皮肤滑润为青褐色，背部色浅，体侧色深。喜栖息于潮湿环境，多在沼泽地的草丛下或洞穴中，营陆地生活，昼伏夜出，以昆虫、软体动物、蚯蚓、泥鳅等为食。国家二级保护野生动物，被列入《中国濒危动物红皮书》。

（2）花背蟾蜍（*Strauchbufo raddei*）

花背蟾蜍体形较小，指细而尖，第四指短，约为第三指的1/2，生活时体背面花斑明显，雌性色斑尤为鲜艳，腹面无大黑斑。吻棱明显、鼓膜显著，前肢粗短，指末端黑色或棕黑色，关节下瘤不成对；趾短，趾末端黑色或棕黑色，趾侧有缘膜。白昼多匿居于草石下或土洞内，冬季成群穴居在沙土中。黄昏时外出觅食，以昆虫为食。

（3）中华蟾蜍（*Bufo gargarizans*）

中华蟾蜍体形大，皮肤极粗糙，背部密布大小不等的圆形瘰疣，仅头顶较光滑。有一对大的耳后腺，头部宽大，无黑色的骨质棱，口阔，吻端圆，吻棱明显，舌分叉，眼大而突出，鼓膜显著，前肢长而粗壮，后肢粗短，趾侧缘膜显著。白天常栖息于石下、草丛或土洞内，黄昏时在路旁或草地上出现，冬季匿居于水底的烂草内或泥土中，以各种昆虫为食。

（4）黑龙江林蛙（*Rana amurensis*）

黑龙江林蛙体形较大，皮肤较粗糙，雄蛙背部绿色或后端棕色，雌蛙多为红棕色或棕黄色，有很多黑斑，头较扁平，吻端钝圆而略尖，雄性无声囊，吻棱较明显，鼓膜大，犁骨齿两小团，前肢短，指侧有窄缘膜，关节下瘤明显，后肢较短而肥硕，关节下瘤小而明显。主要栖息在稻田、池塘、水渠和小河附近，白天隐匿在农作物、草丛或水生植物之间，夜间活跃，昼夜均能觅食，但以夜间为主。冬季多选择在土质松软而向阳的河塘岸边的泥土中越冬，以昆虫为食。

（5）中国林蛙（*Rana chensinensis*）

中国林蛙雌蛙比雄蛙体长，头较扁平，吻端钝圆，略突出于下颌，吻棱较明显，鼓膜显著，前肢较短壮，指端圆，较细长，后肢长，趾端钝圆，细长，蹼发达。中国林蛙两栖生活的时间分别为6个月左右，在春天完成冬眠和生殖休眠以后，沿着溪流沟谷附近的潮湿植物带上山，开始营完全的陆地生活，严寒的冬季它们成群地聚集在河水深处的大石块下进行冬眠。以昆虫、蜘蛛、蜗牛等活饵为食，有很强的放舌捕捉各种小型飞虫的能力。已被列入《中国濒危动物红皮书》中。

（6）无斑环太雨蛙（*Dryophytes immaculata*）

无斑环太雨蛙体形较小，头宽大于头长，吻圆，吻棱明显，鼓膜圆而明显，上颌有齿，也有犁骨齿，指、趾端均具有吸盘及马蹄形横沟，指、趾侧均具有缘膜，背部皮肤光滑，颞褶明显，生活时体表呈翠绿色或浅褐色。成体栖息于山涧小溪流、稻田、池塘旁边草丛下，或石缝间，也见于沼泽地，下雨或夜晚则选择灌木丛或稻丛作为栖息位点，以昆虫为食。为中国特有种。

（7）黑斑侧褶蛙（*Pelophylax nigromaculatus*）

黑斑侧褶蛙头长大于头宽，吻部略尖，吻端钝圆，吻棱不明显。鼓膜大，上缘有细颞褶。背面皮肤较粗糙，背侧褶宽，褶间有数行长短不一的肤褶，体侧有长疣或痣粒。体背颜色变异大，杂有许多不规则的黑斑；背侧褶呈金黄、浅棕或黄绿色；腹面光滑，为一致的乳白色或带微红色。常见于水田、池塘、湖沼等静水或流水缓慢的河流附近，白天隐匿于草丛和泥窝内，黄昏和夜间活动。后肢粗壮，善于跳跃和游泳，捕食昆虫纲、腹足纲和蛛形纲等小动物。

6.5.3 爬行类

本区爬行类种类及数量均较少。记录有爬行动物1目3科6属8种，如表6-5所示。

表6-5　爬行类统计表

亚目	科数	属数	种数	种数比例（%）
蜥蜴亚目	1	3	3	37.5
蛇亚目	2	3	5	62.5
合计	3	6	8	100.0

6.5.4　爬行类重要种类及其生态特征

（1）黑龙江草蜥（*Takydromus amurensis*）

黑龙江草蜥体形细长，略扁平，尾细长，可达头体长的2倍以上，头部扁平，头长略大于头宽，体背黑褐色，体背与体侧交界处，由于颜色的不同而相互嵌入，形成2条明显的波齿状花纹，从颈后一直延伸到尾尖。颏片4对，鼠蹊窝3对（少有4对），背鳞较大，具强棱，腹鳞较光滑，近外侧1、2行具微棱，体侧为颗粒状鳞。多栖息在山林边缘、荒山坡、草丛间、路边等处。主要以昆虫及其幼虫、蚯蚓、蜘蛛等为食，卵生。

（2）胎蜥（*Zootoca vivipara*）

胎蜥体形圆长，略平扁，尾细长，圆柱状，头背有对称排列的大鳞，躯干背部被粒鳞，躯干腹面具有成行的长方形平滑大鳞，尾鳞呈长方形，起棱，呈覆瓦状排列，前、后肢均有成行排列的光滑大鳞，后鼻鳞1枚，有鼓膜前鳞，颌围游离缘居中1枚鳞片最小，股窝每侧5~11个。常活动于针叶林边缘的开阔地、林间草甸或沼泽地带，活动于倒木、树根、土洞等处。捕食各种昆虫、蜘蛛，也食蚯蚓、软体动物等，多为卵胎生。

（3）白条锦蛇（*Elaphe dione*）

白条锦蛇，别名枕纹锦蛇，头略呈椭圆形，体尾较细长，全长1m，吻鳞略呈五边形，宽大于高，从背面可见其上缘；鼻间鳞成对，宽大于长，前额鳞一对近方形，额鳞单枚成盾形，瓣缘略宽于后缘，长度约等于其与吻端的距离；顶鳞1对，较额鳞要长。主要生活于平原、丘陵或山区、草原，栖于田野、坟堆、草坡、林区、河边及近旁，晴天白天和傍晚都出来活动。主要捕食壁虎、蜥蜴、鼠类、小鸟和鸟卵，无毒，生命力强，耐饥渴，性情较温顺。

（4）乌苏里蝮（*Gloydius ussuriensis*）

乌苏里蝮体较细长，尾部较短，头呈三角形，颈较细，背部暗褐、棕褐或红褐色，有两行边缘黑色、中间色浅、向体侧开放的大圆斑纵贯全身，眼后黑色眉纹较宽，上缘平直镶白边，下缘略呈波纹不镶白边，尾尖色不浅淡，舌粉红色，有1对颊窝，有前管牙。多见于平原、浅丘或低山的杂草、灌丛、林缘、田野或石堆中，行动迅速，多白天活动，有毒，性不凶猛。

（5）中介蝮（*Gloydius intermedius*）

中介蝮背面砂黄色，具 2 行深褐色圆斑，左右圆斑往往并合，其间的砂黄色在背面形成 1 列窄横纹，眼后黑眉较宽，其上缘镶黄白色边，上唇浅褐色，鼻间鳞两外侧尖细而微弯向后，有颊窝，有管牙。栖息于山石山麓的阳坡，也见于森林边缘、溪流沿岸倒地的树干或枯枝间。主要以蜥蜴为食，也见吃鱼、蛙、鸟及其他蛇类。已被列入《中国濒危动物红皮书》中。

6.6 鸟类

本区域生境复杂，环境多样，鸟类栖息地良好。因此，鸟类资源十分丰富。据统计本区共有鸟类 328 种，占内蒙古鸟类种数的 70.24%，占全国鸟类种数的 25.31%。其中，非雀形目鸟类为 197 种，占本区鸟类种数的 60.06%，占内蒙古非雀形目鸟类种数的 82.08%；雀形目鸟类为 131 种，占本区鸟类种数的 39.94%，占内蒙古雀形目鸟类种数的 57.71%，如表 6-6 所示。本区由于不同季节气候变化极大，因此鸟类组成上季节性变化十分明显。冬候鸟种类很少，仅有 12 种，占本区鸟类种数的 3.66%；留鸟 62 种，占本区鸟类种数的 18.90%；旅鸟 62 种，占本区鸟类种数的 18.90%；夏候鸟种类最多，为 192 种，占本区鸟类种数的 58.54%，如表 6-7 所示。

表 6-6　鸟类统计

地区	全区		内蒙古		全国	
	种数	占全区的百分比（%）	种数	占自治区的百分比（%）	种数	占全国的百分比（%）
非雀形目	197	60.06	240	82.08	574	34.32
雀形目	131	39.94	227	57.71	722	18.14
总 计	328	100.00	467	70.24	1296	25.31

表 6-7　鸟类季节分布

种类	非雀形目		雀形目		合计	
	种数	占比（%）	种数	占比（%）	种数	占本区的百分比（%）
夏候鸟	117	59.39	75	57.25	192	58.54
冬候鸟	3	1.52	9	6.87	12	3.66
旅鸟	47	23.86	15	11.45	62	18.90
留鸟	30	15.23	32	24.43	62	18.90
合计	197	100	131	100	328	100

从分类学上看，本区共有鸣禽 131 种，占鸟类种数的 39.94%；水禽 124 种，占鸟类

种数的 37.81%；猛禽 43 种，占鸟类种数的 13.11%；陆禽 13 种，占鸟类种数的 3.96%；攀禽 17 种，占鸟类种数的 5.18%，如图 6-4 所示。鸟类组成及区系特征如表 6-8 所示。

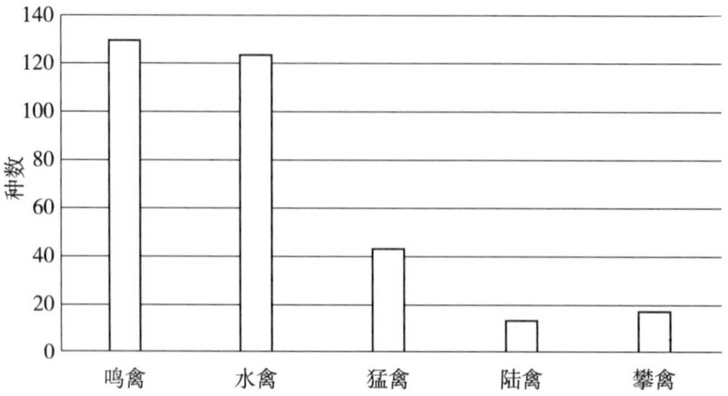

图 6-4　不同生态类群鸟类组成

表 6-8　鸟类组成及区系特征

序号	目别	科数	种数	栖息生境													居留类型					区系从属		
				W	M	FW	FG	FR	WG	GR	WR	FGR	F	G	L	R	S	W	P	R	O	P	O	C
1	潜鸟目	1	2	2																2		2		
2	鲣鸟目	1	1	1													1							1
3	鹈形目	2	8	8													7		1			2	2	4
4	鹳形目	1	3	3													3						1	2
5	雁形目	1	33	33													25		8			12	6	15
6	鹰形目	2	23			2	12		1			8					15	1	1	6		12	6	5
7	隼形目	1	8				8										6		1	1		5		3
8	鸡形目	1	7				7										1			6		5	1	1
9	鹤形目	2	10	10													9		1			8	2	
10	鸻形目	1	1	1													1					1		
11	鸻形目	9	67	62					5								35		32			46	4	17
12	沙鸡目	1	1				1													1		1		
13	鸽形目	1	4				4													4		3		1
14	鹃形目	1	3				3										3					3		
15	鸮形目	1	12				12										3	2		7		5	1	6
16	夜鹰目	2	4								3	1					4					4		
17	犀鸟目	1	1						1								1					1		

（续）

序号	目别	科数	种数	栖息生境													居留类型					区系从属		
				W	M	FW	FG	FR	WG	GR	WR	FGR	F	G	L	R	S	W	P	R	O	P	O	C
18	佛法僧目	1	2	2													2					2		
19	啄木鸟目	1	7										7				1		1	5		7		
20	雀形目	26	131				40	3	19	4	2	2	49	10		2	75	9	15	32		105	1	25
	合计	57	328	122		2	87	3	25	5	2	5	65	10		2	192	12	62	62		224	24	80

栖息生境：W—水域鸟类；M—沼泽鸟类；G—草甸鸟类；F—森林、灌丛鸟类；R—居民区鸟类；L—农田、荒地鸟类。
留居类型：S—夏候鸟；R—留鸟；W—冬候鸟；P—旅鸟；O—偶见或文献记录种类。
区系从属：P—古北种；O—东洋种；C—广布种。

6.6.1　鸟类区系特征

本区鸟类区系组成如图 6-5 所示，古北界鸟占大多数，共有 224 种，占本区鸟类种数的 68.29%；广布种 80 种，占本区鸟类种数的 24.39%；东洋种 24 种，占本区鸟类种数的 7.32%。

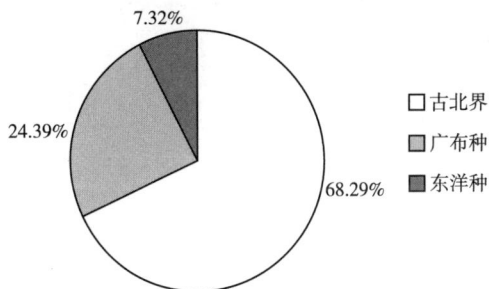

图 6-5　鸟类区系组成

本区的植被区划为温带草原区域、东部草原亚区域、温带草原地带、温带北部草原亚地带、大兴安岭西麓、桦林草原区，因此鸟类多具有北方型的特点，许多北方型鸟类的繁殖区或冬候鸟的越冬分布区主要集中在这里。同时，本区内河流众多，很多在草原水域生境中分布的水禽都会溯河扩展其分布区，到达本区内繁殖。随着人类对自然资源的不断开发和利用，很多鸟类区系也发生了很大的变化。

6.6.2　重要种类及其生态特征

国家一级重点保护鸟类 27 种，其中，鹰形目 7 种，鹤形目 4 种，鹳形目 3 种，鹈形目、雁形目、隼形目、鸡形目、鸽形目各 2 种，鸻形目、鸮形目、雀形目各 1 种。国家二级保护野生鸟类 66 种，其中，鹰形目 16 种，鸮形目 11 种，雁形目、鸽形目各 9 种，雀形目 7 种，隼形目 6 种，鹤形目 3 种，鸡形目、啄木鸟目各 2 种，鹈形目 1 种。

（1）黑鹳（*Ciconia nigra*）

黑鹳体形大，嘴长而粗壮，头、颈、脚均甚长，尾较圆，嘴和脚为红色，体羽除下胸和腹为白色外，其余均为黑褐色。栖息于湖泊、河流、沼泽地。在繁殖期间喜栖息在偏僻而无干扰的开阔森林及森林河谷与森林沼泽地带。性孤独，常单独或成对活动。白天活动，晚上多成群栖息在水边沙滩或水中沙洲上，不善鸣叫，机警而胆小，听觉、视觉均发达。

黑鹳主要以各种鱼类为食，也吃蛙、虾、蟋蟀、蟹、蜗牛、软体动物、甲壳类、啮齿类、小型爬行类、雏鸟和昆虫等其他动物性食物。通常在干扰较少的河渠、溪流、湖泊、水塘、农田、沼泽和草地上觅食，多在水边浅水处觅食。列入《濒危野生动植物种国际贸易公约》（CITES）附录Ⅱ，列入中国《国家重点保护野生动物名录》一级。

（2）白鹳（*Ciconia ciconia*）

白鹳属国家一级保护动物。大型鸟类，体长90~115cm，体重3~3.5kg。翅膀长且宽，可滑翔。体羽白色，翅黑色。鸟喙为红色，喙形较直，嘴基较厚，往尖端逐渐变细，眼周、眼先和喉部的裸露皮肤均为黑色，虹膜为褐色或灰色。幼鸟羽毛为浅棕色，灰暗，鸟喙、眼周、眼先和喉为黑色。栖息于开阔草原上的湖泊、河流及其附近的沼泽地。春秋迁徙季节常出现在农田，冬季多结群活动。白鹳主要在白天觅食，也在有月亮的夜晚觅食，常单独或成对在水域岸边或沼泽地上边走边啄食，主要以鱼、蛙、蝌蚪、蛇、蜥蜴、软体动物、蚯蚓、昆虫为食，也吃鸟卵和小型哺乳动物。

（3）白琵鹭（*Platalea leucorodia*）

白琵鹭全身85cm，嘴形直而平扁，先端扩大成匙状，全身白色，具一丛橙黄色枕冠，眼先、眼周、颊、上喉裸皮黄色，颈、腿均长，腿下部裸露呈黑色。栖息于有水的环境的开阔地域，喜集群活动。常与大白鹭、草鹭的巢杂混在一起，筑巢于稠密的苇丛。以昆虫、蜥蜴、小鱼、蛙、软体动物和水生植物为食，觅食主要在早晨、黄昏和晚上，通常成小群觅食，很少单独觅食。列入CITES附录Ⅱ，为国家二级保护野生动物。

（4）黑脸琵鹭（*Platalea minor*）

黑脸琵鹭嘴长而直，黑色，上下扁平，先端扩大成匙状。脚较长，黑色，胫下部裸出。额、喉、脸、眼周和眼先全为黑色，且与嘴之黑色融为一体。其余全身白色。体形比白琵鹭略小一些。栖息于内陆湖泊、水塘、河口、芦苇沼泽、水稻田、沿海及其岛屿和海边芦苇沼泽地带。常单独或成小群在海边潮间地带及红树林和内陆水域岸边浅水处活动。性沉着机警，喜欢群居。主要以小鱼、虾、蟹、昆虫、昆虫幼虫以及软体动物和甲壳类动物为食。单独或成小群觅食。觅食活动主要在白天，多在水边浅水处觅食。是全球濒危鸟类之一，被《世界自然保护联盟濒危物种红色名录》列为濒危（EN），国家一级保护野生动物。

（5）黑头白鹮（*Threskiornis melanocephalus*）

黑头白鹮属国家一级保护野生动物，列入《世界自然保护联盟濒危物种红色名录》近危（NT）。体长 67~75cm，通体白色。嘴长且向下弯曲，呈黑色。头、颈上部裸露无羽。虹膜为红色或红褐色。脚较短，为黑色。栖息于河湖岸边、沼泽湿地、水稻田、芦苇水塘、沼泽和潮湿草原等开阔地。通常成小群活动，有时也见单独活动在水边或草地上。白天活动，主要吃鱼、蛙、昆虫等动物性食物，常在水边或岸上觅食，将嘴插入水、泥中取食。

（6）白额雁（*Anser albifrons*）

白额雁属国家二级保护野生动物。体长 64~80cm，体重 2~3.5kg，额和上嘴基部有白色环斑，头至后颈暗褐色，上体灰褐色，胸浅灰褐色，腹上部浅灰褐色，杂有黑块斑，腹后部及尾下覆羽白色。嘴淡粉红色，嘴甲近白色，脚橄榄黄色，虹膜褐色。常集小群在湖泊、沼泽地带活动，主要以植物的种子、根茎等植物性食物为食，喜在陆地上觅食，常在白天觅食，晚上在水面休息。

（7）大天鹅（*Cygnus cygnus*）

大天鹅属国家二级保护野生动物。体形高大，体长 120~160cm，体重 8~12kg，通体白色，虹膜暗褐色，嘴黑，上嘴基部两侧的黄斑前伸至鼻孔以下，跗跖、蹼、爪均为黑色。栖息于开阔的、水生植物繁茂的浅水水域。除繁殖期外均成群生活，昼夜均有活动，性机警、胆怯，善游泳。以植物性食物为主，主要食水生植物，在冬季以谷物、土豆或其他农作物作为食物补充，在水中或陆地上取食。

（8）小天鹅（*Cygnus columbianus*）

小天鹅属国家二级保护野生动物。小天鹅与大天鹅非常相似，但体形稍小，嘴基黄斑沿嘴缘向前伸至鼻孔之下。成鸟全身羽毛白色，头顶、颊沾棕黄色。虹膜棕色，嘴黑灰色，跗跖、蹼、爪均为黑色。栖息于开阔水域及其临近的浅水、苔原、沼泽地。多集群活动，性活泼，行动极为小心谨慎。主要以水生植物的叶、根、茎和种子等为食，也吃少量螺类、水生昆虫等其他小型水生动物。

（9）鸳鸯（*Aix galericulata*）

鸳鸯属国家二级保护野生动物。雌雄异色，雄鸟嘴红色，脚橙黄色，羽色鲜艳而华丽，头具艳丽的冠羽，眼后有宽阔的白色眉纹，翅上有一对栗黄色扇状直立羽，像帆一样立于后背，极易辨认。雌鸟嘴黑色，脚橙黄色，头和整个上体灰褐色，眼周白色，其后连一细的白色眉纹，极为醒目和独特。栖息于山间溪流、河谷、针叶林和针阔混交林及其附近水域、内陆湖泊和沼泽湿地、稻田中。为杂食性动物，食物的种类常随季节和栖息地的不同而有变化，繁殖季节以动物性食物为主，冬季的食物几乎都是栎树等植物的坚果，春季和秋季，主要以青草、草叶、树叶、草根、草籽、苔藓等植物性食物为食。常在水中或岸边草地上觅食，觅食活动主要在白天。

（10）金雕（*Aquila chrysaetos*）

金雕属国家一级保护野生动物。体长约85cm，体羽浓褐色，头顶至后颈羽色呈金黄色，尾羽褐黑色，有黑色横带。腿部被羽，幼鸟尾羽白色，有黑色端斑，飞羽有白色斑块。虹膜栗褐色，嘴黑褐色，基部沾蓝，爪黑色。栖息于山地，平时或高居山岩，或在高空中翱翔，性凶猛，通常单独或成对活动，善于翱翔和滑翔，食物以野兔、野鸡、鼠类为主，大型动物亦是其捕食对象。在内蒙古仅有呼伦贝尔地区分布少量金雕。

（11）白肩雕（*Aquila heliaca*）

白肩雕属国家一级保护野生动物。体羽黑褐色，头顶后部至后颈基部及颈侧棕白色，向下色渐深，呈黄褐色，缀深色羽干纹。上体至背、腰和尾上覆羽均为黑褐色，微缀紫色光泽，长形肩羽纯白色，形成显著的白色肩斑。下体、两胁及覆腿羽黑褐色，尾下覆羽黄褐色，翼下覆羽较飞羽色深。尾羽灰褐，具不规则的黑褐色横斑及宽阔黑色端斑，跗跖被羽。虹膜红褐色，趾黄色，爪黑色。栖息于山地森林地带、低山丘陵、森林平原、小块丛林和林缘地带，也见于荒漠、草原和沼泽及河谷地带。常单独活动，或翱翔于空中，或长时间地停息于空旷地区的孤立树上或岩石和地面上。主要以啮齿类、野兔、雉鸡、石鸡、鹌鹑、野鸭、斑鸠等小型和中型哺乳动物和鸟类为食，也吃爬行类和动物尸体。觅食活动主要在白天，以追逐或翱翔的方式在地面抓捕猎物。

（12）白尾海雕（*Haliaeetus albicilla*）

白尾海雕属国家一级保护野生动物。体长约100cm，上体土褐色，背部杂有浓暗黑褐色点斑，成鸟尾羽纯白色，幼鸟尾羽淡棕白色，杂以棕褐色点斑。头、颈羽色较淡，沙褐色或淡黄褐色，嘴、脚黄色，尾羽呈楔形，为纯白色。虹膜黄色，爪黑色。栖息于湖泊、河流、海岸、岛屿及河口地区，繁殖期间尤其喜欢在有高大树木的水域或森林地区的开阔湖泊与河流地带。主要捕食鱼类、野兔、鼠类及鸟类，取食鱼类时，先在水面低空飞行，一旦发现鱼，立即以锐爪抓起。白尾海雕多在白天活动，在大的湖面和海面上空单独或成对飞翔。耐饥性较强，45天不食食物也能存活。

（13）玉带海雕（*Haliaeetus leucoryphus*）

玉带海雕属国家一级保护野生动物。一种大型猛禽，上体暗褐色，下体棕褐色，成鸟尾中间具白色宽带斑。嘴稍细，头细长，颈也较长，头顶赭褐色，虹膜淡灰黄色到黄色，嘴角黑色，幼鸟嘴基部棕褐色，脚和趾黄白色或灰色，爪黑色。栖息于有湖泊、河流和水塘等水域的开阔地区，经常出现在干旱地区和大草原，冬季可能活动于内陆湖泊。以鱼类为食，也食水禽、蛙、爬行类和腐肉。

（14）游隼（*Falco peregrinus*）

游隼属国家二级保护野生动物。头部黑色，脸侧有条明显的略呈等腰三角形的黑色髭纹。尾铅灰色，具数条黑色宽横斑，先端浅白色。下体近白色或茶色，上胸常具有黑色桃形斑，在胸腹及胁部有黑色纵纹和横斑。雌鸟比雄鸟体形大。虹膜褐色，眼睑黄色，嘴银灰色，跗跖为橙黄色，爪黑色。栖息在开阔的农田、河谷、草地或低山丘陵地带，不到大面积的密林中活动。多单独活动，叫声尖锐，略微沙哑。平时飞行并不迅速，但是俯冲最快的鸟类。多在水域上方追捕鸭类及各种游禽和涉禽，食物以鸟类为主，也捕食一些鼠类。

（15）燕隼（*Falco subbuteo*）

燕隼属国家二级保护野生动物。体长约 30cm，上体暗灰色，下体色淡而具黑褐色纵纹，肛周及下腹部棕红色，额、眼先及眉纹乳黄色，头顶、后颈灰黑色，后颈具 1 道不完整的棕白色领斑。尾羽暗灰色，飞羽黑褐色，虹膜暗褐色，嘴暗灰色，先端近黑，脚黄色，爪黑色。栖息环境从半干旱地区到北方的针叶林，主要栖息于低海拔地区的平原和山地，开阔的有树木的地区，开阔平原、旷野、耕地、海岸、疏林和林缘地带。常单独或成对活动，飞行快速而敏捷，主要在空中捕食，食物以昆虫和雀形目小鸟为主。在拂晓和黄昏时非常活跃。

（16）红脚隼（*Falco amurensis*）

红脚隼属国家二级保护野生动物。体长 26~30cm，雄鸟、雌鸟及幼鸟体色有差异。雄鸟通体石板灰色，翼下覆羽纯白色，覆腿羽及尾下覆羽棕红色；雌性背部似雄性，但稍沾青铜色，下体及翼下覆羽多具斑纹，覆腿羽棕黄色。幼鸟与雌鸟相似，但上体较褐，具宽的淡棕褐色端缘和显著的黑褐色横斑。虹膜暗褐色，眼周围裸出部分黄色，嘴石板灰色，基部黄色，脚和趾橙黄，爪淡肉黄色。喜栖息于开阔的沼泽附近的森林地带、林地边缘、针叶林和落叶林地区及村镇，很少出现在无树的大草原和茂密的林地上。主要以昆虫、小鸟和蜥蜴为食，一般清晨和傍晚取食，非繁殖季节常集群捕食，在空中或地面捕食，可在空中悬飞，俯视猎物。

（17）灰背隼（*Falco columbarius*）

灰背隼属国家二级保护野生动物。体形中等，上体蓝灰色，各羽缀以黑色干纹，胸、腹和两胁有棕褐色粗纹，嘴黑蓝色，先端黑色，下颈及颈侧基部黄棕色，具黑褐色纵纹。虹膜暗褐色，眼周黄色，脚和趾橙黄色，爪黑褐色。栖息于山区河谷、林缘及旷野等处的开阔地带。体形小但凶猛，飞行迅速敏捷。常单独活动，叫声尖锐。主要以昆虫、小鸟、鼠类等为食，在空中飞行捕食，有时也在地面上捕食。

（18）猎隼（*Falco cherrug*）

猎隼属国家一级保护野生动物。体大且胸部厚实的浅色隼，颈背偏白，头顶浅褐。眼下方具不明显黑色线条，眉纹白。上体多褐色而略具横斑，尾具狭窄的白色羽端。下体偏白色，狭窄翼尖深色，翼下大覆羽具黑色细纹。幼鸟上体褐色深沉，下体满布黑色纵纹，虹膜褐色，嘴灰色，爪黑色。在非繁殖季节可栖息的生境范围较广，但环境中必须有开阔的空地，常活动于没有树木的大草原、开阔的林地等。主要以鼠和兔等小型的哺乳动物为食，在离巢或栖息地较远处取食，多数在地面上捕食。

（19）矛隼（*Falco rusticolus*）

矛隼属国家一级保护野生动物。体形最大的隼，有暗色型、白色型和灰色型，暗色型头和头侧白色，头顶有粗著的暗色纵纹，尾具褐色横斑，下体白色，具暗色横斑；白色型体羽主要为白色，背和翅具褐色斑点；灰色型羽色介于以上两类色型之间。虹膜淡褐色，嘴铅灰色，跗跖和趾为暗黄褐色，爪黑色。栖息于开阔的岩石山地、沿海岛屿、临近海岸的河谷和森林苔原地带。矛隼凶猛敏捷，既能捕捉飞行中的鸟类，又能逮住地上奔跑的哺乳类。主要以鸟类和小型哺乳动物为食，在地面或水面捕食的情况较多，空中捕食较少。

（20）红隼（*Falco tinnunculus*）

红隼属国家二级保护野生动物。全长约33cm，雄鸟上体赤褐色，有黑色横斑。前额、眉纹、眼先灰白色，微沾棕。头顶、枕、后颈浅棕色，翅上覆羽与背同色，尾羽灰棕色，尾上覆羽青灰色。胸、腹及两胁乳黄色，覆腿羽、尾下覆羽亦为乳黄色。虹膜暗褐色，嘴蓝灰色，先端石板褐色，基部和蜡膜黄色，脚和趾深黄色，爪黑色。栖息于开阔的长有草木植物或低矮灌丛的地区、无树木大草原，甚至荒漠地区和旷野、耕地、长有植被的湿地。主要以小型哺乳动物为食，也食小鸟、昆虫和蜥蜴等。在离地面很低的空中飞行觅食。

（21）黄爪隼（*Falco naumanni*）

黄爪隼属国家二级保护野生动物。小型猛禽，雄鸟头、颈和翅上覆羽为淡蓝灰色；尾羽淡蓝色，具宽阔黑色次端斑和近白色端斑，下体棕黄色或肉桂粉黄色；雌鸟前额、眉纹白色，上体包括翅上覆羽和内侧飞羽，呈淡栗色，下体肉桂皮黄色，具黑色纵纹。嘴蓝灰色，跗跖和趾淡黄色，爪淡白色。栖息在荒山、开阔的荒漠、草地、林缘、河谷及村屯附近，喜欢在荒山岩石地带和有稀疏树木的地区活动。常营巢于废弃的建筑物中、山区河谷悬崖峭壁的凹陷处、岩洞中、碎石中、树洞中或墙上、土坝上。主要以蝗虫、蚱蜢等大型昆虫和小型脊椎动物为食，喜集小群捕食。

（22）柳雷鸟（*Lagopus lagopus*）

柳雷鸟属国家二级保护野生动物。在松鸡家族中是一种中等体形的鸟，体形似鸽子，冬季除嘴、外侧尾羽及飞羽的羽轴为黑色外，雌雄全身皆为白色，其他季节羽色变异较大，但大体都上体暗色，下体前部具各种暗色条纹。跗跖被羽到趾，虹膜褐色，嘴黑色，眼上裸皮及羽冠红棕色。是典型的寒带鸟类，夏秋季喜欢栖居于幼桦林、桦树为主的混交林，落叶松林和有块状松林的苔藓沼泽地。冬季常栖息在河边柳丛、小块林地的灌木林内。食物以植物性的为主，很少吃昆虫，冬季主要吃桦、柳、杨等树的嫩芽和枝叶。其他季节吃悬钩子、野蔷薇、越橘等的浆果、花、嫩叶和芽。

（23）黑嘴松鸡（*Tetrao urogalloides*）

黑嘴松鸡属国家一级保护野生动物。雌雄异色，雄性全身几乎为纯黑褐色，头顶具靛蓝色光泽，胸部有铜绿色光泽，尾上和尾下覆羽均具有白色斑纹或斑点，为楔状，呈纯黑色并带铜绿光泽，腹部黑色，微具白斑，胁部具蠕虫状淡细纹。雌性上体棕黄色，具黑色横斑，头顶黑色，斑点常呈圆点状。喉乳白色，具黑色细纹，下体淡棕锈色，具白、黑及黄棕色横斑。虹膜棕色，嘴铅黑色，眼上裸皮红色，趾黑色。栖息在大兴安岭北部的原始森林内，早春喜欢在河谷两旁活动，冬季多在山地阳坡气温较高的林内。主要食物为落叶松、桦及柳的嫩枝，忍冬的红浆果、叶片，越橘的浆果，也吃一些昆虫类食物。黑嘴松鸡活动和觅食都是在白天，觅食多在树上采食，有时也在地上。

（24）黑琴鸡（*Lyrurus tetrix*）

黑琴鸡属国家一级保护野生动物。中等体形，大小似家鸡，雄性体羽暗黑褐色，头、颈、背和腰闪蓝绿色金属光泽，翅上有明显的白色斑块，外侧尾羽向外卷呈古琴状；雌性体羽黄褐色，具黑褐色横斑，尾呈叉状。虹膜褐色，嘴和爪为黑色，眼上有一半月形红色斑。栖息于森林和草甸草原，栖息地随季节而变化，春季常活动于疏林、林缘、灌丛或草甸；夏季多活动于林内地面；秋季活动在长有山荆子和越橘的环境；冬季主要活动在桦树林、山杨林、河谷及河流两岸。喜集群活动，飞行有力而迅速，常呈直线飞行，亦善于奔走。主要以各种乔木、灌木的嫩叶、嫩芽、花序、果实等为食，也吃昆虫、杂草种子、各种草本植物的嫩叶。

（25）花尾榛鸡（*Tetrastes bonasia*）

花尾榛鸡属国家二级保护野生动物。体长 35cm 左右，体棕灰色，具栗褐色横斑，头上有短羽冠，雄性喉部黑色，周缘有白色环带，雌性喉棕黄色，具黑色羽缘，喉周的白色环带不明显，外侧尾羽呈花斑状，具一条宽阔的黑褐色次端斑，趾具栉缘。虹膜栗红色，嘴黑色，趾黑褐色，雏鸟的嘴和脚黄色。为典型的森林鸟类，主要栖息于山地森林中，特别喜欢栖息于林下具有茂密的下木、倒木、灌木的林中，冬季主要栖息在山杨、白桦林内以及林中的河流两岸的灌丛中。喜集群活动，花尾榛鸡的食性有明显的季节性变化，主要以植物性食物为主，春夏季食物中有动物性食物，包括蚊、蚂蚁、蜘蛛等，冬季全部为植物性食物，包括桦树、榛树、杨树、柳树、赤杨、红松、椴树、山里红、忍冬、蓝靛果等乔木、灌木和草本植物的嫩枝、嫩叶、花苞、花序、果和种子等。

（26）灰鹤（*Grus grus*）

灰鹤属国家二级保护野生动物。体长 100~120cm，颈、嘴、脚长，全身羽毛大都为灰色，头顶裸出皮肤鲜红色，眼后至颈侧有一灰白色纵带，脚黑色。虹膜黄褐色，嘴青灰色，先端略淡，腿灰黑色。在繁殖季节喜栖息于各种沼泽、湿草甸环境，非繁殖季节栖息于平原、草地、浅水流域、沼泽、河滩、湖泊以及农田地带。集群活动，性机警，不易接近。杂食性动物，以植物性食物为主，特别是在非繁殖季节，主要食植物的叶、茎、嫩芽、块茎、种子等，在夏季也食软体动物、昆虫、蛙、蜥蜴、鱼类等。

（27）丹顶鹤（*Grus japonensis*）

丹顶鹤属国家一级保护野生动物。体长 120~160cm，全身大部分为白色，头顶鲜红色，前额、眼先、喉和颈为黑色，眼后、耳羽及枕部白色。虹膜褐色，嘴绿灰色，脚黑色。栖息于水域环境中，夏季喜欢栖息于芦苇丛深处、苔草沼泽和湿草甸，冬季栖息于江河、淡水湿地、泥滩地以及稻田等环境中，常成对或成家族群和小群活动，食性较杂，主要以昆虫、水生无脊椎动物、鱼、两栖类动物、啮齿类动物以及芦苇、杂草和其他水生植物为食，也食人们丢弃的米饭和谷物，常边走边啄取食物。

（28）白枕鹤（*Grus vipio*）

白枕鹤属国家一级保护野生动物。体形与丹顶鹤相似，略小于丹顶鹤，全身大都为石板灰色，前额、头顶前部、眼先和头侧眼周皮肤裸出，颜色为鲜红色，耳羽黑灰色，头和后颈白色，尾羽暗灰色，末端具宽的黑色横斑。虹膜暗褐色，嘴黄绿色，脚粉红色。栖息于开阔的湿地、江河峡谷的湿草甸以及沿湖的边缘，有时也出现于农田和海湾地区，尤其是迁徙季节。除繁殖期成对活动外，多成家族群或小群活动。以植物的根、块茎、种子和谷物等为食，也食小的无脊椎动物和人类丢弃的米饭。

（29）白鹤（*Grus leucogeranus*）

白鹤属国家一级保护野生动物。体长 130~140cm，体羽白色，初级飞羽黑色，站立时黑色的初级飞羽被遮住，故外观通体白色，飞翔时可见黑色初级飞羽。自嘴基、额至头顶以及两颊皮肤裸露，呈砖红色。虹膜棕黄色，嘴和脚肉红色。栖息于开阔平原、沼泽草地、苔原沼泽和大的湖泊岸边及浅水沼泽地。常成对、家族群或百只大群在湖边、沼泽地觅食。为杂食性动物，主要以植物的根、茎、种子、嫩芽等为食，也食昆虫、鱼、软体动物、甲壳动物等动物性食物。

（30）白头鹤（*Grus monacha*）

白头鹤属国家一级保护野生动物。头和颈白色，前额、眼先黑色，头顶裸皮鲜红色。其余部分大都为石板灰色，两翅灰黑色。嘴黄绿色，腿灰黑色，虹膜棕褐色。幼鸟颜色略带褐色，前额、头顶前部灰黑色，无裸皮，颈棕黄色。栖息于河流、湖泊的岸边泥滩、沼泽和芦苇沼泽及湿草地中。常成对或成家族群互动，边走边在泥地上挖掘觅食。主要以水生植物、浆果、昆虫、蛙和蜥蜴等为食，在冬季，植物的根、茎、种子、果实以及人造食物等也是白头鹤的食物。

（31）蓑羽鹤（*Grus virgo*）

蓑羽鹤属国家二级保护野生动物。世界上现存鹤类中体形最小的一种，雌雄相似，雄性稍大。体羽蓝灰色，额灰黑，头顶灰色，眼先、头侧、颏、喉和前颈黑色，前颈的黑色蓑羽悬垂于前胸。虹膜红色，嘴橄榄灰色，先端淡黄略沾红色，脚黑色。栖息于草甸草原、典型草原和荒漠草原，喜集群活动，常在河滩、农田及干燥的湿地觅食，性胆小而机警，善奔走，主要以植物的种子、根、茎、叶为食，也食野鼠、蜥蜴、软体动物和昆虫。取食时，缓慢行走。

（32）花田鸡（*Coturnicops exquisitus*）

花田鸡属国家二级保护野生动物。体长 12~13cm，上体褐色，具黑色纵纹，前额、头顶、上颈驼色，具细小白色斑点，喉白色，两胁及尾下覆羽黑褐色，具白色横斑，尾短而上翘，腹白色。虹膜褐色，嘴黄褐色，脚黄褐色。常单独活动于沼泽附近的草丛中，多在黎明和傍晚活动，在河边或湖边的草丛中觅食，以水生昆虫、藻类、贝类为食。

（33）大鸨（*Otis tarda*）

大鸨属国家级一级保护野生动物。嘴短，头长，基部宽大于高，翅大而圆，体粗大，头顶及前胸灰色，上体淡棕色，密布宽阔的黑色横斑，下体近白色，足只有 3 趾，均向前。典型的草原鸟类，主要栖息于平坦或起伏的开阔低草平原，春季和夏季喜栖息于昆虫、花草丰富的草原、平原。性耐寒、机警，善奔走，不鸣叫。主要以植物性食物为食，有时也吃昆虫、小的哺乳动物、两栖动物和雏鸟。特别是繁殖季节，动物性食物增加。

（34）小杓鹬（*Numenius minutus*）

小杓鹬属国家二级保护野生动物。体长 30cm 左右，是体形最小的杓鹬，头顶黑褐色，具较细的中央冠纹，嘴不甚长，在端部弯曲，为肉红色，仅端部褐色。体羽呈褐色与白色相间的细小斑驳状，两侧冠纹黑色。雌雄同色。虹膜褐色，颈裸出部分及脚灰绿色。栖息于沼泽湿地、水田及滨水岸边，平时大多单独或成小群活动，迁徙时成大群，飞翔迅速。啄食昆虫、昆虫幼虫、小鱼、小虾、甲壳类和软体动物等，有时也吃藻类、草籽和植物种子。

（35）灰燕鸻（*Glareola lactea*）

灰燕鸻为国家一级保护野生动物。体长 18cm，浅色，似燕。上体沙灰，腰白，翼下覆羽黑色，尾平，但近端的楔形黑色斑使尾看似叉形。下体白，胸沾皮黄。虹膜褐色，嘴大，呈黑色，基部具 1 个小的红色斑，脚为黑褐色或灰黑色。常栖息于大的河流沿岸的沙滩和沙石地上，以及附近沼泽和农田地带，成群活动，飞翔敏捷而快速，在黄昏时飞行最为活跃。食物主要为昆虫，有时也吃小的甲壳类和软体动物，主要在水面和沼泽地上空飞翔捕食。

（36）遗鸥（*Ichthyaetus relictus*）

遗鸥属国家一级保护野生动物。体长为 40cm 左右，头的上部至后颈前缘，下部至喉均为黑色，额、眼先及头顶沾棕褐色。背及翅灰色，余部近白色，冬羽头白色，耳区有一暗色斑，头顶至后颈沾有暗色斑点。虹膜褐色，嘴暗红色，脚橙红色，爪黑色。栖息于开阔平原和荒漠与半荒漠地带的咸水或淡水湖泊中，巢大多营于湖心岛。非繁殖期时集群生活，主要以小鱼、昆虫、水生无脊椎动物为食，也吃藻类及柠条和白刺等的嫩枝叶等植物性食物。

（37）小鸥（*Hydrocoloeus minutus*）

小鸥属国家二级保护野生动物。体长 25~30cm，是鸥属中最小的一种鸥。嘴细窄、暗红黑色，脚红色。夏羽头黑色，眼无新月形白斑，后颈、下体、腰、尾上覆羽和尾羽白色，下体微缀玫瑰色。背、肩、翼上覆羽和飞羽上表面淡珠灰色，翼下表面黑色，翼尖和翼后缘白色。冬羽头白色，头顶和枕部有黑色斑。喜欢有水生植物的水域，主要栖息于河流、湖泊、水塘及沼泽地，非繁殖季节多栖于河口、海岸。常成群活动，多数时候在水面的上空飞翔，飞行轻快、敏捷。主要以蜻蜓、甲壳类等无脊椎动物为食。可水面觅食，也可在飞行中捕食昆虫，有时也在陆地上取食。

（38）黑浮鸥（*Chlidonias niger*）

黑浮鸥属国家二级保护野生动物。水型水禽，体长约 24cm。嘴较长而尖，呈黑色，脚红褐色，繁殖期头颈和下体黑色，非繁殖期前额和下体白色，背和尾灰色，尾下覆羽白色，翅下覆羽白色。虹膜暗褐色。栖息于多植物的内陆水池、湖、沼泽和盐度略大的沼泽等水域，常单只或小群飞翔，在水面低空鼓翅觅食。以水生昆虫、小鱼、蜗牛、蝌蚪等为食，繁殖季节主要以昆虫为食。

（39）红角鸮（*Otus sunia*）

红角鸮属国家二级保护野生动物。体形较小，脸盘发达，上体、两翅和尾的表面大都棕黄色。腹部白色，尾下覆羽淡棕色，并密布以褐斑，腋羽和翼下覆羽几纯棕白色，眼金黄色，嘴暗绿褐色，下嘴先端近黄，趾肉灰色，爪暗褐色。栖息于山地林间，筑巢于树洞中，白天隐藏于密林中的树枝上，夜间鸣叫觅食，视力甚强，直飞捕捉为食，飞行速度较快。以昆虫、鼠类、小鸟为食。

（40）雕鸮（*Bubo bubo*）

雕鸮为国家二级保护野生动物。体形大，翅长达 450mm。耳羽发达，体羽大都棕色，密布浅黑色横斑，头顶黑褐色，腰和尾上覆羽棕黄色，尾羽棕色，腹部和两胁黑色羽干纹变细，尾下覆羽棕白，缀黑色波状细纹。虹膜金黄色，嘴暗铅色，爪铅色。栖息于山地、草原、林区。通常远离人群，活动在人迹罕至的偏僻之地。除繁殖期外常单独活动，夜行性，白天多躲藏在密林中栖息。以鼠类为食，也吃野兔、蛙、鸟类等。

（41）毛腿雕鸮（*Bubo blakistoni*）

毛腿雕鸮属国家一级保护野生动物。大型鸮类，雌雄体色相近，体长 71~77cm，外形和雕鸮相似，但耳羽簇长而尖，面盘不明显，趾不被羽。体羽大都黄褐色，具黑色羽干纹。喉白色，虹膜橙黄色，嘴角质灰色或珠灰，基部沾蓝色。常单独活动和栖息，多于低山山脚林缘与灌丛地带的溪流、河谷处栖息，夜行性，白天隐藏于河边的树上或河流沿岸的土崖上，黄昏和夜晚出来活动。主要以鱼类为食，也吃虾、蟹等其他水生动物。

（42）雪鸮（*Bubo scandiacus*）

雪鸮属国家二级保护野生动物。体形较大，头圆而小，面盘不显著，没有耳羽簇，体羽大都白色而具褐色斑，背和胸部羽毛全白。虹膜黄色，上嘴银灰色，下嘴黑褐色。爪基部深灰褐色，端部黑色。栖息于冻土和苔原地带，也见于荒地丘陵，白天多在树上休息，夜间活动取食。主要以鼠类、昆虫、鸟为食，也捕食野兔。

（43）猛鸮（*Surnia ulula*）

猛鸮属国家二级保护野生动物。额、头顶、枕部各羽白色，先端和基部为黑褐色，耳孔后面的羽为黑色，背黑褐色，具白色横斑，腰、尾上覆羽黑褐色，腹、尾下覆羽白色，具黑褐色粗横纹。虹膜淡黄色，嘴淡黄色，趾被有羽毛，具黑褐色斑。栖息在针叶林和针阔混交林中，常在林缘活动，尤其喜欢林中的开阔地。一般在白天活动，飞行速度快，且不发声。主要以啮齿动物为食。

（44）长尾林鸮（*Strix uralensis*）

长尾林鸮属国家二级保护野生动物。面盘显著，呈银灰色并具黑褐色羽干纹，上体浅灰褐色，后颈褐色羽干纹宽阔，两侧羽片象牙白色，背羽纵纹较窄，尾羽棕褐色，具深灰褐色横斑。覆羽具黑褐色纵纹。尾下覆羽象牙白，翼下覆羽象牙白，并杂以褐色纵纹。虹膜暗褐色，嘴黄色，脚被羽，具黑褐色斑，爪淡褐色。栖息在针叶林的密林中，喜单独活动，白天停息，夜间活动。除繁殖期外很少鸣叫，以鼠类和昆虫为主要食物，有时捕食鸟类。

（45）乌林鸮（*Strix nebulosa*）

乌林鸮属国家二级保护野生动物。体形较大，面盘具独特深浅色同心圆，眼鲜黄色，眼间有对称的"C"形白色纹饰，背羽灰多于棕。下体银白色，腹羽具粗阔纵纹和细疏横斑，尾羽灰色。虹膜淡黄褐色，嘴黄色，先端浅褐色，爪黑色。栖息于原始针叶林和针阔叶混交林中，除繁殖期外，常单独活动，飞翔迅速。白天停留在大树枝上，夜间活动、觅食，食物以鼠类为主，也吃小鸟和中型鸟类等。

（46）长耳鸮（*Asio otus*）

长耳鸮属国家二级保护野生动物。体羽棕黄色，杂以黑褐色斑纹，腹部纵纹有横枝，耳羽簇长，颏白色，头顶、枕部及耳羽黑色，近端羽缘深乳黄色，远端羽缘污白杂褐色点斑。后颈、背、肩羽具宽阔的黑褐色羽干纹。腰浅棕与黑褐色相杂，尾羽基部棕色。虹膜橙黄色，嘴黑色，爪暗铅色。栖息于针叶林、阔叶林、针阔混交林等各种类型的森林中，以及农田、草原的人工林中。夜行性，白天多躲藏在树林中，黄昏和晚上才开始活动，平时多单独或成对活动，以啮齿类动物为食。

（47）短耳鸮（*Asio flammeus*）

短耳鸮属国家二级保护野生动物。体形略似长耳鸮，但耳羽簇不显著，下体纵纹较细并无横纹。虹膜金黄色，嘴和爪为黑色。上体羽棕黄色，杂以宽阔的黑色羽干纵纹，下体羽淡棕白色，胸部棕色较著，腋羽纯白色，趾被棕黄色羽毛。栖息于森林、草原、荒漠、丘陵及沼泽地等环境，白天和夜间均有活动，平时多潜伏于草丛间，受惊后起飞，飞行速度慢，多贴地飞行。主要以小型哺乳动物为食，也吃小鸟、蜥蜴、昆虫，偶尔吃植物的种子和果实。

（48）鬼鸮（*Aegolius funereus*）

鬼鸮属国家二级保护野生动物。雌雄羽色相同，额、头顶、枕部为深灰褐色，并有白色圆形斑纹，眼小，从额至眼有 1 条白色条纹，后颈深灰褐色，并具有 2 条较宽的白色颈环。背、肩羽、腰和尾上覆羽深灰褐色，杂以白斑，胸、腹、胁部羽毛为白色，具深灰褐色轴斑，尾为深灰褐色。虹膜黄色，嘴浅黄色，脚被羽，呈白色，具深灰褐色小斑点。栖息于针叶林和针阔叶混交林，夜行性，白天隐藏在树枝上，大多单独活动，没有迁徙行为，主要以鼠类和昆虫为食，也捕捉鸟类和蛙类。

（49）花头鸺鹠（*Glaucidium passerinum*）

花头鸺鹠属国家二级保护野生动物。体形小，体长约 18cm，上体灰褐色，头、背和肩密布白色斑点，其中，头顶部的斑点更细密。眼先及眉纹白色，耳羽灰褐色，有白色横斑，尾羽棕褐色，有白色横斑和端斑，喉灰褐色，羽端白色。下体余部白色。虹膜鲜黄色，嘴角黄色，爪黑色。栖息于开阔的针叶林和针阔混交林中，多为夜行性，白天大多躲藏于密林深处，偶尔也在白天活动和觅食，性情凶猛，嘴、爪强健有力，主要以鼠类和小鸟为食，也吃蝙蝠和昆虫。

（50）纵纹腹小鸮（*Athene noctua*）

纵纹腹小鸮属国家二级保护野生动物。体形较小，翅长 170mm 左右，上体棕褐色，背羽缀棕白斑，下体棕白色，具棕褐色纵纹。耳羽栗色，具棕白色纵纹，耳羽簇不明显。尾羽呈棕褐色，具棕白色横斑，腋羽纯白色。虹膜黄色，嘴黄绿色，爪栗色。栖息于低山丘陵、林缘灌丛和平原森林地带，也出现在农田、荒漠和村庄附近的丛林中。常单只停息在大树、电线杆上。主要在白天和黄昏捕食。在电线杆或树顶等待猎物出现，然后快速追击追捕。食物主要是昆虫和鼠类，也吃小鸟、蜥蜴、蛙类等小动物。

（51）东方白鹳（*Ciconia boyciana*）

东方白鹳属国家一级保护野生动物，被《中国物种红色名录》列为濒危物种。全长约111cm，雌雄同色。体羽白色，前颈有松散饰羽，翅黑色，有铜绿色光泽。眼周裸露皮肤朱红色。虹膜粉红色，外周黑色，嘴黑色，脚红色。栖息于有稀疏树木生长的湖泊、河流及其附近的沼泽地和草地。主要以鱼为食，也吃软体动物、环节动物、蛙、蛇、蜥蜴和小型啮齿动物。

（52）疣鼻天鹅（*Cygnus olor*）

疣鼻天鹅属国家二级保护野生动物，被《中国物种红色名录》列为近危物种。全长约150cm。虹膜褐色，嘴橙黄色。脚黑色。雄鸟前额有黑色疣瘤状突起，通体白色。雌鸟体形稍小，前额突起不明显。栖息于多水草或芦苇丰富的开阔水域。以水生植物为主要食物，偶吃软体动物、昆虫和小鱼。常以家庭为单位活动。

（53）中华秋沙鸭（*Mergus squamatus*）

中华秋沙鸭属国家一级保护野生动物，被《中国物种红色名录》列为易危物种。全长约60cm。虹膜褐色，嘴红色，跗跖红色。雄鸟头至上颈部暗绿色，有绿色金属光泽，头上有长冠羽，背部黑色，腰、翼镜、尾上覆羽、胸腹部白色，体侧有黑色鱼鳞斑。雌鸟色暗，多灰绿，头棕褐色。栖息于阔叶林或针阔叶混交林的水域，善游泳、潜水。以鱼类和昆虫为食。

（54）凤头蜂鹰（*Pernis ptilorhynchus*）

凤头蜂鹰属国家二级保护野生动物。全长约58cm。虹膜橘黄色，嘴灰色，蜡膜黄色，脚黄色。色型变化较大。具不明显羽冠，有黑色喉中线。翼下常有黑色横带，尾下有2条粗黑带或3条细黑带。相对其他猛禽，更显头小。雌鸟显著大于雄鸟。栖息于山区、丘陵的稀疏针叶林和针阔混交林，以及草原和农田边缘。以蜜蜂、蝴蝶及其幼虫、蝗虫、蛙、蛇等为食。

（55）黑鸢（*Milvus migrans*）

黑鸢属国家二级保护野生动物。全长约65cm。体羽暗褐色，缀棕黄色斑，耳羽黑褐色，初级飞羽腹面基部具白色花斑，飞行时在翼下形成大型白斑，尾羽长且分叉。虹膜棕色，嘴灰色，蜡膜黄色，颏、喉、两胁棕色，呈纵纹状，脚黄色。亚成鸟体具白色或淡棕色纵斑纹。栖息于村庄、城郊附近，以小型动物、昆虫、鱼类及腐肉为食。

（56）苍鹰（*Accipiter gentilis*）

苍鹰属国家二级保护野生动物。体长 46~63cm。虹膜成鸟红色，幼鸟黄色，喙角质灰色，脚黄色，胸部突出明显，似鸽子。雄鸟头顶、枕和头侧黑褐色，具明显的白色眉纹，无喉中线；上体青灰色，下体密布褐色横纹；尾具宽阔的黑色横斑。雌鸟多褐色。亚成体上体褐色浓重，羽缘色浅呈鳞状纹，下体具深色纵纹。栖息于林地，捕食中小型鸟类及野兔等小型哺乳动物。

（57）雀鹰（*Accipiter nisus*）

雀鹰属国家二级保护野生动物。体长 32~38cm。虹膜艳黄色，喙角质色，端黑，脚黄色。雄鸟上体暗灰色，面颊棕红色，无颊纹，下体灰白色，具红褐色或褐色横纹。雌鸟上体褐色，下体灰白色，胸、腹部及腿布满褐色横斑，面颊无棕色，具白色眉纹。栖息于山地森林和林缘地带，喜在高山幼树上筑巢。

（58）松雀鹰（*Accipiter virgatus*）

松雀鹰属国家二级保护野生动物。体长约 33cm。嘴黑色，蜡膜灰色。似日本松雀鹰，但喉中线更粗，翼下覆羽及腋部棕色，有黑色横斑，飞行时可见第二枚初级飞羽短于第六枚初级飞羽，日本松雀鹰则相反。栖息于森林，捕食小型鸟类、两栖爬行类。

（59）普通鵟（*Buteo japonicus*）

普通鵟属国家二级保护野生动物。体长约 46cm。虹膜黄色至褐色，喙灰色，端黑，蜡膜黄色，脚黄色。体色变化大，上体主要为深褐色，下体主要为褐色或淡褐色。尾羽色深，具多道暗色横斑。飞翔时初级飞羽基部有明显的深色斑。与大鵟的明显区别是体形小、跗跖无被羽。繁殖期主要栖息于山地森林，秋冬季节多出现在低山丘陵和山脚平原，以野兔、蜥蜴、蛙类和昆虫为食。

（60）大鵟（*Buteo hemilasius*）

大鵟属国家二级保护野生动物。体长约 70cm。虹膜黄色，嘴蓝灰色，蜡膜黄绿色，脚黄色。体羽褐色但深浅色型较多。头顶和颈后色浅，飞行时翅膀较长而尾较短，下体深色部分接近下腹部，深色部分在下体中央不相连，翼上初级飞羽基部有大片颜色较浅，跗跖粗壮具长被羽。栖息于山地、平原、草原、林缘和荒漠地带，以鼠类、野兔、小鸟等为食。

（61）毛脚鵟（*Buteo lagopus*）

毛脚鵟属国家二级保护野生动物。体长约 54cm。虹膜黄褐色，嘴深灰色，蜡膜黄色，跗跖被羽，脚黄色。头颈部色浅，上体褐色，下体色浅，具深色纵纹。尾羽中上部至尾上覆羽白色并具标志性黑色次端斑。繁殖期主要栖息于靠近北极地区，越冬期栖息于开阔地带，以鼠类等为食。

（62）鹰雕（*Nisaetus nipalensis*）

鹰雕属国家二级保护野生动物。体长约74cm。虹膜黄色至褐色，嘴偏黑色，蜡膜绿黄色，脚黄色。头后具长黑色羽冠，常醒目竖立。上体灰褐色，喉、胸白色且有明显纵纹和横斑，下体其余浅褐色，两翼宽阔，飞行时翼下可见平行黑斑，尾打开呈扇形，亦有平行横斑。栖息于高山密林、平原乔木上，以野兔、各种鸡形目鸟类和鼠类为食。

（63）乌雕（*Clanga clanga*）

乌雕属国家一级保护野生动物，被《中国物种红色名录》列为易危物种。体长约70cm。虹膜褐色，喙灰色，脚黄色。体羽黑褐色，飞翔时尾短，尾上覆羽具白色"U"形斑，尾下覆羽棕褐色。羽色随年龄变化大，亚成体翼上覆羽具浅色大斑点，极易辨识。栖息于草原、湖泊、滨海湿地等多水的开阔生境。性情孤独，取食鼠、蛙、蛇、鸟、鱼及动物尸体等。

（64）鹊鹞（*Circus melanoleucos*）

鹊鹞属国家二级保护野生动物。体长约42cm。虹膜黄色，喙角质色，脚黄色。雄鸟头、颈、胸部黑色，背灰色，腹白色。飞行时翼上具条形黑斑，翼尖黑色。雌鸟上体灰褐色，飞行时翼上具条形褐色斑块，翼尖黑褐色，尾灰色，具深色横斑，下体皮黄色，具棕色纵纹。栖息于沼泽地、农田等开阔生境，捕食鼠类和小型鸟类。

（65）白腹鹞（*Circus spilonotus*）

白腹鹞属国家二级保护野生动物。体长约50cm。虹膜雄鸟黄色，雌鸟及幼鸟浅褐色，嘴灰色，脚黄色。雄鸟头、背部灰色，头、颈色浅具深色纵纹，腹羽及尾下覆羽白色，初级飞羽黑色。雌鸟似白尾鹞，不同之处是尾上覆羽无白色，耳后无浅色项链样斑纹。栖息于沼泽地、农田等开阔生境，捕食鼠类和小型鸟类。

（66）白尾鹞（*Circus cyaneus*）

白尾鹞属国家二级保护野生动物。体长约50cm。虹膜浅褐色，嘴灰色，脚黄色。雄鸟上体灰色，从头至尾由深变浅，下体偏白色，翅尖黑色。雌鸟颈侧具项链样浅色斑纹，背羽褐色，具黑色横斑，尾上覆羽白色。栖息于沼泽地、农田等开阔生境，捕食鼠类和小型鸟类。

（67）秃鹫（*Aegypius monachus*）

秃鹫属国家一级保护野生动物，被《中国物种红色名录》列为近危物种。体长约100cm。虹膜深褐色，喙角质色，蜡膜蓝色，脚灰色。体羽黑褐色。枕后具簇羽，颈部灰蓝色，被绒羽领。成鸟头、颈皮肤裸露，两翼宽大，翼缘平行，7枚初级飞羽散开分叉深，尾短，呈楔形。多单独活动，有时结3~5只小群，多以动物尸体为食，也捕食活猎物。

（68）草原雕（*Aquila nipalensis*）

草原雕属国家一级保护野生动物。体长约65cm。虹膜浅褐色，嘴灰色，蜡膜黄色，嘴裂过眼，脚黄色。体色变化较大，以褐色为主，深浅不一，上体褐色，头顶较暗浓。亚成鸟腰白色，翼上具 2 条浅色横带，翼下覆羽棕黄色，有白色宽翼缘，飞行时明显。栖息于树木繁茂的开阔平原、草地、荒漠和低山丘陵地带的荒原草地，捕食野兔、蜥蜴、鼠类。

（69）灰脸鵟鹰（*Butastur indicus*）

灰脸鵟鹰属国家二级保护野生动物。体长约46cm。虹膜黄色，嘴黑色，脚黄色。脸部灰色，喉白色，具深色喉中线，上体褐色，翼上覆羽棕褐色，腹部色浅密布褐色横纹。尾羽上有 3 条深色横斑，尾上覆羽白色。繁殖期栖息于山林地带。常单独活动，迁徙期成群，以小型动物为食。

（70）白头鹞（*Circus aeruginosus*）

白头鹞属国家二级保护野生动物。体长约50cm。虹膜雄鸟黄色，雌鸟及幼鸟淡褐色，嘴灰色，脚黄色。雄鸟头部棕灰色，有深色条纹，飞行时翼肩、背部棕褐色，翼中部灰色，翼尖黑色，尾长，灰色无横斑。雌鸟全身深褐色，头色浅，具深色纵纹。栖息于沼泽地、农田等开阔生境，捕食鼠类和小型鸟类。

（71）鹗（*Pandion haliaetus*）

鹗属国家二级保护野生动物。体长约55cm。虹膜黄色，嘴黑色，蜡膜灰色。头白色，具深色细纵纹，羽冠不明显。过眼纹黑褐色，呈带状，一直延伸到颈侧。上体暗褐色，喉至下体白色。裸露跗跖及脚灰色。飞行时两翼狭长，且翼角后弯。擅捕鱼，栖息于湖泊、河流、海岸，以鱼类、蛙类、蜥蜴等为食。

6.7　哺乳类

6.7.1　哺乳类组成

本区域属于寒温带大陆性气候，哺乳类以耐寒种类为主，根据调查并参考有关资料确认，本区共有哺乳类 7 目 18 科 48 属 72 种，占内蒙古哺乳类种数的 53.62%，占全国哺乳类种数的 2.76%。以食肉目（17 种）和啮齿目（27 种）种类占优势，占本区哺乳类种数的 61.11%。其次为翼手目（9 种）、偶蹄目（7 种）、兔形目（5 种）、駒鼱目（5 种）、猬目（2 种）。哺乳类统计如表 6-9 所示。

表6-9　哺乳类统计表

目别	猬目	駒鼱目	翼手目	食肉目	兔形目	啮齿目	偶蹄目	合计
科数	1	1	1	4	2	5	4	18
种数	2	5	9	17	5	27	7	72
种数（%）	2.78	6.94	12.50	23.61	6.94	37.50	9.73	100.00

6.7.2 区系组成与分布特点

依全国动物地理区划，本区隶属于古北界、东北区、大兴安岭亚区。属于古北界的哺乳类占绝大部分，为 70 种，占该地区哺乳类种数的 97.22%；属于东洋界的哺乳类仅 2 种，占该地区哺乳类种数的 2.78%。

本区动物特征为：北方型哺乳类与东北型哺乳类相混杂。北方型哺乳类包括驼鹿（*Alces alces*）、貂熊（*Gulo gulo*）、雪兔（*Lepus timidus*）和普通蝙蝠（*Vespertilio murinus*）等。东北型哺乳类有食肉目的狼（*Canis lupus*）、赤狐（*Vulpes vulpes*）等犬科动物，熊科的棕熊（*Ursus arctos*），鼬科的紫貂（*Martes zibellina*）、水獭（*Lutra lutra*）等。有蹄类占有主要的地位，以驼鹿（*Alces alces*）、马鹿（*Cervus elaphus*）、原麝（*Moschus moschiferus*）、狍（*Capreolus capreolus*）最普遍。啮齿类中的松鼠（*Sciurus vulgaris*）、花鼠（*Tamias sibiricus*）和草原旱獭（*Marmota bobak*）、麝鼠（*Ondatra zibethicus*）以及小飞鼠（*Pteromys volans*）等种类相对其他类型的动物种数占优势。食肉类有狼（*Canis lupus*）、赤狐（*Vulpes vulpes*）、紫貂（*Martes zibellina*）、猞猁（*Lynx lynx*）等，由于气候寒冷、植物简单、昆虫种类少，因而食虫类和翼手类种类不多，兔形目动物属中小型哺乳类，适应灌木丛生境。

本区哺乳类属寒温带针叶动物群，广阔的森林、充足的食物资源、人类活动较少，为动物提供了良好的栖息环境，因此大型有蹄类动物和啮齿类动物数量较多，分布区域面积较大。啮齿类动物随不同生境分布差异较大，原始的落叶松林中红背䶄的数量占相对优势，而在森林采伐后棕背䶄数量明显占优势；小型啮齿动物分布多的地方，以其为食物的哺乳类数量则明显较多。兔形类动物喜欢活动于低矮灌丛的生境。翼手目、猬目、鼩鼱目动物的种类和数量随海拔和纬度的升高而降低。

6.7.3 哺乳类重要种类及其生态特征

本区哺乳类动物中，有国家一级保护野生动物 6 种，国家二级保护野生动物 11 种，"三有动物" 20 种。

（1）棕熊（*Ursus arctos*）

棕熊属国家二级保护野生动物，是陆地上体形最大的食肉目哺乳动物之一，体长 1.5~2.8 米，雄性体重 135~545kg，雌性体重 80~250kg。全身皮毛棕褐色或黑褐色，四肢黑色，胸部毛长，幼兽颈部常有一圈白色领斑。头大而圆，体形健硕，肩背隆起。棕熊善于游泳和在湍急的河水中捕鱼，也能爬树和直立行走。栖息在山区的针叶林或针阔混交林等森林地带，夏季在高山森林中活动，春秋季多在较低的树林中生活，多在白天单独活动。有冬眠的习性，从 10 月底或 11 月初开始，一直到翌年 3~4 月。杂食性动物，植物性食物包括各种根茎、块茎、草料、谷物及果实等，喜吃蜜，动物性食物包括蚂蚁、蚁卵、昆虫、啮齿类、有蹄类、鱼和腐肉等。

（2）紫貂（*Martes zibellina*）

紫貂属国家一级保护野生动物。属于中小型哺乳类，躯体细长，四肢较短，强健，头形狭长，耳大，呈三角形，嗅觉、听觉灵敏。尾粗，尾毛蓬松。鼻部中央有明显纵沟，喉部有杏黄色喉斑或喉斑不明显。爪锋利，不可伸缩。成年雄貂体重470~1010g，体长41.7~47.0cm，雌貂体重420~720g，体长34.0~47.0cm。亚寒带针叶林的典型哺乳类之一，适应气候寒冷、食物丰富的林区。善于攀树，行动敏捷灵巧，筑巢于石缝、树洞及树根下。在白天活动和猎食。紫貂的食物以小型鸟、兽为主，亦采食昆虫及松子、浆果等植物性食物。

（3）貂熊（*Gulo gulo*）

貂熊属国家一级保护野生动物。体形似赤狐，但比赤狐更大、更粗壮。体呈黑褐色，上体有半环形淡黄色宽阔带纹。尾短而蓬松，脚掌似熊，爪利。体长80~100cm，体重11~14kg。躯体粗壮，头大吻短，吻垫完全裸露，耳圆而短小。是典型的栖息于亚寒带、寒温带针叶林、亚热带丘陵地带竹林和冻土草原地带的动物，活动范围广。貂熊生性机警，行动隐蔽，平时多单独栖居，只在繁殖期间才营家族式生活，善长途奔走、游泳、攀援，常在密林中自由跳蹿。多数貂熊在非繁殖季节无固定巢穴，栖息于岩缝或其他动物遗弃的洞穴中。食性很杂，喜食大型兽的尸肉，属夜行性动物，视觉敏锐，但嗅觉稍差。

（4）水獭（*Lutra lutra*）

水獭属国家二级保护野生动物。躯体长，呈扁圆形，头部宽而稍扁，吻短，眼睛稍突而圆。耳小，外缘圆形。毛厚密，深咖啡色，富有油亮光泽，尾粗长而扁圆。四肢短，趾间具蹼，适于游泳。主要生活于河流和湖泊一带，尤其喜欢生活在两岸林木繁茂的溪河地带，挖洞营巢而居，巢穴多在岸边的树根下或岩缝里，有时也利用其他动物岸边的废弃洞。水獭白天休息，夜间活动，除交配期外，平时单独生活，善于游泳和潜水，听觉、视觉、嗅觉都很敏锐。食性较杂，主要以鱼为食，也捕食一些蛙、水禽、鼠类或甲壳类动物。

（5）猞猁（*Lynx lynx*）

猞猁属国家二级保护野生动物。外形似猫，但比猫大，属于中型猛兽。体长85~130cm，尾长12~24cm，体重18~32kg。身体粗壮，四肢较长，尾短，尾尖呈钝圆。耳尖生有黑色耸立簇毛，尾端为黑色。喜寒动物，栖息环境极富多样性，从亚寒带针叶林、寒温带针阔混交林至高寒草甸、高寒草原、高寒灌丛草原及高寒荒漠与半荒漠等，各种环境均有其足迹。喜独居，擅长攀爬及游泳，视觉和听觉发达，耐饥性强，多在夜间活动。以鼠类、野兔等为食，也捕食小野猪和小鹿等。

（6）兔狲（*Felis manul*）

兔狲属国家二级保护野生动物。体形粗短，大小似家猫，体重 2~3kg，额部较宽，吻部很短，耳短宽，耳尖圆钝，全身被毛，极密而软，绒毛丰厚。栖息于沙漠、荒漠、草原或戈壁地区，能适应寒冷、贫瘠的环境，常单独栖居于岩石缝里或利用旱獭的洞穴，多在黄昏开始活动和猎食，视觉和听觉发达，主要以鼠类为食，也吃野兔、鼠兔、沙鸡等。

（7）雪兔（*Lepus timidus*）

雪兔属国家二级保护野生动物。体形较其他兔大，耳短尾短，尾圆形，耳向前折时长度刚达鼻端。毛色冬夏差异很大，冬季毛长而密，除眼尖、眼周黑色外，其余白色。夏季毛粗而硬，背部栗褐色并杂有黑色，腹部白色，尾背部杂有黑色毛，外缘和腹面白色。栖息于森林，有时也出现在森林草原，在林缘、沼泽地、河谷及岸边最为常见。为夜行性动物，白天在隐蔽处休息活动。无固定巢穴。食草动物，以植物的嫩枝绿叶为食，有时也吃树皮和浆果。

（8）原麝（*Moschus moschiferus*）

原麝属国家一级保护野生动物。原麝体长不及 1m，体重 8~13kg，成兽体表多有浅色麻点或斑，雌雄均无角。头大，眼小，耳长而直立，上部近圆形，吻部裸露。四肢细长，后肢长于前肢，尾短，被毛覆盖不显露。雄性能分泌麝香。麝香是名贵的香料和药材，体毛主要为深棕色，颈部两侧至腋下有两条白色带纹。栖息于针阔混交林、针叶落叶林、针叶混交林、疏林灌丛地带的悬崖峭壁和岩石山地。多有固定的活动范围，活动路线也比较固定，能踏出明显的小道。常单独活动，一般晨昏活动较为频繁。夏季多在石砬子、河谷附近的陡峭山崖活动；冬季喜在背风、向阳的地方栖息。食性很杂，主要以落叶松的嫩枝嫩芽、地衣、石蕊等为食。有攀登的习性，善跳跃，视觉、听觉发达。

（9）马鹿（*Cervus elaphus*）

马鹿属国家二级保护野生动物。大型鹿类，体长 165~230cm，雄性有角，一般有二眉叉。成体身上无白斑，臀部斑向上超过尾基部。头与面部较长，耳大，呈圆锥形，鼻端裸露，额部和头顶为深褐色，颊部为浅褐色，四肢长，蹄大，尾短。栖息于高山森林或草原地区，喜欢群居，夏季多在高山阴坡或林中北坡河谷附近活动，冬季喜在林中阳坡活动。善于奔跑和游泳。通常晨昏出来觅食，中午则到山坡或山谷阳光充足的地方休息。以各种干草、树叶、嫩枝、树皮和果实等为食，喜欢舔食盐碱。

（10）梅花鹿（*Cervus nippon*）

梅花鹿属国家一级保护野生动物。梅花鹿体长 140~170cm，成年体重 100~150kg，头部略圆，鼻端裸露，眼大而圆，耳长且直立，颈部长，四肢细长。雄鹿有角，一般四叉。背中央有暗褐色背线，尾短，背面褐色，腹面白色。夏季体毛棕黄色，遍布鲜明的白色梅花斑点，臀斑白色，故称"梅花鹿"。栖息于针阔叶混交林的山地、森林边缘或山地草原地区，白天和夜间的栖息地有着明显的差异，白天多选择在向阳的山坡，夜间则栖息于山坡的中部，坡向不定，但以向阳的山坡为多。梅花鹿性情机警，行动敏捷，听觉、嗅觉发达，视觉稍弱，晨昏活动，以青草、树叶为食，好舐食盐碱。

（11）驼鹿（*Alces alces*）

驼鹿属国家一级保护野生动物。驼鹿体长200~260cm，体重一般为400~600kg，肢长，头大，面长，鼻形如驼，吻部突出，上唇肥大，掩盖住下唇。仅雄鹿的头上有角，呈扁平的铲子状，角面粗糙。全身的毛色都是棕褐色，夏季体毛的颜色比冬季深。是典型的亚寒带针叶林动物，栖息于原始针叶林或针阔混交林中，多在林缘一带活动，也喜欢在平坦低洼地带、林中旷地、林中沼泽活动，从不远离森林。最喜欢吃木本植物的叶和嫩枝。

（12）蒙原羚（*Procapra gutturosa*）

蒙原羚属国家一级保护野生动物。中等大小，体态优美，雄性角较短弯向后方，再转向上，角尖向内弯。夏季背毛橙黄色，体侧黄棕色，腹面白色，有一白色臀斑，冬季毛色浅。视觉、听觉和嗅觉极其敏锐，行动敏捷，奔跑速度极快。栖息于草原和半荒漠地区。主要吃质软的优质牧草，不喜食坚硬、茎高的植物，以禾本科和豆科植物为四季大宗食物。

（13）狼（*Canis lupus*）

狼属国家二级保护野生动物。体长100~150cm，尾长31~51cm，体重18~80kg，雄性大于雌性。耳直立，尾下垂不能上卷；毛色多变异，多为灰黄色或青灰色。栖息于森林、草原、冻原、半荒漠、山地丘陵。繁殖季节有巢穴，常连续数年在同一巢穴抚育幼崽。主要在夜间活动。家族群由5~8头组成。主要捕食有蹄类，也捕食野兔、旱獭等小动物。

（14）赤狐（*Vulpes vulpes*）

赤狐又名草狐，属国家二级保护野生动物。体长60~90cm，尾长34~43cm，体重7kg左右，雄性大于雌性。耳小而直立，耳背深褐色；尾毛蓬松，尾梢白色；背毛浅红棕色；两颊和四肢下部外侧黑色。栖息于各种类型的森林、开阔草地、平原、荒漠、冻原、丘陵、农田及村庄，甚至城郊，也见于海拔4500m高的地区。喜选择有植被的环境生活。非繁殖季节营独居生活。主要在傍晚和夜间活动。食野兔、鼠类等小型哺乳动物以及鸟类、蛙、蛇、昆虫等，也食浆果等植物性食物。

（15）沙狐（*Vulpes corsac*）

沙狐属国家二级保护野生动物。体长50~60cm，尾长25~35cm，体重2~3kg。体形明显小于赤狐和藏狐，毛被十分厚密，不像赤狐那样有大量长的针毛，尾毛也多绒而不蓬松。四肢相对较短，耳大而尖，基部宽，耳背浅棕灰色；尾端浅灰黑色，背部浅棕灰色或浅红褐色，腹部淡白色或淡黄色。栖息于开阔的草原和半荒漠地带，回避森林。主要在夜间活动。

沙狐有时会几头共同生活在一个巢穴内，以小型啮齿类为食，也捕食鸟类、蜥蜴和昆虫。

（16）野猪（*Sus scrofa*）

野猪属"国家三有动物"。体长 90~180cm，尾长 20~30cm，体重 50~200kg。鼻吻部比家猪更长；两耳直立，雄性犬牙发达成獠牙，突出于唇外，长达 7~13cm。野猪是家猪的祖先。栖息于极为多样的环境，从山地至半荒漠、森林至草地都能生存。但喜栖居在茂密的灌丛、潮湿的阔叶林或草地。集群全天活动，只是傍晚和黎明活动更为频繁。食性杂，食野果、青草等，但以地下块根和茎块为主，也捕食小型脊椎动物及各种无脊椎动物。

（17）狍（*Capreolus capreolus*）

狍属"国家三有动物"。体长 95~140cm，尾长 2~4cm，肩高 65~95cm，体重 30~40kg，雌性略小。雄性有三叉形角，角干较细，表面多瘤状结节，有别于水鹿和豚鹿。全身棕色至黄棕色，无斑点，但幼体体侧有一系列白色斑点。栖息于林木稀疏的坡地及开阔灌丛草地。晨昏活动。独居或集成小群。食灌木枝叶和各种青草，也食橡子、枯草、地衣等。

（18）狗獾（*Meles meles*）

狗獾属"国家三有动物"。体长 50~60cm，尾长 15~19cm，体重 5~10kg，秋季可达16kg。体粗壮肥大，耳短而圆，眼小。四肢短，趾具强爪，全身被粗硬的针毛，头部有 3条纵行的白色带纹。鼻垫及上唇之间被毛。喉部深褐色。因针毛毛段颜色不同，体毛呈褐色与奶黄色的混杂色。尾毛与背毛同色，但尾端污白色，毛较多。栖息于林缘或山坡灌丛、田野、沙丘草丛及河岸边，挖洞穴居，洞深而长，支洞纵横。食性广，但主要食植物的根、茎、果实，以及蛙、蛇、鼠、蚯蚓、小鱼、昆虫、鸟卵等动物及腐尸。植物性食物的比重高于动物性食物。

第 7 章 大型真菌

7.1 大型真菌区系组成

呼伦贝尔沙地樟子松林带大型真菌可分为担子菌类、非褶菌类、胶质菌类、腹菌类和子囊菌类 5 类，共 35 科 93 属 232 种。其中，担子菌类所占比重最高，包含 14 科 50 属 159 种，占该地区大型真菌种数的 68%，包括蜡伞科、侧耳科、裂褶菌科、鹅膏菌科、光柄菇科、白蘑科、蘑菇科、鬼伞科、粪锈伞科、球盖菇科、丝膜菌科、铆钉菇科、牛肝菌科和红菇科，其中，又以白蘑科、蘑菇科、牛肝菌科的分布和应用较为广泛。担子菌类中包含了大部分食用菌、药用菌及毒菌种类。其中，食用菌 44 属 134 种，占该地区大型真菌食用菌种数的 78%；药用菌 31 属 65 种，占该地区药用菌种数的 58%，药用菌中具有抗癌功能的有 57 种；毒菌 21 属 36 种，占该地区毒菌种数的 88%；木腐菌 14 属 22 种；菌根菌 16 属 71 种。

非褶菌类包含 10 科 29 属 47 种，包括鸡油菌科、齿菌科、韧革菌科、珊瑚菌科、杯珊瑚菌科、枝瑚菌科、革菌科、猴头菌科、多孔菌科、灵芝科。非褶菌类中木腐菌所占比重最大，且多集中在多孔菌科。其中，食用菌 14 属 17 种；药用菌 18 属 30 种，药用菌中具有抗癌功能的 26 种；毒菌 2 属 2 种；木腐菌 22 属 34 种，占该地区木腐菌种数的 56%；菌根菌 4 属 6 种。

胶质菌类包含 3 科 3 属 4 种，包括木耳科、花耳科、银耳科。胶质菌类虽然种类少，但均可食用， 如木耳就是其中最典型的代表，在北方被广泛种植。胶质菌类中食用菌 3 属 4 种；药用菌 2 属 3 种，且全部具有抗癌功能；全部为木腐菌；无毒菌和菌根菌。

腹菌类包含 3 科 5 属 12 种，包括灰包科、马勃科、鸟巢菌科，主要以马勃科中各类马勃居多，占腹菌类种数的 83%。其中，食用菌 3 属 8 种；药用菌 5 属 11 种，其中具有抗癌功能的有 2 种；菌根菌 1 属 1 种；无毒菌及木腐菌。

子囊菌类包含 5 科 6 属 10 种，包括球壳菌科、地舌科、盘菌科、羊肚菌科、马鞍菌科，子囊菌类多数可食用，但个别种类虽可食，其孢子也具有毒性。所有种类均在林中地上单生或群生，其中，食用菌 5 属 8 种；药用菌 1 属 3 种，药用菌中没有抗癌功能种；毒菌 3 属 4 种；木腐菌和菌根菌均为 1 属 1 种。具体见表 7-1。

表 7-1　呼伦贝尔沙地樟子松林大型真菌区系组成

类别	科名	属数	种数	食用菌		药用菌			毒菌		木腐菌		菌根菌	
				属	种	属	种	抗癌	属	种	属	种	属	种
担子菌类	蜡伞科 Hygrophoraceae	1	5	1	4				1	1			1	3
	侧耳科 Pleurotaceae	6	8	5	7	5	5	5	1	1	5	7		
	裂褶菌科 Schizophyllaceae	1	1	1	1	1	1	1			1	1		
	鹅膏菌科 Amanitaceae	1	6	1	3	1	2	2	1	4			1	6
	光柄菇科 Pluteaceae	1	2	1	1						1	2		
	白蘑科 Tricholomataceae	18	51	18	48	13	25	21	4	7	4	6	5	19
	蘑菇科 Agaricaceae	3	17	3	17	1	4	4	2	4				
	鬼伞科 Coprinaceae	3	8	3	7	1	4	4	2	5				
	粪锈伞科 Bolbitiaceae	3	3						1	1				
	球盖菇科 Strophariaceae	3	10	2	9	2	6	6	3	5	2	5		
	丝膜菌科 Cortinariaceae	2	13	1	7	1	4	3	2	2			1	11
	铆钉菇科 Gomphidiaceae	1	1	1	1	1	1						1	1
	牛肝菌科 Boletaceae	5	18	5	18	3	6	5	2	2	1	1	5	16
	红菇科 Russulaceae	2	16	2	11	2	7	6	2	4			2	15
非褶菌类	鸡油菌科 Cantharellaceae	1	3	1	3	1	2	2					1	3
	齿菌科 Hydnaceae	1	1	1	1								1	1
	韧革菌科 Stereaceae	1	1								1	1		
	珊瑚菌科 Clavariaceae	2	2	2	2				1	1				
	杯瑚菌科 Clavicoronaceae	1	1	1	1									
	枝瑚菌科 Ramariaceae	1	2	1	1	1	1	1			1	1		
	革菌科 Thelephoraceae	1	1										1	1
	猴头菌科 Hericiaceae	1	1	1	1	1	1				1	1		
	多孔菌科 Polyporaceae	19	32	7	8	14	23	20	1	1	18	29	1	1
	灵芝科 Ganodermataceae	1	3			1	3	3			1	2		

（续）

类别	科名	属数	种数	食用菌		药用菌			毒菌		木腐菌		菌根菌	
				属	种	属	种	抗癌	属	种	属	种	属	种
胶质菌类	木耳科 Auriculariaceae	1	2	1	2	1	2	2			1	2		
	花耳科 Dacrymycetaceae	1	1	1	1						1	1		
	银耳科 Tremellaceae	1	1	1	1	1	1	1			1	1		
腹菌类	灰包菇科 Secotiaceae	1	1			1	1							
	马勃科 Lycoperdaceae	3	10	3	8	3	9	2					1	1
	鸟巢菌科 Nidulariaceae	1	1			1	1							
子囊菌类	球壳菌科 Sphaeriaceae	1	1								1	1		
	地舌科 Geoglossaceae	1	1	1	1								1	1
	盘菌科 Pezizaceae	1	1	1	1									
	羊肚菌科 Morchellaceae	1	3	1	3	1	3		1	1				
	马鞍菌科 Helvellaceae	2	4	2	3				2	3				
合计		93	232	69	171	57	112	88	26	42	40	61	22	79

7.2　大型真菌资源分类

7.2.1　食用菌资源

呼伦贝尔沙地樟子松林带中食用菌 28 科 69 属 171 种，约占我国已知食用菌总数的 17%，占呼伦贝尔沙地樟子松大型真菌种数的 74%。广泛分布在樟子松各种森林群落内的地上和立木、倒木、伐桩、枯枝落叶、腐殖质上，以及森林草原过渡地带的草甸杂草丛中，其中，利用价值大的有 100 多种，大部分又兼有药用价值，当地传统食用的有 30 余种。白蘑科、蘑菇科及牛肝菌科中食用菌种类所占比重较大。

白蘑科大部分种类均可食用，已知的有 48 种，分别是褐褶边奥德菇、白环粘奥德菇、宽褶奥德蘑、紫蜡蘑、条柄蜡蘑、刺孢蜡蘑、灰紫香蘑、紫丁香蘑、花脸香蘑、肉色香蘑、粉紫香蘑、蒙古口蘑、松口蘑、土豆口蘑、白毛口蘑、油黄口蘑、杨树口蘑、红鳞口蘑、雕纹口蘑、棕灰口蘑、小白杯伞、亚白杯伞、黄白杯伞、杯伞、卷边杯伞、大杯伞、水粉杯伞、假灰杯伞、荷叶离褶伞、褐离褶伞、北方蜜环菌、蜜环菌、红褐小蜜环菌、假蜜环菌、金针菇、堆金钱菌、钟形铦囊蘑、草生铦囊蘑、条柄铦囊蘑、黑白铦囊蘑、洁小菇、褐小菇、丛生斜盖伞、斜盖伞、硬柄小皮伞、白黄微皮伞、香杏丽蘑、大白桩菇。其中，分布广、产量大、深受老百姓喜爱的食用菌有花脸香蘑、紫丁香蘑、蒙古口蘑、棕灰口蘑、香杏口蘑；蒙古口蘑、松口蘑、蜜环菌、金针菇、荷叶离褶伞都已经被开发为不同加工形式的产品远销国内外；宽褶奥德蘑、紫丁香蘑、花脸香蘑、蒙古口蘑、荷叶离褶伞、蜜环菌、假蜜环菌、大白桩菇、香杏丽蘑均已被人工驯化；白环粘奥德菇、小白杯伞、黑白铦囊蘑口感和品质均一般；蒙古口蘑，也叫白蘑，子实体中到大型，菌肉肥厚、质地鲜美，是我国著名山珍"草八珍"的口蘑中品质最上者；松口蘑也叫松茸，被誉为"菌中之王"，气味浓香，口感醇厚，秋季生于松林或针阔混交林地上，群生或散生，有时形成蘑菇圈；蜜环菌也叫榛蘑，是东北地区受老百姓喜爱的野生蘑菇，干后气味芳香，与元蘑、猴头蘑并称为东北"三大蘑"；大白桩菇属我国出产的"口蘑"之一。

　　蘑菇科中的全部种类均可食用，已知有 17 种，包括疣盖囊皮菌、细环柄菇、锐鳞环柄菇、野蘑菇、假根蘑菇、蘑菇、小白蘑菇、污白蘑菇、白鳞蘑菇、灰白褐蘑菇、草地蘑菇、大紫蘑菇、大肥蘑菇、紫色蘑菇、双环林地蘑菇、白林地蘑菇、赭鳞蘑菇。其中，野蘑菇、蘑菇、白林地蘑菇均是味道鲜美、质地细嫩的优良食用菌，具有极大的培育价值。野蘑菇、蘑菇及大肥蘑菇已被人工驯化，现已得到广泛应用。但值得注意的是，野蘑菇也称杂蘑，分为食用野蘑菇、条件可食用野蘑菇和有毒野蘑菇 3 大类，在食用过程中要加以辨识。

　　牛肝菌科食用菌已知有 18 种，包括紫红小牛肝菌、空柄小牛肝菌、小牛肝菌、松林小牛肝菌、虎皮粘盖牛肝菌、美色粘盖牛肝菌、美味牛肝菌、灰褐牛肝菌、白柄粘盖牛肝菌、点柄粘盖牛肝菌、厚环粘盖牛肝菌、灰环粘盖牛肝菌、褐环粘盖牛肝菌、橙黄疣柄牛肝菌、黄皮疣柄牛肝菌、污白疣柄牛肝菌、褐疣柄牛肝菌、褐绒盖牛肝菌。其中，空柄小牛肝菌、美味牛肝菌、点柄粘盖牛肝菌、厚环粘盖牛肝菌均是味道鲜美、珍贵的食用菌，深受广大群众的喜欢，尤其是美味牛肝菌，鲜浓味美，营养丰富，也是一种著名的药用真菌。

　　木耳科的黑木耳，野生主要集中在大兴安岭东南坡，近年来，人工栽培量极大，产量也高，是林区主要林副产品。猴头菌科的珊瑚状猴头菌是著名的山珍，是中国宴席上的名菜，野生数量较大，人工培养可形成规模。鸡油菌科的鸡油菌有浓郁的水果香味，并能入药。红菇科可食用的种类达 11 种，但食用品质均一般。球盖菇科的毛柄库恩菌、黄伞及光滑环锈伞均已被人工驯化。侧耳科包含的 7 种食用菌，分别是侧耳、肺形侧耳、桃红侧耳、贝形圆孢侧耳、亚侧耳、革耳、豹皮香菇，绝大部分味道鲜美，可开发价值大，除了革耳和鳞皮扇菇，其他种类均已被人工驯化，侧耳除了大量人工栽培子实体外，还可利用菌丝体进行深层发酵培养，可降解多种工业有害物质，荷叶离褶伞在内蒙古大兴安岭林区的人工驯化培育取得了先进成果，现已进入工厂化培育阶段。

7.2.2　药用菌资源

呼伦贝尔沙地樟子松林带中药用菌种类丰富，有不少种类属于传统的中药或民间药物，还有很大一部分是目前筛选抗癌新药的对象。据统计，呼伦贝尔沙地樟子松林带中富含药用真菌22科57属112种，其中，已知有抗癌作用的和做抗癌试验的共89种。

白蘑科的药用菌有25种，包括白环粘奥德菇、紫丁香蘑、蒙古口蘑、松口蘑、红鳞口蘑、红鳞口蘑、凸顶口蘑、油黄口蘑、杯伞、水粉杯伞、假灰杯伞、蜜环菌、假蜜环菌、硬柄小皮伞、香杏丽蘑、大白桩菇等。具有抗癌功效的有21种，对小白鼠肉瘤180与艾氏癌的抑制率能达到60%以上，平均可达80%，分别是白环粘奥德菇、宽褶奥德蘑、紫蜡蘑、条柄蜡蘑、刺孢蜡蘑、紫丁香蘑、肉色香蘑、蒙古口蘑、松口蘑、油黄口蘑、红鳞口蘑、凸顶口蘑、杯伞、水粉杯伞、假灰杯伞、蜜环菌、假蜜环菌、洁小菇、褐小菇、丛生斜盖伞、硬柄小皮伞。白蘑科的药用菌子实体一般能宣肠益气、散热解表，治小儿麻疹欲出不出，烦躁不安。蜜环菌具有较强的神经调节功能，有明显的镇静作用、抗惊厥作用等，并可提高机体免疫功能，现已开发了大量的蜜环菌产品，包括脑心舒口服液、蜜环菌浸膏、蜜环菌片、蜜环菌糖浆等。硬柄小皮伞能够治腰腿疼痛，手足麻木、筋络不适。大白桩菇能产生杯伞素，对癌细胞有显著的增殖抑制作用。假蜜环菌的菌丝体对胆囊炎及传染性肝炎有一定疗效。

多孔菌科的药用真菌有23种，包括硫磺菌、朱红栓菌、云芝、猪苓、黄多孔菌、多孔菌、三色拟迷孔菌、毛云芝、单色云芝、木蹄层孔菌、药用拟层孔菌、桦褶孔菌等。其中，云芝、木蹄层孔菌、药用拟层孔菌分布广、产量大。具有抗癌功效的有20种，即皱皮孔菌、硫磺菌、朱红栓菌、偏肿栓菌、肉色迷孔菌、三色拟迷孔菌、二型云芝、毛云芝、单色云芝、云芝、桦剥管菌大孔菌、宽鳞大孔菌、木蹄层孔菌、药用拟层孔菌、红缘拟层孔菌、裂蹄木层孔菌、松木层孔菌、猪苓、硫磺菌、桦褶孔菌。药用拟层孔菌为民间使用的药材，新疆叫作"阿里红"，用于治疗咳嗽、气喘、胃痛、咽喉肿痛、牙周炎、腹痛、感冒、肺结核、盗汗及毒蛇咬伤。朱红栓菌具有清热除湿、消炎解毒、止血的功效。红缘拟层孔菌还具有祛风、除风湿的功效，民间治疗旷工"寒腿"病。云芝、猪苓是较常用的中药材，云芝具有清热、解毒、消炎、抗癌、保肝等功效，猪苓具有利水渗湿的功效，用于治疗小便不利，水肿，泄泻，淋浊，带下等疾病。

马勃科药用真菌已知有9种，即大秃马勃、头状秃马勃、紫色秃马勃、网纹马勃、小马勃、长柄梨形马勃、梨形马勃、白刺马勃、栓皮马勃。其中，梨形马勃、网纹马勃、大秃马勃，分布广、产量大，主要用于消炎、止血，是中医传统用药，如网纹马勃可以治疗慢性扁桃体炎、喉炎、鼻出血、外伤出血、冻疮流水、流脓等疾病，大秃马勃用于风热郁肺咽痛、咳嗽、音哑的治疗。具有抗癌功能的有大秃马勃、长柄梨形马勃。

灵芝科有 3 种药用真菌，著名的药用真菌灵芝、松杉灵芝、树舌灵芝，能够很好地调理身体机能，且这 3 种真菌均具有抗癌功效。猴头菌、硫磺菌、绣球菌、木耳属于食药兼用菌，具有极其广泛的研究开发价值。红菇科的白乳菇可用于治疗腰酸腿疼、手足麻木、筋骨不舒等症状，子实体中所含的倍半萜内酯混合物还具有抗白血病的作用。牛肝菌科的点柄粘盖牛肝菌具有祛风解毒、消肿的功效，为药物"松蘑酊"的主要原料。

7.2.3　毒菌资源

呼伦贝尔沙地樟子松林带中的毒菌已知有 15 科 26 属 42 种，约占全国已知毒菌种类的 10%。红菇科的毒菌最多，已知有 4 种，即毒红菇、红黄红菇、白乳菇、毛头乳菇。鹅膏科有 4 种，分别为毒蝇鹅膏菌、美丽毒蝇鹅膏菌、豹斑毒鹅膏菌、赤褐鹅膏菌。鬼伞科有 5 种，包括粪生花褶伞、花褶伞、晶粒鬼伞、墨汁鬼伞、毛头鬼伞，除粪生花褶伞外，其他 4 种本身可以食用，但与酒同食即发生毒害作用。马鞍菌科的鹿花菌与赭鹿花菌为极毒菌。

菌类的毒性各异，一般按中毒症状可分为胃肠炎型、神经毒型、溶血型、肝脏损害型、呼吸与循环衰竭型、光过敏性皮炎型等，以肝损害型的毒性为最烈，常导致死亡。呼吸与循环衰竭型、光过敏性皮炎型毒菌在呼伦贝尔沙地樟子松林带中不存在。

胃肠类型：多数毒菌可引起这种中毒症状，如毛头乳菇、毒红菇、毛头鬼伞、墨汁鬼伞、簇生黄韧伞等，中毒后发病快，剧烈恶心、呕吐、腹鸣、腹痛、腹泻、无脓血便。

神经毒型：引起这种症状的毒菌有毒蝇鹅膏菌、豹斑毒鹅膏菌、花褶伞等。中毒后除有胃肠炎症状外，突出表现为精神兴奋、错乱或被抑制。有的哭笑无常，有的发汗酒醉，有的发生幻视，有的狂奔乱跑，有的似精神分裂故意伤人，还有的手足末梢神经剧痛酷似火烤，少数中毒者可死亡。毒蝇鹅膏菌及豹斑毒鹅膏菌等，可利用其毒素来毒杀苍蝇等害虫，用于农林业生物防治。

溶血型：一般中毒表现为出现寒战、发热、头腹疼痛、面色苍白，重者因心力衰竭而亡。鹿花菌、赭鹿花菌常引起这种中毒症状。中毒后除发生上述症状外，还出现黄疸、血尿、肝脾肿大等症状，严重者可致死。

肝脏损伤型：毒鹅膏菌等引起此种中毒症状。中毒后出现肝脏及中枢神经损害症状，病情险恶，死亡率高。引起这种症状的毒素稳定耐热，又耐干，所以经烹调后仍不丧失其毒性。羊肚菌的孢子所含的胶脑毒素能伤害肝肾和中枢神经，故入药应将孢子洗净。

7.2.4　木腐菌资源

木材腐朽菌是指生活在木材或活立木的死亡部分，通过降解木材中组成植物细胞壁的木质素、纤维素、半纤维素，分解吸收其养分，破坏其结构，导致木材腐朽的真菌。在自然条件下，木腐过程往往是大型真菌和小型真菌协同作用的结果。

呼伦贝尔沙地樟子松林带中木材腐朽菌15科40属61种。大型真菌在木腐菌中占有重要地位，其中，尤以担子菌类中的多孔菌科种类最多，有18属29种，包括黄褐多孔菌、拟多孔菌、多孔菌、皱皮孔菌、污白干酪菌、朱红栓菌、绒毛栓菌、香栓菌、偏肿栓菌、肉色迷孔菌、三色拟迷孔菌、二型云芝、毛云芝、单色云芝、云芝、桦剥管菌、桦褐孔菌、大孔菌、宽鳞大孔菌、木蹄层孔菌、药用拟层孔菌、红缘拟层孔菌、裂蹄木层孔菌、松木层孔菌、扇形小孔菌、毛盖采孔菌、朱红硫磺菌、硫磺菌、桦褶孔菌。此外，木腐菌种类较多的还有侧耳科及白蘑科。侧耳科木腐菌有5属7种，包括侧耳、肺形侧耳、桃红侧耳、贝形圆孢侧耳、亚侧耳、革耳、豹皮香菇。白蘑科的木腐菌包括4属6种，包括白环粘奥德菇、大杯伞、橙黄小皮伞、蜜环菌、红褐小蜜环菌、假蜜环菌。木耳科的毛木耳和木耳也是常见的木腐菌。

7.2.5　外生菌根菌资源

一部分真菌不仅需要森林生态环境，同时在长期历史演化过程中与树木形成共生关系，即形成树木必不可少的菌根菌，陆地上90%以上的高等植物都具有菌根菌，菌根菌可以提高生态系统的多样性、稳定性和生产力，对林木病原病菌具有拮抗作用，能极大地提高林木对不良环境的反应能力。呼伦贝尔沙地樟子松林外生菌根菌有13科22属79种。其中，白蘑科、丝膜菌科、牛肝菌科、红菇科所含外生菌根菌的种类最多，占外生菌根菌比例达77%。

白蘑科外生菌根菌有5属19种，包括紫蜡蘑、条柄蜡蘑、刺孢蜡蘑、紫丁香蘑、粉紫香蘑、蒙古口蘑、松口蘑、土豆口蘑、白毛口蘑、油黄口蘑、杨树口蘑、红鳞口蘑、虎斑口蘑、凸顶口蘑、雕纹口蘑、棕灰口蘑、假蜜环菌、蜜环菌、褐离褶伞。杨树口蘑可与阔叶树形成外生菌根，松口蘑、红鳞口蘑可与针叶树形成外生菌根，紫蜡蘑、刺孢蜡蘑、油黄口蘑、褐离褶伞等可与多树形成外生菌根。

丝膜菌科外生菌根菌有1属11种，包括白紫丝膜菌、亮色丝膜菌、光黄丝膜菌、棕褐丝膜菌、皮革黄丝膜菌、米黄丝膜菌、浅棕色丝膜菌、鳞丝膜菌、退紫丝膜菌、黄丝膜菌、丁香紫丝膜菌。光黄丝膜菌可与栎形成外生菌根，其他的大部分可与多树种形成外生菌根。褐黄丝膜菌，白紫丝膜菌可与山杨、白桦等树木形成外生菌根。

牛肝菌科外生菌根菌有5属16种，包括紫红小牛肝菌、空柄小牛肝菌、小牛肝菌、松林小牛肝菌、美味牛肝菌、灰褐牛肝菌、白柄粘盖牛肝菌、点柄粘盖牛肝菌、厚环粘盖牛肝菌、灰环粘盖牛肝菌、褐环粘盖牛肝菌、橙黄疣柄牛肝菌、黄皮疣柄牛肝菌、污白疣柄牛肝菌、褐疣柄牛肝菌、褐绒盖牛肝菌。一般与松、杉、落叶树形成外生菌根菌。如美味牛肝菌可与桦、栎、山杨、榆等形成菌根，美味牛肝菌、褐环粘盖牛肝菌均能抑制病原菌生长速度，使重叠菌落死亡，抑制病原菌繁殖体的形成。褐疣柄牛肝菌与桦、杨、柳、椴、榛、松形成外生菌根。厚环粘盖牛肝菌对落叶松、樟子松猝倒病防治具有一定的效果。

红菇科外生菌根菌有 2 属 15 种，包括黄斑红菇、褪色红菇、毒红菇、全缘红菇、蜜黄红菇、血红菇、粉红菇、凹黄红菇、绿菇、松乳菇、细质乳菇、白乳菇、血红乳菇、亚绒白乳菇、毛头乳菇。大部分可与多种树种形成外生菌根，如松乳菇可与松杉类形成外生菌根，白乳菇可与阔叶树形成外生菌根，亚绒白乳菇可与白桦等形成外生菌根，毛头乳菇可与栎形成外生菌根，绿菇可与栎、桦形成外生菌根。

呼伦贝尔沙地樟子松林带大型真菌种类丰富（表 7-2），但同时面临着人工过度采伐、开发利用较浅的局面，如何保护野生真菌，将大型真菌在医学、食品、工业、农业、林业、环境及文化艺术等方面加以开发利用，值得进一步探讨和研究。

表 7-2　呼伦贝尔沙地樟子松林大型真菌资源分类

序号	中文名	拉丁名	食用菌		药用菌		毒菌	木腐菌	外生菌根菌	其他
			食用	驯化	药用	抗癌				
一	蜡伞科	Hygrophoraceae								
1	鸡油蜡伞	*Hygrocybe cantharellus*	√						√	
2	蜡黄蜡伞	*Hygrophorus chlorophanus*	√							
3	纯白蜡伞	*Hygrophorus ligatus*								
4	柠檬黄蜡伞	*Hygrophorus lucorum*	√						√	
5	红菇蜡伞	*Hygrophorus russula*	√				√		√	
二	侧耳科	Pleurotaceae								
6	侧耳	*Pleurotus ostreatus*	√	√	√	√		√		
7	肺形侧耳	*Pleurotus pulmonarius*	√	√				√		
8	桃红侧耳	*Pleurotus salmoneostramineus*	√	√				√		
9	贝形圆孢侧耳	*Pleurocybella porrigens*	√	√				√		
10	亚侧耳	*Hohenbuehelia serotina*	√	√	√	√		√		
11	革耳	*Panus rudis*	√		√	√		√		√
12	豹皮香菇	*Lentinus lepideus*	√	√				√		
13	鳞皮扇菇	*Panellus stypticus*			√	√	√			√

（续）

序号	中文名	拉丁名	食用菌		药用菌		毒菌	木腐菌	外生菌菌根	其他
			食用	驯化	药用	抗癌				
三	裂褶菌科	Schizophyllaceae								
14	裂褶菌	*Schizophyllum commne*	√	√	√	√		√		√
四	鹅膏菌科	Amanitaceae								
15	毒蝇鹅膏菌	*Amanita muscaria*			√	√	√		√	
16	美丽毒蝇鹅膏菌变种	*Amanita muscaria* var. *formosa*					√		√	
17	雪白毒鹅膏菌	*Amanita nivalis*	√						√	
18	豹斑毒鹅膏菌	*Amanita pantherina*					√		√	
19	橙盖鹅膏菌	*Amanita caesarea*	√		√	√			√	
20	赤褐鹅膏菌	*Amanita fulva*	√				√		√	
五	光柄菇科	Pluteaceae								
21	灰光柄菇	*Pluteus cervinus*	√					√		
22	粉褐光柄菇	*Pluteus depauperatus*						√		
六	白蘑科	Tricholomataceae								
23	褐褶边奥德菇	*Oudemansiella brunneomarginata*	√							
24	白环粘奥德菇	*Oudemansiella mucida*	√		√	√		√		√
25	宽褶奥德蘑	*Oudemansiella platyphylla*	√	√	√	√				
26	紫蜡蘑	*Laccaria amethystea*	√		√	√			√	
27	条柄蜡蘑	*Laccaria proxima*	√		√	√			√	
28	刺孢蜡蘑	*Laccaria tortilia*	√		√	√			√	
29	灰紫香蘑	*Lepista glaucocana*	√							
30	紫丁香蘑	*Lepista nuda*	√	√	√	√			√	
31	花脸香蘑	*Lepista sordida*	√	√						
32	肉色香蘑	*Lepista irina*	√		√	√	√			
33	粉紫香蘑	*Lepista personata*	√						√	
34	蒙古口蘑	*Tricholoma mongolicums*	√	√	√	√			√	
35	松口蘑	*Tricholoma matsutake*	√		√	√			√	
36	土豆口蘑	*Tricholoma japonicum*	√						√	
37	白毛口蘑	*Tricholoma columbetta*	√						√	
38	油黄口蘑	*Tricholoma flavovirens*	√		√	√			√	
39	杨树口蘑	*Tricholoma populinum*	√		√		√		√	
40	红鳞口蘑	*Tricholoma vaccinum*	√		√	√			√	

（续）

序号	中文名	拉丁名	食用菌		药用菌		毒菌	木腐菌	外生菌菌根	其他
			食用	驯化	药用	抗癌				
41	虎斑口蘑	*Tricholoma tigrinum*					√		√	
42	凸顶口蘑	*Tricholoma virgatum*			√	√	√		√	
43	雕纹口蘑	*Tricholoma scalpturatum*	√				√		√	
44	棕灰口蘑	*Tricholoma terreum*	√						√	
45	小白杯伞	*Clitocybe candicans*	√							
46	亚白杯伞	*Clitocybe catinus*	√							
47	黄白杯伞	*Clitocybe gilva*	√							
48	杯伞	*Clitocybe infundibuliformis*	√		√	√				
49	卷边杯伞	*Clitocybe inversa*	√							
50	大杯伞	*Clitocybe maxima*	√					√		
51	水粉杯伞	*Clitocybe nebularis*	√		√	√	√			
52	假灰杯伞	*Pseudoclitocybe cyathiformis*	√		√	√				
53	荷叶离褶伞	*Lyophyllum decastes*	√	√						
54	褐离褶伞	*Lyopyhllum fumosum*	√						√	
55	北方蜜环菌	*Armillaria borealis*	√		√					
56	蜜环菌	*Armillariella mellea*	√	√	√	√		√	√	√
57	红褐小蜜环菌	*Armillariella polymyces*	√					√		
58	假蜜环菌	*Armillariella tabescens*	√	√	√	√		√	√	
59	金针菇	*Flammulina velutipes*	√							
60	堆金钱菌	*Collybia acervata*	√							
61	钟形铦囊蘑	*Melanoleuca exscissa*	√							
62	草生铦囊蘑	*Melanoleuca graminicola*	√							
63	条柄铦囊蘑	*Melanoleuca grammnopodia*	√							
64	黑白铦囊蘑	*Melanoleuca melaleuca*	√							
65	洁小菇	*Mycena pura*	√		√	√	√			
66	褐小菇	*Mycena alcalina*	√		√	√				
67	丛生斜盖伞	*Clitopilus caespitosus*	√		√	√				
68	斜盖伞	*Clitopilus prunulus*	√							
69	橙黄小皮伞	*Marasmius aurantiacus*						√		
70	硬柄小皮伞	*Marasmius oreades*	√		√	√				
71	白黄微皮伞	*Marasmiellus coilobasis*	√							

（续）

序号	中文名	拉丁名	食用菌		药用菌		毒菌	木腐菌	外生菌菌根	其他
			食用	驯化	药用	抗癌				
72	香杏丽蘑	*Calocybe gambosa*	√	√	√					
73	大白桩菇	*Leucopaxillus giganteus*	√	√	√					
七	蘑菇科	Agaricaceae								
74	疣盖囊皮菌	*Cystoderma granulosum*	√							
75	细环柄菇	*Lepiota clypeolaria*	√				√			
76	锐鳞环柄菇	*Lepiota acutesquamosa*	√							
77	野蘑菇	*Agaricus arvensis*	√	√	√	√				
78	假根蘑菇	*Agaricus bresadolianus*	√							
79	蘑菇	*Agaricus campestris*	√	√	√	√				
80	小白蘑菇	*Agaricus comtulus*	√							
81	污白蘑菇	*Agaricus excelleus*	√							
82	白鳞蘑菇	*Agaricus bernardii*	√				√			
83	灰白褐蘑菇	*Agaricus pilatianus*	√							
84	草地蘑菇	*Agaricus pratensis*	√							
85	大紫蘑菇	*Agaricus auqustus*	√							
86	大肥蘑菇	*Agaricus bitorquis*	√	√						
87	紫色蘑菇	*Agaricus purpurellus*	√							
88	双环林地蘑菇	*Agaricus placomyces*	√		√	√	√			
89	白林地蘑菇	*Agaricus silvicola*	√				√			
90	赭鳞蘑菇	*Agaricus subrufescens*	√		√	√				
八	鬼伞科	Coprinaceae								
91	墨汁鬼伞	*Coprinus atramentarius*	√		√	√	√			√
92	毛头鬼伞	*Coprinus comatus*	√	√	√	√	√			√
93	灰盖鬼伞	*Coprinus cinereus*	√							
94	晶粒鬼伞	*Coprinus micaceus*	√		√	√				√
95	褶纹鬼伞	*Coprinus plicatilis*	√		√	√				√
96	粪生花褶伞	*Panaeolus fimicola*					√			
97	花褶伞	*Panaeolus retirugis*	√				√			
98	小假鬼伞	*Pseudocoprinus disseminatus*	√							
九	粪锈伞科	Bolbitiaceae								
99	粪锈伞	*Bolbitius vitellinus*					√			√

（续）

序号	中文名	拉丁名	食用菌		药用菌		毒菌	木腐菌	外生菌菌根	其他
			食用	驯化	药用	抗癌				
100	半球盖田头菇	*Agrocybe semiorbicularis*								
101	土黄锥盖菇	*Conocybe subovalis*								
十	球盖菇科	Strophariaceae								
102	毛柄库恩菌	*Kuehneromyces mutabilis*	√	√			√	√		
103	黄伞	*Pholiota adiposa*	√	√	√	√				
104	金毛环锈伞	*Pholiota aurivella*	√					√		
105	白鳞环锈伞	*Pholiota destruens*	√		√	√		√		
106	黄鳞环锈伞	*Pholiota flammans*	√		√	√	√			√
107	光滑环锈伞	*Pholiota nameko*	√	√	√			√		
108	尖鳞黄锈伞	*Pholiota squarrosoides*	√				√	√		
109	土生环锈伞	*Pholiota terrestris*	√		√	√	√			
110	地毛柄环锈伞	*Pholiota terrigena*	√							
111	簇生黄韧伞	*Naematoloma fasciculare*			√	√	√			
十一	丝膜菌科	Cortinariaceae								
112	白紫丝膜菌	*Cortinarius albovilaceus*	√				√		√	
113	亮色丝膜菌	*Cortinarius claricolor*	√						√	
114	光黄丝膜菌	*Cortinarius fulgens*	√						√	
115	棕褐丝膜菌	*Cortinarius infractus*							√	
116	皮革黄丝膜菌	*Cortinarius malachius*							√	
117	米黄丝膜菌	*Cortinarius multiformis*	√						√	
118	浅棕色丝膜菌	*Cortinarius obtusus*							√	
119	鳞丝膜菌	*Cortinarius pholideus*	√		√	√			√	
120	退紫丝膜菌	*Cortinarius traganus*							√	
121	黄丝膜菌	*Cortinarius turmalis*	√		√	√				
122	粘柄丝膜菌	*Cortinarius collinitus*	√		√	√				
123	丁香紫丝膜菌	*Cortinarius lilacinus*			√				√	
124	浅黄丝盖伞	*Inocybe fastigiata f.subcandida*					√			
十二	铆钉菇科	Gomphidiaceae								
125	血红铆钉菇	*Chroogomphis rutilus*	√		√				√	
十三	牛肝菌科	Boletaceae								
126	紫红小牛肝菌	*Boletinus asiaticus*	√						√	

（续）

序号	中文名	拉丁名	食用菌		药用菌		毒菌	木腐菌	外生菌菌根	其他
			食用	驯化	药用	抗癌				
127	空柄小牛肝菌	*Boletinus cavipes*	√		√				√	
128	小牛肝菌	*Boletinus paluster*	√						√	
129	松林小牛肝菌	*Boletinus pinetorum*	√				√		√	
130	美味牛肝菌	*Boletus edulis*	√		√	√			√	
131	灰褐牛肝菌	*Boletus griseus*	√						√	
132	虎皮粘盖牛肝菌	*Suillus pictus*	√							
133	美色粘盖牛肝菌	*Suillus spectabilis*	√					√		
134	白柄粘盖牛肝菌	*Suillus albidipes*	√						√	
135	点柄粘盖牛肝菌	*Suillus granulatus*	√		√	√			√	
136	厚环粘盖牛肝菌	*Suillus grevillei*	√		√	√			√	
137	灰环粘盖牛肝菌	*Suillus laricinus*	√		√	√			√	
138	褐环粘盖牛肝菌	*Suillus luteus*	√		√	√			√	
139	橙黄疣柄牛肝菌	*Leccinum aurantiacum*	√						√	
140	黄皮疣柄牛肝菌	*Leccinum crocipodium*	√						√	
141	污白疣柄牛肝菌	*Leccinum holopus*	√						√	
142	褐疣柄牛肝菌	*Leccinum scabrum*	√						√	
143	褐绒盖牛肝菌	*Xerocomus badius*	√				√		√	
十四	红菇科	Russulaceae								
144	黄斑红菇	*Russula aurata*	√		√	√			√	
145	褪色红菇	*Russula decolorans*	√							
146	毒红菇	*Russula emetica*			√	√	√			
147	红黄红菇	*Russula luteolacta*					√			
148	全缘红菇	*Russula integra*	√		√				√	
149	蜜黄红菇	*Russula ochroleuca*	√						√	
150	血红菇	*Russula sanguinea*	√		√				√	
151	粉红菇	*Russula subdepallens*	√						√	
152	凹黄红菇	*Russula veternosa*							√	
153	绿菇	*Russula virescens*	√		√	√			√	
154	松乳菇	*Lactarius deliciosus*	√						√	√
155	细质乳菇	*Lactarius mitissimus*	√							
156	白乳菇	*Lactarius piperatus*	√		√	√	√		√	√

（续）

序号	中文名	拉丁名	食用菌		药用菌		毒菌	木腐菌	外生菌菌根	其他
			食用	驯化	药用	抗癌				
157	血红乳菇	*Lactarius sanguifluus*	√						√	
158	亚绒白乳菇	*Lactarius subvellerreus*			√	√			√	
159	毛头乳菇	*Lactarius torminosus*					√		√	√
十五	鸡油菌科	Cantharellaceae								
160	金黄喇叭菌	*Craterellus aureus*	√						√	
161	鸡油菌	*Cantharellus cibarius*	√		√	√			√	√
162	小鸡油菌	*Cantharellus minor*	√		√	√			√	√
十六	齿菌科	Hydnaceae								
163	美味齿菌	*Hydnum repandum*	√						√	
十七	韧革菌科	Stereaceae								
164	扁韧革菌	*Stereum ostrea*						√		
十八	珊瑚菌科	Clavariaceae								
165	皱锁瑚菌	*Clavulina rugosa*	√							
166	棒瑚菌	*Clavariadelphus pistillaris*	√				√			
十九	杯瑚菌科	Clavicoronaceae								
167	杯瑚菌	*Clavicorona pyxidata*	√							
二十	枝瑚菌科	Ramariaceae								
168	尖顶枝瑚菌	*Ramaria apiculata*	√		√	√				
169	小孢密枝瑚菌	*Ramaria bourdotiana*						√		
二十一	革菌科	Thelephoraceae								
170	掌状革菌	*Thelephora palmata*							√	
二十二	猴头菌科	Hericiaceae								
171	珊瑚状猴头菌	*Hericium coralloides*	√	√	√				√	
二十三	多孔菌科	Polyporaceae								
172	黄褐多孔菌	*Polyporus badius*						√		
173	拟多孔菌	*Polyporellus brumalis*	√					√		
174	波缘多孔菌	*Polyporus confluens*	√						√	
175	黄多孔菌	*Polyporus elegans*			√					
176	多孔菌	*Polyporus varius*			√			√		
177	皱皮孔菌	*Ischnoderma resinosum*	√		√	√		√		√
178	污白干酪菌	*Tyromyces amygdalinus*						√		

（续）

序号	中文名	拉丁名	食用菌		药用菌		毒菌	木腐菌	外生菌菌根	其他
			食用	驯化	药用	抗癌				
179	朱红栓菌	*Trametes cinnabarina*		√	√	√		√		√
180	绒毛栓菌	*Trametes pubescens*						√		
181	香栓菌	*Trametes suaveloens*						√		
182	偏肿栓菌	*Trametes gibbosa*			√	√		√		√
183	肉色迷孔菌	*Daedalea dickinsii*			√	√		√		√
184	三色拟迷孔菌	*Daedaleopsis tricolor*			√	√		√		√
185	二型云芝	*Coriolus biformis*			√	√		√		
186	毛云芝	*Coriolus hirsutus*			√	√		√		√
187	单色云芝	*Coriolus unicolor*			√	√		√		√
188	云芝	*Coriolus versicolor*		√	√	√		√		√
189	桦剥管菌	*Piptoporus betulinus*	√		√	√		√		
190	桦褐孔菌	*Inonotus obliquus*						√		
191	大孔菌	*Favolus alveolaris*			√	√		√		
192	宽鳞大孔菌	*Favolus squamosus*	√		√	√		√		
193	木蹄层孔菌	*Fomes fomentarius*			√	√		√		√
194	药用拟层孔菌	*Fomitopsis officinalis*			√	√		√		√
195	红缘拟层孔菌	*Fomitopsis pinicola*			√	√		√		
196	裂蹄木层孔菌	*Phellinus linteus*			√	√		√		
197	松木层孔菌	*Phellinus pini*			√	√		√		
198	扇形小孔菌	*Microporus flabelliformis*						√		√
199	毛盖采孔菌	*Hapalopilus fibrillosus*						√		
200	猪苓	*Grifola umbellata*	√	√	√	√				
201	朱红硫磺菌	*Laetiporus sulphureus*	√		√			√		
202	硫磺菌	*Laetiporus sulphureus*	√	√	√	√		√		
203	桦褶孔菌	*Lenzites betulina*			√	√	√	√		√
二十四	灵芝科	Ganodermataceae								
204	树舌灵芝	*Ganoderma applanatum*			√	√		√		√
205	灵芝	*Ganoderma lucidum*		√	√	√				√
206	松杉灵芝	*Ganoderma tsugae*		√	√	√		√		
二十五	木耳科	Auriculariaceae								
207	毛木耳	*Auricularia polytricha*	√	√	√	√		√		√

（续）

序号	中文名	拉丁名	食用菌		药用菌		毒菌	木腐菌	外生菌菌根	其他
			食用	驯化	药用	抗癌				
208	木耳	*Auricularia auricula*	√	√	√	√		√		
二十六	花耳科	Dacrymycetaceae								
209	掌状花耳	*Dacrymyces palmatus*	√					√		√
二十七	银耳科	Tremellaceae								
210	金耳	*Tremella aurantialba*	√	√	√	√		√		
二十八	灰包菇科	Secotiaceae								
211	灰包菇	*Secotium agaricoides*	√		√					
二十九	马勃科	Lycoperdaceae								
212	大秃马勃	*Calvatia gigantea*	√		√	√				
213	头状秃马勃	*Calvatia craniiformis*	√		√					√
214	紫色秃马勃	*Calvatia lilacina*	√		√					
215	网纹马勃	*Lycoperdon perlatum*	√		√				√	
216	小马勃	*Lycoperdon pusillum*			√					
217	长柄梨形马勃	*Lycoperdon pyriforme*	√		√	√				
218	梨形马勃	*Lycoperdon pyriforme*	√		√					
219	白刺马勃	*Lycoperdon wrightii*			√					
220	褐皮马勃	*Lycoperdon fuscum*	√							
221	栓皮马勃	*Mycenastrum corium*	√		√					
三十	鸟巢菌科	Nidulariaceae								
222	隆纹黑蛋巢菌	*Cyathus striatus*			√					
三十一	球壳菌科	Sphaeriaceae								
223	炭球菌	*Daldinia concentrica*						√		√
三十二	地舌科	Geoglossaceae								
224	黄地勺菌	*Spathularia flavida*	√						√	
三十三	盘菌科	Pezizaceae								
225	林地盘菌	*Peziza sylvestris*	√							
三十四	羊肚菌科	Morchellaceae								
226	尖顶羊肚菌	*Morchella conica*	√		√					
227	粗腿羊肚菌	*Morchella crassipes*	√	√	√					
228	羊肚菌	*Morchella esculenta*	√	√	√		√			
三十五	马鞍菌科	Helvellaceae								

（续）

序号	中文名	拉丁名	食用菌		药用菌		毒菌	木腐菌	外生菌菌根	其他
			食用	驯化	药用	抗癌				
229	皱柄白马鞍菌	*Helvella crispa*	√							
230	棱柄马鞍菌	*Helvella lacunosa*	√				√			
231	鹿花菌	*Gyromitra esculenta*	√				√			√
232	赭鹿花菌	*Gyromitra infula*					√			

第8章 沙地樟子松林带评价

呼伦贝尔沙地樟子松一般生长于呼伦贝尔森林草原交错区，该区域属于中大尺度的生态交错带，是我国著名的大兴安岭林区与呼伦贝尔大草原唇齿相依的区域，是北方重要的生态屏障。它在地理位置上属于大兴安岭西麓山地向呼伦贝尔高原过渡的地带，在植被上属于大兴安岭落叶、针叶林区向呼伦贝尔典型草原的过渡地带；在资源利用上属于林区向牧区的过渡地带。这种生态学上的过渡性地带，往往具有水热条件优越、物种资源丰富、生物多样性高的特点，是相邻生态系统物质、能量流通的通道。近年来，随着人类农牧业生产、自然资源开发利用等外界干扰因素的持续性增强，交错区的景观格局发生了很大变化，景观破碎化、复杂化的趋势逐渐增大。

生物多样性是指生物的多样化、变异性以及物种生境的生态复杂性，它是人类的基本生存和实现持续发展必不可少的基础。生物多样性的锐减严重阻碍人类社会的持续发展，保护生物多样性已成为全球环境保护的热点。国际上已普遍公认生物多样性包括 4 个基本层次，即遗传多样性、物种多样性、生态系统多样性和景观多样性。对于前 3 个层次的多样性人们已有较多的了解，而景观多样性的研究起步较晚。景观多样性是指景观单元在结构、功能及其时间变化方面的多样性，可分为斑块多样性、景观类型多样性和格局多样性 3 种类型，它们从不同的侧面揭示了景观的复杂程度。类型多样性是指景观中类型的丰富度和复杂性，多考虑景观中不同的景观类型如农田、森林、草地等的数目多少以及它们所占面积的比例；斑块多样性是指景观中斑块的数量、大小和斑块形状的多样性和复杂性；格局多样性是指景观类型空间分布的多样性及各类型间、斑块与斑块间的空间关系和功能联系。景观多样性既可以作为一种描述资源异质性的方法，本身也是应该得到保护的对象。景观多样性的价值具有多面性。一方面，景观本身是人类经济活动的资源和开发利用对象；另一方面，它又具有自然历史价值、生态价值、社会价值、文化价值等多重内在价值。

8.1 景观多样性评价

8.1.1 典型性

通过对呼伦贝尔沙地樟子松景观要素组成结构变化进行分析，以及景观多样性的测度，即景观斑块多样性测度、景观类型多样性测度和景观格局多样性测度，可以发现呼伦贝尔沙地樟子松林在呼伦贝尔地区森林生态系统中具有较高的典型性和代表性。呼伦贝尔沙地樟子松的植被类型包括针叶林、阔叶林、灌丛、草甸等类，包含了呼伦贝尔地区植被的大部分高级分类单位类型，其优势植物较多，充分反映出呼伦贝尔沙地樟子松林是呼伦贝尔森林生态系统的典型代表，生态多样性十分丰富，具有重要的保护和研究意义。

8.1.2 脆弱性及唯一性

呼伦贝尔沙地樟子松林无论在生物种类组成、区系特征，还是在群落结构或生态系统水平上，均反映了呼伦贝尔地区特色，是呼伦贝尔森林生态系统的典型代表。当呼伦贝尔沙地樟子松林受到较为严重的破坏，或干扰超过其生态系统所能承受的阈值时，生态系统则失衡而崩溃，樟子松林则可能消失，或依其植被演替规律，可能出现偏途顶级或不可逆演替而改变其原始面貌。同时，由于樟子松林的消亡，生态系统的各组成成分，如动物、植物、微生物等将发生较大改变，导致生物多样性有较大变化，原有生物种类的生存、繁衍受到严重威胁和影响，尤其是对珍稀濒危物种影响更大。由于樟子松和濒危物种对生境及栖息地的要求苛刻，以及对环境适应能力较差，所以抗干扰能力较弱，当干扰达到一定程度时，樟子松林将难以得到恢复。因此，樟子松林的生态脆弱性较高。

8.1.3 生物多样性

呼伦贝尔沙地樟子松林拥有丰富的生物多样性。大部分沙地樟子松植被仍保持原始的、完整的森林生态系统，具有典型的寒温带明亮针叶林特征。植被类型林相整齐，结构合理，特点突出，垂直分布明显，生态系统完整，保存了完整的原始森林景观和功能，生态系统结构完整，功能健全，能量流动、物质循环和信息传递处于动态平衡状态，保持着生态系统的原始性和完整性。呼伦贝尔沙地樟子松林生态系统类型复杂多样，各生态系统组成多样，结构复杂，由此导致了其生态系统功能的多样性。呼伦贝尔沙地樟子松生态系统中野生动植物物种种类丰富，蕴藏着难以记数的各类遗传基因，这些遗传信息的总和构成了该生态系统丰富的遗传多样性，尤其是栽培或驯化物种的野生近缘种，具有重要的经济价值和科学价值，是重要的种质资源库，因此对遗传多样性的保护具有重要的现实意义和深远的历史意义。

8.1.4 稀有性及自然性

稀有性用来度量物种或生境等在自然界现存数量的稀有程度。呼伦贝尔沙地樟子松生态系统所处区域是目前呼伦贝尔森林生态系统中保存较为完好的地区。该区域内拥有丰富的野生动植物资源，尤其是珍稀濒危保护物种较多，物种稀有程度较高。沙地樟子松林生态系统是保存较为完好的森林生态系统，是呼伦贝尔地区具有标志性的森林生态系统。沙地樟子松林是呼伦贝尔地区稀有程度较高的森林植被。沙地樟子松林保持着较为原始的自然状态，人为干扰较少，樟子松林结构完整，生态功能健全，是野生动植物重要的栖息和生活场所，保持有较好的自然性。

8.2　研究价值及效益分析

呼伦贝尔沙地樟子松林生态系统拥有丰富的自然资源，在充分认识其生物多样性保护和科学研究的价值基础上，充分保证森林生态系统及生活在其中的生物受干扰和破坏不超过阈值，有计划、科学地开展生态旅游、科普教育等活动，不断提高自然资源的利用价值，提高自养能力，以达到保护是为了发展、发展促进保护的目的。因此，呼伦贝尔沙地樟子松林生态系统应成为科学研究的天然实验室、自然资源持续利用的示范区、生态旅游活动的良好场所、宣传教育的自然博物馆。在自然保护的前提下，达到资源、环境、社会、经济协调发展的目的。

8.2.1　研究价值

呼伦贝尔沙地樟子松林保存有完整的生态系统，拥有丰富的生物多样性与生物资源、生物群落及其生物赖以生存的复杂生态环境，为科学研究提供了得天独厚的基地和天然实验室。可从事的研究领域极广，主要集中在生态学（包括生物多样性）、林学、生物学、遗传学等自然科学及经济学与社会学等方面。生态学是研究生物及其环境关系的科学，呼伦贝尔沙地樟子松林生态系统具有相对独特的生物组成、生物群落和生态环境，拥有丰富的生物多样性，通过对其生物种群消长规律，种内和种间关系，生态位、群落组成与结构、群落分类、群落演替、植被变化规律、生态系统结构与功能，生态系统生产力、环境对生物种群的影响及反馈机制，生物多样性编目及生物多样性在维持生态系统功能中的作用等进行科学研究，可揭示出种群生态学、繁殖生态学、群落生态学、生态系统生态学、生物多样性的变化规律，掌握生物生存与进化的自然规律，有利于正确认识和把握呼伦贝尔沙地樟子松林生态系统，为保护和可持续利用呼伦贝尔沙地樟子松林生态系统资源提供科学的依据。

遗传学主要研究物种的遗传变异规律，揭示生物的遗传信息及其进化的过程。呼伦贝尔沙地樟子松林生态系统拥有丰富的生物和复杂的环境，这些都导致了生物在遗传结构及其载体上的千变万化，只有深入挖掘和揭示其遗传规律，才能使生物资源真正达到为其所用。如该生态系统内的野生植物——野大豆，是栽培大豆的野生近缘种，可通过对其遗传物质的深入研究，为栽培大豆提供优良的遗传基因。对于许多具有较强抗逆性的物种，可通过转基因等技术手段，增强栽培物种的抗逆能力。对遗传学的研究，还可证明濒危保护物种的濒危机制和致危原因，以采取有效方法，恢复其种群，因此，开展遗传学方面的研究对呼伦贝尔沙地樟子松林生态系统极具科学意义。

经济学方面，呼伦贝尔沙地樟子松林生态系统拥有丰富的动植物资源，为人类提供衣食住行等基本的生活资料，是人类生存与发展的物质基础。在保护的前提下，研究自然资源的发展趋势与经济潜力，以及生物多样性的经济价值等，包括自然资源可持续利用方式、自然生产潜力、自然资源可持续利用的理论与实践等，具有极高的经济价值。其他的科学研究还很广泛，如人类活动对资源、环境及生物多样性的影响等社会学，环境污染物对生物多样性及生态系统的影响等环境学。

综上所述，呼伦贝尔沙地樟子松林生态系统所处区域是研究呼伦贝尔森林生态系统的代表地区，在生态学、遗传学、经济学等方面，均具有极高的科学研究价值。

8.2.2 效益分析

呼伦贝尔沙地樟子松林生态系统拥有丰富的生物资源。对于可更新资源如野生动植物等资源而言，在人工保护下，其生长速度和生长量都可能增加，甚至超量发展。因此，合理开发利用部分野生动植物，是稳定天然食物链、超高自然承载能力与生物种群及其数量相适应的重要措施。自然资源的可持续利用可妥善解决当地居民的生产、生活问题，要发挥呼伦贝尔沙地樟子松林生态系统的资源优势，按照生物自然更新的规律，并根据市场的需要，在不破坏自然资源和自然环境的条件下，积极发展养殖业、采集业、旅游业和具有地方特色的手工业等，不断提高呼伦贝尔沙地樟子松林生态系统资源的利用价值。

呼伦贝尔沙地樟子松林生态系统地形地貌复杂，资源丰富，物种齐全，既有悠悠碧草，也有涓涓溪流，既有百花争艳的绚丽景象，又有千里冰封、万里雪飘的风光，既有茂密的森林，也有坦荡的草地，这些绮丽的景象构成了呼伦贝尔沙地樟子松林自然丰富的生态旅游资源，是旅游者向往的人间仙境。呼伦贝尔沙地樟子松林生态系统景观多样性非常丰富，研究该系统的景观多样性不仅理论上对于认识生物多样性的分布格局、动态监测具有意义，而且在实践上对于区域规划与管理、评价人类活动对生物多样性的影响以及保护人类文化多样性等都具有广阔的应用前景，能够产生巨大的经济和社会效益：（1）社会效益。由于景观多样性保存了自然界千姿百态的生态景观和极为丰富的种质资源基因库，因此，被誉为"天然博物馆"和"自然公园"，使得我们可以更加准确地认识生物间的制约关系，研究合理的生态结构，应用于生产实践，促进科技和社会的发展。同时，其又是当今社会普及科学知识，开展自然教育，以及卫生保健（如日光浴和森林浴）和休闲度假（森林旅游）最理想的场所。（2）经济效应。对于呼伦贝尔沙地樟子松林生态系统，可充分利用其优越的自然条件和诗画般的景观,开展生态旅游业和多种经营业,取得一定的经济效益。而且,生态旅游业的开拓,可带动其他产业的发展。野生动植物的养殖和培育,生产周期短,资金回收快,实现利润也高。如森林蔬菜(林下套种)、木本粮食、油料、饮料、饲料、调料、肉食、蜜源、木本香料等,能有效地利用该区域的多种经济资源。

呼伦贝尔沙地樟子松林生态系统景观多样性的研究要将景观生态学与生态旅游紧密地结合起来,景观生态秉承和谐发展的观念,将旅游和环境定位为相辅相成的关系,同时,获得巨大经济效益的前提是把生态效益放在第一位。其研究的最终目的是生态效益、经济效益及社会效益综合发展,创造和谐、可持续发展的社会,可见其研究意义重大。

参考文献

呼伦贝尔市统计局.呼伦贝尔市 2017 年国民经济和社会发展统计公报.（2018）[2020–3–10] www.tjcn.org/tigb/05nmg/35529.html.

胡金贵，王伟，连俊文等.内蒙古汗马国家级自然保护区科学考察报告 [M].哈尔滨：东北林业大学出版社，2011.

刘慎谔.东北植物检索表 [M].北京：科学出版社，1959.

陆树刚.蕨类植物学 [M].北京：高等教育出版社，2007.

马毓泉.内蒙古植物志 [M].2 版.呼和浩特：内蒙古人民出版社，1990.

马毓泉.内蒙古植物志 [M].呼和浩特：内蒙古人民出版社，1989.

潘学春.中国呼伦贝尔草地 [M].长春：吉林科学技术出版社，1991.

潘学仁.呼伦贝尔市药用植物 [M].北京：中国农业出版社，2009.

王荷生.植物区系地理 [M].北京：科学出版社，1992.

王荷生.植物区系地理 [M].北京：科学出版社，1992.

王银，刘英俊.呼伦贝尔植物检索表 [M].长春：吉林科学技术出版社，1993.

吴虎山等.呼伦贝尔市饲用植物 [M].北京：中国农业出版社，2008.

吴征镒，孙航，周浙昆，等.中国种子植物区系地理 [M].北京：科学出版社，2011.

吴征镒，周浙昆，孙航，等.种子植物分布区类型及其起源和分化 [M].昆明：云南科学技术出版社，2006.

吴征镒.中国植被 [M].北京：科学出版社，1983.

旭日干.内蒙古动物志：第 1 卷　圆口纲鱼纲 [M].呼和浩特：内蒙古大学出版社.2011.

旭日干.内蒙古动物志：第 2 卷　第 1 部路栖脊椎动物第 2 部两栖类爬行类.呼和浩特：内蒙古大学出版社，2013.

旭日干.内蒙古动物志：第 3 卷　鸟纲非雀形目 [M].呼和浩特：内蒙古大学出版社，2013.

旭日干.内蒙古动物志：第 4 卷　鸟纲雀形目 [M].呼和浩特：内蒙古大学出版社，2015.

旭日干.内蒙古动物志：第 5 卷　哺乳纲啮齿目兔形目 [M].呼和浩特：内蒙古大学出版社，

2016.

旭日干 . 内蒙古动物志 : 第 6 卷　哺乳纲非啮齿动物 [M]. 呼和浩特 : 内蒙古大学出版社 , 2016.

闫德仁，王玉华，姚洪林，等 . 呼伦贝尔沙地 [M]. 呼和浩特 : 内蒙古大学出版社 , 2010.

严靖，戚维隆，陆俊安，等 . 呼伦贝尔市湿地野生种子植物区系 [J]. 湿地科学 , 2015, 13(1): 66–73.

余涛 . 内蒙古大兴安岭大型经济真菌 [M]. 哈尔滨 : 东北林业大学出版社 , 2005.

袁昌齐 . 天然药物资源开发利用 [M]. 南京 : 江苏科学技术出版社 , 2000.

约翰·马敬能 . 中国鸟类野外手册 [M]. 郑州 : 河南教育出版社 , 2000.

赵正阶 . 中国东北地区珍稀濒危动物志 [M]. 北京 : 中国林业出版社 , 1999.

郑光美 . 中国野鸟 [M]. 北京 : 中国林业出版社 , 2002.

中国科学院内蒙古宁夏综合考察队 . 内蒙古植被 [M]. 北京 : 科学出版社 , 1985.

中国科学院沈阳应用生态研究所 . 东北草本植物志 : 第 12 卷 [M]. 北京 : 科学出版社 , 1998.

中国科学院植物研究所 . 中国高等植物图鉴 [M]. 北京 : 科学出版社 , 1980.

中国科学院中国植物志编辑委员会 . 中国植物志 : 第 7 卷 [M]. 北京 : 科学出版社，1978.

中国植被编辑委员会 . 中国植被 [M]. 北京 : 科学出版社 , 1980.

周以良，等 . 中国东北植被地理 [M]. 北京 : 科学出版社 , 1997.

周以良 . 黑龙江省植物志 [M]. 哈尔滨 : 东北林业大学出版社 , 1998.

周以良 . 中国大兴安岭植被 [M]. 北京 : 科学出版社 , 1991.

附录 1　高等植物名录

一、石蕊科 Cladoniaceae

1. 黑穗石蕊 *Cladonia amaurocraea* 生于阴湿的树林中及高山苔原带的地上、岩石苔藓层上以及腐木上。

2. 鹿石蕊 *Cladonia rangiferina* 长于岩石上的腐殖质上。

二、梅衣科 Parmeliaceae

3. 槽梅衣 *Parmelia sulcata* 生于针阔叶树枝树皮上。

三、地卷科 Peltigeraceae

4. 绿皮地卷 *Peltigera aphthosa* 可以生长在浅而无菌的土壤。最常见的是发生在土壤，岩石，腐殖质，苔藓或倒木上，很少在干燥的林地。

四、裂叶苔科 Lophoziaceae

5. 四裂细裂瓣苔 *Barbilophozia quadriloba* 生于高山湿岩面、树基或夹杂在其他藓丛中。

6. 细裂瓣苔 *Barbilophozia barbta* 生于溪边、湿地岩面土上。

7. 二裂细裂瓣苔 *Barbilophozia kunzeana* 生于山区林下土上、岩面表面、腐木上或其他藓类间。

8. 密叶三瓣苔 *Tritomaria quinquedentata* 生于山区湿土或岩面薄土上。

五、合叶苔科 Scapaniaceae

9. 湿生合叶苔 *Scapania irrigua* 生于高位沼泽地，常与其他藓类混生。

10. 腐木合叶苔 *Scapania massalongoi* 多生于林内倒木或潮湿的岩面薄土上。

11. 沼生合叶苔 *Scapania paludicola* 多生于沼泽，甚至高位沼泽地，常与藓类植物混生成植物群落。

六、大萼苔科 Cephaloziaceae

12. 红色拟大萼苔 *Cephaloziella rubella* 生于潮湿林地的倒腐木上，石生或土生。

七、扁萼苔科 Radulaceae

13. 扁萼苔 *Radula complanata* 生于阔叶树枝干表面或岩面薄土上。

八、耳叶苔科 Frullaniaceae

14. 石生耳叶苔 *Frullania inflata* 生于林下岩面。

15. 塔拉大克耳叶苔 *Frullania taradakensis* 生于林下岩面、树皮上。

九、疣冠苔科 Aytoniaceae

16. 石地钱 *Reboulia hemisphaerica* 生于较干燥的石壁、土坡和岩缝土上。药用。

十、蛇苔科 Conocephalaceae

17. 蛇苔 *Conocephalum conicum* 生于溪边林下阴湿碎石和土上。

十一、地钱科 Marchantiaceae

18. 地钱 *Marchantia polymorpha* 生于阴湿土坡、墙下或沼泽地湿土或岩石上。药用。

十二、钱苔科 Ricciaceae

19. 叉钱苔 *Riccia fluitans* 沉水密集丛生。

十三、皱蒴藓科 Aulacomniaceae

20. 皱蒴藓 *Aulacomnium androgynum* 生于高寒地带的冻原，落叶松泥炭藓林下，有时生于高寒地带的沼泽。

21. 沼泽皱蒴藓 *Aulacomnium palustre* 生于林下沼泽地或开旷沼泽地。

十四、泥炭藓科 Sphagnaceae

22. 粗叶泥炭藓 *Sphagnum squarrosum* 生于林下低洼积水处或塔头沼泽中。

23. 扭枝泥炭藓 *Sphagnum contortum* 生于林地沼泽中。

24. 拟宽叶泥炭藓 *Sphagnum platyphylloides* 生于林下湿润地带或沼泽中。

25. 尖叶泥炭藓 *Sphagnum nemoreum* 多生于高山沼泽地、针叶林或杜鹃灌丛下，潮湿腐殖土上或塔头甸子上。

26. 钝叶泥炭藓 *Sphagnum amblyphyllum* 生于塔头甸子上或藓沼泽地上。

27. 截叶泥炭藓 *Sphagnum aongstroemii* 生于泥炭藓沼泽地上或草泥炭类沼泽地。

28. 密叶泥炭藓 *Sphagnum compactum* 生于草本沼泽或泥炭藓沼泽地。

29. 狭叶泥炭藓 *Sphagnum cuspidatum* 多生于塔头甸子，有时也见于落叶松林沼泽地。

30. 白齿泥炭藓 *Sphagnum girgensohnii* 在高山及低海拔地均可生长，除常见于沼泽地与潮湿针叶林地外，在杜鹃灌丛下、竹林下、腐殖土上、塔头甸子上、潮湿之岩石上、沟边岩面薄土上均可见成大片之藓丛。

31. 中位泥炭藓 *Sphagnum magellanicum* 生于高山沼泽地或针叶林下，也见于杜鹃灌丛下及塔头水湿地。

32. 细叶泥炭藓 *Sphagnum teres* 多生于海拔 600~1400m 一带的林下低湿之腐殖土上，或生于林边、溪边水草地及沼泽地上，也见于塔头甸子水中。药用。

十五、牛毛藓科 Ditrchaceae

33. 角齿藓 *Ceratodon purpureus* 多生于高山林地、岩壁、树干基部、腐木和土上以及灌丛中。

34. 对叶藓 *Distichium capillaceum* 生于高山林地、沟谷边、岩面薄土、流石滩、草地、树基和腐殖质土上。

十六、曲尾藓科 Dicranaceae

35. 卷毛藓 *Dicranoweisia crispula* 生于林下岩面或土壤上，有时生于湿岩缝。

36. 波叶曲尾藓 *Dicranum polysetum* 多生于针叶林林地，分布于长江以北各地。

37. 皱叶曲尾藓 *Dicranum undulatum* 生长于海拔 1000~1300m 林下潮湿岩面薄土上或树干基部。

38. 曲尾藓 *Dicranum scoparium* 生于高山林下岩面薄土、腐殖土、树干基部及腐木上。

39. 曲背藓 *Oncophorus Wahlenbergii* 生长于湿岩上、土壤上或腐木上，有时生于树干部基。

十七、凤尾藓科 Fissidentaceae

40. 小凤尾藓 *Fissidnes bryoides* 生于针叶林或针阔混交林下，有时也可在平原水蚀沟边的潮湿土上生长。

十八、大帽藓科 Encalyptaceae

41. 大帽藓 *Encalypta ciliata* 生于石缝或岩面薄土，山区林下或林缘。

十九、丛藓科 Pottiaceae

42. 卷叶湿地藓 *Hyophila involuta* 广泛生于海拔 1000–3000 米的林地、林缘或沟边的石灰岩、土坡或墙壁上。

43. 侧立藓 *Pleuroweisia schliephackei* 多生于高山林地上，林缘岩面上或土坡上，往往紧密丛集成小片垫状。

44. 小石藓 *Weissia controversa* 生于高山林地上、树干基部、林缘或溪边的岩石上、土壁上。药用。

45. 阔叶小石藓 *Weissia planifolia* 生于高山林地上、岩石上、树干基部、林缘或路边岩面薄土上。药用。

46. 长尖扭口藓 *Barbula ditrichoides* 多生于高山林地上，或林缘岩石上、土壁上、沟边、路旁岩面薄土上或石缝中，稀见于树干基部或墙壁角下。

47. 尖叶对齿藓 *Didymodon constrictus* 多生于高山阴湿的林地上、林缘土壁上、岩面上、岩石缝隙中或岩面薄土上。

48. 短叶对齿藓 *Didymodon tectorus* 多生于高山林地，林缘及沟边岩石上、石缝中、土壁上、土墙上及屋顶上，也见于高山灌丛地上、草甸土上及河滩地上。

49. 红叶藓 *Bryoerythrophyllum recurvirostrum* 在针、阔林下均有分布，多生于阴湿的岩壁上、岩面薄土上或腐木上，也见于高山灌丛下。

50. 钝头红叶藓 *Bryoerythrophyllum brachystegium* 多生于 1000~1400m 一带林地上、树干上、倒腐木上。

51. 中华墙藓 *Tortula sinensis* 生于高山林地上、灌丛下、草甸土上、树干上、腐木上、阴湿的岩石上、石缝处及岩面薄土上。

二十、葫芦藓科 Funariaecae

52. 葫芦藓 *Funaria hygrometrica* 多生于田边地角或房前屋后富含氮肥的土壤上，亦多见于林间火烧迹地上，在林缘、路边、土地上及土壁上也常见。药用。

二十一、壶藓科 Splachnaecae

53. 大壶藓 *Splachnum ampullaceum* 生于沼泽地湿土、动物粪便上或小动物尸体上。

二十二、真藓科 Bryaecae

54. 高山真藓 *Bryum alpinum* 生于海拔高山山地林间地表及树干上。

55. 真藓 *Bryum argenteum* 多见于高山阳光充裕的岩面、土坡、沟谷、林地焚烧后的树桩、城镇老房屋顶及阴沟边缘等处。

56. 丛生真藓 *Bryum caespiticium* 生于高山林下，土生及岩面薄土。

57. 垂蒴真藓 *Bryum uliginosum* 生于沙质黏土或泥炭土上，习见于沟边、河岸、沼泽高出部位。

58. 刺叶真藓 *Bryum lonchocaulon* 生于高山草丛，土生。

59. 黄色真藓 *Bryum pallescens* 生于高山流石滩地，土生。

60. 大叶藓 *Rhodobryum roseum* 生于海拔 1400m 以下的山地石缝内或腐殖质上。

61. 短月藓 *Brachymenium nepalense* 生于茶树枝和干上、喜湿度较大的山区。

62. 薄囊藓 *Leptobryum pyriforme* 生于高山林下溪边湿润处，多见于园艺苗圃的花盆中，土生。

63. 银藓 *Anomobryum filiforme* 生于高山林下，土生或岩面薄土。

二十三、提灯藓科 Mniaceae

64. 阔边匐灯藓 *Plagiomnium ellipticum* 生于林下泥土或岩石上。

65. 异叶提灯藓 *Mnium heterophyllum* 生于海拔 1400m 林下腐殖质上。

66. 平肋提灯藓 *Mnium laevinerve* 生于高山地带的林地上，土坡上或岩石及树干上。

67. 具缘提灯藓 *Mnium marginatum* 生于林下或阴湿的土壤、石头或腐木上。

68. 偏叶提灯藓 *Mnium thomsonii* 生于高山地带的林地上、林缘及沟边土坡上、草地上、石砾地上。

69. 刺叶提灯藓 *Mnium spinosum* 生于高山林带，在林地上、林缘岩面薄土上生长。

70. 树形疣灯藓 *Trachycystis ussuriensis* 生于高山一带的高山针叶林下，多见于南坡的云杉、铁杉及高山栎林地上、岩石上或林缘土坡上。

二十四、珠藓科 Bartramiaceae

71. 泽藓 *Philonotis fontana* 多生于高山带的沼泽或流水处、岩石或湿土上。

72. 梨蒴珠藓 *Bartramia pomiformis* 生于高山的落叶松、白桦等混交林下阴湿土壤、岩石、腐木上。

二十五、缩叶藓科 Ptychomitriaceae

73. 中华缩叶藓 *Ptychomitrium sinense* 生于海拔 400~1400m 处空旷向阳的岩面上。

二十六、木灵藓科 Orthotrichaceae

74. 钝叶木灵藓 *Orthotrichum obtusifolium* 在高山林下，生于树干。

二十七、虎尾藓科 Hedwigiaceae

75. 虎尾藓 *Hedwigia ciliata* 多生于高山地区的岩面。

二十八、白齿藓科 Leucodontaceae

76. 白齿藓 *Leucodon sciuroides* 生于高山常绿林下树干上或湿润岩面上。

二十九、平藓科 Neckeraceae

77. 扁枝藓 *Homalia trichomanoides* 生于高山林下树干基部或潮湿岩壁上成片生长。

78. 平藓 *Naekera pennata* 多生于高山的针叶林或针阔混交林内树干或背阴岩面。

三十、鳞藓科 Theliaceae

79. 小鼠尾藓 *Myurella julacea* 在海拔高山林地，多生于林下树上、岩面或土面。

三十一、碎米藓科 Fabroniaceae

80. 碎米藓 *Fabronia pusilla* 生于高山地区，生于阔叶林或针阔混交林内阔叶树干上。

81. 东亚碎米藓 *Fabronia matsumurae* 生于高山地区，生于阔叶林或针阔混交林内阔叶树干上。

三十二、薄罗藓科 Leskeaceae

82. 中华细枝藓 *Lindbergia sinensis* 在高山一带林地，生于树干上。

83. 瓦叶假细罗藓 *Pseudoleskeella tectorum* 在高山地区，生于岩石、腐木或树干上。

三十三、万年藓科 Climaciaceae

84. 万年藓 *Climacium dendroides* 多生于高山一带湿润的针叶林林地上，或生于荫蔽的湿原地。

85. 东亚万年藓 *Climacium japonicum* 生于潮湿的针叶林或针阔混交林下，湿土生藓类。

三十四、羽藓科 Thuidiaceae

86. 毛尖羽藓 *Thuidium plumulosum* 生于湿草原或潮湿林下的树基部及腐木或岩石上。

87. 狭叶小羽藓 *Haplocladium angustifolium* 生于海拔 620~1400m 的阴湿岩面薄土、腐木、树干基部及土壤上。

88. 细叶小羽藓 *Haplocladium microphyllum* 生于海拔 580~1400m 的腐木、岩面、土壤和树基上。

89. 山羽藓 *Abietinella abietina* 一般生于高山林地、树干基部、腐殖土、岩面、流石滩、灌丛、草甸、沟谷。

三十五、柳叶藓科 Amblystegiaceae

90. 牛角藓 *Cratoneuron filicinum* 生于水湿的钙土上，流水经过的石灰岩或沼泽地上。

91. 细湿藓 *Campylium hispidulum* 生于含碱性的土壤上，或分布于岩石、沼泽、树基。

92. 柳叶藓 *Amblystegium serpens* 生于树基、腐木、湿土等。

93. 镰刀藓 *Drepanocladus aduncus* 生于沼泽地，常没于水中。

三十六、青藓科 Brachytheciaceae

94. 灰白青藓 *Brachythecium albicans* 生长于海拔 1800~2300 米林下草地和岩面薄土上。

95. 多褶青藓 *Brachythecium buchananii* 常生于土坡、林地树干基部或岩面。

96. 褶叶青藓 *Brachythecium salebrosum* 常生于路边石上土表、树干上。

97. 皱叶青藓 *Brachythecium kuroishicum* 生于林缘或湿草原，有时也生于溪边。土生或湿石生，有时也生于树干基部。

98. 钩叶青藓 *Brachythecium uncinifolium* 分布在高山一带，多生于林地上或林缘土坡上。

99. 羽枝青藓 *Brachythecium plumosum* 分布在高山地区，常土生和石生。

100. 卵叶青藓 *Brachythecium rutabulum* 生于湿草原或溪旁，湿土或湿石生。

101. 毛尖藓 *Cirriphyllum piliferum* 生长于高山林下土壤上、岩面薄土上或腐殖质上。

102. 尖叶美喙藓 *Eurhynchium eustegium* 生于岩面、树干基部。

103. 褶叶藓 *Palamocladium nilgheriense* 多生于岩石土，岩面薄土上，林地上或树干上附生，或生于高山流石滩上。

三十七、绢藓科 Entodontaceae

104. 厚角绢藓 *Entodon concinnus* 多生于林下土坡或石壁上。

105. 密叶绢藓 *Entodon compressus* 生于树干、土坡上。

三十八、牛舌藓科 Anomodontaceae

106. 羊角藓 *Herpetineuron toccoae* 生于高山林下岩面、阴湿石壁、树干、草坡及土壁。

三十九、锦藓科 Sematophyllaceae

107. 丝灰藓 *Giraldiella levieri* 在海拔 800~1000m 林区，生于树干上或腐木上。

四十、灰藓科 Hypnaceae

108. 毛梳藓 *Ptilium crista-castrensis* 生于林下沼泽或溪边，土生或石生。

109. 毛灰藓 *Homomallium incurvatum* 生于高山的云杉、落叶松、栎林下岩面上，树干上或腐木上。

110. 美灰藓 *Eurohypnum leptothallum* 多生于高山林地岩面上，稀见于树干上。

111. 拟灰藓 *Hondaella caperata* 生于树干上或腐木上。

112. 直叶灰藓 *Hypnum vaucheri* 生于裸露岩面、岩缝、山顶石缝、林下，林缘石生，土生。

113. 弯叶灰藓 *Hypnum hamulosum* 生于高山松林、杜鹃林、冷杉林、云杉林下树干上、岩面上、石缝中、草甸中土壤上。

114. 尖叶灰藓 *Hypnum callichroum* 生于高山上云杉、杜鹃林下岩面上或腐木上。

四十一、垂枝藓科 Rhytidiaceae

115. 垂枝藓 *Rhytidium rugosum* 生于落叶松石塘林下。石生或土生。

116. 拟垂枝藓 *Rhytidiadelphus triquetrus* 生于高山云杉林下。

四十二、塔藓科 Hylocomiaceae

117. 塔藓 *Hylocomium splendens* 生于酸性林下沼泽，常与泥炭藓伴生。

118. 赤茎藓 *Pleurozium schreberi* 生于 800~1400m 针叶林下腐殖质土层上。

四十三、金发藓科 Polytrichaceae

119. 金发藓 *Polytrichum commune* 生于酸性而湿润的针叶林林地，并常与灰藓属或白发藓属植物混生。

120. 细叶金发藓 *Polytrichum longisetum* 生于酸性而湿润的针叶林林地。

121. 桧叶金发藓 *Polytrichum juniperinum* 生于较干燥的针阔混交林或落叶松林下，林地土生或岩面薄土生。

122. 疣小金发藓 *Pogonatum urnigerum* 生于林边或路旁土坡上。

四十四、石松科 Lycopodiaceae

123. 东北石松 *Lycopodium clavatum* 生于海拔 700-1800 米的针叶林下、干燥苔藓上。

124. 多穗石松 *Lycopodium annotinum* 生于落叶松林林下。药用。

125. 玉柏 *Lycopodium obscurum* 生于苔藓针叶林内或针阔混交林内。药用。

四十五、木贼科 Equisetaceae

126. 问荆 *Equisetum arvense* 生于溪边或阴谷，常见于河道沟渠旁、疏林、荒野和路边，潮湿的草地、沙土地、耕地、山坡及草甸等处。药用、鞣质。

127. 水问荆 *Equisetum fluviatile* 生于沼泽地、水甸子、河岸浅水中、河岸沙地、湿草地、阴湿地。药用。

128. 犬问荆 *Equisetum palustre* 生于针叶林、针阔混交林下的湿地、沟旁及路边等处。药用。

129. 草问荆 *Equisetum pratense* 生于海拔 500~1400m 的森林，灌木丛，草地或山沟林缘中。药用。

130. 林问荆 *Equisetum sylvaticum* 生于林缘、森林草地及灌丛杂草中。药用。

131. 蔺木贼 *Equisetum scirpoides* 生于坡林下阴湿处、河岸湿地、溪边，喜阴湿的环境，有时也生于杂草地。

132. 斑纹木贼 *Equisetum variegatum* 生于苔藓针叶林下或泥炭地。药用。

四十六、卷柏科 Selaginellaceae

133. 中华卷柏 *Selaginella sinensis* 生于灌丛中岩石上或土坡上。

134. 红枝卷柏 *Selaginella sanguinolenta* 生于石灰岩山林中及林缘岩石露头上。

135. 小卷柏 *Selaginella helvetica* 生于林下湿地、阴湿山坡，林中阴湿石壁或石缝中，同苔藓混生。

136. 西伯利亚卷柏 *Selaginella sibirica* 生于森林区石质山地、石砬子上及干旱山坡。

四十七、阴地蕨科 Botrychiaceae

137. 多枝阴地蕨 *Botrychium lanceolatum* 生于山地针阔叶混交林下或桦木林下。

138. 扁羽阴地蕨 *Botrychium lunaria* 生于山地针阔叶混交林下或桦木林下。

四十八、蕨科 Pteridiaceae

139. 蕨 *Pteridium aquilinum* 生长在山地阳坡及森林边缘阳光充足的地方，海拔 200~830m。药用、食用野菜。

四十九、铁角蕨科 Arpleniaceae

140. 过山蕨 *Camptosorus sibiricus* 生于海拔 300~1400m 的山地林下潮湿的岩石壁上。药用。

五十、中国蕨科 Sinopteridaceae

141. 银粉背蕨 *Aleuritopteris argentea* 生于石灰岩石缝中或墙缝中。药用。

五十一、蹄盖蕨科 Athyriaceae

142. 中华蹄盖蕨 *Athyrium sinense* 生于海拔 350–2550 米的山地林下。

143. 黑鳞短肠蕨 *Allantodia crenata* 生于针阔混交林或阔叶林下，海拔 1100–2400 米。

144. 东北蹄盖蕨 *Athyrium brevifrons* 生于针阔叶混交林下或阔叶林下，海拔 300~1400m。药用。

145. 冷蕨 *Cystopteris fragilis* 生于山地落叶松林下岩壁阴湿处。药用。

146. 欧洲冷蕨 *Cystopteris sudetica* 生于针叶林或针阔叶混交林下，海拔 900~1400m。

147. 羽节蕨 *Gymnocarpium jessoense* 生于林下阴湿处或山坡，海拔 450~1400m。

148. 欧洲羽节蕨 *Gymnocarpium dryopteris* 生于针叶林下阴湿处，海拔 350~1400m。

五十二、金星蕨科 Thelypteridaceae

149. 沼泽蕨 *Thelypteris palustris* 生于沼泽或草甸上。

150. 金星蕨 *Parathelypteris glanduligera* 生于疏林下，海拔 50~1500 米。

五十三、岩蕨科 Woodsiaceae

151. 岩蕨 *Woodsia ilvensis* 生于林下岩石缝。

五十四、鳞毛蕨科 Dryopteridaceae

152. 香鳞毛蕨 *Dryopteris fragrans* 生于海拔 700~1400m 的林下或高寒地区的滑石坡、森林中的碎石坡上。药用。

153. 广布鳞毛蕨 *Dryopteris expansa* 生长在林下或草甸，海拔 700~1400m。药用。

五十五、水龙骨科 Polypodium

154. 东北多足蕨 *Polypodium virginianum* 附生树干上或石上。药用。

五十六、槐叶苹科 Salviniacae

155. 槐叶苹 *Salvinia natans* 生于沟塘和静水溪河内。

五十七、苹科 Matsileaceae

156. 苹 *Marsilea quadrifolia* 生水田或沟塘中。

五十八、松科 Pinaceae

157. 兴安落叶松 *Larix gmelinii* 生于山地或沼地森林中。常形成大面积纯林。木材、树脂、树胶。

158. 樟子松 *Pinus sylvestris var. mongolica* 生于比较干燥的山脊或阳坡。观赏绿化。

159. 红皮云杉 *Picea koraiensis* 生于山的中下部与谷地；在分布区内除有积水的沼泽化地带及干燥的阳坡、山脊外，在其他各种类型的立地条件均能生长。木材、树脂、树胶、鞣质、观赏绿化。

五十九、柏科 Cupressaceae

160. 西伯利亚刺柏 *Juniperus sibirica* 为山地落叶松林下灌木层的伴生种，喜生于干燥山地。水土保持。

161. 兴安圆柏 *Sabina davurica* 山地森林带土层较薄的碎石坡地或山地岩石隙中有稀疏

生长或生于石塘落叶林下。 观赏绿化。

六十、麻黄科 Ephedraceae

162. 草麻黄 *Ephedra sinica* 生长于山坡、平原、干燥荒地、河床及草原等处，常组成大面积的单纯群落。药用。

六十一、胡桃科 Juglandaceae

163. 胡桃楸 *Juglans mandshurica* 多生于土质肥厚、湿润、排水良好的沟谷两旁或山坡的阔叶林中。

164. 枫杨 *Pterocarya stenoptera* 生于海拔 1500 米以下的沿溪涧河滩、阴湿山坡地的林中。

六十二、杨柳科 Salicaceae

165. 钻天柳 *Chosenia arbutifolia* 生于河流两岸或山地河谷两岸，形成河岸林。木材、造纸。

166. 山杨 *Populus davidiana* 生于山坡上。观赏绿化、水土保持、饲料、木材、药用、树胶。

167. 毛枝柳 *Salix dasyclados* 生于水边或路旁湿地。编织、护岸树种。

168. 长柱柳 *Salix eriocarpa* 生于河边，海拔 501~1000m。木材、观赏绿化。

169. 崖柳 *Salix floderusii* 生于森林。木材、蜜源。

170. 细枝柳 *Salix gracilior* 生于河沿岸的林中空地及林缘。固沙、编织。

171. 黄柳 *Salix gordejevii* 生于草原地带地下水位较高的固定沙丘、半固定沙丘。固沙树种。

172. 细柱柳 *Salix gracilistyla* 生于山麓湿地。观赏绿化、编织。

173. 兴安杨 *Populus hsinganica* 生于河流两岸，喜沙质土壤。木材。

174. 兴安柳 *Salix hsinganica* 生于山地林缘的湿润地。饲料。

175. 香杨 *Populus koreana* 常与红松混生或生于阔叶树林中。木材。

176. 沙杞柳 *Salix kochiana* 生于草甸、林中、平原、丘间低湿地、沙地、山坡河边、湿草甸、湿地、湿沙地。

177. 朝鲜柳 *Salix koreensis* 生于山地沟谷及河谷。蜜源、木材、编织、观赏绿化。

178. 旱柳 *Salix matsudana* 生长于干旱地或水湿地。木材、观赏绿化、蜜源、编织、饲料。

179. 小红柳 *Salix microstachya* var. *bordensis* 生于固定沙丘间湿地，或河、湖边低湿地。固沙树种、编织。

180. 越橘柳 *Salix myrtilloides* 生于沼泽化河谷或低平沼泽地。饲料。

181. 黑杨 *Populus nigra* 生长在河岸、河湾，少在沿岸沙丘。常成带状或片林。木材、染料、药用、育种。

182. 五蕊柳 *Salix pentandra* 生于沼泽化草甸及沼泽柳中。也出现在河岸，湖边及钻天柳林下。木材、蜜源、树胶。

183. 鹿蹄柳 *Salix pyrolaefolia* 生于沼泽化草甸及沼泽柳中，蜜源，水土保持。

184. 大黄柳 *Salix raddeana* 生于山地山腹以下沟谷地带。蜜源。

185. 粉枝柳 *Salix rorida* 生于河岸及路边，为河岸柳林的伴生种。木材、蜜源、编织、护岸树种。

186. 细叶沼柳 *Salix rosmarinifolia* 生于沼泽化草甸，沼泽或沼泽落叶松林下。编织、固沙树种、树胶、饲料。

187. 沼柳 *Salix rosmarinifolia* var. *brachypoda* 生于沼泽化草甸或沼泽地。

188. 甜杨 *Populus suaveolens* 生于森林区的山地河谷及河岸旁，常为钻天柳的混生树种，形成甜扬钻或灭柳林。木材。

189. 小叶杨 *Populus simonii* 生于山沟、河边、阶地、梁峁上都有分布。木材、观赏绿化。

190. 卷边柳 *Salix siuzerii* 生于河谷滩地，河岸边有散生。编织、药用、蜜源、护岸树种。

191. 谷柳 *Salix taraikensis* 生于林中、林缘或灌丛中和山路旁。

192. 三蕊柳 *Salix triandra* 生于河岸或沼泽地边缘地带。观赏绿化、蜜源、树脂、染料

193. 蒿柳 *Salix viminalis* 生于河岸或林缘湿地。编织、饲料、护岸树种

194. 伪蒿柳 *Salix viminalis* var. *gmelini* 生于溪边或山坡。编织、饲料、护岸树种。

195. 细叶蒿柳 *Salix viminalis* var. *angustifolia* 生于河边、溪边。编织、饲料、护岸树种。

六十三、桦木科 Betulaceae

196. 东北赤杨 *Alnus mandshurica* 生于河岸边、林缘或林内。木材、树胶、饲料。

197. 毛赤杨 *Alnus sibirica* 生于河岸或星散在沼泽地中。木材。

198. 黑桦 *Betula dahurica* 为山地的建群树种，也常混生于落叶松沼林中，为亚优势树种。药用、饲料、蜜源、纤维、油脂、观赏绿化、木材。

199. 柴桦 *Betula fruticosa* 生于沼泽化的落叶松林下或单独形成柴桦沼泽灌丛。水土保持。

200. 砂生桦 *Betula gmelinii* 生于山坡。饲料、防风固沙树种。

201. 扇叶桦 *Betula middendorfii* 生于亚高山地带苔藓—落叶松林下或为扇叶桦沼泽灌丛的建群种。观赏绿化、木材。

202. 毛榛 *Corylus mandshurica* 生长于林下或山坡。食用。

203. 油桦 *Betula ovalifolia* 生于沼泽地。绿化、观赏。

204. 白桦 *Betula platyphylla* 为山地白桦林及白桦—山杨林的建群树种，也常混生于落叶松沼林中，为亚优势树种。药用、饲用、蜜源、纤维、油料、绿化、观赏、木材。

205. 榛 *Corylus heterophylla* 群生于荒山坡或柞林空地，适于干燥地或湿润的多石地。食用、油脂。

六十四、壳斗科 Fagaceae

206. 蒙古栎 *Quercus mongolica* 山地阳坡树种。药用、饲料、木材、观赏绿化。

六十五、榆科 Ulmaceae

207. 春榆 *Ulmus davidiana* var. *jaonica* 生于林缘、道旁、沟谷。编织、观赏绿化、木材。

208. 大果榆 *Ulmus macrocarpa* 生于林缘、道旁、沟谷。药用、油脂、木材。

209. 榆树 *Ulmus pumila* 生于林缘、道旁、沟谷。药用、食用、纤维、油脂、饲料、观赏绿化、木材。

六十六、桑科 Moraceae

210. 大麻 *Cannabis sativa* 生于土层深厚、地下水位较低的地块。

211. 桑 *Morus alba* 生于土层深厚、湿润、肥沃土壤。

六十七、荨麻科 Urticaceae

212. 狭叶荨麻 *Urtica angustifolia* 散生于林缘、灌丛间、河岸边湿草地。药用、食用野菜、纤维。

213. 宽叶荨麻 *Urtica laetevirens* 常散生于林内阴湿地、林缘、溪流旁、山沟间或石砬子裂隙间。药用、食用野菜、纤维。

214. 麻叶荨麻 *Urtica cannabina* 生于丘陵性草原或坡地、沙丘坡上、河漫滩、河谷、溪旁等处。药用、纤维、油脂。

六十八、檀香科 Santalaceae

215. 百蕊草 *Thesium chinense* 常散生于林内阴湿地，林缘、溪流旁，山沟间或石砬子裂隙间。药用。

216. 长叶百蕊草 *Thesium longifolium* 生于沙壤草甸。

217. 急折百蕊草 *Thesium refractum* 生于草甸和多沙砾的坡地。

六十九、桑寄生科 Loranthaceae

218. 槲寄生 *Viscum coloratum* 寄生于麻栎树、苹果树、白杨树、松树各树木。药用。

七十、蓼科 Polygonaceae

219. 狐尾蓼 *Polygonum alopecuroides* 生于山地河谷沼泽草甸。

220. 狭叶蓼 *Polygonum angustifolium* 生山坡草地、丘陵坡地，海拔 600~1400m。

221. 高山蓼 *Polygonum alpinum* 散生于林缘地带和林缘草甸。

222. 萹蓄 *Polygonum aviculare* 群生或散生于路旁。药用。

223. 两栖蓼 *Polygonum amphibium* 生于湖泊边缘的浅水中、沟边及田边湿地。

224. 柳叶刺蓼 *Polygonum bungeanum* 生于山谷草地、田边、路旁湿地。

225. 拳蓼 *Polygonum bistorta* 生于山坡草地、山顶草甸，海拔 800~1400m。药用。

226. 岩蓼 *Polygonum cognatum* 生于砾石山坡、河滩砂砾地、河谷草地。

227. 叉分蓼 *Polygonum divaricatum* 生于山坡草地、山谷灌丛。

228. 多叶蓼 *Polygonum foliosum* 生于水旁、沟边湿地。

229. 水蓼 *Polygonum hydropiper* 生水边或湿地。药用、调味剂。

230. 酸模叶蓼 *Polygonum lapathifolium* 多散生于低湿地草甸，河谷沼泽化草甸，常为伴生种。

231. 耳叶蓼 *Polygonum manshuriense* 生于林缘湿地。

232. 长戟叶蓼 *Polygonum maackianum* 生于山谷水边、山坡湿地。

233. 红蓼 *Polygonum orientale* 生于沟边湿地、村边路旁。药用。

234. 春蓼 *Polygonum persicaria* 生于林区水湿地。

235. 西伯利亚蓼 *Polygonum sibiricum* 多散生于山间谷地、河边和低湿地。

236. 箭叶蓼 *Polygonum sieboldii* 散生于河边低湿地，在本区为稀见种。药用。

237. 戟叶蓼 *Polygonum thunbergii* 多生于湿草地或林区河岸边。

238. 珠芽蓼 *Polygonum viviparum* 生山坡林下、高山或亚高山草甸。药用。

239. 波叶大黄 *Rheum undulatum* 多散生于山地的石质山坡、碎石坡麓以及富含砾石的冲刷沟内。

240. 酸模 *Rumex acetosa* 生于林缘、灌丛间及低湿地，为沼泽化草甸常见种。药用、饲料、食用野菜。

241. 小酸模 *Rumex acetosella* 生于山坡草地、林缘、山谷路旁。

242. 水生酸模 *Rumex aquaticus* 生于河岸湖岩，草甸，林下或山沟中。

243. 皱叶酸模 *Rumex crispus* 生于湿草地、路边。

244. 毛脉酸模 *Rumex gmelinii* 生于水边、山谷湿地。

245. 长叶酸模 *Rumex longifolius* 生于山谷水边、山坡林缘。

246. 刺酸模 *Rumex maritimus* 生于河边湿地、田边路旁。

247. 巴天酸模 *Rumex patientia* 生于沟边湿地、水边。

248. 狭叶酸模 *Rumex stenophyllus* 生于水边、田边湿地。

249. 直根酸模 *Rumex thyrsiflorus* 生于山坡草地、山谷水边。

250. 苦荞麦 *Fagopyrum tataricum* 多生于长于海拔 500~1400m 的田边、路旁、山坡、河谷等地。药用、食用、饲料。

251. 卷茎蓼 *Fallopia convolvulus* 生于山坡草地、山谷灌丛、沟边湿地，海拔 100~1400m。

七十一、苋科 Amaranthaceae

252. 反枝苋 *Amaranthus retroflexus* 生于湿草地、路边。饲料、食用野菜、药用。

七十二、马齿苋科 Portulacaceae

253. 马齿苋 *Portulaca oleracea* 生于荒地、田间、菜园、路旁。饲料、食用野菜、药用。

七十三、石竹科 Caryophyllaceae

254. 石竹 *Dianthus chinensis* 生于草原和山坡草地。药用、观赏绿化。

255. 钻叶石竹 *Dianthus chinensis* var. *subulifolius* 生于固定沙丘、草原沙质地、森林草原、干山坡及山坡石碴子

256. 兴安石竹 *Dianthus chinensis* var. *versicolor* 生于山坡石碴子缝上。药用。

257. 簇茎石竹 *Dianthus repens* 生于河岸山坡。

258. 瞿麦 *Dianthus superbus* 生于丘陵山地疏林下、林缘、草甸、沟谷溪边。药用、观赏、农药。

259. 草原石头花 *Gypsophila davurica* 生于草原、丘陵、固定沙丘及石砾质干山坡。药用、饲料、皂苷。

260. 狭叶草原石头花 *Gypsophila davurica* var. *angustifolia* 生于丘陵顶部、石砾质干山坡、干草原。

261. 荒漠石头花 *Gypsophila desertorum* 生于荒漠草原、砾质和沙质干草原、干河谷。

262. 浅裂剪秋罗 *Lychnis cognata* 生于山地林下、林缘和灌丛间稀疏生长，或出现于草甸及沟谷。

263. 剪秋罗 *Lychnis fulgens* 生于低山疏林下、灌丛草甸阴湿地。

264. 狭叶剪秋罗 *Lychnis sibirica* 生于松林下、沙质草原或山麓多砾石草地

265. 麦仙翁 *Agrostemma githago* 生于麦田中或路旁草地。药用。

266. 毛叶老牛筋 *Arenaria capillaris* 生于山地阳坡草丛中和山顶砾石地。

267. 老牛筋 *Arenaria juncea* 生于草原、荒漠化草原、山地疏林边缘、山坡草地、石隙间。药用。

268. 无毛老牛筋 *Arenaria juncea* var. *glabra* 生于山坡沙质草原及低丘草原。

269. 无心菜 *Arenaria serpyllifolia* 生于沙质或石质荒地、田野、园圃、山坡草地。药用。

270. 卷耳 *Cerastium arvense* subsp. *strictum* 生于高山草地、林缘或丘陵区。药用。

271. 无毛卷耳 *Cerastium arvense* var. *glabellum* 生于沙丘樟子松林下及草原沙质地。

272. 石米努草 *Minuartia laricina* 生于桦林或针叶林林缘。

273. 种阜草 *Moehringia lateriflora* 生于海拔 780~1400m 的林缘。

274. 无毛漆姑草 *Sagina Saginoides* 生于黏质水湿地。

275. 女娄菜 *Silene aprica* 生于丘陵、平原及山地。药用。

276. 疏毛女娄菜 *Silene firma* var. *pubescens* 生于林下。

277. 坚硬女娄菜 *Silene firma* 生于高山的草坡、灌丛或林缘草地。

278. 山蚂蚱草 *Silene jenisseensis* 生于石质和砾质坡地。药用。

279. 丝叶山蚂蚱草 *Silene jenisseensis* f. *setifolia* 生于多砾石草坡或沙质土干草原。

280. 小花山蚂蚱草 *Silene jenisseensis* f. *parviflora* 生于山地草坡或沙质草原。

281. 蔓茎蝇子草 *Silene repens* 生于高山林下、湿润草地、溪岸或石质草坡。

282. 线叶蔓茎蝇子草 *Silene repens* var. *sinensis* 生于干旱草原、固定沙丘或沙质草地。

283. 准噶尔蝇子草 *Silene songarica* 生于高山多砾石的灌丛草地或高山草甸。

284. 白玉草 *Silene venosa* 生于草甸、灌丛中、林下多砾石的草地或撂荒地。

285. 拟漆姑 *Spergularia salina* 生于沙质轻度盐地、盐化草甸以及河边、湖畔、水边等湿润处。

286. 兴安繁缕 *Stellaria cherleriae* 生于石质坡地。

287. 线形叶苞繁缕 *Stellaria crassifolia* var. *linearis* 生于滩地、草甸或沟渠边。

288. 叉歧繁缕 *Stellaria dichotoma* 生于石质山坡。

289. 银柴胡 *Stellaria dichotoma* var. *lanceolata* 生于高山石质山坡或石质草原。药用。

290. 翻白繁缕 *Stellaria discolor* 生于山间草地、林缘或林下湿润处。

291. 细叶繁缕 *Stellaria filicaulis* 生于沼泽地。沼生植物。

292. 长叶繁缕 *Stellaria longifolia* 生于高山湿润草甸、林缘或林下。

293. 繁缕 *Stellaria media* 生于草原、河边。药用、食用野菜。

294. 鸡肠繁缕 *Stellaria neglecta* 生于草原、河边、山坡、湿草甸、杂木林中。药用。

295. 沼生繁缕 *Stellaria palustris* 生于沼地或河边草地。

296. 缬瓣繁缕 *Stellaria radians* 生于丘陵灌丛或林缘草地。

297. 雀舌草 *Stellaria uliginosa* 生于田间、溪岸或潮湿地。药用。

298. 麦蓝菜 *Vaccaria segetalis* 生于田边或耕地附近的丘陵地。药用。

七十四、藜科 Chenopodiaceae

299. 沙蓬 *Agriophyllum squarrosum* 生于沙丘或流动沙丘之背风坡上。食用淀粉、饲料。

300. 野滨藜 *Atriplex fera* 生于湖边、河滩、渠沿、路边等含盐碱的地方。饲料。

301. 滨藜 *Atriplex patens* 生于含轻度盐碱的湿草地、海滨、沙土地等处。

302. 西伯利亚滨藜 *Atriplex sibirica* 生于盐碱荒漠、湖边、渠沿、河岸及固定沙丘等处。饲料。

303. 轴藜 *Axyris amaranthoides* 生于河边草地。

304. 驼绒藜 *Ceratoides latens* 生于戈壁、荒漠、半荒漠、干旱山坡或草原中。

305. 雾冰藜 *Bassia dasyphylla* 生于戈壁、盐碱地，沙丘、草地、河滩、阶地及洪积扇上。

306. 藜 *Chenopodium album* 生于湿地边缘地带。药用、饲料、食用野菜。

307. 灰绿藜 *Chenopodium glaucum* 生于湿地边缘地带。

308. 杂配藜 *Chenopodium hybridum* 生于林缘、山坡灌丛间、沟沿等处。药用。

309. 刺藜 *Chenopodium aristatum* 生于湿地边缘地带。药用。

310. 菱叶藜 *Chenopodium bryoniaefolium* 生于林缘、草地。

311. 东亚市藜 *Chenopodium urbicum* subsp. *sinicum* 生于荒地、盐碱地、田边等处。

312. 小藜 *Chenopodium serotinum* 为普通田间杂草，有时也生于荒地、道旁、垃圾堆等处。

313. 尖头叶藜 *Chenopodium acuminatum* 生于荒地、河岸、田边等处。

314. 兴安虫实 *Corispermum chinganicum* 生于湖边沙丘，半固定沙丘或草原。

315. 长穗虫实 *Corispermum elongatum* 生于海滨沙地、固定沙丘或沙丘边缘。

316. 蒙古虫实 *Corispermum mongolicum* 生于沙质戈壁、固定沙丘或沙质草原。

317. 盐爪爪 *Kalidium foliatum* 生于盐碱滩、盐湖边。

318. 细枝盐爪爪 *Kalidium gracile* 生于河谷碱地、芨芨草滩及盐湖边。

319. 盐角草 *Salicornia europaea* 生于盐碱地、盐湖旁及海边。

320. 猪毛菜 *Salsola collina* 药用、饲用、野菜。见于路边。药用、食用野菜。

321. 无翅猪毛菜 *Salsola komarovii* 生于海滨，河滩沙质土壤。

322. 刺沙蓬 *Salsola ruthenica* 生于河谷沙地，砾质戈壁，海边。

323. 角果碱蓬 *Suaeda corniculata* 生于盐碱土荒漠、湖边、河滩等处。

234. 碱蓬 *Suaeda glauca* 生于海滨、荒地、渠岸、田边等含盐碱的土壤上。油脂。

325. 盐地碱蓬 *Suaeda salsa* 生于盐碱地、河岸、湖边。食用野菜。

326. 地肤 *Kochia scoparia* 生于河边草地。药用、食用野菜。

327. 木地肤 *Kochia prostrata* 生于山坡、沙地、荒漠等处。饲料。

328. 碱地肤 *Kochia scoparia* var. *sieversiana* 生于山沟湿地、河滩、路边、海滨等处。观赏绿化。

329. 白茎盐生草 *Halogeton arachnoideus* 生于干旱山坡、沙地和河滩。

七十五、毛茛科 Ranunculaceae

330. 薄叶乌头 *Aconitum fischeri* 生于海拔 420~800m 山地桦树林中草地。

331. 高山乌头 *Aconitum monanthum* 生海拔 1200-2600 米间山坡草地。

332. 毛茛叶乌头 *Aconitum ranunculoides* 生于草地。

333. 芹叶铁线莲 *Clematis aethusifolia* 生于山坡及水沟边。

334. 长瓣铁线莲 *Clematis macropetala* 生于荒山坡、草坡岩石缝中及林下。

335. 碱毛茛 *Halerpestes sarmentosa* 生盐碱性沼泽地或湖边。

336. 小掌叶毛茛 *Ranunculus gmelinii* 生于水中沼泽地或水沟中常有。

337. 箭头唐松草 *Thalictrum simplex* 生于海拔 1400-2400 米间山地草坡或沟边。

338. 兴安乌头 *Aconitum ambiguum* 生于林下和山地灌丛间。

339. 细叶黄乌头 *Aconitum barbatum* 常生于桦木林下，稀疏的落叶松林下及林缘草甸。稀见河谷低湿地。

340. 北乌头 *Aconitum kusnezoffii* 生于阔叶林下、林缘和草地。药用、农药。

341. 匐枝乌头 *Aconitum macrorhynchum* f. *tenuissimum* 生于林下、林缘和沼泽与沟边。

342. 白毛乌头 *Aconitum villosum* 生于林边草地。

343. 黄花乌头 *Aconitum coreanum* 生于海拔 200~900m 间山地草坡或疏林中。药用、农药。

344. 细叶乌头 *Aconitum macrorhynchum* 生于草地或疏林中。

345. 升麻 *Cimicifuga foetida* 生于高山林缘、林中或路旁草丛中。药用、农药。

346. 兴安升麻 *Cimicifuga dahurica* 生于海拔 300~1200m 间的山地林缘灌丛以及山坡疏林或草地中。药用。

347. 单穗升麻 *Cimicifuga simplex* 生于疏林下及草甸、灌丛，林缘和河岸湿草地。药用。

348. 类叶升麻 *Actaea asiatica* 生于落叶松林下及山地草地群落中。药用、农药。

349. 红果类叶升麻 *Actaea erythrocarpa* 生于海拔 700~1400m 间的山地林下或路旁。

350. 二歧银莲花 *Anemone dichotoma* 生于林下生和沼泽化草甸、河谷或河岸边。

351. 长毛银莲花 *Anemone narcissiflora* var. *crnita* 生于山地草坡或林下。

352. 大花银莲花 *Anemone silvestris* 生于山谷草坡或桦树林边、草原或多沙山坡。

353. 尖萼耧斗菜 *Aquilegia oxysepala* 生于林下或路边及草地。药用。

354. 耧斗菜 *Aquilegia viridiflora* 生于山坡石缝间或河边、路旁。药用。

355. 小花耧斗菜 *Aquilegia parviflora* 生于林缘，开阔的坡地或林下。药用。

356. 驴蹄草 *Caltha palustris* 生于沼泽化草甸，河岸边与塔头甸子。药用、农药。

357. 白花驴蹄草 *Caltha natans* 生于湿草甸水中。

358. 棉团铁线莲 *Clematis hexapetala* 药用、农药。生于林缘及路边。

359. 西伯利亚铁线莲 *Clematis sibirica* 生于林缘、山地阴坡疏林内。

360. 紫花铁线莲 *Clematis fusca* var. *violacea* 生于林缘及草甸边。

361. 短尾铁线莲 *Clematis brevicaudata* 生于山地灌丛或疏林中。药用。

362. 褐毛铁线莲 *Clematis fusca* 生于山坡、林边及杂木林中或草坡上。

363. 辣蓼铁线莲 *Clematis terniflora* var. *mandshurica* 生于山坡灌丛中、杂木林内或林边。药用、农药、油脂。

364. 半钟铁线莲 *Clematis ochotensis* 生于海拔 600~1200m 的山谷、林边及灌丛中。

365. 翠雀 *Delphinium grandiflorum* 零星生于河谷或见于森林边缘。药用、农药、观赏绿化。

366. 兴安翠雀 *Delphinium hsinganense* 生于林缘，河边稀疏生长。

367. 东北高翠雀 *Delphinium korshinskyanum* 生于林缘或林间草地。农药。

368. 唇花翠雀花 *Delphinium cheilanthum* 生于林间草地。

369. 水葫芦苗 *Halerpestes cymbalaria* 生于盐碱性沼泽地或湖禅。

370. 长叶碱毛茛 *Halerpestes ruthenica* 生于盐碱沼泽地或湿草地。

371. 蓝堇草 *Leptopyrum fumarioides* 生于田边、路边或干燥草地上。药用。

372. 芍药 *Paeonia lactiflora* 药用、油脂。生于山坡草地及林下。

373. 毛果芍药 *Paeonia lactiflora* var. *trichocarpa* 生于山地灌丛中。

374. 兴安白头翁 *Pulsatilla dahurica* 生于林缘、灌丛或沙石质坡地。药用。

375. 掌叶白头翁 *Pulsatilla patens* subsp. *multifida* 生于林缘，或沼地。

376. 细叶白头翁 *Pulsatilla turczaninovii* 生于石质坡地、林缘。药用。

377. 白头翁 *Pulsatilla chinensis* 生于平原和低山山坡草丛中、林边或干旱多石的坡地。药用、农药。

378. 黄花白头翁 *Pulsatilla sukaczevii* 生于丘陵多砂砾山坡。

379. 蒙古白头翁 *Pulsatilla ambigua* 生于高山草地。

380. 披针毛茛 *Ranunculus amurensis* 生于沼泽化草甸中。

381. 毛茛 *Ranunculus japonicus* 生于沼泽化草甸或溪边。药用、发泡剂、杀菌剂。

382. 单叶毛茛 *Ranunculus monophyllus* 生于沟边湿地。

383. 浮毛茛 *Ranunculus natans* 生于浅水，湿地、山溪水中或沼泽地。

384. 沼地毛茛 *Ranunculus radicans* 生于沼泽化草甸。

385. 匍枝毛茛 *Ranunculus repens* 生于沼泽化草甸或河岸边，湖沼旁。

386. 松叶毛茛 *Ranunculus reptans* 生于沼泽化草甸或河岸边，湖沼旁、地面芽、湿生。

387. 掌裂毛茛 *Ranunculus rigescens* 生于沼泽化草甸或河岸边，湖沼旁。

388. 石龙芮 *Ranunculus sceleratus* 生于沼泽化草甸、河岸、溪流旁及湖沼边。

389. 楔叶毛茛 *Ranunculus cuneifolius* 生于潮湿草地。

390. 小水毛茛 *Batrachium eradicatum* 生于浅水中或潮湿的岸边。

391. 毛柄水毛茛 *Batrachium trichophyllum* 生于海拔 580~700m 间河边水中或沼泽水中。

392. 长叶水毛茛 *Batrachium kauffmanii* 生于水中。

393. 唐松草 *Thalictrum aquilegiifolium* var. *sibiricum* 生于海拔 500~1400m 间草原、山地林边草坡或林中。药用。

394. 瓣蕊唐松草 *Thalictrum petaloideum* 生于低山干燥山坡或草原多砂草地或田边。药用。

395. 展枝唐松草 *Thalictrum squarrosum* 生于海拔 200~1400m 间平原草地、田边或干燥草坡。树胶、鞣质。

396. 深山唐松草 *Thalictrum tuberiferum* 散生于林下和林缘。

397. 东亚唐松草 *Thalictrum minus* var. *hypoleucum* 生于丘陵或山地林边或山谷沟边。药用。

398. 狭裂瓣蕊唐松草 *Thalictrum petaloideum* var. *supradecompositum* 生于低山干燥山坡或草原多砂草地或田边。

399. 贝加尔唐松草 *Thalictrum baicalense* 生于山地林下或湿润草坡。药用。

400. 散花唐松草 *Thalictrum sparsiflorum* 生于山地草坡、林边或落叶松林中。

401. 金莲花 *Trollius chinensis* 生于沟谷草地及河边沼泽化草甸。药用。

402. 短瓣金莲花 *Trollius ledebourii* 生于沼泽化草甸。药用。

七十六、防己科 Menispermaceae

403. 蝙蝠葛 *Menispermum dauricum* 多生于海拔 200~1400m 山地林缘、灌丛沟谷或缠绕岩石上。

七十七、小檗科 Berberidaceae

404. 细叶小檗 *Berberis poiretii* 生于山地灌丛、砾质地、草原化荒漠、山沟河岸或林下。

405. 西伯利亚小檗 *Berberis sibirica* 生于高山碎石坡、陡峭山坡、荒漠地区、林下。药用。

406. 黄芦木 *Berberis amurensis* 生于山地灌丛中、沟谷、林缘、疏林中、溪旁或岩石旁。药用。

七十八、睡莲科 Nymphaeaceae

407. 睡莲 *Nymphaea tetragona* 生于池沼和水泡子中。食用淀粉、绿肥。

408. 萍蓬草 *Nuphar pumilum* 生于在湖沼中。药用、观赏绿化。

七十九、木兰科 Magnoliaceae

409. 五味子 *Schisandra chinensis* 生于河岸、草甸、山坡林下等。药用、树脂、鞣质、树脂、纤维、芳香。

八十、金鱼藻科 Ceratophyllaceae

410. 金鱼藻 *Ceratophyllum demersum* 生于池塘，河沟。药用、饲料。

411. 五刺金鱼藻 *Ceratophyllum oryzetorum* 生于泡沼中。

412. 东北金鱼藻 *Ceratophyllum manschuricum* 生于小河或沼泽中。

八十一、藤黄科 Guttiferae

413. 短柱金丝桃 *Hypericum hookerianum* 生于海拔 2500~3400 米的山坡灌丛中或林缘处。

414. 赶山鞭 *Hypericum attenuatum* 生于田野、半湿草地、草原、山坡草地、石砾地、草丛、林内及林缘等处，海拔在 1100m 以下。药用、茶叶。

415. 黄海棠 *Hypericum ascyron* 生于山坡林下、林缘、灌丛间、草丛或草甸中、溪旁及河岸湿地等处。

八十二、罂粟科 Papaveraceae

416. 黄堇 *Corydalis pallida* 生于林间空地、火烧迹地、林缘、河岸或多石坡地。

417. 白屈菜 *Chelidonium majus* 生于落叶松林下、林缘、河岸沙石地和河谷。药用、油脂、农药。

418. 齿瓣延胡索 *Corydalis turtschaninovii* 生于沟边或河滩地。药用。

419. 黄紫堇 *Corydalis ochotensis* 生于杂木林下或水沟边。药用。

420. 北紫堇 *Corydalis sibirica* 生于落叶松林下，河岸林下或散生于河岸边及山沟溪旁。

421. 角茴香 *Hypecoum erectum* 生于山坡草地或河边砂地。药用。

422. 野罂粟 *Papaver nudicaule* 生于高山林下、林缘、山坡草地。

423. 黑水罂粟 *Papaver nudicaule* f. *amurense* 生于山坡草地或砾石坡，田边、路旁。

八十三、十字花科 Cruciferae

424. 星毛庭荠 *Alyssum lenense* var. *dasycarpum* 生于草坡、沙地。

425. 西伯利亚庭荠 *Alyssum sibiricum* 生于在草原、山坡、沙丘或砾石地。

426. 北方庭荠 *Alyssum lenense* 生于草坡、沙地、黑土地。

427. 垂果南芥 *Arabis pendula* 生于河岸、路边。

428. 硬毛南芥 *Arabis hirsuta* 生于草原，干燥山坡及路边草丛中。

429. 粉绿垂果南芥 *Arabis pendula* var. *hypoglauca* 生于山地林缘、灌丛下、沟谷、河边。

430. 荠 *Capsella bursa-pastoris* 生于荒草地或路边。药用、调味料、食用、油脂、蜜源。

431. 油芥菜 *Brassica juncea* var. *gracilis* 食用、油脂、调味料、药用。

432. 芸薹（油菜）*Brassica campestris* 食用油脂、药用。

433. 山芥 *Barbarea orthoceras* 生于草甸、河岸、溪谷、河滩湿草地及山地潮湿处。

434. 匙芥 *Bunias cochlearioides* 生于沙质荒漠、草原。

435. 亚麻荠 *Camelina sativa* 生于农田或草地。

436. 小果亚麻荠 *Camelina microcarpa* 生于林缘、山地、平原及农田。

437. 细叶碎米荠 *Cardamine schulziana* 生于林间或湿草地。

438. 白花碎米荠 *Cardamine leucantha* 生于溪流旁或山坡。药用、食用野菜、茶叶。

439. 伏水碎米荠 *Cardamine prorepens* 生于山地溪流中或岸边。

440. 水田碎米荠 *Cardamine lyrata* 生于水田边、溪边及浅水处。药用、食用野菜。

441. 小花碎米荠 *Cardamine parviflora* 生于河滩及河流两岸的黏泥质湿草地。

442. 草甸碎米荠 *Cardamine pratensis* 生于湿润草原、河边、溪旁和林区、林缘湿地。食用、观赏绿化。

443. 播娘蒿 *Descurainia sophia* 生于山坡、田野及农田。食用、药用、油脂。

444. 异蕊芥 *Dimorphostemon pinnatus* 生于山坡草丛、林下、山沟灌丛、河滩及路旁。

445. 花旗杆 *Dontostemon dentatus* 见于石砾质山坡。

446. 腺花旗杆 *Dontostemon dentatus* var. *glandulosus* 生于山坡路旁、林边草地及荒地。

447. 线叶花旗杆 *Dontostemon integrifolius* 生于开阔草原、湖地、山坡砂地及沙丘。

448. 小花花旗杆 *Dontostemon micranthus* 生于山坡草地、河滩、固定沙丘及山沟。

449. 山葶苈 *Draba multiceps* 生于山地。地面芽。

450. 葶苈 *Draba nemorosa* 生于路边、山坡林下。药用、油脂。

451. 光果葶苈 *Draba nemorosa* var. *leiocarpa* 生于山坡草丛。

452. 糖芥 *Erysimum bungei* 生于河谷沙地、路边或干山坡。

453. 蒙古糖芥 *Erysimum flavum* 生于山坡。

454. 兴安糖芥 *Erysimum flavum* var. *shinganicum* 生于林区干旱山坡上。

455. 小花糖芥 *Erysimum cheiranthoides* 生于山坡、山谷、路旁及村旁荒地。药用。

456. 长圆果菘蓝 *Isatis oblongata* 生于山坡草地。

457. 独行菜 *Lepidium apetalum* 见于路旁或山麓向阳草地。药用、油脂、食用野菜。

458. 宽叶独行菜 *Lepidium latifolium* 生于河边。药用。

459. 碱独行菜 *Lepidium cartilagineum* 生于盐化低地及盐土上。

460. 光果宽叶独行菜 *Lepidium latifolium* var. *affine* 生于含盐质的沙滩、田边及路旁。药用。

461. 球果荠 *Neslia paniculata* 生于田野、山坡草丛。

462. 燥原荠 *Ptilotrichum canescens* 生于干燥石质山坡、草地、草原。

463. 山芥叶蔊菜 *Rorippa barbareifolia* 生于林边路旁、河岸及潮湿地。

464. 风花菜 *Rorippa globosa* 生于山坡、石缝、路旁、田边、水沟潮湿地及杂草丛中。

465. 沼生蔊菜 *Rorippa palustris* 生于潮湿环境或近水处、溪岸、山坡草地及草场。

466. 灰白芹叶荠 *Smelowskia alba* 生于山地草原。

467. 钻果大蒜芥 *Sisymbrium officinale* 生于杂草地或耕地。

468. 多型大蒜芥 *Sisymbrium polymorphum* 生于干旱山坡。

469. 曙南芥 *Stevenia cheiranthoides* 生于多石质的山坡、碎石缝中及碱化草原。

470. 菥蓂 *Thlaspi arvense* 生于平地路旁，沟边或村落附近。药用、食用、油脂。

471. 山菥蓂 *Thlaspi thlaspidioides* 生于山坡草地。

八十四、景天科 Crassulaceae

472. 白八宝 *Hylotelephium pallescens* 生于林下及湿草地。

473. 紫八宝 *Hylotelephium purpureum* 生于林下、湿草地。

474. 长药八宝 *Hylotelephium spectabile* 生于低山多石山坡上。

475. 狼爪瓦松 *Orostachys cartilagineus* 生石质山坡草地。

476. 瓦松 *Orostachys fimbriatus* 生于石质山坡草地。药用。

477. 钝叶瓦松 *Orostachys malacophylla* 生于岩石缝中。

478. 黄花瓦松 *Orostachys spinosus* 生于山坡石缝中。

479. 费菜 *Sedum aizoon* 生于山地稀疏林下、山地灌丛或路边草地。药用。

480. 宽叶费菜 *Sedum aizoon* var. *latifolium* 生于林下。

481. 狭叶费菜 *Sedum aizoon* f. *angustifolium* 生于山坡阴地。

482. 兴安景天 *Sedum hsinganicum* 生于多石山坡。

483. 藓状景天 *Sedum polytrichoides* 生于山坡石上。

484. 八宝 *Hylotelephium erythrostictum* 生于海拔 450~1400m 的山坡草地或沟边。药用、观赏绿化。

八十五、虎耳草科 Saxifragaceae

485. 毛金腰 *Chrysosplenium pilosum* 生于林下阴湿处。

486. 小花溲疏 *Deutzia parviflora* 生于海拔 1000~1500m 山谷林缘。

487. 梅花草 *Parnassia palustris* 生于潮湿的山坡草地中，沟边或河谷地阴湿处。

488. 毛茶藨子 *Ribes pubescens* 生于土壤干旱和瘠薄的山坡灌丛和岩石裸露的山顶。

489. 落新妇 *Astilbe chinensis* 生于林下。药用、鞣质、树胶。

490. 唢呐草 *Mitella nuda* 生于苔藓落叶松林下。

491. 双刺茶藨子 *Ribes diacanthum* 生于沙丘、沙质草原及河岸边，尤其在沙滩地区最常见。

492. 东北茶藨子 *Ribes mandshuricum* 生于山坡或山谷针、阔叶混交林下或杂木林内，海拔 300~1400m。

493. 水葡萄茶藨子 *Ribes procumbens* 生于河岸溪流边，森林中苔藓地上。

494. 矮茶藨子 *Ribes triste* 生于山地针阔叶混交林中，喜腐殖质层厚的土壤。

495. 英吉利茶藨子 *Ribes palczewskii* 生于山坡落叶松林下、水边杂木林及灌丛中，或以红松为主的针阔叶混交林下。食用、观赏绿化。

496. 美丽茶藨子 *Ribes pulchellum* 生于多石砾山坡、沟谷、黄土丘陵或阳坡灌丛中。食用、观赏绿化、木材。

497. 黑茶藨子 *Ribes nigrum* 生于多石砾山坡、沟谷。食用、饮料。

498. 零余虎耳草 *Saxifraga cernua* 生于林下、林缘、高山草甸和高山碎石隙。

499. 刺虎耳草 *Saxifraga bronchialis* 生于山坡石隙。

八十六、蔷薇科 Rosaceae

500. 花楸树 *Sorbus pohuashanensis* 生于山坡或山谷杂木林内，海拔 900~2500m。

501. 三裂绣线菊 *Spiraea trilobata* 生于海拔 450~2400m 的多岩石向阳坡地或灌木丛中。

502. 狼牙委陵菜 *Potentilla cryptotaeniae* 生于海拔 1000~2200m 的河谷、草甸、草原、林缘。

503. 龙牙草 *Agrimonia pilosa* 见于路边，林缘湿草地。

504. 假升麻 *Aruncus sylvester* 见于林缘湿草甸。

505. 欧李 *Cerasus humilis* 生于阳坡沙地、山地灌丛中。药用、食用。

506. 灰毛地蔷薇 *Chamaerhodos canescens* 生于山坡岩石间。

507. 三裂地蔷薇 *Chamaerhodos trifida* 生于草原或山坡。

508. 地蔷薇 *Chamaerhodos erecta* 生于砾石性山地、丘坡、丘顶，在丘顶砾石基质上较为常见。药用。

509. 沼委陵菜 *Comarum palustre* 生于沼泽地。

510. 全缘栒子 *Cotoneaster integerrimus* 散生于山坡岩缝间或山坡草地。

511. 黑果栒子 *Cotoneaster melanocarpus* 生于山坡、疏林间或灌木丛中。

512. 光叶山楂 *Crataegus dahurica* 散生于林缘、河岸或沟谷。

513. 山楂 *Crataegus pinnatifida* 生于山坡林边或灌木丛中。食用、药用、观赏绿化。

514. 辽宁山楂 *Crataegus sanguinea* 生于山坡或河沟旁杂木林中。绿化观赏。

515. 细叶蚊子草 *Filipendula angustiloba* 药用、饮料、色素、绿化、观赏。

516. 翻白蚊子草 *Filipendula intermedia* 常见于路边或山麓湿地、河岸、水边。

517. 蚊子草 *Filipendula palmata* 生于较湿草甸中或林缘。药用、树胶、鞣质。

518. 光叶蚊子草 *Filipendula palmata* var. *glabra* 生于沟边、阳坡、阴湿地。

519. 东方草莓 *Fragaria orientalis* 生于林缘、草甸、路边，沼泽化草甸也有分布。

520. 路边青 *Geum aleppicum* 生于草甸、星散生于林缘或路边。药用、食用、鞣质、油脂、树胶。

521. 山荆子 *Malus baccata* 生于山坡杂木林中及山谷阴处灌木丛中。育种、观赏绿化。

522. 星毛委陵菜 *Potentilla acaulis* 生于山坡草地、砂原草滩、黄土坡、多砾石瘠薄山坡。

523. 蕨麻 *Potentilla anserina* 见于草甸边缘或湿地。药用、食用、鞣质、树胶、染料、饲料。

524. 委陵菜 *Potentilla chinensis* 生于山坡草地、沟谷、林缘、灌丛或疏林下，海拔400~1400m。药用、饲料、鞣质、树胶

525. 翻白草 *Potentilla discolor* 生于林下、林缘、路边。药用、食用野菜。

526. 三叶委陵菜 *Potentilla freyniana* 生于山麓和沼泽化草甸边缘。药用。

527. 石生委陵菜 *Potentilla rupestris* 生于砾石坡上，海拔 1000~1100m。

528. 白萼委陵菜 *Potentilla betonicifolia* 生于山坡草地及岩石缝间。

529. 长叶二裂委陵菜 *Potentilla bifurca* var. *major* 生于耕地道旁、河滩沙地、山坡草地。

530. 大萼委陵菜 *Potentilla conferta* 生于耕地边、山坡草地、沟谷、草甸及灌丛中。药用。

531. 匍枝委陵菜 *Potentilla flagellaris* 生于阴湿草地、水泉旁边及疏林下。食用野菜、饲料。

532. 莓叶委陵菜 *Potentilla fragarioides* 生于地边、沟边、草地、灌丛及疏林下。

533. 金露梅 *Potentilla fruticosa* 生于山地河谷灌丛与林间灌丛中,常见碎石山麓及路边。观赏绿化、鞣质、树胶、茶叶、药用、饲料。

534. 小叶金露梅 *Potentilla parvifolia* 见于石质山地及路边。

535. 银露梅 *Potentilla glabra* 观赏绿化、鞣制、树胶、茶叶、药用、饲料。生于山地河谷灌丛与林间灌丛,常见碎石山麓及路边。

536. 腺毛委陵菜 *Potentilla longifolia* 生于山坡草地、高山灌丛、林缘及疏林下。药用。

537. 多茎委陵菜 *Potentilla multicaulis* 生于耕地边、沟谷阴处、向阳砾石山坡、草地及疏林下。

538. 多裂委陵菜 *Potentilla multifida* 生于山坡草地,沟谷及林缘。药用。

539. 掌叶多裂委陵菜 *Potentilla multifida* var. *ornithopoda* 生于山坡草地、河滩、沟边、草甸及林缘。

540. 菊叶委陵菜 *Potentilla tanacetifolia* 生于山坡草地、低洼地、沙地、草原、丛林边及黄土高原。药用、鞣质。

541. 等齿委陵菜 *Potentilla simulatrix* 生于林下溪边阴湿处。

542. 朝天委陵菜 *Potentilla supina* 生于田边、荒地、河岸沙地、草甸、山坡湿地。

543. 轮叶委陵菜 *Potentilla verticillaris* 生于干旱山坡、河滩沙地、草原及灌丛下。

544. 二裂委陵菜 *Potentilla bifurca* 生于地边、道旁、沙、滩、山坡草地、黄土坡上、半干旱荒漠草原及疏林下。药用、饲料。

545. 绢毛委陵菜 *Potentilla sericea* 生于山坡草地、沙地、草原、河漫滩及林缘。

546. 茸毛委陵菜 *Potentilla strigosa* 生于草甸、草原、固定沙地、林缘、山坡草甸。

547. 矮生二裂委陵菜 *Potentilla bifurca* var. *humilior* 生于沙地、丛林边及林缘。

548. 山杏 *Armeniaca sibirica* 生于阳坡山地。育种、药用、油脂。

549. 稠李 *Padus racemosa* 生于河谷地带。观赏绿化。

550. 秋子梨 *Pyrus ussuriensis* 生于寒冷而干燥的山区。药用、食用。

551. 刺蔷薇 *Rosa acicularis* 生于林缘或林下。

552. 山刺玫 *Rosa davurica* 生于林缘、路边及灌丛间。药用、食用、鞣质。

553. 北悬钩子 *Rubus arcticus* 零散生于落叶松林下以及河岸边和沼泽塔头上。

554. 兴安悬钩子 *Rubus chamaemorus* 生于林下或河岸附近。食用

555. 牛叠肚 *Rubus crataegifolius* 生于林缘、灌丛间。药用、食用、树胶、纤维。

556. 绿叶悬钩子 *Rubus komarovi* 生于山地路边或林下。食用。

557. 茅莓 *Rubus parvifolius* 生于山沟石质地或杂木林中。药用、食用、树胶。

558. 库页悬钩子 *Rubus sachalinensis* 生于潮湿沟谷，丘陵和山地路边。食用。

559. 石生悬钩子 *Rubus saxatilis* 生于山地阴坡林下或石砾地、灌丛间。

560. 腺地榆 *Sanguisorba officinalis* var. *glandulosa* 生于阔叶林下或沼泽草甸中。

561. 长蕊地榆 *Sanguisorba officinalis* var. *longifila* 生于草甸或水甸附近。

562. 地榆 *Sanguisorba officinalis* 药用、食用、茶、叶树胶。见于林间、五花草甸中。

563. 长叶地榆 *Sanguisorba officinalis* var. *Longifolia* 生于山坡草地、溪边、灌丛中、湿草地及疏林中。药用。

564. 小白花地榆 *Sanguisorba tenuifolia* 生于草甸。

565. 珍珠梅 *Sorbaria sorbifolia* 生于山地疏林下木和山地灌丛中或在湿地边缘有时可成为优势种、形成群落片段。

566. 伏毛山莓草 *Sibbaldia adpressa* 生于农田边、山坡草地、砾石地及河滩地。

567. 水榆花楸 *Sorbus alnifolia* 生于海拔较高的林内。观赏绿化、木材、染料、纤维。

568. 石蚕叶绣线菊 *Spiraea chamaedryfolia* 生于林下。观赏绿化、蜜源。

569. 美丽绣线菊 *Spiraea elegans* 生于石质山坡或林间隙地。

570. 欧亚绣线菊 *Spiraea media* 生于针阔混交林内或林缘。观赏绿化。

571. 土庄绣线菊 *Spiraea pubescens* 生于多石砾的山谷和山顶。

572. 绣线菊 *Spiraea salicifolia* 生于林缘灌丛和河岸灌丛中。观赏绿化、蜜源。

573. 绢毛绣线菊 *Spiraea sericea* 生于林下或林缘。

574. 耧斗菜叶绣线菊 *Spiraea aquilegifolia* 生于多石砾坡地或干草地中。

575. 窄叶绣线菊 *Spiraea dahurica* 生于山坡或石坡上。

576. 海拉尔绣线菊 *Spiraea hailarensis* 生于沙丘坡地上。

577. 毛果绣线菊 *Spiraea trichocarpa* 常生于溪流附近的杂木林中。

578. 曲萼绣线菊 *Spiraea flexuosa* 生于针叶阔叶混合林下或林边、河岸以及沙丘、岩石坡地。

八十七、豆科 Leguminosae

579. 乳白黄芪 *Astragalus galactites* 生于海拔1000~3500m的草原沙质土上及向阳山坡。（乳白黄芪）"

580. 山竹岩黄芪 *Hedysarum fruticosum* 生于草原带沿河、湖沙地、沙丘或古河床沙地。

581. 华北岩黄芪 *Hedysarum gmelinii* 草原或山地草原的砾石质山坡和砂砾质干河滩。

582. 鸡眼草 *Kummerowia striata* 生于路旁、田边、溪旁、沙质地或缓山坡草地。

583. 阴山胡枝子 *Lespedeza inschanica* 生于路旁或山坡林下。

584. 花苜蓿 *Medicago ruthenica* 生于草原、砂地、河岸及砂砾质土壤的山坡旷野。

585. 草木樨 *Melilotus suaveolens* 生于沙地，山坡、草原、滩涂及农区的田埂．路旁和弃耕地上。

586. 披针叶野决明 *Thermopsis lanceolata* 生于草原、峡谷或荒地中。

587. 多茎野豌豆 *Vicia multicaulis* 生于牧区林缘及河滩灌丛中。分布于东北等地。

588. 歪头菜 *Vicia unijuga* 生于低海拔至 4000m 山地、林缘、草地、沟边及灌丛。

589. 黄芪 *Astragalus membranaceus* 生于草甸边、路旁、林缘、灌丛。药用、饲用。

590. 蒙古黄芪 *Astragalus membranaceus* var. *Mongholicus* 生于林缘、路边。药用、饲用、鞣质饮料。

591. 湿地黄芪 *Astragalus uliginosus* 生于草甸边。

592. 华黄芪 *Astragalus chinensis* 生于向阳山坡、路旁沙地和草地上。药用、水土保持。

593. 达乌里黄芪 *Astragalus dahuricus* 生于山坡和河滩草地。饲用。

594. 糙叶黄芪 *Astragalus scaberrimus* 生于山坡石砾质草地、草原、沙丘及沿河流两岸的沙地。饲用、保持水土。

595. 草木樨状黄芪 *Astragalus melilotoides* 生于向阳山坡、路旁草地或草甸草地。饲用。

596. 新巴黄芪 *Astragalus hsinbaticus* 多生于干草原沙质土上。饲用。

597. 树锦鸡儿 *Caragana arborescens* 生于林间、林缘。观赏、绿化、油用。

598. 小叶锦鸡儿 *Caragana microphylla* 生于固定、半固定沙地。饲用、肥料、防风固沙。

599. 狭叶锦鸡儿 *Caragana stenophylla* 生于沙地、黄土丘陵、低山阳坡。

600. 甘草 *Glycyrrhiza uralensis* 常生于干旱沙地、河岸沙质地、山坡草地及盐渍化土壤中。药用。

601. 野大豆 *Glycine soja* 生于沼泽化草甸、林缘灌丛下，国家二级保护野生植物。药用、饲用、野菜。

602. 狭叶米口袋 *Gueldenstaedtia stenophylla* 生于向阳的山坡、草地等处。

603. 少花米口袋 *Gueldenstaedtia verna* 一般生于海拔 1300m 以下的山坡、路旁、田边等。药用。

604. 长萼鸡眼草 *Kummerowia stipulacea* 生于路旁、草地、山坡、固定或半固定沙丘等处。药用、绿肥。

605. 矮山黧豆 *Lathyrus humilis* 生于山地林下或林间草地。饲用、油料、绿化、观赏。

606. 山黧豆 *Lathyrus quinquenervius* 生于山坡、林缘、路旁、草甸等处。药用。

607. 欧山黧豆 *Lathyrus palustris* 生于山坡、林缘、路旁、草甸等处。药用、饲用。

608. 苦参 *Sophora flavescens* 路旁、阳坡。药用、饲用。

609. 胡枝子 *Lespedeza bicolor* 阳坡、林下。药用、饲用。

610. 多花胡枝子 *Lespedeza floribunda* 生于石质山坡。药用。

611. 尖叶胡枝子 *Lespedeza hedysaroides* 生于草原。饲用。

612. 兴安胡枝子（达乌里胡枝子） *Lespedeza davurica* 生于森林草原和草原地带的干山坡，丘陵坡地、沙质地。饲用。

613. 野苜蓿 *Medicago falcata* 生于沙质偏旱耕地、山坡、草原及河岸杂草丛中。药用、饲用。

614. 天蓝苜蓿 *Medicago lupulina* 生于河岸、路边、田野及林缘。药用。

615. 二色棘豆 *Oxytropis bicolor* 分布于华北和山东、陕西、甘肃。生于干燥坡地、沙地、堤坝或路旁。

616. 线棘豆 *Oxytropis filiformis* 生于石质山坡、草甸或丘陵坡地。饲用。

617. 小花棘豆 *Oxytropis gobra* 生于沼泽化草甸、林缘灌丛下。药用、饲用。

618. 砂珍棘豆 *Oxytropis psamocharis* 生于沙滩、沙荒地、沙丘、沙质坡地及丘陵地区阳坡。药用、饲用。

619. 海拉尔棘豆 *Oxytropis hailarensis* 生于石砾地、草原，常散生，有时在沙丘下部或沙丘间低地形成小群聚。

620. 硬毛棘豆 *Oxytropis hirta* 生于石质山坡。药用。

621. 多叶棘豆 *Oxytropis myriophyla* 生于砂地、平坦草原、干河沟、丘陵地、轻度盐渍化沙地、石质山坡。药用、饲用。

622. 大花棘豆 *Oxytropis grandiflora* 生于海拔 750~1400m 的山坡、丘顶、山地草原、石质山坡、草甸草原和山地林缘草甸。

623. 山泡泡 *Oxytropis leptophylla* 生于砾石质丘陵坡地及向阳干旱山坡。药用。

624. 蓝花棘豆 *Oxytropis coerulea* 生于海拔 1200m 左右的山坡或山地林下。药用、饲用。

625. 苦马豆 *Sphaerophysa salsula* 生于山坡、草原、荒地、沙滩、戈壁绿洲、沟渠旁及盐池周围，较耐干旱，习见于盐化草甸、强度钙质性灰钙土上。药用、饲用。

626. 野火球 *Trifolium lupinaster* 生于五花草甸或山地疏林和灌丛中。药用、饲用、蜜源、绿化、观赏。

627. 山野豌豆 *Vicia amoena* 生于草甸、山地疏林和灌丛中。药用、饲用、野菜、绿化、观赏。

628. 狭叶山野豌豆 *Vicia amoena* var. *oblongifolia* 一般生于山坡、草甸、灌丛以及杂木林中。

629. 广布野豌豆 *Vicia cracca* 生于路边、林缘沼泽化草甸。药用、饲用、蜜源。

630. 大叶野豌豆 *Vicia pseudorobus* 生于林缘，散生林下和路边。药用、饲用、野菜、油料。

631. 灰野豌豆 *Vicia cracca* var. *canescens* 生于林间草地、草甸、灌丛。

632. 索伦野豌豆 *Vicia geminiflora* 生于河岸柳丛间草地。

633. 北野豌豆 *Vicia ramuliflora* 生于海拔 700~1400m 亚高山草甸，混交林下，林缘草地及山坡。药用。

634. 柳叶野豌豆 *Vicia venosa* 生于林下、林缘草地。饲用。

八十八、酢浆草科 Oxalidaceae

635. 直酢浆草 *Oxalis stricta* 生于林下和沟谷潮湿处。

八十九、牻牛儿苗科 Geraniaceae

636. 突节老鹳草 *Geranium krameri* 生于草甸、灌丛或田边杂草丛。

637. 老鹳草 *Geranium wilfordii* 生于海拔 1 800m 以下的低山林下、草甸。

638. 灰背老鹳草 *Geranium wlassovianum* 生于低、中山的山地草甸、林缘等处。

639. 粗根老鹳草 *Geranium dahuricum* 生于林缘、草地或灌丛间。药用、纤维、油料。

640. 毛蕊老鹳草 *Geranium platyanthum* 生于山地林下、灌丛和草甸。药用。

641. 兴安老鹳草 *Geranium maximowiczii* 生于疏林下、林缘或河谷地带。

642. 草甸老鹳草 *Geranium pratense* 生于林缘、林下、灌丛间及山坡草甸和河边湿地。饲用。

643. 鼠掌老鹳草 *Geranium sibiricum* 生于河谷、沟谷及路旁等地。药用、饲用、蜜源、油料、纤维。

644. 牻牛儿苗 *Erodium stephanianum* 生于山坡、田野间。药用。

九十、亚麻科 Linaceae

645. 垂果亚麻 *Linum nutans* 油料。生于沙质草原和干山坡。

646. 宿根亚麻 *Linum perenne* 生于干旱草原、沙砾质干河滩和干旱的山地阳坡疏灌丛或草地。药用、绿化。

647. 野亚麻 *Linum stelleroides* 生于草原、干旱山坡、荒地、路边、沙地、山坡草丛中。药用。

九十一、蒺藜科 Zygophyllaceae

648. 蒺藜 *Tribulus terrester* 生于沙地、荒地、山坡、居民点附近。药用。

649. 小果白刺 *Nitraria sibirica* 生于湖盆边缘沙地、盐渍化沙地、沿海盐化沙地。饲用、药用。

九十二、芸香科 Rutaceae

650. 白鲜 *Dictamnus dasycarpus* 生于山坡、林下、林缘或草甸。药用。

651. 北芸香 *Haplophyllum dauricum* 生于低海拔山坡、草地或岩石旁。饲用。

九十三、远志科 Polygalaceae

652. 远志 *Polygala tenuifolia* 生于草原、山坡草地、灌丛中以及杂木林下，海拔（200-）460~2300m。

653. 瓜子金 *Polygala japonica* 生于山地的干燥地。药用。

九十四、大戟科 Euphorbiaceae

654. 狼毒大戟 *Euphorbia fischeriana* 多生于林下草原及向阳石质山坡草地。

655. 乳浆大戟 *Euphorbia esula* 生于路旁、杂草丛、山坡、林下、河沟边、荒山、沙丘及草地。药用。

656. 地锦 *Euphorbia humifusa* 生于田边路旁、撂荒地、固定沙丘、海滩、土坡杂草地、沙石地。药用。

657. 沙生大戟 *Euphorbia kozlovii* 生于荒漠沙地。药用。

658. 一叶萩 *Flueggea suffruticosa* 生于山坡灌丛中或山沟、路边。药用、油料、纤维。

九十五、水马齿科 Callitrichaceae

659. 沼生水马齿 *Callitriche palustris* 生于静水中或沼泽地水中或湿地。药用。

660. 东北水马齿 *Callitriche palustris* var. *elegans* 生于静水中或沼泽地水中或湿地。

九十六、卫矛科 Celastraceae

661. 桃叶卫矛 *Euonymus maackii* 生于林缘或山坡肥沃湿润土壤上。药用、油脂、木材、观赏、橡胶。

九十七、槭树科 Aceraceae

662. 茶条槭 *Acer ginnala* 常生于向阳山坡、河岸或湿草地，在半阳坡或半阴坡杂木林缘也常见。木材、蜜源、纤维、鞣料。

663. 梣叶槭 *Acer negundo* 油料、行道树、蜜源。

九十八、凤仙花科 Balsaminaceae

664. 水金凤 *Impatiens noli-tangere* 见于山沟、溪流旁、林中、林缘湿地。药用、绿化、观赏。

九十九、鼠李科 Rhamnaceae

665. 锐齿鼠李 *Rhamnus arguta* 常生于山坡灌丛中，海拔 2000m 以下。

666. 小叶鼠李 *Rhamnus parvifolia* 生于向阳山坡、草丛或灌丛中，海拔 400~2300m。

667. 乌苏里鼠李 *Rhamnus ussuriensis* 生于河边、山地林中或山坡灌丛，海拔 1600m 以下。

668. 鼠李 *Rhamnus davurica* 离散分布于林缘、河岸。药用、鞣质、蜜源、油料、绿化、观赏、木材。

669. 柳叶鼠李 *Rhamnus erythroxylon* 生于干旱沙丘、荒坡或乱石中或山坡灌丛中。药用。

一百、锦葵科 Malvaceae

670. 苘麻 *Abutilon theophrasti* 常见于路旁、荒地和田野间。药用、纤维。

671. 野西瓜苗 *Hibiscus trionum* 见于耕地、撂荒地、田边及人家附近野地。药用、油料。

一百○一、柽柳科 Tamaricaceae

672. 红砂 *Reaumuria songarica* 生于半荒漠带山前平原，低地，干旱草原，高山石质荒漠，戈壁滩，荒地，阶地灌草丛中，石坡，石质戈壁滩，盐渍化荒漠，盐渍化沙地，盐渍化洼地。饲用、药用。

一百○二、堇菜科 Violaceae

673. 奇异堇菜 *Viola mirabilis* 生于阔叶林或针阔混交林下、林缘、山地灌丛及草坡等处。

674. 白花地丁 *Viola patrinii* 生于沼泽化草甸、草甸、河岸湿地、灌丛及林缘较阴湿地带。

675. 鸡腿堇菜 *Viola acuminata* 散生于河谷、灌丛或沼泽草甸、山谷。药用、野菜、绿化、观赏。

676. 双花堇菜 *Viola biflora* 生于高山及亚高山地带草甸、灌丛或林缘、岩石缝隙间。药用。

677. 兴安堇菜 *Viola gmeliniana* 生于河岸灌丛、沙地、山坡灌丛及沙丘草地。药用。

678. 东北堇菜 *Viola mandshurica* 绿化、观赏。生于灌丛中。

679. 早开堇菜 *Viola prionantha* 多生于在山坡草地、沟边或宅旁等向阳处。药用。

680. 裂叶堇菜 *Viola dissecta* 多生于山坡草地、杂木林缘、灌丛下及田边、路旁及固定沙丘向阳处等地。药用。

681. 紫花地丁 *Viola philippica* 生于田间、荒地、山坡草丛、林缘或灌丛中。药用。

一百○三、瑞香科 Thymelaeaceae

682. 狼毒 *Stellera chamaejasme* 生于干燥而向阳的高山草坡、草坪或河滩台地。药用。

一百〇四、胡颓子科 Elaeagnaceae

683. 沙棘 *Hippophae rhamnoides* 生于海拔 800-3600 米温带地区向阳的山嵴、谷地、干涸河床地或山坡，多砾石或沙质土壤或黄土上。

一百〇五、菱科 Trapaceae

684. 丘角菱 *Trapa japonica* 生于湖泊、河湾、旧河床中。食用、饲用、药用。

一百〇六、千屈菜科 Lythraceae

685. 千屈菜 *Lythrum salicaria* 生于河岸、湖畔、溪沟边和潮湿草地。

一百〇七、柳叶菜科 Onagraceae

686. 高山露珠草 *Circaea alpina* 生于潮湿处和苔藓覆盖的岩石及木头上。药用。

687. 深山露珠草 *Circaea caulescens* 生于山地落叶松林下或沼泽草甸中。药用。

688. 柳兰 *Epilobium angustifolium* 生于我国北方 500~1400m 山区半开旷或开旷较湿润草坡灌丛、火烧迹地、高山草甸、河滩、砾石坡。药用、蜜源、纤维、鞣料。

689. 多枝柳叶菜 *Epilobium fastigiatoramosum* 生于沼泽边草地、湿地。药用、绿化、观赏。

690. 柳叶菜 *Epilobium hirsutum* 生于灌丛、荒坡、路旁、河谷、溪流河床沙地或石砾地或沟边。药用。

691. 沼生柳叶菜 *Epilobium palustre* 生于沼泽、湖塘、沼泽、河谷、溪沟旁。药用。

一百〇八、小二仙草科 Haloragidaceae

692. 穗状狐尾藻 *Myriophyllum spicatum* 生于池塘、河沟、沼泽中。

693. 狐尾藻 *Myriophyllum verticillatum* 生于池塘。饲用、观赏、药用。

一百〇九、杉叶藻科 Hippuridaceae

694. 杉叶藻 *Hippuris vulgaris* 生于沼泡或溪流中。药用、饲用、观赏。

一百一十、山茱萸科 Cornaceae

695. 红瑞木 *Swida alba* 生于沼泽落叶松林边缘或河岸。药用、鞣质、绿化、观赏。

一百一十一、伞形科 Umbellifecae

696. 北柴胡 *Bupleurum chinense* 生长于向阳山坡路边、岸旁或草丛中。

697. 柳叶芹 *Angelica czernaevia* 生长于河岸、沿河的牧场、草地、灌丛、阔叶林下及林缘。

698. 兴安独活 *Heracleum dissectum* 生长于湿草地、草甸子、山坡林下及林缘。

699. 独活 *Heracleum hemsleyanum* 生于山坡阴湿的灌丛林下。

700. 细裂藁本 *Ligusticum tenuisectum* 生于海拔 2000~4000m 的地区。

701. 全叶山芹 *Ostericum maximowiczii* 生于高山至平地、路旁、湿草甸子、林缘或混交林下。

702. 棱子芹 *Pleurospermum camtschaticum* 生于山坡草地及林缘。

703. 黑水当归 *Angelica amurensis* 生于山坡、草地、杂木林下、林缘、灌丛及河岸溪流旁。药用。

704. 狭叶当归 *Angelica anomala* 散生于山地林缘，溪流旁。药用。

705. 刺果峨参 *Anthriscus nemorosa* 生于山坡草丛及林下。药用。

706. 锥叶柴胡 *Bupleurum bicaule* 生于海拔 650~1400m 的山坡向阳地草原、干旱多砾石的草地上。药用。

707. 大叶柴胡 *Bupleurum longiradiatum* 散生于山地林中。药用、绿化、观赏。

708. 兴安柴胡 *Bupleurum sibiricum* 生于干山坡草地。药用。

709. 田葛缕子 *Carum buriaticum* 生于田间、路旁、丘陵、草地。药用。

710. 碱蛇床 *Cnidium salinum* 生于草甸、盐碱滩、沟渠边。药用。

711. 兴安蛇床 *Cnidium dauricum* 生于河岸及湖边草地。药用。

712. 蛇床 *Cnidium monnieri* 散生于河岸及弱碱性湖边草地。药用、鞣质。

713. 毒芹 *Cicuta virosa* 生于沼泽及水湿地。药用、蜜源、农药。

714. 短毛独活 *Heracleum moellendorffii* 生于山坡林下。药用。

715. 山芹 *Ostericum sieboldii* 生于山坡、草地、山谷、林缘和林下。药用、食用。

716. 柔毛胀果芹 *Phlojodicarpus villosus* 生于干燥多石山坡及山顶石缝间。药用。

717. 香芹 *Libanotis seseloides* 生于草甸、山坡草地和林缘灌丛间。药用、食用。

718. 绿花山芹 *Ostericum viridiflorum* 生于林缘、路旁和草地。药用。

719. 防风 *Saposhnikovia divaricata* 生于山坡、草原。药用。

720. 泽芹 *Sium suave* 生于水边或潮湿地方。药用、观赏。

721. 水芹 *Oenanthe javanica* 生于沼泽、低湿地。药用、饲用、野菜。

722. 石防风 *Peucedanum terebinthaceum* 生于林缘及林下。药用。

723. 迷果芹 *Sphallerocarpus gracilis* 生于林缘、沼泽地。药用。

724. 小窃衣 *Torilis japonica* 生于杂木林下、林缘、路旁、河边及溪边草丛中。药用。

一百一十二、鹿蹄草科 Pyrolaceae

725. 松下兰 *Monotropa hypopitys* 生于海拔 1700-3650m 的山地阔叶林或针阔叶混交林下。

726. 地桂 *Chamaedaphne calyculata* 生于针叶 (如落叶松等) 林下及水藓沼泽中，常成为林下优势种。

727. 鹿蹄草 *Pyrola rotundifolia* 生于森林带和森林草原带的针阔混交林、阔叶林及灌丛下。

728. 红花鹿蹄草 *Pyrola incarnata* 生于落叶松林和针阔混交林下。药用、绿化、观赏。

729. 肾叶鹿蹄草 *Pyrola renifolia* 生于山地落叶松林下。药用。

730. 兴安鹿蹄草 *Pyrola dahurica* 生于针叶林、针阔叶混交林或阔叶林下。药用。

一百一十三、杜鹃花科 Ericaceae

731. 杜香 *Ledum palustre* 生于落叶松林下或沼泽地，也可生于石质山坡。药用。

732. 小叶杜香 *Ledum palustre* var. *decumbens* 生于林下。药用、芳香。

733. 兴安杜鹃 *Rhododendron dauricum* 生于山地落叶松林下及林缘，见于山地灌丛或石质山地。药用、芳香、蜜源、油料、绿化、观赏。

734. 高山杜鹃 *Rhododendron lapponicum* 生于高山、苔原、多岩石地方或沼泽地带。绿化、观赏。

735. 越橘 *Vaccinium vitis-idaea* 生于山地落叶松林林下或沼地边缘地带。药用、饮料、油料。

一百一十四、报春花科 Primulaceae

736. 大苞点地梅 *Androsace maxima* 散生于山谷草地、山坡砾石地、固定沙地及丘间低地。

737. 狼尾花 *Lysimachia barystachys* 生于草甸、山坡路旁灌丛间，垂直分布上限可达海拔 2000m。

738. 东北点地梅 *Androsace filiformis* 沟谷边或溪流旁常有生长。药用、绿化、观赏。

739. 小点地梅 *Androsace gmelinii* 常生于半阴坡流石滩、河边沙质湿地、河边湿草甸、河边湿地、河谷灌丛中、河滩林中、阶地、林缘草甸、沙棘灌丛、山谷及山坡草甸。药用。

740. 白花点地梅 *Androsace incana* 生于山顶和向阳的山坡上。药用。

741. 点地梅 *Androsace umbellata* 生于向阳的山坡、林缘、草地和疏林下。药用、绿化、观赏。

742. 长叶点地梅 *Androsace longifolia* 生于多石砾的山坡、岗顶和砾石质草原。

743. 北点地梅 *Androsace septentrionalis* 生于草甸草原、沟草甸、山地草甸、林缘及水边草甸。药用。

744. 假报春 *Cortusa matthioli* 生于云杉、落叶松林下腐殖质较多的阴处。药用。

745. 海乳草 *Glaux maritima* 常生于潮湿草地、河边、渠沿、湖岸及绿洲村旁。饲用、药用。

746. 黄连花 *Lysimachia davurica* 生于林缘或沼泽化草甸。药用、绿化、观赏。

747. 球尾花 *Lysimachia thyrsiflora* 生于水边湿草甸、沼泽草甸、沼泽地。药用。

748. 粉报春 *Primula farinosa* 生于低湿草地、沼泽化草甸和沟谷灌丛中。药用。

749. 箭报春 *Primula fistulosa* 生于沼泽化草甸。绿化、观赏。

750. 天山报春 *Primula nutans* 生于湿草地和草甸中。药用。

751. 樱草 *Primula sieboldii* 生于潮湿旷地、沟边和林缘。观赏、药用。

752. 七瓣莲 *Trientalis europaea* 生于落叶松林下或落叶松、白桦混交林下及沼泽化草甸上。药用。

一百一十五、白花丹科 Plumbaginaceae

753. 驼舌草 *Goniolimon speciosum* 生于草原地带的山坡或平原上。饲用。

754. 黄花补血草 *Limonium aureum* 生于土质含盐的砾石滩、黄土坡和沙土地上。药用、饲用。

755. 二色补血草 *Limonium bicolor* 生于草原带的典型草原群落、沙质草原、内陆盐碱土地上。观赏、经济、药用。

756. 曲枝补血草 *Limonium flexuosum* 生于草原上。药用。

一百一十六、龙胆科 Gentianaceae

757. 睡菜 *Menyanthes trifoliata* 生于沼泽中成群落生长，海拔450~3600米。

758. 达乌里秦艽 *Gentiana dahurica* 生于田边、路旁、河滩、湖边沙地、水沟边、向阳山坡及干草原等地，药用。

759. 秦艽 *Gentiana macrophylla* 生于山地落叶松林下、草甸、湿地。药用。

760. 条叶龙胆 *Gentiana manshurica* 生于湿草地。药用、饲用、绿化、观赏。

761. 龙胆 *Gentiana scabra* 生于山坡草地、路边、灌丛中、林缘及林下、草甸。药用。

762. 鳞叶龙胆 *Gentiana squarrosa* 生于山坡、山谷、山顶、干草原、河滩、荒地、路边、灌丛中及高山草甸，药用。

763. 三花龙胆 *Gentiana triflora* 生于沼泽化草甸或沼泽地。药用、饲用、绿化、观赏。

764. 扁蕾 *Gentianopsis barbata* 生于水沟边、山坡草地、林下、灌丛中、沙丘边缘。药用、绿化、观赏。

765. 花锚 *Halenia corniculata* 疏生于沼泽化草甸或河岸边或林缘。药用、绿化、观赏。

766. 荇菜 *Nymphoides peltatum* 生于池塘或不甚流动的河溪中。绿化、药用。

767. 瘤毛獐牙菜 *Swertia pseudochinensis* 生于山坡上、河滩、林下、灌丛中。药用。

768. 藜芦獐牙菜 *Swertia veratroides* 生于沼泽地、湖泡浅水中。绿化、观赏。

一百一十七、萝藦科 Asclepiadaceae

769. 徐长卿 *Cynanchum paniculatum* 生于向阳山坡及草丛中。药用。

770. 萝藦 *Metaplexis japonica* 生于林边荒地、山脚、河边、路旁灌木丛中。药用。

771. 杠柳 *Periploca sepium* 生于平原及低山丘的林缘、沟坡、河边沙质地或地埂等处。药用。

一百一十八、旋花科 Convolvulaceae

772. 打碗花 *Calystegia hederacea* 多生于田野、路旁及草丛中。药用、食用。

773. 银灰旋花 *Convolvulus ammannii* 生于干旱山坡草地或路旁。药用。

774. 田旋花 *Convolvulus arvensis* 野生于耕地及荒坡草地、村边路旁。药用。

775. 菟丝子 *Cuscuta chinensis* 生于田边、路边荒地、灌木丛中、山坡向阴处，河边，多寄生在豆科、菊科、蓼科等植物上。药用。

776. 金灯藤 *Cuscuta japonica* 寄生于草本或灌木上。药用。

一百一十九、花荵科 Polemoniaceae

777. 花荵 *Polemonium coeruleum* 生于山麓或湿草甸。药用、绿化、观赏。

778. 小花荵 *Polemonium liniflorum* 生于海拔林下、林缘、河谷、湿草甸子。药用、绿化。

一百二十、紫草科 Boraginaceae

779. 附地菜 *Trigonotis peduncularis* 生于向阳或湿草地。药用。

780. 水甸附地菜 *Trigonotis myosotidea* 生于沼泽草甸或沟边湿地。药用。

781. 钝背草 *Amblynotus obovatus* 生于沙地、沙质草甸、山坡、石坡、石质草甸。药用。

782. 大果琉璃草 *Cynoglossum divaricatum* 生于山坡、沙丘。药用。

783. 北齿缘草 *Eritrichium borealisinense* 生于山坡草地、石缝、灌丛和石质干山坡。药用。

784. 东北齿缘草 *Eritrichium mandshuricum* 生于山坡草地、砾质山坡或高燥地。药用。

785. 反折假鹤虱 *Eritrichium deflexum* 生于河滩沙地、林边路旁和沙丘林下。药用。

786. 假鹤虱 *Eritrichium thymifolium* 生于向阳山坡和砾石地。药用。

787. 异刺鹤虱 *Lappula heteracantha* 生于荒地、山谷草甸、山脚平原、山坡、石丘陵。药用。

788. 鹤虱 *Lappula myosotis* 生于荒地、山坡、石丘陵。药用。

789. 卵盘鹤虱 *Lappula redowskii* 生于村边、干旱山坡、河边草甸、河滩、湖边沙地、丘间低地、沙质草甸、山谷河边石地、山脚石坡、山坡草丛中、山坡草甸、田边草丛、向阳草甸。药用。

790. 劲直鹤虱 *Lappula stricta* 生于干旱山谷、戈壁滩、山谷、山坡草甸。药用。

791. 狼紫草 *Lycopsis orientalis* 生于生山坡、河滩、田边等处。药用。

792. 砂引草 *Messerschmidia sibirica* 生于干旱河谷、海岸、海岸沙滩、湖边沙地、沙地、沙地边缘、沙丘、沙质盐碱地、山坡路、盐碱地、盐渍化草甸。药用。

793. 湿地勿忘草 *Myosotis caespitosa* 生于低湿地、灌丛中、寒原、河滩沼泽草甸、山坡草甸、山坡溪边草地、湿地、溪边、沼泽地。饲用。

一百二十一、马鞭草科 Verbenaceae

794. 蒙古莸 *Caryopteris mongholica* 主要生于草原、山地阳坡、河岸和沙丘。饲用。

一百二十二、茜草科 Rubiaceae

795. 异叶轮草 *Galium maximowiczii* 生于海拔 380-1600 米的山地、旷野、沟边的林下、灌丛或草地。

796. 小叶猪殃殃 *Galium trifidum* 生于旷野、沟边、山地林下、草坡、灌丛、沼泽地，海拔 300~2540m。

797. 北方拉拉藤 *Galium boreale* 生于针阔叶林下或林缘，灌丛间。药用。

798. 大叶猪殃殃 *Galium dahuricum* 生于林中或草地。药用。

799. 蓬子菜 *Galium verum* 生于山坡，旷野，路旁草丛中。药用。

800. 中国茜草 *Rubia chinensis* 生于山地林下。药用。

801. 茜草 *Rubia cordifolia* 生于山地、灌丛、草甸。药用。

一百二十三、唇形科 Labiatae

802. 兴安百里香 *Thymus dahuricus* 生于沙质坡地或沙质草地。

803. 多花筋骨草 *Ajuga multiflora* 生于开朗的山坡疏草丛或河边草地或灌丛中。观赏、药用。

804. 光萼青兰 *Dracocephalum argunense* 生于山阴坡灌丛中。药用。

805. 香青兰 *Dracocephalum moldavica* 生于干燥山地、山谷、河滩多石处。药用。

806. 青兰 *Dracocephalum ruyschiana* 生于阴坡草甸、林缘灌丛及石质山坡。药用、绿化、观赏。

807. 香薷 *Elsholtzia ciliata* 生于沼泽化草甸边缘。药用。

808. 鼬瓣花 *Galeopsis bifida* 生于河岸、林缘、草坡等多种生境。药用、饲用、鞣质、绿化、观赏。

809. 活血丹 *Glechoma longituba* 生于河边草地及林下。药用、绿化、观赏。

810. 野芝麻 *Lamium barbatum* 生于落叶松林林缘、疏林下的湿草地及灌木丛中。药用、蜜源、绿化、观赏。

811. 短柄野芝麻 *Lamium album* 生于落叶松林林缘、云杉林遭破坏后的湿润地及谷底半阴坡草丛中。食用、药用。

812. 夏至草 *Lagopsis supina* 生于路旁、旷地上。药用。

813. 益母草 *Leonurus artemisia* 生于疏林下或林缘。药用、绿化、观赏。

814. 细叶益母草 *Leonurus sibiricus* 生于林缘，石质及沙质草地上及松林中、路旁。药用、绿化、观赏。

815. 兴安益母草 *Leonurus tataricus* 生于山坡或疏林下。药用、绿化、观赏。

816. 兴安薄荷 *Mentha dahurica* 生于水边、沼泽草甸。药用、芳香。

817. 薄荷 *Mentha haplocalyx* 生于水边。药用、芳香。

818. 串铃草 *Phlomis mongolica* 生于山坡草地上。药用。

819. 块根糙苏 *Phlomis tuberosa* 生于湿草原或山沟中。药用。

820. 糙苏 *Phlomis umbrosa* 生于疏林下或草坡上。药用。

821. 多裂叶荆芥 *Schizonepeta multifida* 生于石质与碎石坡地或林缘等地。药用、芳香、绿化、观赏。

822. 黄芩 *Scutellaria baicalensis* 生于南坡荒地与碎石坡地或林缘等地。药用、茶用。

823. 盔状黄芩 *Scutellaria galericulata* 生于水沟旁冲积地上。药用。

824. 狭叶黄芩 *Scutellaria regeliana* 生于沼泽草甸中。药用。

825. 并头黄芩 *Scutellaria scordifolia* 生于湿地。药用。

826. 毛水苏 *Stachys baicalensis* 生于湿草地。药用。

827. 华水苏 *Stachys chinensis* 生于林缘、草甸。药用。

828. 百里香 *Thymus mongolicus* 生于多石山地、斜坡、山谷、山沟、路旁及杂草丛中。生态、药用、食用。

829. 水棘针 *Amethystea caerulea* 生于田边旷野、河岸沙地、开阔路边及溪旁。药用、饲用、鞣质、绿化、观赏。

一百二十四、茄科 Solanaceae

830. 曼陀罗 *Datura stramonium* 野生在田间、沟旁、道边、河岸、山坡等地方。药用。

831. 天仙子 *Hyoscyamus niger* 常生于山坡、路旁、住宅区及河岸沙地。药用。

832. 泡囊草 *Physochlaina physaloides* 生于山境草地。药用。

833. 龙葵 *Solanum nigrum* 生于宅旁。药用。

一百二十五、玄参科 Scrophulariaceae

834. 野苏子 *Pedicularis grandiflora* 生于水泽和草甸中。

835. 大黄花 *Cymbaria dahurica* 生于草原、覆沙地、干旱山坡、荒漠草甸、沙砾地、沙质草甸、山坡、山坡草甸、硬梁地。饲用。

836. 短腺小米草 *Euphrasia regelii* 生于阴坡草地及灌丛中。药用。

837. 多枝柳穿鱼 *Linaria buriatica* 生于草原、荒地及沙丘。药用。

838. 通泉草 *Mazus japonicus* 生于湿润的草坡、沟边、路旁及林缘。药用。

839. 疗齿草 *Odontites serotina* 多见于湿草地。药用。

840. 红色马先蒿 *Pedicularis rubens* 生于沼泽化草甸、林下稀见。药用、绿化、观赏。

841. 返顾马先蒿 *Pedicularis resupinata* 生于林区的林缘、林下、林间草甸。药用、绿化、观赏。

842. 穗花马先蒿 *Pedicularis spicata* 生于溪旁或沼泽化草甸。药用、绿化、观赏。

843. 红纹马先蒿 *Pedicularis striata* 生于灌丛、林缘或疏林中。药用、绿化、观赏。

844. 轮叶马先蒿 *Pedicularis verticillata* 生于沼泽草甸、砂砾质河岸及林缘。药用、绿化、观赏。

845. 黄花马先蒿 *Pedicularis flava* 生于海拔约 1500m 的宽谷中。

846. 松蒿 *Phtheirospermum japonicum* 生于山坡灌丛阴处。药用。

847. 砾玄参 *Scrophularia incisa* 生于河滩石砾地、湖边沙地或湿山沟草坡。药用。

848. 阴行草 *Siphonostegia chinensis* 生于干山坡与草地中。药用。

849. 大婆婆纳 *Veronica dahurica* 生于草地、沙丘及疏林下。药用。

850. 白婆婆纳 *Veronica incana* 生于草原、沙丘。药用。

851. 小婆婆纳 *Veronica serpyllifolia* 生于中山至高山湿草甸。药用、园林。

852. 草本威灵仙 *Veronicastrum sibiricum* 生于山坡、路边。药用。

一百二十六、列当科 Orobanchaceae

853. 草苁蓉 *Boschniakia rossica* 生于林区，通常寄生于亚高山桤木属（*Alnus*）植物的根上。药用。

854. 列当 *Orobanche coerulescens* 生于路边蒿类植物根上。药用。

855. 北亚列当 *Orobanche coerulescens* f. *korshinskyi* 生于山坡林下。药用。

856. 黄花列当 *Orobanche pycnostachya* 生于沙丘、山坡及草原上。药用。

857. 黑水列当 *Orobanche pycnostachya* var. *amurensis* 生于沙丘、山坡及草原上。药用。

一百二十七、狸藻科 Lentibulariaceae

858. 异枝狸藻 *Utricularia intermedia* 生于沼泽或池塘中。

859. 狸藻 *Utricularia vulgaris* 生于湖泊、池塘、沼泽及水田中。

860. 细叶狸藻 *Utricularia minor* 生于池塘或沼泽中。

一百二十八、车前科 Plantaginaceae

861. 车前 *Plantago asiatica* 生于草甸、田野路边。药用、饲用、野菜。

862. 平车前 *Plantago depressa* 生于路边。药用、饲用、野菜。

863. 大车前 *Plantago major* 生于路边及草地。野菜。

864. 盐生车前 *Plantago maritima* subsp. *ciliata* 生于戈壁、盐湖边、盐碱地、河漫滩、盐化草甸。药用。

865. 北车前 *Plantago media* 生于草甸、河滩、沟谷、山坡台地。药用。

一百二十九、忍冬科 Caprifoliaceae

866. 六道木 *Abelia biflora* 生于海拔 1000~2000m 的山坡灌丛、林下及沟边。

867. 蓝靛果忍冬 *Lonicera caerulea* 生于落叶林下或林缘荫处灌丛中。果实味酸甜可食。

868. 金银忍冬 *Lonicera maackii* 生于海拔 1300~2800m 的林下、林缘、山坡及路旁。

869. 接骨木 *Sambucus williamsii* 生于海拔 540~1600m 的山坡、灌丛、沟边、路旁、宅边等地。

870 毛接骨木 *Sambucus williamsii* var. *miquelii* 生于海拔 1000-1400 米的松林和桦木林中及山坡岩缝、林缘等处。

871. 北极花 *Linnaea borealis* 生于山地苔藓落叶松林下。

872. 蒙古荚蒾 *Viburnum mongolicum* 生于山坡疏林下或河滩地。园林、绿化。

一百三十、败酱科 Valerianaceae

873. 岩败酱 *Patrinia rupestris* 生于砾石质山坡、丘顶。药用、绿化、观赏。

874. 糙叶败酱 *Patrinia rupestris* subsp. *scabra* 常生于灌丛中及林缘。药用、绿化、观赏。

875. 西伯利亚败酱 *Patrinia sibirica* 生于高山岩石和干山坡。药用。

876. 败酱 *Patrinia scabiosaefolia* 常生于山坡林下、林缘和灌丛中以及路边、田埂边的草丛中。生于山坡草地。药用。

877. 缬草 *Valeriana officinalis* 生于林间湿草地。地面芽。湿生。药用。

一百三十一、川续断科 Dipsacaceae

878. 窄叶蓝盆花 *Scabiosa comosa* 生于石砾山坡草地。药用、绿化、观赏。

879. 华北蓝盆花 *Scabiosa tschiliensis* 生于沙质山坡、沙地草丛。药用。

一百三十二、桔梗科 Campanulaceae

880. 展枝沙参 *Adenophora divaricata* 生于林下、灌丛中和草地中。

881. 细叶沙参 *Adenophora paniculata* 生于海拔 1100–2800 米的山坡草地。

882. 石沙参 *Adenophora polyantha* 生于林缘或山坡。药用。

883. 长柱沙参 *Adenophora stenanthina* 生于山坡林缘、林间。药用。

884. 轮叶沙参 *Adenophora tetraphylla* 生于山地林下、林缘、林间草地、河谷草地。药用、淀粉、绿化、观赏、野菜。

885. 锯齿沙参 *Adenophora tricuspidata* 生于山地杂木林中、林缘、灌丛或草地。绿化、观赏。

886. 多歧沙参 *Adenophora wawreana* 生于阴坡草丛或灌木林中，或生于疏林下，多生于砾石中或岩石缝中。药用。

887. 狭叶沙参 *Adenophora gmelinii* 生于海拔 1400m 以下的山坡草或灌丛下。药用。

888. 聚花风铃草 *Campanula glomerata* subsp. *speciosa* 生于山地林缘、林下、林间草地。药用、绿化、观赏。

889. 紫斑风铃草 *Campanula puncatata* 生于路边。药用、绿化、观赏。

890. 桔梗 *Platycodon grandiflorus* 生于山坡灌丛间或林缘草地。药用、食用。

一百三十三、菊科 Compositae

891. 蓍状亚菊 *Ajania achilloides* 生于荒漠草原地带的砂砾质碎石和石质坡地。

892. 细裂叶莲蒿 *Artemisia gmelinii* 生于海拔 1500–4900 米的山坡、草原、半荒漠草原、草甸、灌丛、砾质阶地、滩地等。

893. 银背风毛菊 *Saussurea nivea* 生于山坡林缘、林下及灌丛中，海拔 400–2220 米。

894. 齿叶蓍（单叶蓍）*Achillea acuminata* 生于草甸、灌丛、湖边等湿地。药用。

895. 蓍（千叶蓍）*Achillea millefolium* 生于灌丛、草地、湖边等较湿润之处。药用。

896. 亚洲蓍 *Achillea asiatica* 生于林缘，草甸。药用。

897. 短瓣蓍 *Achillea ptarmicoides* 生于河谷草甸、山坡路旁、灌丛间。饲用。

898. 丝叶蓍 *Achillea setacea* 生于山坡草地、林边、河岸、荒地。药用。

899. 高山蓍 *Achillea alpina* 生于山坡、沟旁、柳丛间或林缘。药用。

900. 猫儿菊（黄金菊）*Hypochaeris ciliata* 生于山坡草地、林缘路旁或灌丛中。药用。

901. 牛蒡 *Arctium lappa* 生于村落路旁、山坡、草地、常有栽培。鞣质、药用。

902. 莎菀（禾矮翁）*Arctogeron gramineum* 生于干燥山坡或多砾石处。

903. 碱蒿 *Artemisia anethifolia* 常生于干山坡、干河谷、碱性滩地、盐渍化草原附近、荒地及固定沙丘附近，在低湿、盐渍化地常成区域性植物群落的主要伴生种。饲用。

904. 莳萝蒿 *Artemisia anethoides* 多生于干山坡、河湖边沙地、荒地、路旁，盐碱地附近尤多。杂草。

905. 黄花蒿 *Artemisia annua* 生于路旁、荒地、山坡、林缘等处。药用。

906. 艾蒿 *Artemisia argyi* 生于低海拔至中海拔地区的荒地、路旁河边及山坡等地，也见于森林草原及草原地区。药用、食用、染料。

907. 金黄蒿（黄金蒿）*Artemisia aurata* 生于中、低海拔地区的石质山坡上。

908. 茵陈蒿 *Artemisia capillaris* 生于低海拔地区河岸、海岸附近的湿润沙地、路旁及低山坡地区。药用。

909. 变蒿 *Artemisia commutata* 生于林下。

910. 柔毛蒿 *Artemisia pubescens* 多生于中低海拔地区的草原、森林草原、草甸、林缘及湿润、半湿润或半干旱地区的荒坡、丘陵、砾质坡地及路旁等。饲用。

911. 狭叶青蒿 *Artemisia dracunculus* 生于山坡、山谷沙滩地和河流阶地上。药用。

912. 沙蒿 *Artemisia desertorum* 生于草甸草原、荒漠草原。饲用。

913. 南牡蒿 *Artemisia eriopoda* 生于林缘、路旁、草坡、灌丛、溪边、疏林内或林中空地，也见于森林草原与山地草原地区，局部地区为植物群落的主要伴生种。药用。

914. 东北蛔蒿 *Artemisia finita* 生于草原及河岸沙地。药用。

915. 冷蒿 *Artemisia frigida* 生于干山坡。药用。

916. 紫花冷蒿 *Artemisia frigida* var. *atropurpurea* 生于山坡。药用。

917. 万年蒿 *Artemisia sacrorum* 常生于砾石质陡坡、向阳坡地。药用、芳香。

918. 山蒿 *Artemisia brachyloba* 生于碎石山坡。药用。

919. 差不嘎蒿 *Artemisia halodendron* 生长在草原上。饲用。

920. 牡蒿 *Artemisia japonica* 常见于林缘、林中空地、疏林下、旷野、灌丛、丘陵、山坡、路旁。药用。

921. 东北牡蒿 *Artemisia manshurica* 生于山坡、林缘、草原、森林草原、灌丛、路旁及沟边等。药用。

922. 柳叶蒿 *Artemisia integrifolia* 生于杂草地、山坡和路旁等。药用。

923. 裂叶蒿 *Artemisia tanacetifolia* 生于林下、林缘、河边。

924. 宽叶蒿 *Artemisia latifolia* 多生于草原、森林草原、疏林边缘、林中空地及灌丛地等，也见于草甸与盐渍化的草地上。

925. 野艾蒿 *Artemisia lavandulifolia* 生于林缘、路边及地面芽。

926. 歧茎蒿 *Artemisia igniaria* 生于林缘。药用。

927. 蒙古蒿 *Artemisia mongolica* 生于河岸沙地及路边。药用。

928. 油蒿 *Artemisia ordosica* 生于干草原、荒漠草原至草原化荒漠。饲用、药用。

929. 光沙蒿 *Artemisia oxycephala* 生于干草原、干山坡、固定沙丘、沙碱地或湖滨沙地池见于森林草原附近地区，局部地区成植物群落的建群种或主要伴生种。饲用。

930. 黑蒿（泽蒿）*Artemisia palustris* 生于中、低海拔地区的草原、森林草原、河湖边的沙质地或低处草甸中等。药用。

931. 褐苞蒿 *Artemisia phaeolepis* 分布于山坡、沟谷、路旁、草地、荒滩、草甸、林缘灌丛等地区，也见于砾质坡地与半荒漠草原地区。药用。

932. 红足蒿 *Artemisia rubripes* 生于低海拔地区的荒地、草坡、森林草原、灌丛、林缘、路旁、河边及草甸等。药用。

933. 猪毛蒿 *Artemisia scoparia* 生于山坡、林缘、路旁、草原、黄土高原、荒漠边缘地区都有，局部地区构成植物群落的优势种。药用。

934. 水蒿（蒌蒿）*Artemisia selengensis* 生于河岸湿草地。野菜。

935. 大籽蒿 *Artemisia sieversiana* 生于林缘、路边。药用、饲用、芳香。

936. 宽叶山蒿 *Artemisia stolonifera* 生于山地林下。饲用。

937. 林地蒿（阴地蒿）*Artemisia sylvatica* 生于林下。药用。

938. 线叶蒿 *Artemisia subulata* 多生于低海拔湿润、半湿润地区的山坡、林缘、河岸、沼泽地边缘及草甸等地区。

939. 白山蒿 *Artemisia lagocephala* 生于碎石山坡。

940. 白毛蒿 *Artemisia mongolica* var. *leucophylla* 生于林缘。药用。

941. 东北丝裂蒿 *Artemisia adamsii* 生于低海拔地区的河湖岸边的盐渍化草原或草甸地区，也生长在石质草原地区或小山坡上。药用。

942. 灰莲蒿 *Artemisia sacrorum* var. *incana* 生于草地、田野路旁。药用、饲用。

943. 白莲蒿 *Artemisia sacrorum* 生于中低海拔地区的山坡、路旁、灌丛地及森林草原地区，在山地阳坡局部地区常成为植物群落的优势种或主要伴生种。药用。

944. 魁蒿 *Artemisia princeps* 多生于低海拔或中海拔地区的路旁、山坡、灌丛、林缘及沟边。药用。

945. 蒌蒿 *Artemisia selengensis* 生于低海拔的山坡草地、路边荒野、河岸等处。食用、药用。

946. 艾菊叶蒿 *Artemisia tanacetifolia* 生于路边荒野及路旁。

947. 栉叶蒿 *Neopallasia pectinata* 生于荒漠、河谷砾石地及山坡荒地。

948. 三褶脉紫菀 *Aster ageratoides* 生于山坡，林缘。药用。

949. 东风菜 *Aster scaber* 生于山谷坡地、草地和灌丛中。饲用、食用、药用。

950. 高山紫菀 *Aster alpinus* 生于山地林下。药用、绿化、观赏。

991. 圆苞紫菀 *Aster maackii* 生于湿润的草甸子或沼泽地。药用。

952. 西伯利亚紫菀 *Aster sibiricus* 生于亚高山碎石山坡。绿化、观赏。

953. 紫菀 *Aster tataricus* 生于山地林下、灌丛中或山地河沟边。药用、芳香、绿化、观赏。

954. 关苍术 *Atractylodes japonica* 生于山坡、柞林下、灌丛间。药用。

955. 婆婆针（狼把草）*Bidens bipinnata* 生于路旁荒地、山坡及田间。药用。

956. 柳叶鬼针草 *Bidens cernua* 生于水边、路旁、河岸。药用。

957. 羽叶鬼针草 *Bidens maximowicziana* 生于路旁、河岸、水滨。

958. 小花鬼针草 *Bidens parviflora* 生于林边、向阳草地、路旁、干山坡。药用。

959. 短星菊 *Brachyactis ciliate* 生于山坡荒野，山谷河滩或盐碱湿地上。

960. 山尖子 *Parasenecio hastatus* var. *hastatus* 生于林下，林缘或草丛中。药用、野菜、油料。

961. 无毛山尖子 *Parasenecio hastatus* var. *glaber* 生于山坡，沟谷林下阴湿处，沟边。药用。

962. 翠菊 *Callistephus chinensis* 生于山坡撂荒地、山坡草丛、水边或疏林阴处。药用、观赏、园林绿化。

963. 飞廉 *Carduus nutans* 常生于水分条件较好的阴湿、半阴湿地区的路旁、田边，沟（滩）畔和林缘草地。药用。

964. 丝毛飞廉 *Carduus crispus* 生于河边、山麓、路旁。地面芽。药用。

965. 莲座蓟（食用蓟）*Cirsium esculentum* 生于河岸湿草地及沼泽草甸。药用。

966. 烟管蓟 *Cirsium pendulum* 生于山野、路旁、荒地。药用。

967. 刺儿菜 *Cirsium arvense* var. *integrifolium* 生于荒地、路旁，为最常见的田间杂草。饲用、野菜、蜜源。

968. 蓟（大蓟）*Cirsium japonicum* 多见于农田、路旁或荒地。药用。

969. 绒背蓟 *Cirsium vlassovianum* 生于山地林缘、河岸草甸。药用。

970. 屋根草（还阳参）*Crepis tectorum* 生于林缘或路边。

971. 克氏还羊参 *Crepis krylovii* 生于山坡草地、路边荒野。药用。

972. 砂蓝刺头 *Echinops gmelinii* 多生长在山坡砾石地、黄土丘陵、荒漠草原以及河滩沙地。药用。

973. 宽叶蓝刺头 *Echinops latifolius* 生于砾石质山坡。

974. 驴欺口 *Echinops davuricus* 生于山坡草地及山坡疏林下。

975. 蓝刺头 *Echinops sphaerocephalus* 生于山坡沙质土。药用、园林。

976. 飞蓬 *Erigeron acris* 常生于山坡草地，牧场及林缘。园林、药用。

977. 长茎飞蓬 *Erigeron elongates* 生于山坡、路边。药用。

978. 堪察加飞蓬 *Erigeron kamtschaticus* 生于低山山坡草地和林缘。

979. 林泽兰 *Eupatorium lindleyanum* 生于山谷阴处水湿地、林下湿地或草原上。药用。

980. 线叶菊 *Filifolium sibiricum* 生于旱山坡草地。药用。

981. 兴安乳菀（乳菀）*Galatella dahurica* 生于山坡草地、碱地和草原。

982. 湿生鼠麹草 *Gnaphalium tranzschelii* 适生于湿润的丘陵和山坡草地、河湖滩地、溪沟岸边、路旁、田埂、林绿、疏林下、无积水的水田中。药用、食用。

983. 阿尔泰狗娃花 *Heteropappus altaicus* 生于山坡。药用、蜜源、绿化、观赏。

984. 千叶阿尔泰狗娃花 *Heteropappus altaicus* var. *millefolius* 生于草原、荒漠地、沙地及干旱山地。

985. 狗娃花 *Heteropappus hispidus* 生于山坡、河边、林下。药用。

986. 细枝狗娃花 *Heteropappus tataricus* 生于草甸草原和草甸中。饲用。

987. 全光菊（全缘山柳菊）*Hieracium hololeion* 生于草甸、沼泽草甸及近溪流低湿地。药用。

988. 山柳菊（伞花山柳菊）*Hieracium umbellatum* 生于山麓、原野、沟边有积水或潮湿的地方。药用。

989. 粗毛山柳菊 *Hieracium virosum* 生于山地林缘或草甸。绿化、观赏。

990. 欧亚旋覆花（大花旋覆花）*Inula britannica* 生于山沟旁湿地、湿草甸子、河滩、田边、路旁湿地以及林缘或盐碱地上。

991. 旋覆花 *Inula japonica* 生于山坡、路旁、田边或水旁湿地。药用。

992. 棉毛欧亚旋覆花 *Inula britanica* var. *sublanata* 生于河流沿岸、湿润坡地、田埂和路旁。药用。

993. 柳叶旋覆花 *Inula salicina* 生于沟谷草地。药用、绿化、观赏。

994. 少花旋覆花 *Inula britanica* var. *chinensis* 生于山坡路旁、湿润草地、河岸和田埂上。药用。

995. 山苦菜 *Ixeris chinensis* 生于山麓路边。药用。

996. 丝叶山苦菜 *Ixeris chinensis* var. *gramifdia* 生于撂荒地、路旁，为一种常见的杂草。药用。

997. 苦荬菜 *Ixeris polycephala* 生于山坡、沟谷、灌丛、林缘和草甸。饲用、药用。

998. 裂叶马兰 *Kalimeris incisa* 生于山地林缘、河岸、路边。

999. 全叶马兰 *Kalimeris integrifolia* 生于多石质山坡草地。

1000. 山马兰 *Kalimeris lautureana* 生于河岸、沟旁、湿草甸。药用。

1001. 蒙古马兰 *Kalimeris mongolica* 生于山坡，灌丛，田边。药用。

1002. 山莴苣 *Lagedium sibiricum* 生于林下、林缘、林间草甸。饲用、野菜。

1003. 蒙山莴苣（乳苣）*Lactuca tatarica* 生于草原地带，以至半荒漠地带固定的沙丘、沙地、黄土沟岸以及湖滨、河滩的盐渍化草甸群落内。饲用。

1004. 大丁草 *Leibnitzia anandria* 生于山坡草地。药用。

1005. 火绒草 *Leontopodium leontopodioides* 生于石质山坡。绿化、观赏。

1006. 团球火绒草 *Leontopodium conglobatum* 生于干燥草原、向阳坡地、石砾地和沙地，稀灌丛或林中草地。

1007. 绢茸火绒草 *Leontopodium smithianum* 常生于低山、亚高山草地以及干燥草地。

1008. 蹄叶橐吾 *Ligularia fischeri* 生于草甸、河岸低湿地及灌丛间。绿化、观赏。

1009. 全缘橐吾 *Ligularia mongolica* 生于湿草甸。绿化、观赏。

1010. 西伯利亚橐吾（橐吾）*Ligularia sibirica* 生于湿草地。药用。

1011. 鳍蓟（白山蓟）*Olgaea leucophylla* 一般生于草地、农田或水渠边。饲用、药用。

1012. 毛连菜 *Picris hieracioides* 多生于田间、沟边、山坡草地、撂荒地、林下或沙滩地。药用。

1013. 日本毛连菜 *Picris japonica* 生于山地林下、林缘、沟谷草甸等处。药用。

1014. 漏芦 *Stemmacantha uniflora* 生于山坡石砾地。绿化、观赏。药用。

1015. 渐尖风毛菊 *Saussurea acuminata* 生于河谷、河谷草甸、山坡林缘草甸、沼泽地。

1016. 草地风毛菊 *Saussurea amara* 常生于荒地路边或森林草地。药用。

1017. 龙江风毛菊 *Saussurea amurensis* 生于沼泽草甸、河滩草甸、泛滥草甸。药用。

1018. 达乌里风毛菊 *Saussurea daurica* 生于河岸碱地、湿河滩、河床林下、盐渍化低湿地、盐化草甸。

1019. 齿叶风毛菊 *Saussurea neoserrata* 生于林下、山坡林缘、灌丛及湿草地。药用。

1020. 风毛菊 *Saussurea japonica* 生于山坡、山谷、林下、荒坡、水旁、田中。药用。

1021. 柳叶风毛菊 *Saussurea salicifolia* 生于干山坡、多石质山坡。

1022. 林风毛菊 *Saussurea sinuata* 生于湿草地。

1023. 羽叶风毛菊 *Saussurea maximowiczii* 生于林缘草地。

1024. 蒙古风毛菊（华北风毛菊）*Saussurea mongolica* 生于山坡、林下、灌丛中、路旁及草坡。

1025. 东北风毛菊 *Saussurea manshurica* 生于山坡、林缘、田间，路旁。

1026. 齿苞风毛菊 *Saussurea odontolepis* 生于林缘、草地。

1027. 小花风毛菊（燕尾风毛菊）*Saussurea parviflora* 生于山坡阴湿处、山谷灌丛中、林下及石缝中。

1028. 卷苞风毛菊 *Saussurea tunglingensis* 生于山坡、草地、林缘及山沟。

1029. 篦苞风毛菊（羽苞风毛菊）*Saussurea pectinata* 生于沟边、路旁。

1030. 美花风毛菊（球花风毛菊）*Saussurea pulchella* 生于草原、林缘、灌丛、沟谷草甸。饲用、药用。

1031. 折苞风毛菊（长叶风毛菊）*Saussurea recurvata* 生于林缘、灌丛或山坡草地。

1032. 碱地风毛菊（倒羽叶风毛菊）*Saussurea runcinata* 生于潮湿盐碱地、低湿盐碱地、覆沙盐碱地、河滩、河滩潮湿地、山坡草甸、石地、田边、盐碱地、盐渍化草甸、盐渍化低湿地、盐渍化湖盆边缘。

1033. 乌苏里风毛菊 *Saussurea ussuriensis* 生于山坡草地、林下及河岸边。药用。

1034. 湿地风毛菊 *Saussurea umbrosa* 生于林中。

1035. 华北鸦葱（笔管草）*Scorzonera albicaulis* 生于干山坡草地。药用。

1036. 鸦葱 *Scorzonera austriaca* 生于山坡、草滩及河滩地。

1037. 蒙古鸦葱（羊角菜）*Scorzonera mongolica* 生于盐化草甸、盐化沙地、盐碱地、干湖盆、湖盆边缘、草滩及河滩地。饲用。

1038. 狭叶鸦葱 *Scorzonera radiata* 生于落叶松林林缘、干山坡及河岸石砾地。

1039. 桃叶鸦葱 *Scorzonera sinensis* 一般生于沙丘、荒地、山坡、丘陵地或灌木林下。食用、药用。

1040. 东北鸦葱 *Scorzonera manshurisa* 生于干山坡、石砾地、沙丘上或干草原。

1041. 细叶鸦葱 *Scorzonera pusilla* 生于石质山坡、荒澳砾石地、平坦沙地、半固定沙丘、盐碱地、路边、荒地、山前平原及沙质冲积平原。

1042. 丝叶鸦葱 *Scorzonera curvata* 生于丘陵坡地及山燥山坡。

1043. 大花千里光（琥珀千里光）*Senecio ambraceus* 生于田边、路旁、林缘及村舍附近。饲用。

1044. 兴安千里光 *Senecio cannabifolius* var. *davuricus* 生于林缘、草甸。药用。

1045. 额河千里光（羽叶千里光）*Senecio argunensis* 生于山麓河滩湿地、山坡林缘。绿化、观赏、药用。

1046. 麻叶千里光（宽叶返魂草）*Senecio cannabifolius* 生于山地、林缘、草甸、沼泽草甸。绿化、观赏、药用。

1047. 林荫千里光 *Senecio nemorensis* 生于云杉林下、林间空地、林缘、草甸、河谷山坡、水边。药用。

1048. 狗舌草 *Tephroseris kirilowii* 生于沼泽地。绿化、观赏。

1049. 湿生狗舌草 *Tephroseris palustris* 生于河岸、湿地。绿化、观赏。

1050. 红轮狗舌草 *Tephroseris flammea* 生于沼泽地。绿化、观赏、药用。

1051. 麻花头 *Serratula centauroides* 生于多石山坡。饲用、观赏。

1052. 兴安麻花头 *Serratula hsiganensis* 生于山坡林缘、草原、草甸、路旁或田间．饲用。

1053. 伪泥胡菜 *Serratula coronata* 生于多石山坡。药用。

1054. 草地麻花头 *Serratula yamatsutana* 生于石质山坡。绿化、观赏。

1055. 多头麻花头 *Serratula polycephala* 生于山坡、路旁或农田中。饲用。

1056. 薄叶麻花头 *Serratula marginata* 生于多石山坡或林缘。

1057. 兴安一枝黄花 *Solidago dahurica* 生于林下。绿化、观赏、药用。

1058. 苣荬菜 *Sonchus wightianus* 生于路边、地旁、庭园等地。药用。

1059. 兔儿伞 *Syneilesis aconitifolia* 生于山坡草地。药用。

1060. 山牛蒡 *Synurus deltoids* 生于山地林下、林缘、林间草甸。

1061. 猬菊 *Olgaea lomonossowii* 生于山谷、山坡、沙窝或河槽地。药用。

1062. 菊蒿（艾菊）*Tanacetum vulgare* 生于山坡、河滩、草地、丘陵地及桦木林下。

1063. 亚洲蒲公英（戟叶蒲公英）*Taraxacum asiaticum* 生于草甸、河滩或林地边缘。药用。

1064. 芥叶蒲公英 *Taraxacum brassicaefolium* 生于林缘、河边及路边。野菜。

1065. 红梗蒲公英 *Taraxacum erythopodium* 生于路边湿草地。

1066. 兴安蒲公英 *Taraxacum falcilobum* 生于石砾河滩地。

1067. 蒙古蒲公英 *Taraxacum mongolicum* 生于路边杂草地。药用、饲用、野菜。

1068. 光苞蒲公英 *Taraxacum lamprolepis* 生于山野向阳地。药用。

1069. 辽东蒲公英 *Taraxacum liaotungense* 生于山坡草地、路旁。

1070. 东北蒲公英 *Taraxacum ohwianum* 生于湿草地。药用。

1071. 白花蒲公英 *Taraxacum albiflos* 生于山野、路边湿地。药用、野菜。

1072. 华蒲公英 *Taraxacum borealisinense* 一般生于稍潮湿的盐碱地、原野及砾石中。药用。

1073. 斑叶蒲公英 *Taraxacum variegatum* 生于山地草甸或路旁。

1074. 蒲公英 *Taraxacum mongolicum* 广泛生于中、低海拔地区的山坡草地、路边、田野、河滩。药用、食用。

1075. 华蒲公英 *Taraxacum sinicum* 生于盐碱地、路边、田野。药用。

1076. 碱菀 *Tripolium vulgare* 生于海岸，湖滨，沼泽及盐碱地。

1077. 女菀 *Turczaninowia fastigiata* 生于荒地、山坡、路旁。药用。

1078. 蒙古苍耳 *Xanthium mongolicum* 生于干旱山坡或沙质荒地。药用。

1079. 苍耳 *Xanthium sibiricum* 野生于山坡、草地、路旁等。药用。

1080. 碱黄鹌菜 *Youngia stenoma* 生于草原沙地及盐渍地。药用。

1081. 细叶黄鹌菜 *Youngia tenuifolia* 生于山坡、高山与河滩草甸、水边及沟底砾石地。

1082. 蒙菊 *Dendranthema mongolicum* 生于石质山坡。

1083. 紫花野菊 *Dendranthema zawadskii* 生于山坡、林缘。药用。

1084. 山野菊（小红菊）*Dendranthema chanetii* 生于石质山坡林下。

1085. 臭春黄菊 *Anthemis cotula* 见于我国东北地区，栽培，极少野生。药用。

一百三十四、芍药科 Paeoniaceae

1086. 草芍药 *Paeonia obovata* 生于海拔 800~2600 米的山坡草地及林缘。

一百三十五、黑三棱科 Sparganiaceae

1087. 矮黑三棱 *Sparganium minimum* 生于高寒地带水域中。

1088. 小黑三棱 *Sparganium simplex* 生于沼泡中。绿化、观赏。

1089. 线叶黑三棱 *Sparganium angustifolium* 生于沼泡中。绿化、观赏。

1090. 黑三棱 *Sparganium stoloniferum* 通常生于湖泊、河沟、沼泽、水塘边浅水处。药用。

一百三十六、泽泻科 Alismataceae

1091. 草泽泻 *Alisma gramineum* 生于湖边、水塘、沼泽、沟边及湿地。药用。

1092. 泽泻 *Alisma plantago-aqoatica* 生于水边。药用。

1093. 浮叶慈姑 *Sagittaria natans* 生于沼泡中。绿化、观赏。

1094. 野慈姑 *Sagittaria trifolia* 生于多水潮湿的环境里。药用。

一百三十七、水鳖科 Hydrocharitaceae

1095. 龙舌草 *Ottelia alismoides* 生长在静水池沼中。

1096. 黑藻 *Hydrilla varticillata* 生于泡沼中。药用。

一百三十八、眼子菜科 Potamogetonaceae

1097. 禾叶眼子菜 *Potamogeton gramineus* 生于池沼、沟塘等静水体，水体中性至微碱性。

1098. 异叶眼子菜 *Potamogeton gramineus* 生长于水塘、湖泊、池沼等静水中，喜微碱性水体环境。

1099. 菹草 *Potamogeton crispus* 生于池塘、水沟、水稻田、灌渠及缓流河水中。绿化、饲用。

1100. 眼子菜 *Potamogeton distinctus* 生于池沼中。药用。

1101. 光叶眼子菜 *Potamogeton lucens* 生于湖泊、沟塘等静水水体，水体多呈微酸至中性。

1102. 线叶眼子菜（小眼子菜）*Potamogeton pusillus* 生于池塘、湖泊、沼地及沟渠等静水或缓流之中。药用。

1103. 穿叶眼子菜 *Potamogeton perfoliatus* 生于缓流的浅水、池沼和水塘，有时也进入较深的水中。药用。

1104. 浮叶眼子菜 *Potamogeton natans* 生于池塘、水田和水沟等静水中。园林、药用。

1105. 东北眼子菜 *Potamogeton mandshuriensis* 生于池沼中。

1106. 篦齿眼子菜 *Potamogeton pectinatus* 生于河沟、水渠、池塘等各类水体，水体多呈微酸性或中性，在西北地区亦见于少数微碱性水体及咸水中。药用。

1107. 水麦冬 *Triglochin palustre* 生于湿地、沼泽地或盐碱湿草地。观赏、药用。

1108. 海韭菜 *Triglochin maritima* 生于湿沙地或海边盐滩上。饲用、药用。

一百三十九、茨藻科 Najadaceae

1109. 茨藻 *Najas marina* 生于泡沼中。景观。

一百四十、百合科 Liliaceae

1110. 黄花菜 *Hemerocallis citrina* 生于海拔 2000 米以下的山坡、山谷、荒地或林缘。

1111. 萱草 *Hemerocallis fulva* 生于山坡、草丛、山谷沟旁。

1112. 大苞萱草 *Hemerocallis middendorfii* 生于海拔较低的林下、湿地、草甸或草地上。

1113. 矮韭（矮葱）*Allium anisopodium* 生于山坡、草地或沙丘。食用、药用、饲用。

1114. 砂韭（双齿葱）*Allium bidentatum* 生于向阳山坡或草原上。

1115. 黄花葱 *Allium condensatum* 生于山坡、草地。

1116. 硬皮葱 *Allium ledebourianum* 生于湿润草地、沟边、河谷以及山坡和沙地上。

1117. 白头韭（白头葱）*Allium leucocephalum* 生于沙地。

1118. 蒙古韭（蒙古葱）*Allium mongolicum* 生于山坡、沙地。药用、饲用。

1119. 长梗韭（花美韭）*Allium neriniflorum* 生于山坡、湿地、草地、丘陵、沙地、湿地或海边沙地。药用。

1120. 碱韭（多根葱、碱葱）*Allium polyrhizum* 生于荒漠草原带、干草原带、半荒漠及荒漠地带的壤质、沙壤质棕钙土、淡栗钙土或石质残丘坡地上。饲用、药用。

1121. 蒙古野韭 *Allium prostratum* 生于山坡草甸、石坡。

1122. 野韭（野葱）*Allium ramosum* 生于干旱山坡、路边、平原、阳坡。园林。

1123. 山韭（山葱）*Allium senescens* 生于草原、草甸或山坡上。饲用、野菜、芳香。

1124. 辉韭 *Allium strictum* 生于山坡、林下、湿地或草地上。

1125. 细叶韭（细叶葱、细丝韭）*Allium tenuissimum* 生于山坡、草地或沙丘上。

1126. 阿尔泰葱 *Allium altaicum* 生于干山坡草地。药用。

1127. 北葱 *Allium schoenoprasum* 生于潮湿的草地、河谷、山坡或草甸。药用。

1128. 薤白 *Allium macrostemon* 生于海拔1400m以下的山坡、丘陵、山谷或草地上。食用、药用。

1129. 丝葱 *Allium Pseudotenuissimum* 生于山坡、草地或沙丘上。

1130. 条叶百合 *Lilium callosum* 观赏、食用、药用。生于山坡或草丛中。

1131. 渥丹 *Lilium concolor* 生于山坡草地或路边。药用、淀粉、绿化、观赏。

1132. 有斑百合 *Lilium concolor* var. *pulchellum* 生于干山地草甸、山沟及林缘。药用。

1133. 毛百合 *Lilium dauricum* 生于山地路边草地。淀粉、绿化、观赏。

1134. 山丹 *Lilium pumilum* 生于山坡灌丛间或草地。药用、淀粉、野菜。

1135. 大花卷丹 *Lilium leichtlinii* var. *maximowiczii* 生于林缘。药用、绿化、观赏。

1136. 知母 *Anemarrhena asphodeloides* 生于山坡、草地或路旁较干燥或向阳的地方。药用。

1137. 兴安天门冬 *Asparagus dahuricus* 生于干山坡。药用、绿化、观赏。

1138. 戈壁天门冬 *Asparagus gobicus* 生于沙地或多沙荒原上。

1139. 南玉带 *Asparagus oligoclonos* 生于海拔较低的草原、林下或潮湿地上。

1140. 龙须菜 *Asparagus schoberioides* 生于潮间带下部沙沼中到潮下带，半埋于有沙覆盖的岩石上。药用、食用。

1141. 铃兰 *Convallaria majalis* 生于林下稍湿处或沟边。药用、绿化、观赏、芳香、农药。

1142. 轮叶贝母 *Fritillaria maximowiczii* 生于山坡上。

1143. 少花顶冰花 *Gagea pauciflora* 生于草原山坡、田边空地或沙丘上。

1144. 小黄花菜 *Hemerocallis minor* 生于山地林间稍湿处、林缘、灌丛、湿草地。药用、饲用、野菜、蜜源。

1145. 北方舞鹤草 *Maianthemum dilatatum* 生于山地林下。绿化、观赏。

1146. 舞鹤草 *Maianthemum bifolium* 生于山地林下。药用、淀粉、绿化、观赏。

1147. 北重楼 *Paris verticillata* 生于山坡林下、草丛、阴湿地或沟边。药用。

1148. 小玉竹 *Polygonatum humile* 生于山地林下、林缘、灌丛间。药用、绿化、观赏。

1149. 玉竹 *Polygonatum odoratum* 生于山地林下郁闭的灌丛和草甸中。药用、绿化、观赏。

1150. 黄精 *Polygonatum sibiricum* 生于山地林下、林缘、灌丛间。药用、绿化、观赏。

1151. 狭叶黄精 *Polygonatum stenophyllum* 生于林下或灌丛。观赏。

1152. 绵枣儿 *Scilla thunbergii* 生于山坡、草地、路旁或林缘。药用。

1153. 兴安鹿药 *Smilacina dahurica* 生于山地林下或林缘湿地。绿化、观赏。

1154. 鹿药 *Smilacina japonica* 生于山地林下。药用。

1155. 三叶鹿药 *Smilacina trifolia* 生于山地林下阴湿处。

1156. 兴安藜芦 *Veratrum dahuricum* 生于山地湿草甸。药用、农药。

1157. 藜芦 *Veratrum nigrum* 生于山地林下、林间草甸和灌丛中。药用、农药。

1158. 毛穗藜芦 *Veratrum maackii* 生于山地林下或高山草甸。

1159. 毛脉藜芦 *Veratrum oxysepalum* 生于高山山坡林下或湿草甸。药用。

1160. 棋盘花 *Zigadenus sibiricus* 生于林下和山坡草地上。

一百四十一、薯蓣科 Dioscoreaeae

1161. 穿龙薯蓣 *Diosorea nipponica* 生于山地林下、林缘、灌丛间。药用、绿化、观赏。

一百四十二、鸢尾科 Iridaceae

1162. 野鸢尾 *Iris dichotoma* 生于沙质草地、山坡石隙等向阳干燥处。

1163. 燕子花 *Iris laevigata* 生于沼泽地、河岸边的水湿地。

1164. 双颖鸢尾（白花马蔺）*Iris biglumis* 多生于荒地、山坡草地及路旁杂草丛中，有时成丛、成片生长，资源丰富。药用。

1165. 射干鸢尾 *Iris dichotoma* 生于河谷沼泽草甸。药用、绿化、观赏。

1166. 玉蝉花（紫花鸢尾）*Iris ensata* 生于沟边草地及草甸。药用、绿化、观赏。

1167. 矮鸢尾 *Iris kobayashii* 生于干燥的丘陵地。

1168. 朝鲜鸢尾 *Iris odaesanensis* 生于沼泽地、湿草地或向阳坡地。

1169. 马蔺 *Iris lactea* var. *chinensis* 药用。生于荒地、路旁、山坡草地，尤以过度放牧的盐碱化草场上生长较多。

1170. 紫苞鸢尾 *Iris ruthenica* 生于向阳草地或石质山坡。观赏。

1171. 溪荪 *Iris sangyinea* 生于河谷湿草地和沼泽草甸中。药用、绿化、观赏。

1172. 粗根鸢尾 *Iris tigridia* 生于干山坡。药用、绿化、观赏。

1173. 细叶鸢尾 *Iris tenuifolia* 生于干山坡。药用、绿化、观赏。

1174. 北陵鸢尾 *Iris typhifolia* 生于沼泽地或水边湿地。观赏。

1175. 囊花鸢尾 *Iris ventricosa* 生于固定沙丘或沙质草甸。观赏。

1176. 单花鸢尾 *Iris uniflora* 生于干山坡。药用、绿化、观赏。

1177. 山鸢尾 *Iris setosa* 生于沟谷草甸。药用、绿化、观赏。

1178. 黄花鸢尾 *Iris wilsonii* 生于山坡草丛、林缘草地及河旁沟边的湿地。观赏、药用。

1179. 双颖鸢尾 *Iris bigiumis* 生于沟谷草甸、干山坡。观赏、药用。

一百四十三、灯芯草科 Juncaceae

1180. 小灯芯草 *Juncus bufonius* 生于湿草地、湖岸、河边、沼泽地。药用。

1181. 灯芯草 *Juncus effusus* 生于溪边、小河旁和沼泽草甸中。药用、纤维。

1182. 长苞灯芯草 *Juncus leucomelas* 生于山坡草地上。药用。

1183. 细茎灯芯草 *Juncus gracillimus* 生于水边湿地、沼泽草甸。饲用。

1184. 乳头灯芯草 *Juncus papillosus* 生于湿草甸。

1185. 火红地杨梅 *Luzula rufescens* 生于湿地。

1186. 云间地杨梅 *Luzula wahleubergii* 生于高山山坡荒地。

一百四十四、鸭跖草科 Commelinaceae

1187. 鸭跖草 *Commelina communis* 生于沼泽草甸或山坡阴湿地。药用。绿化、观赏。

一百四十五、谷精草科 Eriocaulaceae

1188. 宽叶谷精草 *Eriocaulon robustius* 生于河滩水边。药用。

一百四十六、禾本科 Gramineae

1189. 毛颖芨芨草 *Achnatherum pubicalyx* 生于山坡草地及林下，海拔 600~2700m。

1190. 獐毛 *Aeluropus sinensis* 生于海岸边至海拔 3200m 的内陆盐碱地。

1191. 三芒草 *Aristida adscensionis* 生于干山坡、黄土坡、河滩沙地及石隙内，海拔 300~1 800m。

1192. 白羊草 *Bothriochloa ischaemum* 生于山坡草地和荒地。

1193. 远东羊茅 *Festuca extremiorientalis* 生于海拔 900~2800m 的林下、山谷、河边草丛中。

1194. 长芒草 *Stipa bungeana* 生于海拔 500~4000m 的石质山坡，黄土丘陵，河谷阶地或路旁。

1195. 远东芨芨草（展穗芨芨草）*Achnatherum extremiorientale* 生于山坡草地。饲用。

1196. 羽茅（西伯利亚羽茅、光颖芨芨草）*Achnatherum sibiricum* 生于山坡草地、林缘及路旁。

1197. 芨芨草 *Achnatherum splendens* 生于草地。药用。

1198. 冰草 *Agropyron cristatum* 生于干旱草原或荒漠草原。药用。

1199. 沙生冰草 *Agropyron desertorum* 喜生于沙质土壤、沙地、沙质坡地及沙丘间低地。饲用。

1200. 细弱剪股颖 *Agrostis capillaris* 多生于潮湿生境。

1201. 华北剪股颖 *Agrostis clavata* 生于河滩草地、草甸、潮湿地及林缘草地。饲用。

1202. 芒剪股颖 *Agrostis vinealis* 生于山坡、湿草地上。

1203. 巨序剪股颖 *Agrostis gigantea* 生于低海拔的潮湿处、山坡、山谷和草地上。饲用。

1204. 西伯利亚剪股颖 *Agrostis sibirica* 生于路边潮湿地上。

1205. 小糠草 *Agrostis alba* 生于冷凉湿润地区。景观。

1206. 看麦娘 *Alopecurus aequalis* 生于河、湖边低地湿草甸、沼泽草甸。药用、饲用。

1207. 短穗看麦娘 *Alopecurus brachystachys* 生于河滩、谷地湿草地。饲用、绿化、观赏。

1208. 大看麦娘（草原看麦娘）*Alopecurus pratensis* 生于泽化草甸。地面芽。纤维。

1209. 苇状看麦娘 *Alopecurus arundinaceus* 生于海拔约 1400m 以下的山坡草地。饲用。

1210. 羊草（碱草）*Leymus chinensis* 生于草地、河岸及路边。地面芽。饲用。

1211. 赖草 *Leymus secalinus* 生于森林草原到干草原、荒漠草原、草原化荒漠。药用。

1212. 荩草 *Arhraxon hispidus* 生于山坡、草地及阴湿处。药用。

1213. 野古草 *Arundinella hirta* 一般生于山坡草丛中、林缘灌丛、山坡灌丛、路边或山坡灌木林中。

1214. 野燕麦 *Avena fatua* 喜潮湿，多发生在耕地、沟渠边和路旁。药用、饲用。

1215. 茵草 *Beckmannia syzigachne* 生于沼泽草甸。药用、饲用。

1216. 耐酸草 *Bromus pumpellianus* 生于中山带草甸、河谷灌丛草地上。

1217. 无芒雀麦 *Bromus inermis* 生于河滩、沟谷和灌丛、山坡疏林下、路边。饲用。

1218. 西伯利亚雀麦（紧穗雀麦）*Bromus sibiricus* 生于平原草地。

1219. 扁穗草 *Brylkinia caudata* 生于河滩湿地。

1220. 野青茅 *Deyeuxia arundinacea* 生于湿草地。饲用。

1221. 兴安野青茅 *Deyeuxia turczaninowii* 生于疏林、林间草地和沼泽草甸。饲用。

1222. 小花野青茅（忽略野青茅）*Deyeuxia neglecta* 生于林间草地及沟旁潮湿地。

1223. 假苇拂子茅 *Calamagrostis pseudophragmites* 生于山坡草地或河岸阴湿之处。饲用。

1224. 拂子茅（狗尾巴草）*Calamagrostis epigeios* 生于河滩、沟谷、低湿草地。饲用、纤维。

1225. 小叶章 *Deyeuxia angustifolia* 生于湿草甸。饲用、纤维。

1226. 大叶章 *Deyeuxia langsdorffii* 生于沼泽草甸、河边湿地、山地针叶林林缘、林间草地和灌丛中。饲用、纤维。

1227. 虎尾草 *Chloris virgata* 多生于路旁荒野、河岸沙地、土墙及房顶上。药用。

1228. 丛生隐子草 *Cleistogenes caespitosa* 多生于干燥的山坡路旁，为旱中生植物。药用。

1229. 中华隐子草（朝阳隐子草）*Cleistogenes chinensis* 生于山坡草地、林缘草地、路旁。饲用。

1230. 多叶隐子草 *Cleistogenes polyphylla* 多生于干燥山坡、沟岸、灌丛。饲用。

1231. 糙隐子草 *Cleistogenes squarrosa* 生于干旱草原、丘陵坡地、沙地、固定或半固定沙丘、山坡等处。饲用。

1232. 凌源隐子草 *Cleistogenes kitagawai* 生于山坡草地。

1233. 发草 *Deschampsia caespitosa* 一般生于山地灌丛下、草地。饲用。

1234. 毛马唐 *Digitaria ciliaris* var. *chrysoblephara* 生于潮湿地、荒地、开阔地、路边、路边草甸、路边开阔地、沙地、山坡、山坡草甸、湿润荒地草丛中、田边、田边路旁。

1235. 止血马唐 *Digitaria ischaemum* 生于林下或田野田间。饲用。

1236. 长芒稗 *Echinochloa caudata* 多生于田边、路旁及河边湿润处。

1237. 稗（旱稗）*Echinochloa crusgalli* 生于山坡草进、路旁草丛中。

1238. 圆柱披碱草 *Elymus cylindricus* 多生于山坡或路旁草地。饲用。

1239. 披碱草（直穗大麦草）*Elymus dahuricus* 多生于山坡草地或路边。饲用。

1240. 肥披碱草 *Elymus excelsus* 生于山坡草地、林旁。纤维。

1241. 垂穗披碱草 *Elymus nutans* 喜生于平原、高原平滩以及山地阳坡、沟谷、半阴坡等地方。饲用。

1242. 老芒麦 *Elymus sibiricus* 多生于草原上，为优良牧草。饲用。

1243. 偃麦草（速生草）*Elytrigia repens* 可在地下水位较高的地带生长。也常生长在盐碱化草甸和滨海盐碱地上。饲用。

1244. 冠芒草 *Enneapogon borealis* 生于干燥山坡及草地。饲用。

1245. 画眉草 *Eragrostis pilosa* 多生于荒芜田野草地上。药用、饲用。

1246. 小画眉草 *Eragrostis minor* 生于荒芜田野、草地及路旁。药用。

1247. 野黍（唤猪草）*Eriochloa villosa* 生于山坡和潮湿地区。药用。

1248. 达乌里羊茅 *Festuca dahurica* 生于石质山坡、草原、沙地。

1249. 蒙古羊茅 *Festuca dahurica* subsp. *mongolica* 生于石质山坡、砾沙质丘陵、丘顶及山地草原。

1250. 东亚羊茅 *Festuca litvinovii* 生于山顶草地、山地草原、草甸草原、山坡草地、路旁。

1251. 羊茅 *Festuca ovina* 生于高山草甸、草原、山坡草地、林下、灌丛及沙地。

1252. 雅库羊茅 *Festuca jacutica* 生于海拔 700~1400m 的林下、林缘、山坡、高山草地、草甸等处。

1253. 紫羊茅 *Festuca rubra* 生于山地草甸、林缘灌丛之间。

1254. 水甜茅 *Glyceria maxima* 多生于山坡潮湿地、沟边。

1255. 狭叶甜茅 *Glyceria spiculosa* 生于草甸，湖泊及溪边沼泽地。

1256. 大穗异燕麦 *Helictotrichon dahuricum* 生于森林草地和灌丛中。

1257. 异燕麦 *Helictotrichon hookeri* 生于山坡草原、林缘及高山较潮湿草地。

1258. 牛鞭草 *Hemarthria sibirica* 多生于田地、水沟、河滩等湿润处。饲用。

1259. 高山茅香 *Hierochloe alpina* 多生于高山草原。饲用。

1260. 茅香 *Hierochloe odorata* 常生于山地阴坡、河漫滩或湿润草地。药用。

1261. 光稃茅香 *Hierochloe glabra* 常生于海拔 470~1400m 的山坡或湿润草地。

1262. 短芒大麦草（野大麦）*Hordeum brevisubulatum* 生于较干燥或带微碱性的土壤。饲用。

1263. 洽草 *Koeleria cristata* 生于山坡、草地、路旁。饲用。

1264. 银穗草 *Leucopoa albida* 生于干山坡草地。纤维。

1265. 广序臭草 *Melica onoei* 生于路旁、草地、山坡阴湿处及山沟或林下。

1266. 大臭草 *Melica turczaninowiana* 生于山地林缘草地、落叶松林疏林下、灌丛中。药用、纤维。

1267. 细叶臭草 *Melica radula* 生于海拔 350~1400m 的沙质土沟边、石沙质土山坡或田野、路旁。

1268. 抱草 *Melica virgata* 生于山坡草地、阳坡多砾石处或沟底路旁。

1269. 荻 *Miscanthus sacchariflorus* 生于山坡草地或岸边湿地。饲用、食用、药用。

1270. 虉草 *Phalaris arundinacea* 多生于水湿处。药用、饲用。

1271. 假梯牧草 *Phleum phleoides* 生于山地。饲用。

1272. 芦苇 *Phragmites communis* 生于河边沼泽草甸。

1273. 黍 *Panicum miliaceum* 生于荒地栽种，常作为开荒、改造盐碱地和沙漠的主要先锋作物。

1274. 早熟禾 *Poa annus* 生于山地林缘、草地及湿草地、路边。药用、饲用、绿化、观赏。

1275. 细叶早熟禾 *Poa angustifolia* 生于松栎林缘、较平缓的山坡草地。饲用。

1276. 额尔古纳早熟禾（瑞沃达早熟禾）*Poa argunensis* 生于干燥石质山坡草地上。

1277. 渐狭早熟禾 *Poa attenuata* 生于高山草甸、干旱草原。

1278. 达呼里早熟禾 *Poa dahurica* 生于河谷湿地、丘陵缓坡、平坦沙窝、河谷地。

1279. 蒙古早熟禾（高株早熟禾）*Poa mongolica* 生于潮湿草地。

1280. 林地早熟禾 *Poa nemoralis* 散生于山地落叶松林下、灌丛中和林间空地。纤维、绿化、观赏。

1281. 密花早熟禾（粉绿早熟禾）*Poa pachyantha* 生于山坡草地。

1282. 泽地早熟禾 *Poa palustris* 生于河谷、低地沼泽草甸、河边沙地、疏林下、灌丛中。

1283. 少叶早熟禾（法氏早熟禾）*Poa paucifolia* 生于河岸干沟、山地干旱草地。

1284. 草地早熟禾 *Poa pratensis* 生于山坡、路边或草地。饲用。

1285. 假泽早熟禾（高株早熟禾）*Poa pseudopalustris* 生于林缘草甸。

1286. 西伯利亚早熟禾 *Poa sibirica* 生于路边、河边沙地、山地林缘和疏林下。纤维、绿化、观赏。

1287. 硬质早熟禾 *Poa sphondylodes* 生于山坡草原干燥沙地。药用。

1288. 散穗早熟禾 *Poa subfastigiata* 生于沙漠湖盆地带、河滩湿草地、盐渍化沙地和草甸。饲用。

1289. 堇色早熟禾 *Poa Ianthina* 生于干旱山坡草地。

1290. 匍茎早熟禾 *Poa trivialiformis* 生于河岸草地、山坡草甸。

1291. 鹤甫碱茅 *Puccinellia hauptiana* 生于河滩、湖畔沼泽地、田边沟旁、低湿盐碱地及河谷沙地。饲用。

1292. 星星草 *Puccinellia tenuiflora* 生于草原盐化湿地、固定沙滩、沟旁渠岸地。饲用。

1293. 毛叶鹅观草（阿麦纤毛草）*Roegneria amurensis* 生于干燥的山坡草地。

1294. 纤毛鹅观草（纤毛披碱草）*Roegneria ciliaris* 生于路旁或潮湿草地以及山坡上。

1295. 鹅观草（柯孟披碱草）*Roegneria kamoji* 多生于山坡和湿润草地。饲用。

1296. 缘毛鹅观草（缘毛披碱草）*Roegneria pendulina* 生于河边、山沟、林下。

1297. 紫穗鹅观草（紫穗披碱草）*Roegneria purpurascens* 生于山坡。

1298. 直穗鹅观草 *Roegneria turczaninovii* 饲用。生在山地植被中。

1299. 大芒鹅观草（大芒披碱草）*Roegneria turczaninovii* var. *macrathera* 生于路旁。

1299. 紊草 *Roegneria confuse* 生于草地。

1301. 水茅 *Scolochloa festucacea* 生于水边、沼泽地。饲用。

1302. 断穗狗尾草 *Setaria arenaria* 生于沙丘阳坡。

1303. 金色狗尾草 *Setaria glauca* 生于河滩、路旁、渠边。药用、饲用。

1304. 狗尾草 *Setaria viridis* 生于田野、路旁和草甸中。药用、饲用、绿化、观赏。

1305. 大油芒 *Spodiopogon sibiricus* 喜生于向阳的石质山坡或干燥的沟谷底部。饲用。

1306. 贝加尔针茅（狼针草）*Stipa baicalensis* 生于山坡和草地。饲用。

1307. 戈壁针茅 *Stipa tianschanica* var. *gobica* 常生于山地和石质丘陵。饲用。

1308. 大针茅 *Stipa grandis* 牧草。多生于广阔、平坦的波状高原上。

1309. 小针茅（石生针茅）*Stipa klemenzii* 生于荒漠草原。饲用。

1310. 克氏针茅 *Stipa krylovii* 多生于山前洪积扇、平滩地或河谷阶地上。饲用。

1311. 中华草沙蚕 *Tripogon chinensis* 生于干旱山坡、干旱山坡草地、荒地、路边、墙壁上、山坡、石坡、石上、水边石上。

1312. 西伯利亚三毛草 *Trisetum sibiricum* 生于山坡草地、草原上或林下、灌丛中潮湿处。

1313. 菰（茭白）*Zizania latifolia* 生于湿润环境。食用、药用、园林。

1314. 细柄茅 *Ptilagrostis mongholica* 生于高山草原。饲用。

1315. 碱茅 *Puccinellia distans* 生于平原绿洲和山区的河谷草甸、盐化低地草甸、水溪边及田边地埂。

1316. 大药碱茅 *Puccinellia macranthera* 生于盐化低湿地。

一百四十七、莎草科 Cyperaceae

1317. 毛果薹草 *Carex miyabei* Franch var. *maopengensis* 生于路边湿地。

1318. 四花薹草 *Carex quadriflora* 生于海拔 800~1400m 的山坡柞树或红松林下。

1319. 乌苏里薹草 *Carex ussuriensis* 生于针叶树林下或阴湿处。

1320. 荆三棱 *Scirpus yagara* 生于沼泽地水中。

1321. 内蒙古扁穗草 *Blysmus rufus* 生长在河滩湿地。

1322. 灰脉薹草 *Carex appendiculata* 生于河边沼泽草甸、沼泽，能形成"塔头墩子"。纤维。

1323. 小囊灰脉薹草 *Carex appendiculata* var. *saculi formis* 生于沼泽和湿地。

1324. 额尔古纳薹草 *Carex argunensis* 生于草原沙地、沙地疏林中、沙地松林中、山坡草甸。

1325. 麻根薹草 *Carex arnellii* 生于河滩、林缘、林中、沼泽边、沼泽草甸。

1326. 直穗薹草 *Carex orthostachys* 生于河边沙地、河边湿草甸、河边湿地、沼泽地。

1327. 黑穗薹草 *Carex atrata* 生于草原、高山草甸、林缘、亚高山、阴坡草甸。

1328. 莎薹草 *Carex bohemica* 生于干旱草甸、河边草甸、河边沙地、河滩湿沙地、湖边、湿地、沼泽边、沼泽草甸、沼泽地。

1329. 丛薹草 *Carex caespitosa* 生于山谷沼泽和沼泽草甸中，能形成塔头墩子。饲用。

1330. 扁囊薹草 *Carex coriophora* 生于沼泽化草甸和沼泽化灌丛中。纤维。

1331. 狭囊薹草 *Carex cruenta* 生于高山灌丛草甸、山坡草丛中、山坡草甸、云杉林中。

1332. 黑水薹草 *Carex drymophila* var. *abbreviata* 纤维。生于灌丛中。

1333. 寸草 *Carex duriuscula* 喜生于干草原和山地草原的路旁、沙地、干山坡。饲用。

1334. 无脉薹草 *Carex enervis* 生于冲积扇、高山草甸水边、河边沼泽草甸、河滩、林缘灌丛、山坡沼泽、湿草甸、湿地、盐渍地、盐渍化草甸、沼泽草甸、沼泽地。

1335. 玉簪薹草 *Carex globularis* 生于落叶松林中湿地、山谷。

1336. 红穗薹草 *Carex gotoi* 生于草甸及湿地。纤维。

1337. 异鳞薹草 *Carex heterolepis* 生于沼泽地、水边。

1338. 湿薹草 *Carex humida* 生于河滩沼泽、湿地、沼泽边。

1339. 矮丛薹草 *Carex callitrichos* var. *nana* 生于石质山坡、荒山、松树与柞树混交林或油松林下。

1340. 小粒薹草 *Carex karoi* 生于灌木丛中潮湿处、河边、溪旁、沼泽地。

1341. 长杆薹草 *Carex kirganica* 生于沼泽地。

1342. 黄囊薹草 *Carex korshinskyi* 生于草原、固定沙地、林缘、沙地、沙丘、山脚、山坡、山坡草甸、山坡林中、石坡。

1343. 假尖嘴薹草 *Carex laevissima* 生于草甸以及林缘。

1344. 少花大披针薹草 *Carex lanceolata* 生于阔叶林及林缘。药用、饲用、纤维。

1345. 尖嘴薹草 *Carex leiorhyncha* 生于草甸、山坡林缘、湿地、沼泽草甸。

1346. 等穗薹草（青绿薹草）*Carex leucochlora* 生于山坡草地、路边、山谷沟边。园林。

1347. 二柱薹草 *Carex lithophila* 生于河岸湿地、沼泽和草甸上。

1348. 点叶薹草 *Carex hancockiana* 生于林中草地、水旁湿处和高山草甸。

1349. 翼果薹草（脉果苔草）*Carex neurocarpa* 生于水边或草丛中。观赏。

1350. 肋脉薹草 *Carex pachyneurd* 生于草原地区山坡上。

1351. 河沙薹草 *Carex raddei* 生于河边沙地、河边湿地、沼泽地。

1352. 大穗薹草 *Carex rhynchophysa* 生于沼泽地、河边、湖边潮湿地。

1353. 瘤囊薹草 *Carex schmidtii* 生于苔草沼泽、沼泽化草甸、灌丛沼泽。

1354. 塔头薹草 *Carex tato* 生于沼泽。

1355. 褐黄鳞薹草 *Carex vesicata* 生于河边、沟边潮湿处。

1356. 膜囊薹草 *Carex vesicaria* 生于河谷、河滩沼泽、水边、沼泽草甸、沼泽地。

1357. 卷叶薹草 *Carex ulobasis* 生于山坡阳坡疏林下或灌丛下或草甸。纤维。

1358. 北兴安薹草 *Carex borealihinganica* 生于山地疏林下。纤维。

1359. 针薹草 *Carex dahurica* 生于泥炭藓沼泽中。纤维。

1360. 圆锥薹草 *Carex diandra* 生于沼泽中。纤维。

1361. 乌拉草 *Carex meyeriana* 生于水边、沼泽、沼泽草甸中，能形成"塔头墩子"。纤维。

1362. 疣囊薹草 *Carex pallida* 生于林间草地及草甸中。纤维。

1363. 漂筏薹草 *Carex pseudocuraica* 生于沼泽地区、泡沼边缘。纤维。

1364. 褐穗薹草 *Carex sabynensis* 生于草甸中。纤维。

1365. 紫鳞薹草 *Carex angarae* 生于阔叶红松林中、林缘草甸、落叶松林中。

1366. 兴安薹草 *Carex chinganensis* 生长于海拔 300~700m 的地区，多生在山坡草甸、山坡林中。

1367. 灰化薹草 *Carex cinerascens* 多生于沼泽、湖边以及湿地。

1368. 莎薹草 *Carex cyperoides* 生于干旱草甸、河边草甸、河边沙地、河滩湿沙地、湖边、湿地、沼泽边、沼泽草甸、沼泽地。

1369. 野笠薹草 *Carex drymophila* 多生于河边湿地、林中河边草地、沼泽地。

1370. 离穗薹草 *Carex eremopyroides* 生于草甸、河滩、湖边湿地、林缘低湿地草甸、湿草甸。

1371. 米柱薹草 *Carex glaucaeformis* 生于山坡湿处或河边、沟边。

1372. 球穗薹草 *Carex amgunensis* 生于林中、路边、山谷潮湿地、山坡草丛中、山坡草甸、水边阴地、竹林中。

1373. 宽鳞薹草 *Carex latisquamea* 生于疏林下湿草地或草甸地带。

1374. 柄状薹草 *Carex pediformis* 生于草原、山坡、疏林下或林间坡地，海拔 500~2000m。

1375. 走茎薹草 *Carex reptabunda* 生于草原带盐碱地、草原盐碱湿草地、湿地、盐湖边、沼泽地。

1376. 砾薹草 *Carex stenophylloides* 生长于沙质草原、草原化的沙质荒漠、砾石质山地草原和干旱区的盐化草甸。饲用。

1377. 山林薹草 *Carex yamatsutana* 生于海拔 40~1000m 地区山地林下。

1378. 卵穗薹草 *Carex ovatispiculata* 生于草甸、山坡林缘。

1379. 异型莎草 *Cyperus difformis* 生于林间湿草地。纤维。

1380. 头状穗莎草 *Cyperus glomeratus* 生于林间草甸地。纤维。

1381. 密穗莎草 *Cyperus eragrostis* 生于潮湿处或沼泽地。

1382. 毛笠莎草（三轮草）*Cyperus orthostachyus* 生于沟边草丛、沟边水旁草丛中、湖边、水边湿地、沼泽边、沼泽地。

1383. 牛毛毡 *Eleocharis yokoscensis* 生于水田中、池塘边及湿黏土中。药用。

1384. 沼泽荸荠 *Heleocharis intersita* 生于沼泽湿地中。药用、纤维。

1385. 乳头基荸荠 *Eleocharis mamillata* var. *cyclocarpa* 生于沼泽及其一些水域的浅水带或积水湿地等。观赏。

1386. 槽秆荸荠 *Eleocharis mitracarpa* 生于湿地、水边及浅水中。杂草。

1387. 卵穗荸荠 *Eleocharis ovata* 生于沼泽湿地中。药用、纤维。

1388. 羽毛荸荠 *Eleocharis wichurae* 生于水边草丛中。

1389. 东方羊胡子草 *Eriophorum polystachion* 生于河边沼泽草甸和沼泽中。

1390. 细秆羊胡子草 *Eriophorum gracile* 生于沼泽地。地面芽。

1391. 红毛羊胡子草 *Eriophorum russeolum* 生于沼泽和沼泽草甸。

1392. 白毛羊胡子草 *Eriophorum vaginatum* 喜生于湿润的旷野和水中。园林、药用。

1393. 花穗水莎草 *Cyperus pannonicus* 多生于河旁、沟边、沼泽地，也常见于盐碱土上。

1394. 水莎草 *Cyperus serotinus* 多生于浅水中、水边沙土上，有时亦见于路旁。药用。

1395. 红鳞扁莎 *Pycreus sanguinolentus* 生于河边草甸、河边潮湿地、河谷湿地、河滩湿草地、林缘沼泽草地、浅水处向阳地、浅水中、山谷、山谷湿润草地、山坡沟边、山坡路边阴湿地、山坡湿地、湿地、湿荒地、水边、田边、溪边、向阳地、沼泽地、多在向阳的地方。药用。

1396. 东方藨草 *Scirpus orientalis* 生于水边、浅水沼泽和沼泽草甸。地面芽。

1397. 东北藨草 *Scirpus radicans* 生于沼泽草甸。

1398. 扁秆藨草 *Scirpus planiculmis* 散生于水边草地、沼泽地、稻田、河岸积水滩地；湖泊、挂淀以及碱性草甸的低洼湿地。药用、园林。

1399. 矮藨草 *Scirpus pumilus* 生于水沟边草地，湿润处。

1400. 五棱藨草 *Scirpus trapezoidens* 生于沼泽中。

1401. 藨草 *Scirpus triqueter* 生于山路旁、阴湿草丛中、沼地、溪旁、山脚空旷处，海拔 300~1400m。

1402. 水葱 *Scirpus tabernaemontani* 生于湖沼及沼泽草甸。

1403. 水毛花 *Scirpus triangulatus* 生于水塘边、沼泽地、溪边牧草地、湖边等，常和慈姑莲花同生。

一百四十八、天南星科 Araceae

1404. 菖蒲 *Acorus calamus* 生于浅水泡沼中。药用。

1405. 水芋 *Calla palustris* 生于浅水湖沼边和沼泽中。绿化、观赏。

一百四十九、浮萍科 Lemnaceae

1406. 浮萍 *Lemna minor* 生于池沼、湖泊静水中。药用、饲用。

1407. 品藻 *Lemna trisulca* 生于池沼。

1408. 紫萍 *Spirodela polyrhiza* 生于池沼、湖泊和静水中。药用。

一百五十、香蒲科 Typhaceae

1409. 水烛 *Typha angustifolia* 生于水边、沼泽、沙漠中。饲用。

1410. 达香蒲（蒙古香蒲）*Typha davidiana* 生于水边和浅水沼泽中。绿化、观赏、药用、淀粉。

1411. 小香蒲 *Typha minima* 生于沼泽中。绿化、观赏、药用、淀粉、纤维。

1412. 宽叶香蒲 *Typha latifolia* 生于湖泊、池塘、沟渠、河流的缓流浅水带，亦见于沼泽。食用、药用、观赏。

1413. 东方香蒲（香蒲）*Typha orientalis* 生于池沼、湖泊、河边及水稻田。园林、药用、饲用。

一百五十一、花蔺科 Butomaceae

1414. 花蔺 *Butomus umbellatus* 生于沼泽湿地中，水稻田中也很常见。观赏。

一百五十二、雨久花科 Pontederiaceae

1415. 雨久花 *Monochoria korsakowii* 生于浅水池、水塘、沟边及沼泽地中。园林、药用。

一百五十三、兰科 Orchidaceae

1416. 凹舌兰 *Coeloglossum viride* 生于山地桦木林下，林缘、灌丛和草甸中。药用、绿化、观赏。

1417. 杓兰 *Cypripedium calceolus* 生于山地林缘和林下。药用、绿化、观赏。

1418. 紫点杓兰 *Cypripedium guttatum* 生于高寒山区林下或草地。药用。

1419. 大花杓兰 *Cypripedium macranthum* 生于山地林缘和林下。药用、绿化、观赏。

1420. 裂唇虎舌兰 *Epipogium aphyllum* 生于林下、岩隙或苔藓丛生之地。

1421. 小斑叶兰 *Goodyera repens* 生于山坡、沟谷林下。药用。

1422. 手参 *Gymnadenia conopsea* 生于山地林下、林缘和林间草甸。药用、绿化、观赏。

1423. 十字兰 *Habenaria sagittifera* 生于山地林缘、沟浴、沼泽草甸。地面芽。湿生。

1424. 角盘兰 *Herminium monorchis* 生于山地林缘、林下和沟谷草甸。药用、绿化、观赏。

1425. 沼兰 *Malaxis monophyllos* 生于沼泽地。药用、绿化、观赏。

1426. 二叶兜被兰 *Neottianthe cucullata* 生于山坡林下或草地。药用。

1427. 二叶舌唇兰 *Platanthera chlorantha* 生于山坡林下或草丛中。药用。

1428. 密花舌唇兰 *Platanthera hologlottis* 生于沼泽地。药用。

1429. 绶草（盘龙参）*Spiranthes sinensis* 生于林缘、灌丛和沟坡草甸中。药用、绿化、观赏。

1430. 蜻蜓兰 *Tulotis fuscescens* 生于山坡林下。药用。

附录 2 野生动物名录

附录 2-1 鱼类名录

序号	中文名	学名	IUCN
	圆口纲	CYCLOSTOMATA	
I	七鳃鳗目	PETROMYZONTIFORMES	
（一）	七鳃鳗科	Petromyzontidae	
1	雷氏七鳃鳗	*Lampetra reissneri*	
	辐鳍鱼纲	ACTINOPTERYGII	
II	鲑形目	SALMONIFORMES	
（二）	鲑科	Salmonidae	
2	哲罗鲑	*Hucho taimen*	易危
3	细鳞鲑	*Brachymystax lenok*	
III	狗鱼目	ESOCIFORMES	
（三）	狗鱼科	Esocidae	
4	黑斑狗鱼	*Esox reicherti*	
IV	鲤形目	CYPRINIFORMES	
（四）	鲤科	Cyprinidae	
5	东北雅罗鱼	*Leuciscus waleckii*	
6	拟赤梢鱼	*Pseudaspius leptocephalus*	
7	湖大吻鱥	*Rhynchocypris percnurus*	
8	花江大吻鱥	*Rhynchocypris czekanowskii*	
9	拉氏大吻鱥	*Rhynchocypris lagowskii*	
10	唇鲴	*Hemibarbus labeo*	
11	马口鱼	*Opsariichthys bidens*	

（续）

序号	中文名	学名	IUCN
12	真鱥	*Phoxinus phoxinus*	
13	麦穗鱼	*Pseudorasbora parva*	
14	犬首鮈	*Gobio cynocephalus*	
15	细体鮈	*Gobio tenuicorpus*	
16	高体鮈	*Gobio soldatovi*	
17	条纹拟白鮈	*Paraleucogobio strigatus*	
18	平口鮈	*Ladislavia taczanowskii*	
19	贝氏餐	*Hemiculter bleekeri*	
20	大鳍鱊	*Acheilognathus macropterus*	
21	鲤	*Cyprinus carpio*	
22	银鲫	*Carassius auratus* subsp. *gibelio*	
23	鲫	*Carassius auratus* subsp. *auratus*	
24	草鱼	*Ctenopharyngodon idella*	
25	鲢	*Hypophthalmichthys molitrix*	近危
26	红鳍原鲌	*Cultrichthys erythropterus*	
27	蒙古鲌	*Chanodichthys mongolicus* subsp. *mongolicus*	
28	鳙	*Aristichthys nobilis*	
29	花鲭	*Hemibarbus maculatus*	
30	克氏鰁	*Sarcocheilichthys czerskii*	
31	兴凯银鮈	*Squalidus chankaensis*	
32	蛇鮈	*Saurogobio dabryi*	
33	突吻鮈	*Rostrogobio amurensis*	
34	团头鲂	*Megalobrama amblycephala*	
35	兴凯餐	*Hemiculter lucidus* subsp. *lucidus*	
36	黑龙江鳑鲏	*Rhodeus sericeus*	
37	棒花鱼	*Abbottina rivularis*	
（五）	花鳅科	Cobitidae	

（续）

序号	中文名	学名	IUCN
38	黑龙江花鳅	*Cobitis lutheri*	
39	黑龙江泥鳅	*Misgurnus mohoity*	
40	泥鳅	*Misgurnus anguillicaudatus*	
41	花鳅	*Cobitis taenia*	
42	北方花鳅	*Cobitis granoei*	
V	鲇形目	SILURIFORMES	
（六）	鲇科	Siluridae	
43	鲇	*Silurus asotus*	
44	怀头鲇	*Silurus soldatovi*	
VI	鳕形目	GADIFORMES	
（七）	鳕科	Gadidae	
45	江鳕	*Lota lota*	
VII	鲈形目	PERCIFORMES	
（八）	沙塘鳢科	Odontobutidae	
46	葛氏鲈塘鳢	*Perccottus glenii*	
（九）	鳢科	Channidae	
47	乌鳢	*Channa argus*	
VIII	鲉形目	SCORPAENIFORMES	
（十一）	杜父鱼科	Cottidae	
48	中杜父鱼	*Mesocottus haitej*	

附录 2-2 两栖类名录

序号	中文名	学名	IUCN	保护类型
I	有尾目	CAUDATA		
（一）	小鲵科	Hynobiidae		
1	极北鲵	*Salamandrella keyserlingii*		国家二级保护 野生动物

（续）

序号	中文名	学名	IUCN	保护类型
Ⅱ	无尾目	ANURA		
（二）	蟾蜍科	Bufonidae		
2	花背蟾蜍	*Strauchbufo raddei*		三有
3	中华蟾蜍	*Bufo gargarizans*		三有
（三）	蛙科	Ranidae		
4	黑斑侧褶蛙	*Pelophylax nigromaculatus*	近危	三有
5	黑龙江林蛙	*Rana amurensis*		三有
6	中国林蛙	*Rana chensinensis*		三有
（四）	雨蛙科	Hylidae		
7	无斑环太雨蛙	*Dryophytes immaculata*		

附录 2-3　爬行类名录

序号	中文名	学名	IUCN	保护类型
Ⅰ	有鳞目	SQUAMATA		
（一）	蜥蜴科	Lacertidae		
1	丽斑麻蜥	*Eremias argus*		三有
2	黑龙江草蜥	*Takydromus amurensis*		三有
3	胎蜥	*Zootoca vivipara*		三有
（二）	游蛇科	Colubridae		
4	白条锦蛇	*Elaphe dione*		三有
5	红纹滞卵蛇	*Oocatochus rufodorsatus*		三有
（三）	蝰科	Viperidae		
6	乌苏里蝮	*Gloydius ussuriensis*		三有
7	中介蝮	*Gloydius intermedius*		三有
8	岩栖蝮	*Gloydius saxatilis*		三有

附录 2-4　鸟类名录

序号	中文名	学名	居留类型	区系成分	保护状况				
					IUCN	CITES	国家级	中日	中澳
I	潜鸟目	GAVIIFORMES							
（一）	潜鸟科	Gaviidae							
1	红喉潜鸟	*Gavia stellata*	旅鸟	古北种			三有		
2	黑喉潜鸟	*Gavia arctica*	旅鸟	古北种			三有		
II	鲣鸟目	SULIFORMES							
（二）	鸬鹚科	Phalacrocoracidae							
3	普通鸬鹚	*Phalacrocorax carbo*	夏候鸟	广布种			三有		
III	鹈形目	PELECANIFORMES							
（三）	鹭科	Ardeidae							
4	苍鹭	*Ardea cinerea*	夏候鸟	广布种			三有		
5	草鹭	*Ardea purpurea*	夏候鸟	广布种			三有		
6	大白鹭	*Ardea alba*	夏候鸟	广布种			三有	★	★
7	紫背苇鳽	*Ixobrychus eurhythmus*	夏候鸟	东洋种			三有	★	
8	大麻鳽	*Botaurus stellaris*	夏候鸟	广布种			三有	★	
（四）	鹮科	Threskiornithidae							
9	白琵鹭	*Platalea leucorodia*	夏候鸟	古北种		II	二级		
10	黑脸琵鹭	*Platalea minor*	夏候鸟	古北种	濒危		一级		
11	黑头白鹮	*Threskiornis melanocephalus*	旅鸟	东洋种	近危		一级		
IV	鹳形目	CICONIIFORMES							
（五）	鹳科	Ciconiidae							
12	黑鹳	*Ciconia nigra*	夏候鸟	广布种		II	一级		
13	白鹳	*Ciconia ciconia*	夏候鸟	广布种			一级		
14	东方白鹳	*Ciconia boyciana*	夏候鸟	东洋种	濒危	I	一级		
V	雁形目	ANSERIFORMES							
（六）	鸭科	Anatidae							
15	鸿雁	*Anser cygnoid*	夏候鸟	东洋种	易危		二级	★	

（续）

序号	中文名	学名	居留类型	区系成分	保护状况				
					IUCN	CITES	国家	中日	中澳
16	豆雁	*Anser fabalis*	旅鸟	古北种			三有	★	
17	白额雁	*Anser albifrons*	旅鸟	广布种			二级	★	
18	小白额雁	*Anser erythropus*	旅鸟	广布种	易危		二级	★	
19	灰雁	*Anser anser*	夏候鸟	古北种			三有		
20	斑头雁	*Anser indicus*	夏候鸟	古北种			三有		
21	疣鼻天鹅	*Cygnus olor*	夏候鸟	古北种			二级		
22	大天鹅	*Cygnus cygnus*	夏候鸟	古北种			二级	★	
23	小天鹅	*Cygnus columbianus*	旅鸟	广布种			二级	★	
24	赤麻鸭	*Tadorna ferruginea*	夏候鸟	古北种			三有	★	
25	翘鼻麻鸭	*Tadorna tadorna*	夏候鸟	古北种			三有		
26	针尾鸭	*Anas acuta*	旅鸟	广布种			三有	★	
27	绿翅鸭	*Anas crecca*	夏候鸟	广布种			三有	★	
28	绿头鸭	*Anas platyrhynchos*	夏候鸟	广布种			三有	★	
29	斑嘴鸭	*Anas zonorhyncha*	夏候鸟	古北种			三有		
30	花脸鸭	*Sibirionetta formosa*	旅鸟	东洋种		II	二级	★	
31	罗纹鸭	*Mareca falcata*	夏候鸟	东洋种	近危		三有	★	
32	赤膀鸭	*Mareca strepera*	夏候鸟	广布种			三有	★	
33	白眉鸭	*Spatula querquedula*	夏候鸟	广布种			三有	★	
34	琵嘴鸭	*Spatula clypeata*	夏候鸟	广布种			三有	★	★
35	青头潜鸭	*Aythya baeri*	夏候鸟	东洋种	极危		一级	★	
36	凤头潜鸭	*Aythya fuligula*	夏候鸟	古北种			三有	★	
37	红头潜鸭	*Aythya ferina*	夏候鸟	古北种	易危		三有		
38	斑背潜鸭	*Aythya marila*	旅鸟	广布种			三有		
39	白眼潜鸭	*Aythya nyroca*	夏候鸟	古北种	近危		三有		
40	鸳鸯	*Aix galericulata*	夏候鸟	东洋种			二级		
41	鹊鸭	*Bucephala clangula*	夏候鸟	广布种			三有	★	

（续）

序号	中文名	学名	居留类型	区系成分	保护状况				
					IUCN	CITES	国家	中日	中澳
42	红胸秋沙鸭	*Mergus serrator*	夏候鸟	广布种			三有	★	
43	普通秋沙鸭	*Mergus merganser*	夏候鸟	广布种			三有	★	
44	中华秋沙鸭	*Mergus squamatus*	夏候鸟	东洋种	濒危		一级	★	
45	斑头秋沙鸭	*Mergellus albellus*	夏候鸟	古北种			二级		
46	斑脸海番鸭	*Melanitta fusca*	旅鸟	广布种	易危		三有		
47	长尾鸭	*Clangula hyemalis*	夏候鸟	广布种	易危		三有		
Ⅵ	鹰形目	ACCIPITRIFORMES							
（七）	鹰科	Accipitridae							
48	凤头蜂鹰	*Pernis ptilorhynchus*	夏候鸟	古北种		Ⅱ	二级		
49	黑鸢	*Milvus migrans*	夏候鸟	古北种		Ⅱ	二级		
50	苍鹰	*Accipiter gentilis*	夏候鸟	广布种		Ⅱ	二级		
51	雀鹰	*Accipiter nisus*	夏候鸟	古北种		Ⅱ	二级		
52	松雀鹰	*Accipiter virgatus*	夏候鸟	东洋种		Ⅱ	二级	★	
53	日本松雀鹰	*Accipiter gularis*	夏候鸟	东洋种		Ⅱ	二级		
54	普通鵟	*Buteo japonicus*	夏候鸟	古北种		Ⅱ	二级		
55	大鵟	*Buteo hemilasius*	留鸟	古北种		Ⅱ	二级		
56	毛脚鵟	*Buteo lagopus*	冬候鸟	广布种		Ⅱ	二级	★	
57	金雕	*Aquila chrysaetos*	留鸟	广布种		Ⅱ	一级		
58	白肩雕	*Aquila heliaca*	夏候鸟	古北种	易危	Ⅰ	一级		
59	草原雕	*Aquila nipalensis*	夏候鸟	古北种	濒危	Ⅱ	一级		
60	鹰雕	*Nisaetus nipalensis*	留鸟	东洋种	近危	Ⅱ	二级		
61	乌雕	*Clanga clanga*	留鸟	古北种	易危	Ⅱ	一级		
62	白尾海雕	*Haliaeetus albicilla*	夏候鸟	古北种		Ⅰ	一级		
63	玉带海雕	*Haliaeetus.leucoryphus*	夏候鸟	古北种	濒危	Ⅱ	一级		
64	鹊鹞	*Circus melanoleucos*	夏候鸟	东洋种		Ⅱ	二级		
65	白腹鹞	*Circus spilonotus*	夏候鸟	东洋种		Ⅱ	二级	★	

（续）

序号	中文名	学名	居留类型	区系成分	保护状况				
					IUCN	CITES	国家	中日	中澳
66	白尾鹞	*Circus cyaneus*	夏候鸟	广布种		II	二级		
67	白头鹞	*Circus aeruginosus*	旅鸟	古北种		II	二级		
68	秃鹫	*Aegypius monachus*	留鸟	古北种	近危	II	一级		
69	灰脸鵟鹰	*Butastur indicus*	夏候鸟	东洋种		II	二级		
（八）	鹗科	Pandionidae							
70	鹗	*Pandion haliaetus*	留鸟	广布种		II	二级		
VII	隼形目	FALCONIFORMES							
（九）	隼科	Falconidae							
71	游隼	*Falco peregrinus*	夏候鸟	广布种		I	二级		
72	燕隼	*Falco subbuteo*	夏候鸟	古北种		II	二级	★	
73	红脚隼	*Falco amurensis*	夏候鸟	古北种		II	二级		
74	灰背隼	*Falco columbarius*	夏候鸟	广布种		II	二级		
75	猎隼	*Falco cherrug*	夏候鸟	古北种	濒危	II	一级		
76	矛隼	*Falco rusticolus*	旅鸟	广布种		I	一级		
77	红隼	*Falco tinnunculus*	留鸟	古北种		II	二级		
78	黄爪隼	*Falco naumanni*	夏候鸟	古北种		II	二级		
VIII	鸡形目	GALLIFORMES							
（十）	雉科	Phasianidae							
79	柳雷鸟	*Lagopus lagopus*	留鸟	广布种			二级		
80	黑嘴松鸡	*Tetrao urogalloides*	留鸟	古北种			一级		
81	黑琴鸡	*Lyrurus tetrix*	留鸟	古北种			一级		
82	花尾榛鸡	*Tetrastes bonasia*	留鸟	古北种			二级		
83	鹌鹑	*Coturnix japonica*	夏候鸟	东洋种	近危		三有	★	
84	环颈雉	*Phasianus colchicus*	留鸟	古北种			三有		
85	斑翅山鹑	*Perdix dauurica*	留鸟	古北种			三有		
IX	鹤形目	GRUIFORMES							

（续）

序号	中文名	学名	居留类型	区系成分	保护状况				
					IUCN	CITES	国家	中日	中澳
（十一）	鹤科	Gruidae							
86	灰鹤	*Grus grus*	夏候鸟	古北种		II	二级	★	
87	丹顶鹤	*Grus japonensis*	夏候鸟	东洋种	易危	I	一级	★	
88	白枕鹤	*Grus vipio*	夏候鸟	古北种	易危	I	一级	★	
89	白鹤	*Grus leucogeranus*	旅鸟	古北种	极危	I	一级		
90	白头鹤	*Grus monacha*	夏候鸟	古北种	易危	I	一级		
91	蓑羽鹤	*Grus virgo*	夏候鸟	古北种		II	二级		
（十二）	秧鸡科	Rallidae							
92	花田鸡	*Coturnicops exquisitus*	夏候鸟	东洋种	易危		二级		
93	普通秧鸡	*Rallus indicus*	夏候鸟	古北种			三有	★	
94	小田鸡	*Zapornia pusilla*	夏候鸟	古北种			三有	★	
95	白骨顶	*Fulica atra*	夏候鸟	古北种			三有		
X	鸨形目	OTIDIFORMES							
（十三）	鸨科	Otididae							
96	大鸨	*Otis tarda*	夏候鸟	古北种	易危	II	一级		
XI	鸻形目	CHARADRIIFORMES							
（十四）	三趾鹑科	Turnicidae							
97	黄脚三趾鹑	*Turnix tanki*	夏候鸟	古北种					
（十五）	反嘴鹬科	Recurvirostridae							
98	黑翅长脚鹬	*Himantopus himantopus*	夏候鸟	广布种			三有		
99	反嘴鹬	*Recurvirostra avosetta*	夏候鸟	古北种			三有		
（十六）	彩鹬科	Rostratulidae							
100	彩鹬	*Rostratula benghalensis*	夏候鸟	古北种			三有		
（十七）	鸻科	Charadriidae							
101	凤头麦鸡	*Vanellus vanellus*	夏候鸟	古北种	近危		三有	★	
102	灰鸻	*Pluvialis squatarola*	旅鸟	广布种			三有	★	★

（续）

序号	中文名	学名	居留类型	区系成分	保护状况				
					IUCN	CITES	国家	中日	中澳
103	金鸻	*Pluvialis fulva*	旅鸟	古北种			三有	★	★
104	剑鸻	*Charadrius hiaticula*	夏候鸟	东洋种			三有		★
105	金眶鸻	*Charadrius dubius*	夏候鸟	古北种			三有		★
106	东方鸻	*Charadrius veredus*	夏候鸟	古北种			三有		
107	环颈鸻	*Charadrius alexandrinus*	夏候鸟	广布种			三有		
108	蒙古沙鸻	*Charadrius mongolus*	旅鸟	古北种			三有		
109	铁嘴沙鸻	*Charadrius leschenaultii*	夏候鸟	古北种			三有		
110	小嘴鸻	*Eudromias morinellus*	旅鸟	古北种			三有		
111	灰头麦鸡	*Vanellus cinereus*	旅鸟	古北种			三有		
112	红胸鸻	*Charadrius asiaticus*	夏候鸟	古北种			三有		
（十八）	蛎鹬科	Haematopodidae							
113	蛎鹬	*Haematopus ostralegus*	夏候鸟	古北种	近危		三有		
（十九）	鹬科	Scolopacidae							
114	大杓鹬	*Numenius madagascariensis*	夏候鸟	古北种	濒危		二级	★	★
115	小杓鹬	*Numenius minutus*	旅鸟	古北种			二级		
116	中杓鹬	*Numenius phaeopus*	旅鸟	广布种			三有		
117	白腰杓鹬	*Numenius arquata*	夏候鸟	古北种	近危		三有		
118	黑尾塍鹬	*Limosa limosa*	夏候鸟	古北种	近危		三有	★	★
119	斑尾塍鹬	*Limosa lapponica*	旅鸟	古北种	近危		三有		
120	青脚鹬	*Tringa nebularia*	旅鸟	古北种			三有	★	★
121	鹤鹬	*Tringa erythropus*	旅鸟	古北种			三有		
122	红脚鹬	*Tringa totanus*	夏候鸟	古北种			三有		
123	泽鹬	*Tringa stagnatilis*	夏候鸟	古北种			三有		
124	白腰草鹬	*Tringa ochropus*	夏候鸟	古北种			三有	★	
125	林鹬	*Tringa glareola*	夏候鸟	古北种			三有	★	★
126	矶鹬	*Actitis hypoleucos*	夏候鸟	古北种			三有	★	★

（续）

序号	中文名	学名	居留类型	区系成分	保护状况				
					IUCN	CITES	国家	中日	中澳
127	翻石鹬	*Arenaria interpres*	旅鸟	广布种			二级	★	★
128	孤沙锥	*Gallinago solitaria*	夏候鸟	古北种			三有	★	
129	针尾沙锥	*Gallinago stenura*	旅鸟	古北种			三有		★
130	扇尾沙锥	*Gallinago gallinago*	夏候鸟	广布种			三有	★	
131	大沙锥	*Gallinago megala*	旅鸟	古北种			三有		
132	丘鹬	*Scolopax rusticola*	夏候鸟	古北种			三有		
133	红颈滨鹬	*Calidris ruficollis*	旅鸟	古北种	近危		三有	★	★
134	青脚滨鹬	*Calidris temminckii*	旅鸟	古北种			三有	★	
135	黑腹滨鹬	*Calidris alpina*	旅鸟	广布种			三有	★	★
136	弯嘴滨鹬	*Calidris ferruginea*	旅鸟	古北种	近危		三有	★	★
137	阔嘴鹬	*Calidris falcinellus*	旅鸟	古北种			二级	★	★
138	姬鹬	*Lymnocryptes minimus*	旅鸟	古北种			三有		
139	黄胸滨鹬	*Calidris subruficollis*	夏候鸟	古北种	近危				
140	流苏鹬	*Calidris pugnax*	旅鸟	古北种			三有		
141	半蹼鹬	*Limnodromus semipalmatus*	旅鸟	古北种	近危		二级		
142	长趾滨鹬	*Calidris subminuta*	旅鸟	古北种			三有		
143	大滨鹬	*Calidris tenuirostris*	夏候鸟	古北种	濒危		二级		
144	三趾滨鹬	*Calidris alba*	旅鸟	广布种			三有		
145	灰瓣蹼鹬	*Phalaropus fulicarius*	旅鸟	广布种			三有		
（二十）	燕鸻科	Glareolidae							
146	普通燕鸻	*Glareola maldivarum*	夏候鸟	古北种			三有	★	★
147	灰燕鸻	*Glareola lactea*	旅鸟	古北种			二级		
（二十一）	鸥科	Laridae							
148	红嘴鸥	*Chroicocephalus ridibundus*	旅鸟	广布种			三有	★	
149	黑尾鸥	*Larus crassirostris*	旅鸟	东洋种			三有		
150	普通海鸥	*Larus canus*	旅鸟	广布种			三有		

（续）

序号	中文名	学名	居留类型	区系成分	保护状况				
					IUCN	CITES	国家	中日	中澳
151	西伯利亚银鸥	*Larus smithsonianus*	夏候鸟	广布种			三有		
152	棕头鸥	*Chroicocephalus brunnicephalus*	夏候鸟	古北种			三有		
153	黑嘴鸥	*Saundersilarus saundersi*	夏候鸟	东洋种	易危		一级		
154	遗鸥	*Ichthyaetus relictus*	旅鸟	古北种	易危	I	一级		
155	小鸥	*Hydrocoloeus minutus*	夏候鸟	广布种			二级		
156	灰背鸥	*Larus schistisagus*	旅鸟	东洋种			三有		
（二十二）	燕鸥科	Sternidae							
157	灰翅浮鸥	*Chlidonias hybrida*	夏候鸟	古北种			三有		
158	白翅浮鸥	*Chlidonias leucopterus*	夏候鸟	古北种			三有		★
159	普通燕鸥	*Sterna hirundo*	夏候鸟	广布种			三有	★	★
160	黑浮鸥	*Chlidonias niger*	旅鸟	广布种			二级		
161	白额燕鸥	*Sternula albifrons*	夏候鸟	古北种			三有		
162	鸥嘴噪鸥	*Gelochelidon nilotica*	夏候鸟	广布种			三有		
163	红嘴巨燕鸥	*Hydroprogne caspia*	旅鸟	广布种			三有		
XII	沙鸡目	PTEROCLIFORMES							
（二十三）	沙鸡科	Pteroclidae							
164	毛腿沙鸡	*Syrrhaptes paradoxus*	留鸟	古北种			三有		
XIII	鸽形目	COLUMBIFORMES							
（二十四）	鸠鸽科	Columbidae							
165	原鸽	*Columba livia*	留鸟	广布种			三有		
166	岩鸽	*Columba rupestris*	留鸟	古北种			三有		
167	山斑鸠	*Streptopelia orientalis*	留鸟	古北种			三有		
168	灰斑鸠	*Streptopelia decaocto*	留鸟	古北种			三有		
XIV	鹃形目	CUCULIFORMES							
（二十五）	杜鹃科	Cuculidae							
169	四声杜鹃	*Cuculus micropterus*	夏候鸟	古北种			三有		

（续）

序号	中文名	学名	居留类型	区系成分	保护状况				
					IUCN	CITES	国家	中日	中澳
170	大杜鹃	*Cuculus canorus*	夏候鸟	古北种			三有	★	
171	中杜鹃	*Cuculus saturatus*	夏候鸟	古北种			三有	★	★
ⅩⅤ	鸮形目	STRIGIFORMES							
（二十六）	鸱鸮科	Strigidae							
172	红角鸮	*Otus sunia*	夏候鸟	古北种		Ⅱ	二级		
173	雕鸮	*Bubo bubo*	留鸟	古北种		Ⅱ	二级		
174	毛腿雕鸮	*Bubo blakistoni*	留鸟	东洋种	濒危	Ⅱ	一级		
175	雪鸮	*Bubo scandiacus*	冬候鸟	广布种	易危	Ⅱ	二级	★	
176	猛鸮	*Surnia ulula*	留鸟	广布种		Ⅱ	二级		
177	长尾林鸮	*Strix uralensis*	留鸟	古北种		Ⅱ	二级		
178	乌林鸮	*Strix nebulosa*	留鸟	广布种		Ⅱ	二级		
179	长耳鸮	*Asio otus*	夏候鸟	广布种		Ⅱ	二级	★	
180	鬼鸮	*Aegolius funereus*	留鸟	广布种		Ⅱ	二级		
181	花头鸺鹠	*Glaucidium passerinum*	冬候鸟	古北种		Ⅱ	二级		
182	纵纹腹小鸮	*Athene noctua*	留鸟	古北种		Ⅱ	二级		
183	短耳鸮	*Asio flammeus*	夏候鸟	广布种		Ⅱ	二级		
ⅩⅥ	夜鹰目	CAPRIMULGIFORMES							
（二十七）	夜鹰科	Caprimulgidae							
184	普通夜鹰	*Caprimulgus indicus*	夏候鸟	古北种			三有	★	
（二十八）	雨燕科	Apodidae							
185	白喉针尾雨燕	*Hirundapus caudacutus*	夏候鸟	古北种			三有	★	★
186	白腰雨燕	*Apus pacificus*	夏候鸟	古北种			三有	★	★
187	普通雨燕	*Apus apus*	夏候鸟	古北种			三有		
ⅩⅦ	佛法僧目	CORACIIFORMES							
（二十九）	翠鸟科	Alcedinidae							
188	普通翠鸟	*Alcedo atthis*	夏候鸟	古北种			三有		

（续）

序号	中文名	学名	居留类型	区系成分	保护状况				
					IUCN	CITES	国家	中日	中澳
189	蓝翡翠	*Halcyon pileata*	夏候鸟	古北种			三有		
XⅧ	犀鸟目	BUCEROTIFORMES							
（三十）	戴胜科	Upupidae							
190	戴胜	*Upupa epops*	夏候鸟	古北种			三有		
XⅨ	啄木鸟目	PICIFORMES							
（三十一）	啄木鸟科	Picidae							
191	蚁䴕	*Jynx torquilla*	夏候鸟	古北种			三有		
192	灰头绿啄木鸟	*Picus canus*	旅鸟	古北种					
193	黑啄木鸟	*Dryocopus martius*	留鸟	古北种			二级		
194	大斑啄木鸟	*Dendrocopos major*	留鸟	古北种			三有		
195	白背啄木鸟	*Dendrocopos leucotos*	留鸟	古北种			三有		
196	小斑啄木鸟	*Dendrocopos minor*	留鸟	古北种			三有		
197	三趾啄木鸟	*Picoides tridactylus*	留鸟	古北种			二级		
XX	雀形目	PASSERIFORMES							
（三十二）	百灵科	Alaudidae							
198	蒙古百灵	*Melanocorypha mongolica*	留鸟	古北种			二级		
199	短趾百灵	*Alaudala cheleensis*	留鸟	古北种					
200	云雀	*Alauda arvensis*	夏候鸟	古北种			二级		
201	细嘴短趾百灵	*Calandrella acutirostris*	夏候鸟	古北种					
202	角百灵	*Eremophila alpestris*	夏候鸟	广布种			三有		
（三十三）	燕科	Hirundinidae							
203	崖沙燕	*Riparia riparia*	夏候鸟	广布种			三有	★	
204	家燕	*Hirundo rustica*	夏候鸟	广布种			三有	★	★
205	金腰燕	*Cecropis daurica*	夏候鸟	古北种			三有	★	
206	毛脚燕	*Delichon urbicum*	夏候鸟	广布种			三有	★	
（三十四）	鹡鸰科	Motacillidae							

（续）

序号	中文名	学名	居留类型	区系成分	保护状况				
					IUCN	CITES	国家	中日	中澳
207	山鹡鸰	*Dendronanthus indicus*	夏候鸟	古北种			三有	★	
208	黄鹡鸰	*Motacilla tschutschensis*	夏候鸟	广布种			三有	★	★
209	黄头鹡鸰	*Motacilla citreola*	夏候鸟	广布种			三有	★	
210	灰鹡鸰	*Motacilla cinerea*	夏候鸟	古北种			三有	★	★
211	白鹡鸰	*Motacilla alba*	夏候鸟	广布种			三有	★	★
212	树鹨	*Anthus hodgsoni*	夏候鸟	古北种			三有	★	
213	田鹨	*Anthus richardi*	夏候鸟	古北种			三有	★	
214	红喉鹨	*Anthus cervinus*	旅鸟	古北种			三有		
215	水鹨	*Anthus spinoletta*	夏候鸟	古北种			三有		
216	平原鹨	*Anthus campestris*	旅鸟	古北种			三有		
（三十五）	山椒鸟科	Campephagidae							
217	灰山椒鸟	*Pericrocotus divaricatus*	夏候鸟	古北种			三有	★	
（三十六）	太平鸟科	Bombycillidae							
218	太平鸟	*Bombycilla garrulus*	冬候鸟	广布种			三有	★	
219	小太平鸟	*Bombycilla japonica*	冬候鸟	东洋种	近危		三有	★	
（三十七）	伯劳科	Laniidae							
220	红尾伯劳	*Lanius cristatus*	夏候鸟	古北种			三有	★	
221	红背伯劳	*Lanius collurio*	旅鸟	古北种			三有		
222	楔尾伯劳	*Lanius sphenocercus*	夏候鸟	古北种			三有		
223	灰伯劳	*Lanius excubitor*	夏候鸟	古北种			三有		
（三十八）	椋鸟科	Sturnidae							
224	灰椋鸟	*Spodiopsar cineraceus*	夏候鸟	古北种			三有		
225	北椋鸟	*Agropsar sturninus*	夏候鸟	古北种			三有		
226	紫翅椋鸟	*Sturnus vulgaris*	旅鸟	古北种			三有		
（三十九）	鸦科	Corvidae							
227	喜鹊	*Pica pica*	留鸟	古北种			三有		

（续）

序号	中文名	学名	居留类型	区系成分	保护状况				
					IUCN	CITES	国家	中日	中澳
228	松鸦	*Garrulus glandarius*	留鸟	古北种					
229	灰喜鹊	*Cyanopica cyanus*	留鸟	古北种			三有		★
230	星鸦	*Nucifraga caryocatactes*	留鸟	古北种					
231	小嘴乌鸦	*Corvus corone*	留鸟	古北种					
232	寒鸦	*Corvus monedula*	留鸟	古北种					
233	渡鸦	*Corvus corax*	留鸟	广布种			三有		
234	大嘴乌鸦	*Corvus macrorhynchos*	留鸟	古北种					
235	秃鼻乌鸦	*Corvus frugilegus*	留鸟	古北种			三有		
236	红嘴山鸦	*Pyrrhocorax pyrrhocorax*	留鸟	古北种					
237	达乌里寒鸦	*Corvus dauuricus*	留鸟	古北种			三有		
（四十）	鹪鹩科	Troglodytidae							
238	鹪鹩	*Troglodytes troglodytes*	留鸟	广布种					
（四十一）	岩鹨科	Prunellidae							
239	领岩鹨	*Prunella collaris*	夏候鸟	古北种					
240	棕眉山岩鹨	*Prunella montanella*	冬候鸟	古北种			三有		
241	褐岩鹨	*Prunella fulvescens*	留鸟	古北种					
（四十二）	鸫科	Turdidae							
242	灰背鸫	*Turdus hortulorum*	夏候鸟	古北种			三有	★	
243	斑鸫	*Turdus eunomus*	旅鸟	古北种			三有	★	
244	白眉鸫	*Turdus obscurus*	夏候鸟	古北种					
245	白腹鸫	*Turdus pallidus*	夏候鸟	古北种			三有		
246	赤颈鸫	*Turdus ruficollis*	冬候鸟	古北种					
247	白眉地鸫	*Geokichla sibirica*	夏候鸟	古北种			三有	★	
248	虎斑地鸫	*Zoothera aurea*	夏候鸟	古北种			三有	★	
（四十三）	莺鹛科	Sylviidae							
249	震旦鸦雀	*Paradoxornis heudei*	夏候鸟	古北种			二级		

（续）

序号	中文名	学名	居留类型	区系成分	保护状况				
					IUCN	CITES	国家	中日	中澳
250	白喉林莺	*Sylvia curruca*	夏候鸟	古北种					
（四十四）	文须雀科	Panuridae							
251	文须雀	*Panurus biarmicus*	留鸟	古北种					
（四十五）	蝗莺科	Locustellidae							
252	苍眉蝗莺	*Locustella fasciolata*	夏候鸟	古北种			三有	★	
253	中华短翅蝗莺	*Locustella tacsanowskia*	夏候鸟	古北种					
254	小蝗莺	*Locustella certhiola*	夏候鸟	古北种					
255	矛斑蝗莺	*Locustella lanceolata*	夏候鸟	古北种			三有		
（四十六）	苇莺科	Acrocephalidae							
256	东方大苇莺	*Acrocephalus orientalis*	夏候鸟	古北种				★	★
257	黑眉苇莺	*Acrocephalus bistrigiceps*	夏候鸟	古北种			三有	★	
258	芦莺	*Acrocephalus scirpaceus*	夏候鸟	古北种					
259	大苇莺	*Acrocephalus arundinaceus*	夏候鸟	古北种			三有		
260	稻田苇莺	*Acrocephalus agricola*	留鸟	古北种					
261	厚嘴苇莺	*Arundinax aedon*	夏候鸟	古北种					
（四十七）	柳莺科	Phylloscopidae							
262	褐柳莺	*Phylloscopus fuscatus*	夏候鸟	广布种			三有		
263	巨嘴柳莺	*Phylloscopus schwarzi*	夏候鸟	古北种			三有		
264	黄眉柳莺	*Phylloscopus inornatus*	夏候鸟	古北种			三有	★	
265	黄腰柳莺	*Phylloscopus proregulus*	夏候鸟	古北种			三有		
266	极北柳莺	*Phylloscopus borealis*	夏候鸟	广布种			三有	★	★
267	暗绿柳莺	*Phylloscopus trochiloides*	旅鸟	古北种			三有		
268	淡脚柳莺	*Phylloscopus tenellipes*	夏候鸟	古北种			三有		
（四十八）	戴菊科	Regulidae							
269	戴菊	*Regulus regulus*	旅鸟	古北种			三有		
（四十九）	鹟科	Muscicapidae							

（续）

序号	中文名	学名	居留类型	区系成分	保护状况				
					IUCN	CITES	国家	中日	中澳
270	白眉姬鹟	*Ficedula zanthopygia*	夏候鸟	古北种			三有	★	
271	鸲姬鹟	*Ficedula mugimaki*	夏候鸟	古北种			三有	★	
272	红喉姬鹟	*Ficedula parva*	夏候鸟	古北种			三有		
273	乌鹟	*Muscicapa sibirica*	夏候鸟	古北种			三有	★	
274	北灰鹟	*Muscicapa dauurica*	夏候鸟	古北种			三有	★	
275	灰纹鹟	*Muscicapa griseisticta*	夏候鸟	古北种			三有		
276	红尾歌鸲	*Larvivora sibilans*	夏候鸟	古北种			三有	★	
277	红喉歌鸲	*Calliope calliope*	旅鸟	古北种			二级	★	
278	蓝喉歌鸲	*Luscinia svecica*	旅鸟	广布种			二级		
279	蓝歌鸲	*Larvivora cyane*	夏候鸟	古北种			三有	★	
280	红胁蓝尾鸲	*Tarsiger cyanurus*	夏候鸟	古北种			三有	★	
281	北红尾鸲	*Phoenicurus auroreus*	夏候鸟	古北种			三有	★	
282	黑喉石䳭	*Saxicola maurus*	夏候鸟	古北种			三有	★	
283	蓝头矶鸫	*Monticola cinclorhyncha*	夏候鸟	古北种					
284	穗䳭	*Oenanthe oenanthe*	夏候鸟	古北种					
285	沙䳭	*Oenanthe isabellina*	夏候鸟	古北种					
286	漠䳭	*Oenanthe deserti*	夏候鸟	古北种					
287	白顶䳭	*Oenanthe pleschanka*	夏候鸟	古北种					
（五十）	攀雀科	Remizidae							
288	中华攀雀	*Remiz consobrinus*	夏候鸟	古北种			三有		
（五十一）	长尾山雀科	Aegithalidae							
289	北长尾山雀	*Aegithalos caudatus*	留鸟	广布种			三有		
（五十二）	山雀科	Paridae							
290	大山雀	*Parus cinereus*	留鸟	广布种			三有		
291	煤山雀	*Periparus ater*	留鸟	古北种			三有		
292	沼泽山雀	*Poecile palustris*	留鸟	古北种			三有		

（续）

序号	中文名	学名	居留类型	区系成分	保护状况				
					IUCN	CITES	国家	中日	中澳
293	褐头山雀	*Poecile montanus*	留鸟	古北种			三有		
294	灰蓝山雀	*Cyanistes cyanus*	留鸟	古北种			三有		
（五十三）	旋木雀科	Certhiidae							
295	欧亚旋木雀	*Certhia familiaris*	留鸟	古北种					
（五十四）	雀科	Passeridae							
296	家麻雀	*Passer domesticus*	留鸟	古北种					
297	麻雀	*Passer montanus*	留鸟	广布种			三有		
298	石雀	*Petronia petronia*	留鸟	古北种					
（五十五）	燕雀科	Fringillidae							
299	燕雀	*Fringilla montifringilla*	旅鸟	古北种			三有	★	
300	金翅雀	*Chloris sinica*	留鸟	古北种			三有		
301	黄雀	*Spinus spinus*	夏候鸟	广布种			三有	★	
302	白腰朱顶雀	*Acanthis flammea*	冬候鸟	广布种			三有	★	
303	粉红腹岭雀	*Leucosticte arctoa*	夏候鸟	古北种			三有	★	
304	普通朱雀	*Carpodacus erythrinus*	夏候鸟	古北种			三有	★	
305	北朱雀	*Carpodacus roseus*	冬候鸟	古北种			二级	★	
306	松雀	*Pinicola enucleator*	冬候鸟	广布种			三有		
307	红交嘴雀	*Loxia curvirostra*	夏候鸟	广布种			二级	★	
308	白翅交嘴雀	*Loxia leucoptera*	夏候鸟	广布种			三有	★	
309	长尾雀	*Carpodacus sibiricus*	留鸟	古北种			三有		
310	红腹灰雀	*Pyrrhula pyrrhula*	旅鸟	古北种			三有		
311	黑尾蜡嘴雀	*Eophona migratoria*	夏候鸟	古北种			三有	★	
312	锡嘴雀	*Coccothraustes coccothraustes*	留鸟	广布种			三有	★	
313	极北朱顶雀	*Acanthis hornemanni*	冬候鸟	广布种			三有		
（五十六）	鹀科	Emberizidae							
314	白头鹀	*Emberiza leucocephalos*	夏候鸟	古北种			三有	★	

（续）

序号	中文名	学名	居留类型	区系成分	保护状况				
					IUCN	CITES	国家	中日	中澳
315	栗鹀	*Emberiza rutila*	夏候鸟	古北种			三有		
316	黄胸鹀	*Emberiza aureola*	夏候鸟	古北种	极危		一级	★	
317	黄喉鹀	*Emberiza elegans*	夏候鸟	古北种			三有	★	
318	灰头鹀	*Emberiza spodocephala*	留鸟	古北种			三有	★	
319	三道眉草鹀	*Emberiza cioides*	留鸟	古北种			三有		
320	栗耳鹀	*Emberiza fucata*	夏候鸟	古北种			三有	★	
321	田鹀	*Emberiza rustica*	旅鸟	古北种	易危		三有	★	
322	小鹀	*Emberiza pusilla*	旅鸟	古北种			三有	★	
323	苇鹀	*Emberiza pallasi*	夏候鸟	古北种			三有	★	
324	芦鹀	*Emberiza schoeniclus*	夏候鸟	古北种			三有		
325	黄眉鹀	*Emberiza chrysophrys*	旅鸟	古北种			三有		
326	白眉鹀	*Emberiza tristrami*	夏候鸟	古北种			三有		
（五十七）	铁爪鹀科	Calcariidae							
327	铁爪鹀	*Calcarius lapponicus*	旅鸟	广布种			三有	★	
328	雪鹀	*Plectrophenax nivalis*	冬候鸟	广布种			三有	★	

附录2-5　哺乳类名录

序号	中文名	学名	保护状况		
			IUCN	CITES	国家级
I	猬目	ERINACEOMORPHA			
（一）	猬科	Erinaceidae			
1	达乌尔猬	*Mesechinus dauuricus*			三有
2	刺猬	*Erinaceus amurensis*			三有
II	鼩鼱目	SORICOMORPHA			
（二）	鼩鼱科	Soricidae			

（续）

序号	中文名	学名	保护状况		
			IUCN	CITES	国家级
3	普通鼩鼱	*Sorex araneus*			
4	中鼩鼱	*Sorex caecutiens*			
5	栗齿鼩鼱	*Sorex daphaenodon*			
6	长爪鼩鼱	*Sorex unguiculatus*			
7	小鼩鼱	*Sorex minutus*			
Ⅲ	翼手目	CHIROPTERA			
（三）	蝙蝠科	Vespertilionidae			
8	须鼠耳蝠	*Myotis mystacinus*			
9	伊氏鼠耳蝠	*Myotis ikonnikovi*			
10	长尾鼠耳蝠	*Myotis frater*			
11	普通蝙蝠	*Vespertilio murinus*			
12	褐长耳蝠	*Plecotus auritus*			
13	白腹管鼻蝠	*Murina leucogaster*			
14	大鼠耳蝠	*Myotis myotis*			
15	水鼠耳蝠	*Myotis daubentonii*			
16	东方蝙蝠	*Vespertilio sinensis*			
Ⅳ	食肉目	CARNIVORA			
（四）	犬科	Canidae			
17	狼	*Canis lupus*		Ⅱ	二级
18	赤狐	*Vulpes vulpes*			二级
19	沙狐	*Vulpes corsac*			二级
20	貉	*Nyctereutes procyonoides*			二级
（五）	熊科	Ursidae			
21	棕熊	*Ursus arctos*		I	二级
（六）	鼬科	Mustelidae			
22	紫貂	*Martes zibellina*			一级

（续）

序号	中文名	学名	保护状况		
			IUCN	CITES	国家级
23	貂熊	*Gulo gulo*			一级
24	艾鼬	*Mustela eversmanii*			三有
25	白鼬	*Mustela erminea*			三有
26	伶鼬	*Mustela nivalis*			三有
27	香鼬	*Mustela altaica*	近危		三有
28	黄鼬	*Mustela sibirica*			三有
29	狗獾	*Meles meles*			三有
30	水獭	*Lutra lutra*	近危	I	二级
（七）	猫科	Felidae			
31	猞猁	*Lynx lynx*		II	二级
32	兔狲	*Felis manul*		II	二级
33	豹猫	*Prionailurus bengalensis*		II	二级
V	兔形目	LAGOMORPHA			
（八）	兔科	Leporidae			
34	雪兔	*Lepus timidus*			二级
35	草兔	*Lepus capensis*			三有
36	东北兔	*Lepus mandshuricus*			三有
（九）	鼠兔科	Ochotonidae			
37	东北鼠兔	*Ochotona hyperborea*			
38	高山鼠兔	*Ochotona alpina*			
VI	啮齿目	RODENTIA			
（十）	松鼠科	Sciuridae			
39	松鼠	*Sciurus vulgaris*			三有
40	花鼠	*Tamias sibiricus*			三有
41	达乌尔黄鼠	*Spermophilus dauricus*			
42	草原旱獭	*Marmota bobak*			

（续）

序号	中文名	学名	保护状况		
			IUCN	CITES	国家级
43	小飞鼠	*Pteromys volans*			三有
（十一）	跳鼠科	Dipodidae			
44	三趾跳鼠	*Dipus sagitta*			
45	五趾跳鼠	*Allactaga sibirica*			
（十二）	仓鼠科	Cricetidae			
46	黑线仓鼠	*Cricetulus barabensis*			
47	红背䶄	*Myodes rutilus*			
48	棕背䶄	*Myodes rufocanus*			
49	普通田鼠	*Microtus arvalis*			
50	莫氏田鼠	*Alexandromys maximowiczii*			
51	麝鼠	*Ondatra zibethicus*			
52	大仓鼠	*Tscherskia triton*			
53	小毛足鼠	*Phodopus roborovskii*			
54	黑线毛足鼠	*Phodopus sungorus*			
55	布氏田鼠	*Lasiopodomys brandtii*			
56	狭颅田鼠	*Microtus gregalis*			
57	林旅鼠	*Myopus schisticolor*			
（十三）	鼢鼠科	Spalacidae			
58	东北鼢鼠	*Myospalax psilurus*			
59	草原鼢鼠	*Myospalax aspalax*			
（十四）	鼠科	Muridae			
60	长爪沙鼠	*Meriones unguiculatus*			
61	黑线姬鼠	*Apodemus agrarius*			
62	大林姬鼠	*Apodemus peninsulae*			
63	褐家鼠	*Rattus norvegicus*			
64	小家鼠	*Mus musculus*			

（续）

序号	中文名	学名	保护状况		
			IUCN	CITES	国家级
65	巢鼠	*Micromys minutus*			
Ⅶ	偶蹄目	ARTIODACTYLA			
（十五）	猪科	Suidae			
66	野猪	*Sus scrofa*			三有
（十六）	麝科	Moschidae			
67	原麝	*Moschus moschiferus*	易危		一级
（十七）	鹿科	Cervidae			
68	马鹿	*Cervus elaphus*			二级
69	梅花鹿	*Cervus nippon*			一级
70	狍	*Capreolus capreolus*			三有
71	驼鹿	*Alces alces*			一级
（十八）	牛科	Bovidae			
72	蒙原羚	*Procapra gutturosa*			一级

附录3 大型真菌名录

1. 鸡油蜡伞 *Hygrocybe cantharellus* 夏秋季生于林中地上，单生或群生。可食。属外生菌根菌。

2. 蜡黄蜡伞 *Hygrophorus chlorophanus* 夏秋季于林中或林缘及草地上群生。可食用。

3. 纯白蜡伞 *Hygrophorus ligatus* 秋季于云杉、落叶树等针叶林中或地上群生。不宜食用。

4. 柠檬黄蜡伞 *Hygrophorus lucorum* 秋季于云杉等针叶林或地上群生、散生。可食用。菌根菌。

5. 红菇蜡伞 *Hygrophorus russula* 秋季于混交林地上群生或近似蘑菇圈丛生。食用。菌根菌。

6. 侧耳 *Pleurotus ostreatus* 夏至秋季丛生于各种阔叶树枯立木、倒木、伐桩、原木上，导致木材白色腐朽。食用、药用。

7. 肺形侧耳 *Pleurotus pulmonarius* 夏秋季一般与阔叶树倒木、枯树干或木桩丛生在一起。食用。木腐菌。

8. 桃红侧耳 *Pleurotus salmoneostramineus* 生于白桦、山杨枯木、倒木上，可食用、药用。

9. 贝形圆孢侧耳 *Pleurocybella porrigens* 夏秋季生于针叶树的枯干上。食用菌。

10. 亚侧耳 *Hohenbuehelia serotina* 秋季生于各种阔叶树的枯木上。食用菌。

11. 革耳 *Panus rudis* 夏秋于柳、杨、桦的腐木上丛生或群生。可食。木腐菌。抗癌。

12. 豹皮香菇 *Lentinus lepideus* 春至秋季单生或丛生于针叶树伐桩、倒木上，导致木材褐色腐朽。幼时食用。抗癌。

13. 鳞皮扇菇 *Panellus stypticus* 生于阔叶树上，药用。

14. 裂褶菌 *Schizophyllum commune* 春至秋季生于阔叶林和针叶林的枯枝和腐木上。可食用。抗癌。

15. 毒蝇鹅膏菌 *Amanita muscaria* 夏秋季于林中地上群生。有毒。抗癌，菌根菌。

16. 美丽毒蝇鹅膏菌 *Amanita muscaria* var. *formosa* 夏秋季于林中地上单生或群生。有毒，菌根菌。

17. 雪白毒鹅膏菌 *Amanita nivalis* 夏秋季生于林地，散生或群生。此种慎用，据记载可食用。菌根菌。

18. 豹斑毒鹅膏菌 *Amanita pantherina* 夏秋季于阔叶林或针叶林中地上群生。有毒。菌根菌。

19. 橙盖鹅膏菌 *Amanita caesarea* 生于林中地上。可食用，品质好。

20. 赤褐鹅膏菌 *Amanita fulva* 生于阔叶林中地上。可食用，品质好。

21. 灰光柄菇 *Pluteus cervinus* 常常生于倒腐木上。可食用，但味较差。

22. 粉褐光柄菇 *Pluteus depauperatus* 秋季生阔叶林腐木上。木腐菌。

23. 褐褶边奥德菇 *Oudemansiella brunneomarginata* 秋季于阔叶树腐木上单生或群生。可食用。

24. 白环粘奥德菇 *Oudemansiella mucida* 夏秋季于腐木或土中腐木上单生或近丛生。可食用。抗癌。

25. 宽褶奥德蘑 *Oudemansiella platyphylla* 生于林中腐木桩上。可食用、药用。

26. 紫蜡蘑 *Laccaria amethystea* 夏至秋季单生或群生于阔叶红松林、杨桦林内地上。可食用。抗癌。菌根菌。

27. 条柄蜡蘑 *Laccaria proxima* 夏秋季于林中地上单生或群生。可食用。菌根菌。

28. 刺孢蜡蘑 *Laccaria tortilia* 夏至秋季群生于林内地上。可食用。抗癌。菌根菌。

29. 灰紫香蘑 *Lepista glaucocana* 秋季群生于针阔叶混交林内地上。可食用，新鲜时具有强烈的淀粉气味，干后气味香，是一种优良的食用菌。

30. 紫丁香蘑 *Lepista nuda* 秋季单生或丛生于林内地上。食用菌。抗癌。

31. 花脸香蘑 *Lepista sordida* 夏秋季群生或丛生于林缘草地、草原地、路旁地上。食用菌。

32. 肉色香蘑 *Lepista irina* 生于草地和林中。可食用，品质好。

33. 粉紫香蘑 *Lepista personata* 生于林中地上。可食用，品质好。

34. 蒙古口蘑 *Tricholoma mongolicum* 夏至秋季群生于草原上并形成蘑菇圈。可食用。抗癌。

35. 松口蘑 *Tricholoma matsutake* 秋季群生或散生于赤松、樟子松、落叶树根旁或针阔叶混交林的地上。菌根菌。

36. 土豆口蘑 *Tricholoma japonicum* 夏秋季于针阔叶混交林或山杨林地上群生或形成蘑菇圈，往往生于腐叶下、沙地上。可食用。

37. 白毛口蘑 *Tricholoma columbetta* 夏秋季于阔叶林中地上群生或单生。可食用。

38. 油黄口蘑 *Tricholoma flavovirens* 夏秋季于阔叶林中地上群生或单生。可食用。菌根菌。

39. 杨树口蘑 *Tricholoma populinum* 秋季于杨树林中沙质地上群生、散生。可食用。菌根菌。

40. 红鳞口蘑 *Tricholoma vaccinum* 夏秋季群生或丛生于云冷杉林、阔叶红松林内地上。可食用，略具辣味。菌根菌。

41. 虎斑口蘑 *Tricholoma tigrinum* 夏秋季于针叶林及阔叶林中地上群生。有毒。菌根菌。

42. 凸顶口蘑 *Tricholoma virgatum* 夏秋季于林中地上散生或群生。有毒。抗癌。菌根菌。

43. 雕纹口蘑 *Tricholoma sculpturatum* 生于林中枯叶层地上。食毒、药用不明。

44. 棕灰口蘑 *Tricholoma terreum* 生于针阔混交林中地上。可食用，品质好。

45. 小白杯伞 *Clitocybe candicans* 夏秋季于林中地上群生或丛生。可食用，味道一般。

46. 亚白杯伞 *Clitocybe catinus* 秋季群生或散生于针阔混交林内枯枝落叶层上。此种可以食用，美味可口。

47. 黄白杯伞 *Clitocybe gilva* 夏至秋季群生于云冷杉林、落叶树林内地上。可食用。

48. 杯伞 *Clitocybe infundibuliformis* 夏至秋季单生或群生于阔叶红松林、落叶松人工林内地上、枯枝落叶腐殖质上。可食用。抗癌。

49. 卷边杯伞 *Clitocybe inversa* 秋季丛生或群生林内地上。食用。

50. 大杯伞 *Clitocybe maxima* 夏至秋季群生或散生于针阔混交林地上或落叶层上。可食用。

51. 水粉杯伞 *Clitocybe nebularis* 夏至秋季散生或群生于针阔混交林内地上。一般可食用，但也有的报道有毒。

52. 假灰杯伞 *Pseudoclitocybe cyathiformis* 夏秋季于林中地上或腐朽后的倒木上散生或群生。可食用。抗癌。

53. 荷叶离褶伞 *Lyophyllum decastes* 夏至秋季丛生或单生于针阔混交林、杨桦林内地上。可食用。

54. 褐离褶伞 *Lyophllum fumosum* 秋季单生或丛生于林中地上，尤其在阔叶林或混交林中地上。可食用。菌根菌。

55. 北方蜜环菌 *Armillaria borealis* 夏秋季于木桩上或其旁边群生，稀单生。可食用。

56. 蜜环菌 *Armillariella mellea* 秋季丛生或群生于林内外针、阔叶树的枯立木、倒木、伐桩及活立木根基部。木腐菌、食用菌。

57. 红褐小蜜环菌 *Armillariella polymyces* 夏末至秋季于针叶林中腐木上群生、丛生，稀单生。可食用。

58. 假蜜环菌 *Armillariella tabescens* 秋季丛生于林内阔叶树的立木、枯立木干基部，以及倒木、伐桩上。食用菌。抗癌。

59. 金针菇 *Flammulina velutipes* 秋末及早春寒冷季节丛生在林内阔叶树的枯立木、倒木、伐桩上。菌肉细嫩、软滑、味美。

60. 堆金钱菌 *Collybia acervata* 夏秋季群生或丛生于针阔混交林内地上或埋入土中的枯枝落叶腐木上。

61. 钟形铦囊蘑 *Melanoleuca exscissa* 夏秋季常于林缘地上、草地上单生或散生。可食用。

62. 草生铦囊蘑 *Melanoleuca graminicola* 夏末至秋季于混交林地上、草地上单生或群生。可食用,气味香。

63. 条柄铦囊蘑 *Melanoleuca grammnopodia* 夏秋季群生于林中地上。可以食用,干品具浓香气味。

64. 黑白铦囊蘑 *Melanoleuca melaleuca* 生于林中地上。可食用,品质一般。

65. 洁小菇 *Mycena pura* 夏秋季丛生、散生或单生于林内地上、枯枝落叶层腐木上。可食用。

66. 褐小菇 *Mycena alcalina* 夏秋季于林地腐木或腐枝层上近丛生。可食用。抗癌。

67. 丛生斜盖伞 *Clitopilus caespitosus* 夏秋季于林中地上丛生。

68. 斜盖伞 *Clitopilus prunulus* 春夏秋季于林缘附近草地上散生或群生。可食用,味道好。

69. 橙黄小皮伞 *Marasmius aurantiacus* 阔叶树腐枝上群生。用途不大。

70. 硬柄小皮伞 *Marasmius oreades* 夏秋季于草地上群生并形成蘑菇圈,有时生于林中地上。可药用。

71. 白黄微皮伞 *Marasmiellus coilobasis* 夏秋季于阔叶林中枯枝落叶上群生。可食用,经济价值不大。

72. 香杏丽蘑 *Calocybe gambosa* 生于草地上。可食用,品质好。

73. 大白桩菇 *Leucopaxillus giganteus* 生于山坡草地、林源草地上。可食用、药用。

74. 疣盖囊皮菌 *Cystoderma granulosum* 夏秋季生于林内地上。可食用。经济价值不大。

75. 细环柄菇 *Lepiota clypeolaria* 夏秋季于林中地上散生或群生。有记载可食用,但有人认为有毒。

76. 锐鳞环柄菇 *Lepiota acutesquamosa* 生于阔叶林中地上。可食用,品质一般。

77. 野蘑菇 *Agaricus arvensis* 夏秋季于草地上单生。可食用、药用。抗癌。

78. 假根蘑菇 *Agaricus bresadolianus* 秋季于林地上单生或群生。可食用。

79. 蘑菇 *Agaricus campestris* 春至秋季于草地、路旁、田野、堆肥场、林间空地等处单生或群生。可食用。

80. 小白蘑菇 *Agaricus comtulus* 夏秋季于稀疏的林地上单生。可食用。

81. 污白蘑菇 *Agaricus excelleus* 夏秋季生于林中草地上。可食用。

82. 白鳞蘑菇 *Agaricus bernardii* 夏秋季于草原上单生或群生。可食用。

83. 灰白褐蘑菇 *Agaricus pilatianus* 秋季生于林间草地上。可食用。

84. 草地蘑菇 *Agaricus pratensis* 夏秋季于草地上单生。可食用。

85. 大紫蘑菇 *Agaricus auqustus* 生于草地上、林下。可食用，品质好。

86. 大肥蘑菇 *Agaricus bitorquis* 单生于草地上。可食用，品质好。

87. 紫色蘑菇 *Agaricus purpurellus* 生于阔叶林中地上。食毒、药用不明。

88. 双环林地蘑菇 *Agaricus placomyces* 秋季于村中地上及杨树根部单生、群生及丛生。可食用。抗癌。

89. 白林地蘑菇 *Agaricus silvicola* 夏秋季于林中地上单生或散生。可食用。

90. 赭鳞蘑菇 *Agaricus subrufescens* 生于林中地上。提取物抗癌。

91. 墨汁鬼伞 *Coprinus atramentarius* 春至秋季在林中地下有腐木的地方丛生。可食用，但有人食后中毒，尤其与酒或啤酒同食均可引起中毒。抗癌。

92. 毛头鬼伞 *Coprinus comatus* 春至秋季的雨季于田野、林缘、道旁、公园、茅屋顶上生长。一般幼时食用，但会中毒，尤其与酒类同吃易中毒。

93. 灰盖鬼伞 *Coprinus cinereus* 于草堆、牛马粪、肥沃草地上散生或群生。可食用，但不能与酒同食，否则会中毒。

94. 晶粒鬼伞 *Coprinus micaceus* 春夏秋三季于阔叶林中树根部地上丛生。初期幼嫩时可食，最好不要与酒同食，以免发生中毒。抗癌。

95. 褶纹鬼伞 *Coprinus plicatilis* 春至秋季于林中地上单生或群生。记载可以食用，因子实体小，食用价值不大。抗癌。

96. 粪生花褶伞 *Panaeolus fimicola* 春至秋季单个或成群生长在厩肥、畜生粪及肥沃地上。有毒。

97. 花褶伞 *Panaeolus retirugis* 春至秋季单个或成群生长在厩肥、畜生粪及肥沃地上。有毒。

98. 小假鬼伞 *Pseudocoprinus disseminatus* 生于林地上或腐朽的倒木和树桩上。木材分解菌。

99. 粪锈伞 *Bolbitius vitellinus* 春至秋季单个或成群生长在厩肥、畜生粪及肥沃地上。有毒。

100. 半球盖田头菇 *Agrocybe semiorbicularis* 春至秋季单个或成群生长在厩肥、畜生粪及肥沃地上。

101. 土黄锥盖菇 *Conocybe subovalis* 生于草地或林下草丛中。药用不明。

102. 毛柄库恩菌 *Kuehneromyces mutabilis* 夏秋季于阔叶树木桩或倒木上丛生。可食用，也曾有记载含毒。

103. 黄伞 *Pholiota adiposa* 秋季生于杨、柳、桦等的树干上，有时也生于针叶树的树干上，单生或丛生。食用菌。

104. 金毛环锈伞 *Pholiota aurivella* 夏秋季生于阔叶树树干上。食用菌。

105. 白鳞环锈伞 *Pholiota destruens* 夏秋季生于杨树或其他阔叶树的树干上，单生至近丛生。食用菌。

106. 黄鳞环锈伞 *Pholiota flammans* 夏末至秋季于针叶树的桩基部、腐木上丛生。可食用，也有记载有毒。抗癌。

107. 光滑环锈伞 *Pholiota nameko* 秋季于阔叶树的倒木、树桩上丛生和群生。食用菌。味道鲜美。有药用价值。

108. 尖鳞环锈伞 *Pholiota squarrosoides* 夏秋季多在云杉及其混交林地上散生或群生，多生于阔叶树的树桩上。可食用。导致木材腐朽。

109. 土生环锈伞 *Pholiota terrestris* 夏秋季丛生于林内或路旁地上。毒菌。

110. 地毛柄环锈伞 *Pholiota terrigena* 夏秋季散生或丛生于杨树林或其他林内地上。可食用。

111. 簇生黄韧伞 *Naematoloma fasciculare* 生于阔叶树的倒木上。药用极毒。

112. 白紫丝膜菌 *Cortinarius albovilaceus* 秋季于云杉或混交林中地上群生、散生。可食用，记载疑有毒。菌根菌。

113. 亮色丝膜菌 *Cortinarius claricolor* 秋季于针、阔叶林地上群生或散生。可食用。属树木外生菌根菌。

114. 光黄丝膜菌 *Cortinarius fulgens* 夏秋季于阔叶林中地上大量群生。可食用。属树木外生菌根菌，可与栎形成外生菌根。

115. 棕褐丝膜菌 *Cortinarius infractus* 秋季生于林中地上。属树木外生菌根菌。

116. 皮革黄丝膜菌 *Cortinarius malachius* 秋季于针叶林中地上群生。食性较差。属树木外生菌根菌。

117. 米黄丝膜菌 *Cortinarius multiformis* 秋季于针叶林及混交林中地上群生或散生。可食用，味较好。属树木外生菌根菌。

118. 浅棕色丝膜菌 *Cortinarius obtusus* 在针叶林地上群生或散生。菌根菌。

119. 鳞丝膜菌 *Cortinarius pholideus* 夏秋季于阔叶林地上群生或丛生。可食用。抗癌。

120. 退紫丝膜菌 *Cortinarius traganus* 夏秋季于松林等的地上群生。属树木外生菌根菌。

121. 黄丝膜菌 *Cortinarius turmalis* 夏秋季于林中或林缘地上单生或群生。可食用。试验抗癌。外生菌根菌。

122. 粘柄丝膜菌 *Cortinarius collinitus* 生于混交林中地上。可食用、药用。提取物抗癌。

123. 丁香紫丝膜菌 *Cortinarius lilacinus* 生于混交林中地上。药用。

124. 浅黄丝盖伞 *Inocybe fastigiata f.subcandida* 于林中地上群生。有毒。

125. 血红铆钉菇 *Chroogomphis rutilus* 夏秋季于松林地上单生或群生。可食用、药用。菌根菌。

126. 紫红小牛肝菌 *Boletinus asiaticus* 夏秋季于赤松、云杉、落叶树林地的苔藓或腐木桩附近单生或群生。有人采集晒干后食用。菌根菌。

127. 空柄小牛肝菌 *Boletinus cavipes* 秋季于林中地上群生或丛生。可食用、药用。菌根菌。

128. 小牛肝菌 *Boletinus paluster* 夏秋季于红松、落叶松等针阔混交林中地上散生或群生，有时于腐朽木上散生或群生。可食用。菌根菌。

129. 松林小牛肝菌 *Boletinus pinetorum* 夏秋季于松林内群生。可食用，但也有记载会引起轻微中毒。与落叶树等树木形成菌根菌。

130. 美味牛肝菌 *Boletus edulis* 本菌与枥属树有菌根关系。食用菌。

131. 灰褐牛肝菌 *Boletus griseus* 夏秋季于针、栎林地上群生或聚生。可食用。属树木外生菌根菌。

132. 虎皮粘盖牛肝菌 *Suillus pictus* 夏秋季生于樟子松、冷杉、云杉、落叶松等针叶林中地上。食用。

133. 美色粘盖牛肝菌 *Suillus spectabilis* 秋季于松、杉林中地上或腐朽木枯枝层上散生或群生。可食用。

134. 白柄粘盖牛肝菌 *Suillus albidipes* 夏秋季于松林地上单生或群生。可食用。与松等形成外生菌根菌。

135. 点柄粘盖牛肝菌 *Suillus granulatus* 夏秋季于松林及混交林地上散生、群生或丛生。可食用。抗癌。菌根菌。

136. 厚环粘盖牛肝菌 *Suillus grevillei* 秋季于松林地上单生、群生或丛生。可食用。抗癌。菌根菌。

137. 灰环牛肝粘盖菌 *Suillus laricinus* 夏秋季于松林地上散生或群生。可食用。抗癌。菌根菌。

138. 褐环粘盖牛肝菌 *Suillus luteus* 生于针阔混交林中地上。可食用，品质一般。可药用。

139. 橙黄疣柄牛肝菌 *Leccinum aurantiacum* 夏秋季于林中地上单生或群生。可食用，味道较好。与桦、山杨等树木形成外生菌根菌。

140. 黄皮疣柄牛肝菌 *Leccinum crocipodium* 夏秋季生于阔叶林树下。可食用。属树木外生菌根菌。

141. 污白疣柄牛肝菌 *Leccinum holopus* 于桦树等林中地上单生或群生。可食用。属树木外生菌根菌。

142. 褐疣柄牛肝菌 *Leccinum scabrum* 生于阔叶林或混交林中地上。可食用，品质一般。

143. 褐绒盖牛肝菌 *Xerocomus badius* 生于阔叶林中地上。可食用，品质一般。

144. 黄斑红菇 *Russula aurata* 夏秋季于混交林中地上单生或群生。可食用。菌根菌。抗癌。

145. 褪色红菇 *Russula decolorans* 夏秋季于松林地上单生或散生。可食用。属树木外生菌根菌。

146. 毒红菇 *Russula emetic* 夏秋季于林中地上散生或群生。有毒。抗癌。菌根菌。

147. 红黄红菇 *Russula luteolacta* 夏秋季于林中地上散生或群生。记载有毒。

148. 全缘红菇 *Russula integra* 夏秋季于林中地上单生或群生。可食用，味道好。药用菌。外生菌根菌。

149. 蜜黄红菇 *Russula ochroleuca* 夏秋季于针阔林中地上单生。可食用。外生菌根菌。

150. 血红菇 *Russula sanguinea* 松林地上散生或群生。可食用。属树木外生菌根菌。抗癌。

151. 粉红菇 *Russula subdepallens* 夏秋季于混交林中地上群生。可食用。属树木外生菌根菌。

152. 凹黄红菇 *Russula veternosa* 夏秋季生林中地上。属树木外生菌根菌。

153. 绿菇 *Russula virescens* 夏秋季于林中地上单生或群生。可食用。可药用。抗癌。外生菌根菌。

154. 松乳菇 *Lactarius deliciosus* 夏秋季于针、阔叶林中地上单生或群生。可食用，味道柔和后稍辛辣。外生菌根。

155. 细质乳菇 *Lactarius mitissimus* 夏秋季于针叶林或阔叶林中地上群生。可食用。外生菌根菌。

156. 白乳菇 *Lactarius piperatus* 夏秋季多于阔叶林中地上散生或群生。可食用。抗癌。外生菌根菌。

157. 血红乳菇 *Lactarius sanguifluus* 夏秋季于针叶林地上单生或群生。可食用。外生菌根菌。

158. 亚绒白乳菇 *Lactarius subvellerreus* 阔叶林或针阔混交林地上单生或群生。抗癌。外生菌根菌。

159. 毛头乳菇 *Lactarius torminosus* 夏秋季于林中地上单生或群生。有毒。外生菌根菌。

160. 金黄喇叭菌 *Craterellus aureus* 于阔叶林或针阔混交林地上单生或群生。可食用。菌根菌。

161. 鸡油菌 *Cantharellus cibarius* 于阔叶林或针阔混交林地上散生或群生。可食用。菌根菌。

162. 小鸡油菌 *Cantharellus minor* 于混交林地上群生，有时丛生。可食用。外生菌根菌。可药用。

163. 美味齿菌 *Hydnum repandum* 生于林内草地上。食用品质好。

164. 扁韧革菌 *Stereum ostrea* 生于白桦、山杨的腐木上。

165. 皱锁瑚菌 *Clavulina rugosa* 林中地上腐枝或苔藓间丛生。可食用。

166. 棒瑚菌 *Clavariadelphus pistillaris* 夏秋季于阔叶林中地上单生或群生、丛生。微带苦味，可以食用。但曾有中毒发生。

167. 杯瑚菌 *Clavicorona pyxidata* 于杨、柳属树的腐木上群生或丛生，有的生于腐木桩上。可食用。

168. 尖顶枝瑚菌 *Ramaria apiculate* 于林中倒腐木、落果及腐殖质上单生或丛生。可食用。抗癌。

169. 小孢密枝瑚菌 *Ramaria bourdotiana* 夏秋季于阔叶林的腐木上群生。

170. 掌状革菌 *Thelephora palmate* 于松林或阔叶林中地上丛生和群生。外生菌根菌。

171. 珊瑚状猴头菌 *Hericium coralloides* 夏秋季生于倒腐木、枯立木桩或树洞内。可食用、药用。

172. 黄褐多孔菌 *Polyporus badius* 夏秋季于阔叶林腐木上单生或近丛生。属木腐菌。

173. 拟多孔菌 *Polyporeuus brumalis* 于针叶或阔叶树立木或倒木上单生或群生。幼嫩时可以食用。属木腐菌。

174. 波缘多孔菌 *Polyporus confluens* 于云杉、冷杉、高山松、落叶树等针阔混交林地上往往群生。幼时可以食用。外生菌根菌。

175. 黄多孔菌 *Polyporus elegans* 夏秋季于阔叶树的腐木及枯树枝上散生或群生。可药用。

176. 多孔菌 *Polyporus varius* 生于白桦树的腐木上。药用、用途广。

177. 皱皮孔菌 *Ischnoderma resinosum* 生于白桦等树的活立木干部、倒木和枯立木上。可食用。木材白色腐朽。试验抗癌。

178. 污白干酪菌 *Tyromyces amygdalinus* 夏秋季生于树木上。木材腐朽菌。

179. 朱红栓菌 *Trametes cinnabarina* 在针、阔叶树枯枝上往往成群成片生长。可药用。抗癌。

180. 绒毛栓菌 *Trametes pubescens* 于阔叶树腐木上覆瓦状群生。木腐菌。

181. 香栓菌 *Trametes suaveloens* 主要生于杨、柳属的树木上，有的也生于桦树的活立木、枯立木及伐桩上。木腐菌。

182. 偏肿栓菌 *Trametes gibbosa* 生于白桦、山杨、柳树的枯干、倒木上。提取物抗癌。

183. 肉色迷孔菌 *Daedalea dickinsii* 夏秋季于蒙古栎、桦树等阔叶树腐木上散生。抗癌。木腐菌。

184. 三色拟迷孔菌 *Daedaleopsis tricolor* 生于柳树枯枝上。药用、用途较广。

185. 二型云芝 *Coriolus biformis* 于阔叶树腐木上群生。引起多种树木木质白色腐朽。抗癌。

186. 毛云芝 *Coriolus hirsutus* 于杨、柳等阔叶树的活立木、枯立木、死枝杈或伐桩上单生或覆瓦状排列。可药用，抗癌。木腐菌。

187. 单色云芝 *Coriolus unicolor* 于桦、杨、柳、花楸、稠李等树的伐桩、枯立木、倒木上覆瓦状排列。抗癌。

188. 云芝 *Coriolus versicolor* 于杨、柳、桃、桦、花楸、山楂、稠李、杏、云杉等树木或其枝上生长。药用。

189. 桦剥管菌 *Piptoporus betulinus* 生于桦属树的树干上，一年生。幼嫩时可食。抗癌。木腐菌。

190. 桦褐孔菌 *Inonotus obliquus* 生于桦等树的立木上。木腐菌。

191. 大孔菌 *Favolus alveolaris* 生于阔叶树的枯枝上。抗癌。木腐菌。

192. 宽鳞大孔菌 *Favolus squamosus* 生于杨、榆树的树干或倒木上，食用品质好。

193. 木蹄层孔菌 *Fomes fomentarius* 于桦、杨、柳、椴、榆、等阔叶树的树干上或木桩上多年生。药用有消积化瘀作用。抗癌。木腐菌。

194. 药用拟层孔菌 *Fomitopsis officinalis* 生于落叶松树干上。药用。抗癌。

195. 红缘拟层孔菌 *Fomitopsis pinicola* 生于云杉、落叶松、红松、桦树的倒木、枯立木、伐桩以及原木上。抗癌。木腐菌。

196. 裂蹄木层孔菌 *Phellinus linteus* 生于杨、栎、槭、桦等树木的枯立木、立木和树干上。属木腐菌。试验对小白鼠肉瘤 180 的抑制率为 96.7%。

197. 松木层孔菌 *Phellinus pini* 生于云杉、落叶松等针叶树的活立木上，子实体从伤口、死节处生长。抗癌。

198. 扇形小孔菌 *Microporus flabelliformis* 于阔叶树的倒腐木上或枯枝上群生。木腐菌。

199. 毛盖采孔菌 *Hapalopilus fibrillosus* 生于落叶松枯立木、倒木上。木材分解菌。

200. 猪苓 *Grifola umbellata* 生于桦林中的草地上。可食用、药用。

201. 朱红硫磺菌 *Laetiporus sulphureus* var. *miniatus* 生于落叶松树干的基部。可食用、药用。

202. 硫磺菌 *Laetiporus sulphureus* 生于柳、云杉等的活立木树干、枯立木上。幼时可食用。有抗癌作用。

203. 桦褶孔菌 *Lenzites betulina* 夏秋季于桦、椴、槭、杨、栎等阔叶树的腐木上呈覆瓦状生长，有时生于云杉、冷杉等针叶树的腐木上。可药用。抗癌。木腐菌。

204. 树舌灵芝 *Ganoderma applanatum* 生于林内桦、杨等多种阔叶树的枯立木、倒木、伐桩上，有时也生在红松等针叶树的倒木上。抗癌。

205. 灵芝 *Ganoderma lucidum* 生于阔叶林内伐桩上，有时生于针叶树干基部。健康食品之冠。

206. 松杉灵芝 *Ganoderma tsugae* 生于松树干基部以及树根上。可药用，抗癌。木腐菌。

207. 毛木耳 *Auricularia polytricha* 生于阔叶树的腐倒木、枯枝上。可食用。

208. 木耳 *Auricularia auricula* 生于阔叶树的腐倒木、枯枝上。可食用。抗癌。

209. 掌状花耳 *Dacrymyces palmatus* 生于杨树上。可食用，品质一般。

210. 金耳 *Tremella aurantialba* 夏秋季生于高山栎等阔叶树的腐木上，有时也生于冷杉、落叶松的倒木上。食用菌和药用菌。

211. 灰包菇 *Secotium agaricoides* 秋季于草原、草地上散生或群生。幼嫩时可食用，老后供药用。

212. 大秃马勃 *Calvatia gigantea* 夏秋季于旷野的草地上单生至群生。幼时可食，成熟后可药用。

213. 头状秃马勃 *Calvatia craniiformis* 夏秋季于林中地上单生至散生。幼时可食，成熟后可药用。

214. 紫色秃马勃 *Calvatia lilacina* 生于旷野的草地或草原上。幼时可食。老后可用作止血药。

215. 网纹马勃 *Lycoperdon perlatum* 夏秋季林地上群生，有时生于腐木上。幼时可食。药用。菌根菌。

216. 小马勃 *Lycoperdon pusillum* 夏秋季生于草地上。药用。

217. 长柄梨形马勃 *Lycoperdon pyriforme* 夏秋季于林中腐木上群生。幼嫩时可以食用。抗癌。

218. 梨形马勃 *Lycoperdon pyriforme* 夏秋季于林中地上、枝物或腐木桩基部丛生、散生或密集群生。幼时可食，老后内部充满孢丝和孢粉。可药用止血。

219. 白刺马勃 *Lvcoperdon wrightii* 生于林地上，往往丛生在一起。药用。

220. 褐皮马勃 *Lycoperdon fuscum* 生于林内苔藓丛中或土壤中。药用。

221. 栓皮马勃 *Mycenastrum corium* 生于空旷草地和草原上，偶生于戈壁滩上。幼小时可食用。孢粉可药用。

222. 隆纹黑蛋巢菌 *Cyathus striatus* 夏秋季于落叶树林中朽木或腐殖质多的地上或苔藓间群生。可用于止胃痛。

223. 炭球菌 *Daldinia concentrica* 于阔叶树腐木或树皮上单生或群生。木腐菌。

224. 黄地勺菌 *Spathularia flavida* 夏秋季于云杉、冷杉、落叶树等针叶林中地上群生，往往生苔藓间。记载可食用。菌根菌。

225. 林地盘菌 *Peziza sylvestris* 于林中地上单生或群生。可食用。

226. 尖顶羊肚菌 *Morchella conica* 于林中潮湿处或腐叶层上单生或群生。可食用。药用。

227. 粗腿羊肚菌 *Morchella crassipes* 初夏季生于林中地、潮湿地和开阔地及河边沼泽地上。可食用、药用。

228. 羊肚菌 *Morchella esculenta* 于阔叶林中地上及路旁单生或群生。可食用。药用。

229. 皱柄白马鞍菌 *Helvella crispa* 于林中地上单生或群生。可食用，味道较好。

230. 棱柄马鞍菌 *Helvella lacunosa* 夏秋季于林中地上单生或群生。可食用。

231. 鹿花菌 *Gyromitra esculenta* 春至夏季多于林中沙地上、采伐集材道上单生或群生。有毒。

232. 赭鹿花菌 *Gyromitra infula* 夏秋季于云杉、冷杉或松林地上或腐木上单生或群生。有毒。

附　图

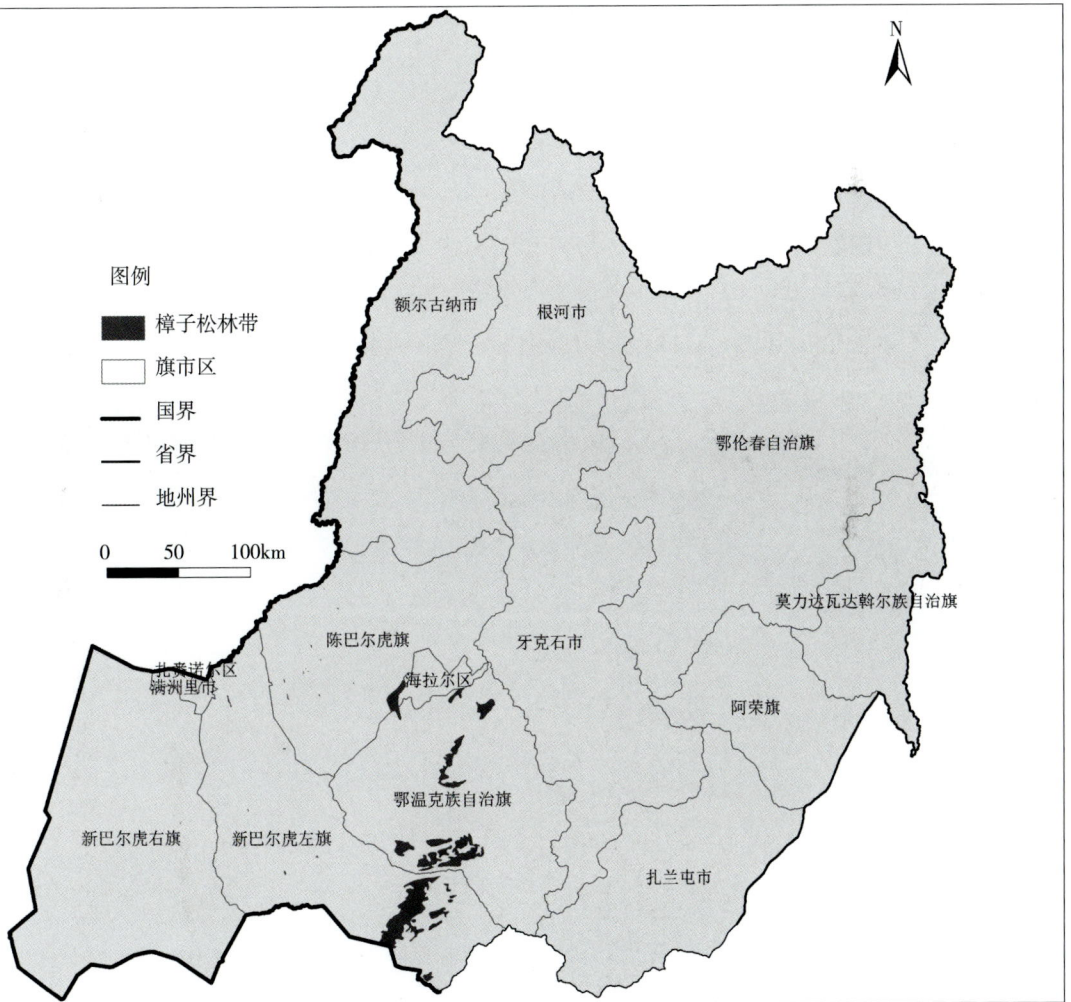

图例
- 樟子松林带
- 旗市区
- 国界
- 省界
- 地州界

0　50　100km

N

额尔古纳市　　根河市

鄂伦春自治旗

莫力达瓦达斡尔族自治旗

陈巴尔虎旗　　牙克石市

扎赉诺尔区
满洲里市

海拉尔区

阿荣旗

鄂温克族自治旗

新巴尔虎右旗　　新巴尔虎左旗

扎兰屯市

附图 1　沙地樟子松林带分布示意图

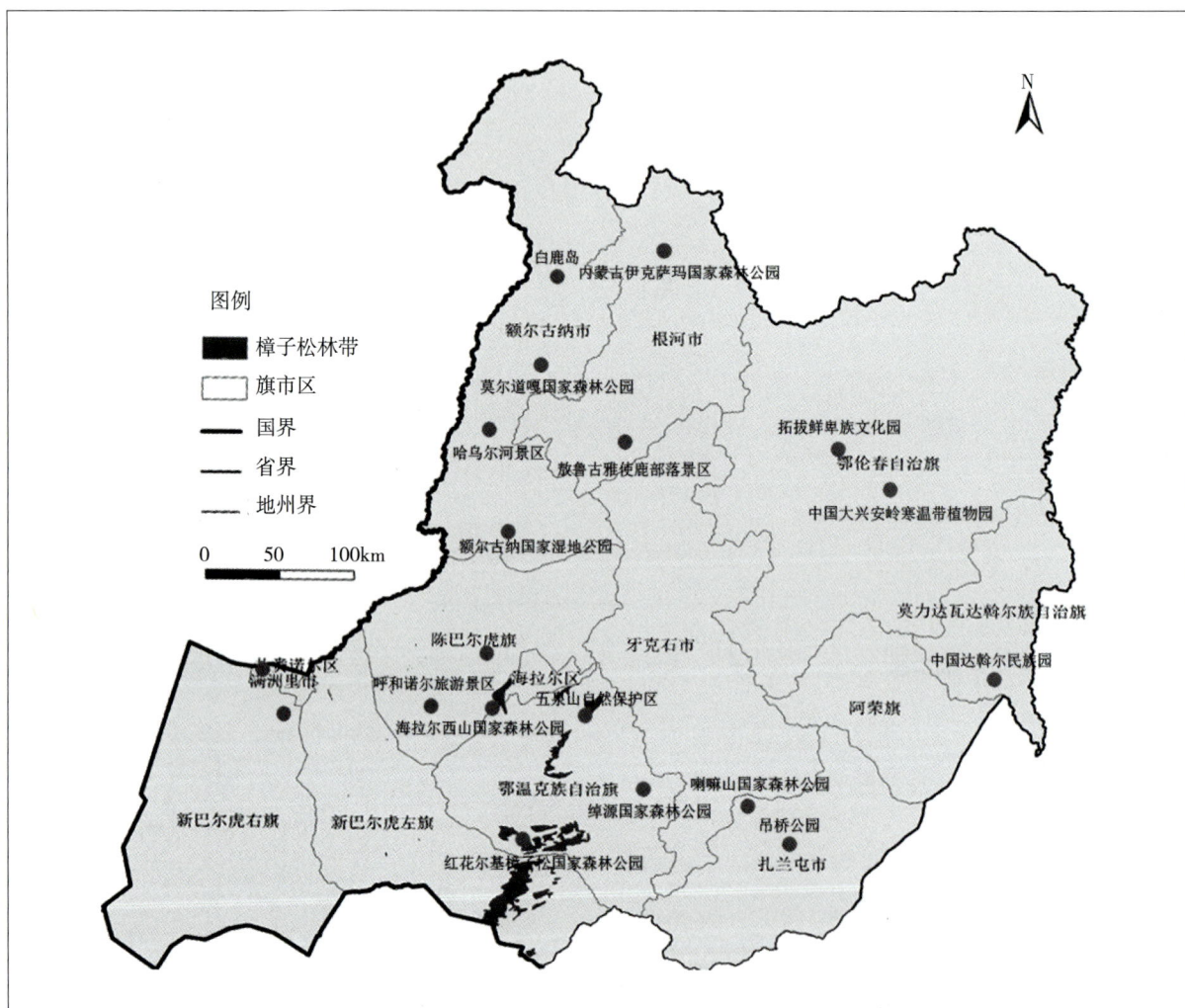

附图 2 呼伦贝尔沙地樟子松林带与主要景区位置示意图

沙地樟子松林景观

森林生态系统

△ 草类、樟子松林

△ 沙地、樟子松林

△ 草类、白桦林

△ 黑桦林

△ 山杨林

△ 樟子松林

△ 绣线菊、樟子松林

▷ 樟子松人工林

△ 草原樟子松人工林

△ 人工林与原始草原结合

△ 兴安落叶松人工林

△ 樟子松、兴安落叶松人工混交林

草原生态系统

△ 草甸草原

△ 典型草原

草塘生态系统

△ 挺水型草塘

△ 沉水型草塘

人文景观

△ 骏马

△ 鸟类乐园

△ 牛群

△ 羊群

木贼科 Equisetaceae

▷ 林问荆

杨柳科 Salicaceae

△ 蒿柳

桦木科 Betulaceae

△ 白桦（初夏）

△ 白桦（早春）

榆科 Ulmaceae

△ 春榆

▷ 大果榆

△ 波叶大黄

△ 毛脉酸模

石竹科 Caryophyllaceae

△ 毛叶老牛筋

△ 老牛筋

△ 石竹

△ 瞿麦

△ 种阜草

▷ 白玉草

△ 兴安繁缕

△ 缀瓣繁缕

藜科 Chenopodiaceae

△ 刺藜

毛茛科 Ranunculaceae

△ 北乌头

△ 细叶乌头

△ 红果类叶升麻

△ 二岐银莲花

△ 长毛银莲花

△ 尖萼耧斗菜

△ 小花耧斗菜   △ 耧斗菜

△ 兴安升麻

△ 单穗升麻

△ 棉团铁线莲

△ 西伯利亚铁线莲

△ 驴蹄草

△ 驴蹄草

△ 翠雀

东北高翠雀

兴安翠雀

△　碱毛茛

△ 掌叶白头翁　　　　△ 蓝堇草

△ 细叶白头翁

△ 掌裂毛茛

△ 长叶水毛茛

△ 唐松草

◁ 东亚唐松草

△ 瓣蕊唐松草

△ 箭头唐松草

△ 展枝唐松草

△ 金莲花

防己科 Menispermaceae

△ 蝙蝠葛

芍药科 Paeonia lactiflora

△ 芍药

藤黄科 Guttiferae

△ 黄海棠

◁ 赶山鞭

罂粟科 Papaveraceae

△ 白屈菜

△ 野罂粟

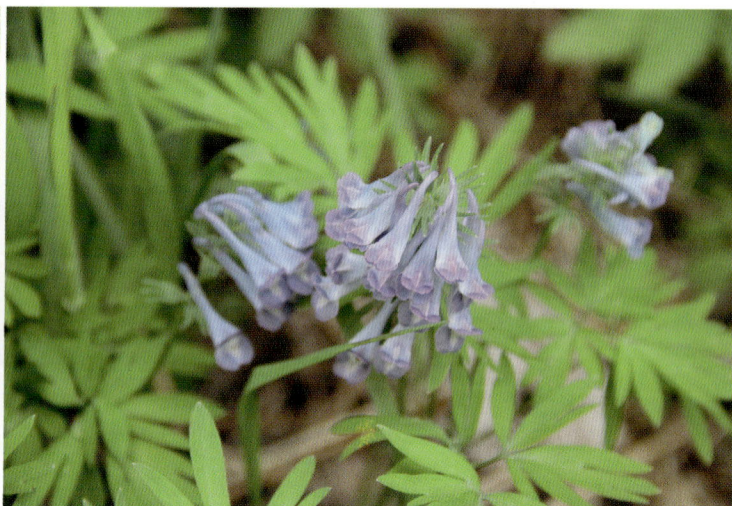
△ 齿瓣延胡索

十字花科 Cruciferae

△ 西伯利亚庭荠

△ 水田碎米荠

△ 细叶碎米荠

△ 葶苈

△ 小花糖芥

△ 独行菜

△ 山荠菜

景天科 Crassulaceae

白八宝

紫八宝

钝叶瓦松

△ 黄花瓦松

△ 费菜

虎耳草科 Saxifragaceae

◁ 唢呐草

▷ 梅花草

◁ 英吉利茶藨子

△ 水葡萄茶藨子

蔷薇科 Rosaceae

△ 龙牙草

△　山杏

△　假升麻

△ 地蔷薇

△ 全缘栒子

△ 光叶山楂

△ 蚊子草

◁ 东方草莓

△ 路边青

△ 山荆子

△ 稠李

△ 星毛委陵菜

△ 白萼委陵菜

△ 莓叶委陵菜

◁ 金露梅

◁ 二裂委陵菜

◁ 沼委陵菜

▷ 石生悬钩子

△ 北悬钩子

▷ 小白花地榆

◁ 珍珠梅

△ 地榆

△ 花楸树

△ 楼斗菜叶绣线菊

△ 欧亚绣线菊

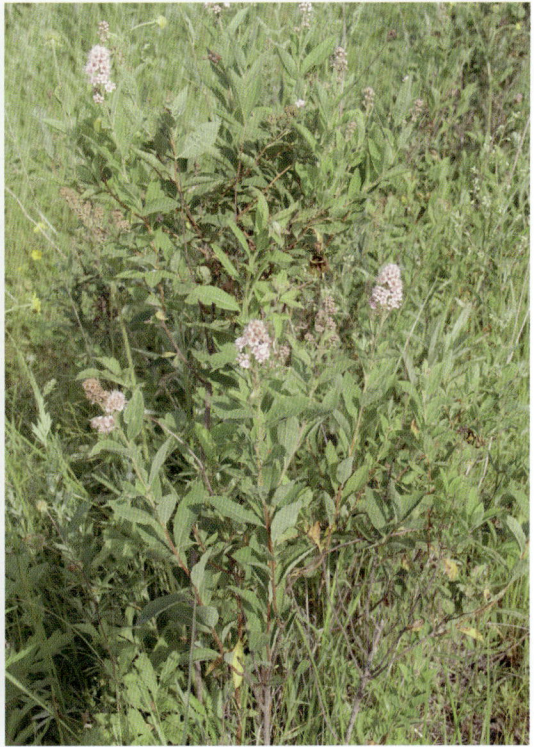

△ 绣线菊

豆科 Leguminosae

△ 斜茎黄芪

△ 蒙古黄芪

△ 湿地黄芪

△ 树锦鸡儿

△ 米口袋

△ 矮山黧豆

△ 五脉山黧豆

△ 胡枝子

△ 硬毛棘豆

△ 大花棘豆

△ 多叶棘豆

△ 苦参

△ 野火球

△ 山野豌豆

△ 歪头菜

◁ 草木樨状黄芪

牻牛儿苗科 Geraniaceae

△ 牻牛儿苗

△ 块根老鹳草

△ 粗根老鹳草

△ 兴安老鹳草

△ 鼠掌老鹳草

△ 毛蕊老鹳草

亚麻科 Linaceae

△ 宿根亚麻

芸香科 Rutaceae

白鲜

远志科 Polygalaceae

△ 远志

大戟科 Euphorbiaceae

△ 乳浆大戟

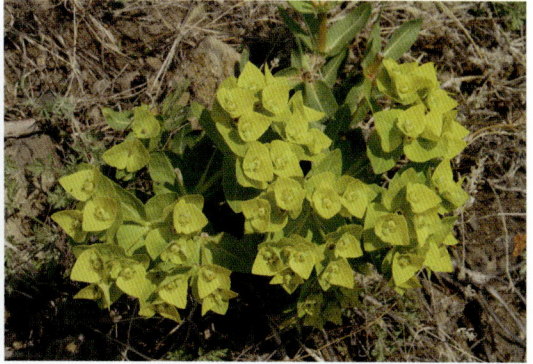

△ 狼毒大戟

凤仙花科 Balsaminaceae

◁ 水金凤

堇菜科 Violaceae

△ 鸡腿堇菜

△ 裂叶堇菜

△ 兴安堇菜

△ 白花堇菜

△ 东北堇菜

瑞香科 Thymelaeaceae

◁ 狼毒

柳叶菜科 Onagraceae

△ 柳兰

小二仙草科 Haloragidaceae

△ 狐尾藻

△ 穗状狐尾藻

山茱萸科 Cornaceae

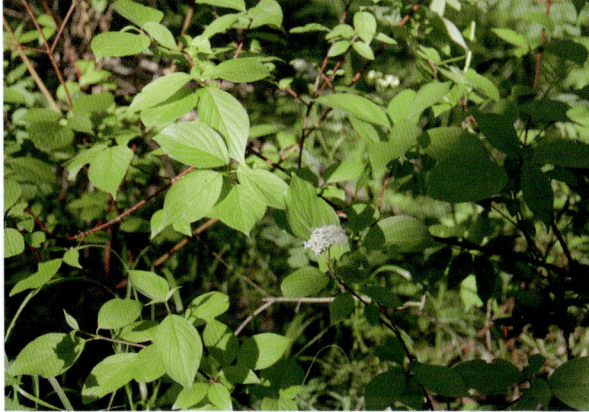

△ 红瑞木

伞形科 Umbellifecae

△ 狭叶当归

△ 大叶柴胡

杜鹃花科 Ericaceae

△ 细叶杜香

△ 兴安杜鹃

△ 笃斯越橘

△ 越橘

报春花科 Primulaceae

△ 北点地梅

△ 球尾花

△ 黄连花

△ 粉报春

△ 樱草

△ 七瓣莲

龙胆科 Gentianaceae

△ 秦艽

△ 鳞叶龙胆

◁ 朝鲜龙胆

△ 扁蕾

△ 花锚

△ 荇菜

◁ 瘤毛獐牙菜

萝藦科 Asclepiadaceae

◁ 徐长卿

旋花科 Convolvulaceae

◁ 菟丝子

花荵科 Polemoniaceae

◁ 花荵

紫草科 Boraginaceae

△ 鹤虱　　△ 湿地勿忘草

茜草科 Rubiaceae

△ 蓬子菜

唇形科 Labiatae

△ 香薷

◁ 鼬瓣花

◁ 野芝麻

△ 益母草

△ 薄荷

△ 块根糙苏

茄科 Solanaceae

△ 泡囊草

玄参科 Scrophulariaceae

△ 达乌里芯芭

◁ 小米草

△ 疗齿草

△ 返顾马先蒿

△ 穗花马先蒿

△ 砾玄参

列当科 Orobanchaceae

△ 黄花列当

狸藻科 Lentibulariaceae

△ 狸藻

车前科 Plantaginaceae

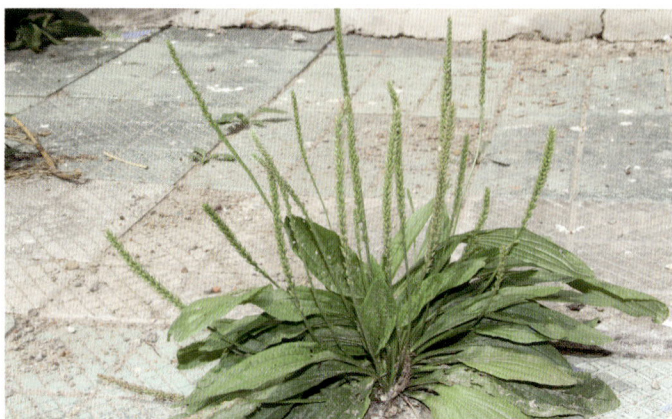

◁ 平车前

忍冬科 Caprifoliaceae

△ 北极花　　　　　　　　　　　　　　△ 蓝靛果忍冬

败酱科 Valerianaceae

△ 败酱

△ 岩败酱　　△ 缬草

◁ 轮叶沙参

△ 多岐沙参　　　△ 紫斑风铃草

△ 聚花风铃草

△ 桔梗

菊科 Compositae

△ 齿叶蓍

◁ 亚洲蓍

◁ 高山紫菀

△ 蓍草

◁ 冷蒿

△　水蒿

△　裂叶蒿

△　东风菜

△ 紫菀

△ 丝毛飞廉

△ 莲座蓟

△ 烟管蓟

△ 绒背蓟

△ 蓝刺头

△ 兴安乳菀

△ 大丁草

△ 山柳菊

▷ 粗毛山柳菊

△ 猫儿菊

△ 柳叶旋覆花

△ 北山莴苣

◁ 火绒草

△ 蹄叶橐吾

▷ 毛连菜

△ 漏芦

△ 羽叶风毛菊

△ 湿地风毛菊

△ 华北鸦葱

△ 鸦葱

△ 麻叶千里光

△ 林荫千里光

◁ 麻花头

△ 山牛蒡

△ 亚洲蒲公英

△ 蒲公英

△ 东北蒲公英

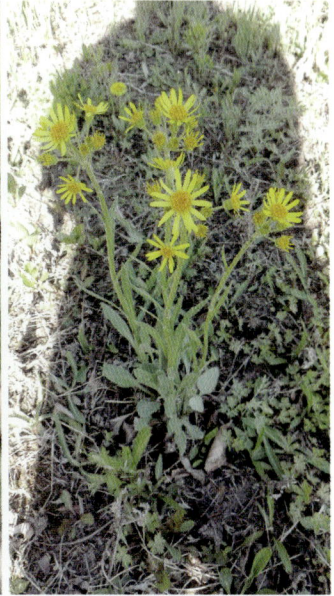

△ 红轮狗舌草　　△ 狗舌草

泽泻科 Alismataceae

△ 浮叶慈姑

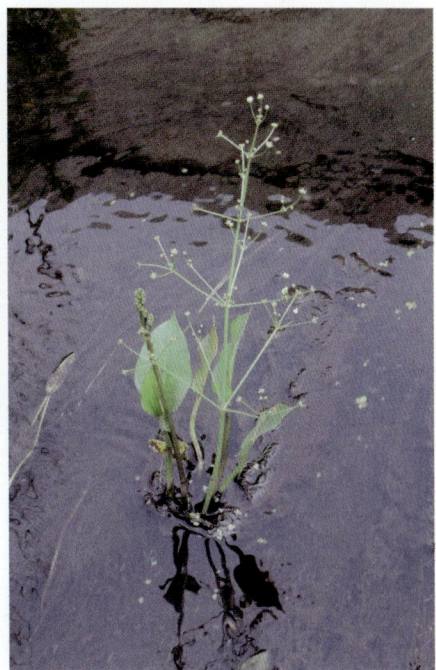

△ 泽泻

眼子菜科 Potamogetonaceae

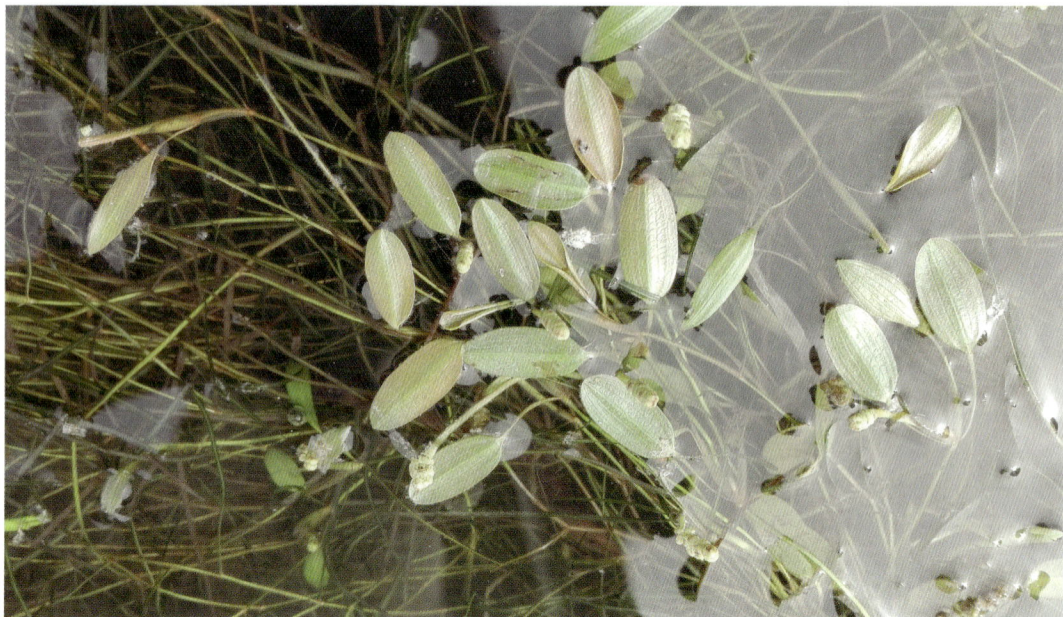

△ 眼子菜

百合科 Liliaceae

◁ 硬皮葱

◁ 山葱

◁ 兴安天门冬

△ 铃兰

△ 少花顶冰花

△ 小黄花菜

△ 有斑百合

◁ 毛百合

△ 山丹

△ 舞鹤草

◁ 小玉竹

△ 玉竹

黄精

毛穗藜芦

兴安鹿药

△ 三叶鹿药

△ 藜芦

鸢尾科 Iridaceae

△ 野鸢尾

△ 溪荪

◁ 粗根鸢尾

◁ 囊花鸢尾

△ 单花鸢尾

鸭跖草科 Commelinaceae　　禾本科 Gramineae

△ 鸭跖草

△ 冰草

莎草科 Cyperaceae

◁ 兴安薹草

◁ 大穗薹草

香蒲科 Typhaceae

△ 小香蒲

花蔺科 Butomaceae

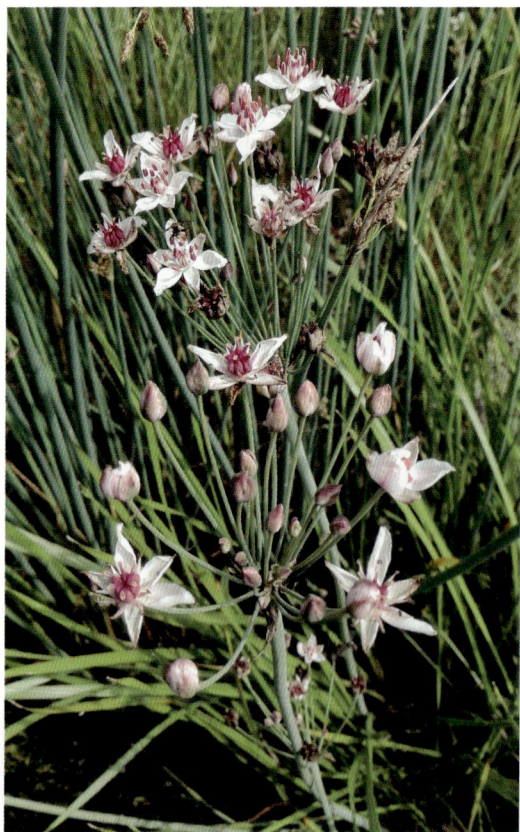

◁ 花蔺

兰科 Orchidaceae

△ 杓兰

△ 紫点杓兰

◁ 大花杓兰

△ 手参

△ 角盘兰

△ 沼兰

△ 二叶兜被兰

△ 密花舌唇兰

△ 绶草

鸟类

△ 普通鸬鹚

△ 苍鹭

△ 大白鹭

△ 白琵鹭

△ 斑嘴鸭

△ 赤麻鸭

△ 大天鹅

△ 豆雁

△ 红头潜鸭

△ 鸿雁

△ 灰雁

△ 罗纹鸭

△ 绿翅鸭

△ 绿头鸭

△ 琶嘴鸭

△ 普通秋沙鸭

△ 翘鼻麻鸭

△ 青头潜鸭

△ 鹊鸭

△ 小天鹅

△ 疣鼻天鹅

△ 鸳鸯

◁ 白腹鹞

白尾海雕

苍鹰

△ 草原雕

△ 普通鵟

△ 乌雕

△ 红脚隼

△ 红隼

△ 灰背隼

△　猎隼

△　燕隼

△ 黑琴鸡

△ 花尾榛鸡

△ 灰鹤

△ 蓑羽鹤

△ 骨顶鸡

△ 西秧鸡

△ 大鸨

△ 反嘴鹬

△ 黑翅长脚鹬

△ 灰头麦鸡

△ 金眶鸻

△ 凤头麦鸡

△ 蒙古沙鸻

△ 东方鸻

△ 白腰杓鹬

△ 白腰草鹬

△ 半蹼鹬

△ 翻石鹬

△ 黑尾塍鹬

△ 红脚鹬

△ 红颈滨鹬

△ 矶鹬

△ 林鹬

△ 青脚鹬

△ 扇尾沙锥

△ 泽鹬

△ 红嘴鸥

△ 遗鸥

△ 银鸥

△ 白翅浮鸥

△ 红嘴巨燕鸥

△ 普通燕鸥

△ 毛腿沙鸡

△ 灰斑鸠

△ 山斑鸠

△ 岩鸽

△ 大杜鹃

△ 雕鸮

△ 纵纹腹小鸮

△ 短耳鸮

△ 乌林鸮

△ 雪鸮

△ 戴胜

△ 白背啄木鸟

△ 大斑啄木鸟

△ 小斑啄木鸟

◁ 角百灵

△ 蒙古百灵

△ 云雀

△ 家燕

△ 毛脚燕

△ 黄头鹡鸰

△ 白鹡鸰

△ 灰鹡鸰

◁ 水鹨

▷ 西黄鹡鸰

△ 太平鸟

△ 小太平鸟

◁ 红尾伯劳

◁ 紫翅椋鸟

△ 灰椋鸟

△ 达乌里寒鸦

△ 大嘴乌鸦

△ 灰喜鹊

△ 喜鹊

△ 小嘴乌鸦

△ 领岩鹨

△ 赤颈鸫

△ 虎斑地鸫

△ 红尾斑鸫

△ 文须雀

△ 稻田苇莺

△ 厚嘴苇莺

◁ 黄眉柳莺

△ 黑喉石䳭

△ 红喉姬鹟

△ 蓝喉歌鸲

△ 沙䳭

◁ 穗䳭 雌鸟

◁ 大山雀

▷ 灰蓝山雀

◁ 沼泽山雀

△ 家麻雀

△ 石雀

△ 麻雀

◁ 白腰朱顶雀

◁ 北朱雀

▷ 红腹灰雀

◁ 红交嘴雀

▷ 极北朱顶雀

◁ 锡嘴雀

▷ 燕雀

长尾雀

芦鹀

三道眉草鹀

△ 田鹀

△ 小鹀

△ 苇鹀

哺乳类

△ 普通蝙蝠

△ 赤狐

△ 狼

△ 花鼠

△ 松鼠

△ 中华鼢鼠

△ 野猪

△ 梅花鹿

△ 狍

两栖类

△ 黑龙江林蛙

爬行类

△ 乌苏里蝮

鱼类

△ 棒花鱼

△ 鲤

真菌

△ 蜡黄蜡伞

△ 侧耳

△ 豹皮香菇

◁ 毒蝇鹅膏菌

△ 毒蝇鹅膏菌

◁ 条柄蜡蘑

▷ 灰紫香蘑

△ 紫丁香蘑

△ 粉紫香蘑

△ 花脸香蘑

△ 棕灰口蘑

△ 杯伞

△ 白黄微皮伞

△ 金针蘑

△ 斜盖伞

△ 野蘑菇

△ 野蘑菇群落

△ 小白蘑菇

△ 污白蘑菇

△ 白林地蘑菇

△ 墨汁鬼伞

△ 毛头鬼伞

△ 毛头鬼伞

△ 灰盖鬼伞

△ 粪生花褶伞

△ 花褶伞

△ 血红铆钉菇

△ 松林小牛肝菌

白柄粘盖牛肝菌 ◁

▷ 厚环粘盖牛肝菌

◁ 褐环粘盖牛肝菌

橙黄疣柄牛肝菌

橙黄疣柄牛肝菌

黄皮疣柄牛肝菌

◁ 褐疣柄牛肝菌

▷ 蜜黄红菇

绿菇

毛头乳菇

毛头乳菇

▷ 云芝

◁ 红缘拟层孔菌

▷ 棱柄马鞍菌

△ 大秃马勃

△ 林地蘑菇

△ 人工培育荷叶离褶伞